ROSWELL CITY DIRECTORY 1943-44

Hudsepth Directory Company's

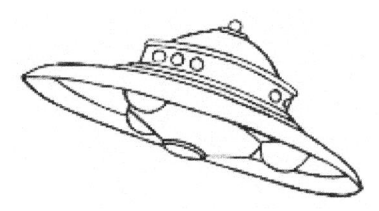

SAUCERIAN PUBLISHER
Original Sources in Ufology

ISBN: 978-1-955087-56-8

2023, Saucerian Publisher

Al rights reserved. No part of this publication maybe reproduced, translate, store in a retrieval system, or transmitted in any form or by any means, electronic, mechanical, photocopying, recording or otherwise, without prior written permision from the publisher.

INTRODUCTION

Between mid-June and early July 1947, rancher W.W. "Mac" Brazel found strange debris on his property in Lincoln County, New Mexico, approximately 75 miles north of Roswell. Also, several "flying disc" and "flying saucer" stories were circulated at that time in the national. Brazel believed the debris could be the remains of an alien spaceship. He brought some of the material to Sheriff George Wilcox of Roswell. The latter, in turn, brought it to the attention of Colonel William Blanchard, the commanding officer of the Roswell Army Air Field (RAAF). But behind all the UFO mania lies an uncomfortable truth. The events that transpired that summer are anything but clear-cut, with admitted coverups and conflicting explanations: It was a saucer! It was a spy craft! It was the Soviets! The reader could check out who was living in the City of Roswell, NM, at the dawn of the UFO Age. Six years before, in 1947, Roswell Army Air said it had "come into the possession" of a flying saucer. The story appeared in the local Roswell Daily Record and across the wire Hours later, the U.S. Air Force in Fort Worth would issue a suspicious denial, saying it was all a mistake. But, how a weather balloon could be an exotic, unknown aircraft? This book is a facsimile reproduction of the original ROSWELL TELEPHONE DIRECTORY 1943-44 by the Hudsepth Directory Company's. This is a rare and hard-to-find title, and it is almost impossible to get a copy. An essential reference for any serious ufologist.

PRICE & CO.

Complete Department Store

WHERE
QUALITY IS CONSIDERED

308-310 N. Main St. Phones 32 and 33

ALL KINDS OF INSURANCE AND BONDS

INSURANCE

DAUGHTRY INSURANCE AGENCY

GENERAL AGENTS GENERAL AMERICAN LIFE INS. CO.
COMPLETE INSURANCE SERVICE FURNISHED

222-23 J. P. White Bldg. Phone 301

SERVICE GARAGE
C. F. Downs, Prop.

GENERAL REPAIRING AND SERVICE STATION
ACETYLENE WELDING

Dependable Service — Reasonable Rates

1417 West 2d. Phone 812-R

Clardy's DAIRY

PRODUCERS · MANUFACTURERS · DISTRIBUTORS

QUALITY DAIRY PRODUCTS

Phone 796

200-202 E. 5th

Clark A. Baker   Franklin Bond   Donald E. Gillespie

Bond-Baker Company, Ltd.

Wool Commission Merchants

Dealers in Hides and Pelts

E. Fourth, Cor. Grand Ave.   Phone 1090

PAUL CARRIGAN CO.

SHEET METAL PRODUCTS, HEATING, AIR CONDITIONING

Payne Gas Furnaces, Tanks, Troughs

124 E. 2d   Phone 308

HOFFMAN & CLEM

PLUMBING
GAS FITTING
HEATING CONTRACTORS
PLUMBING FIXTURES AND SUPPLIES
SPRINKLER SYSTEMS

206 W. 4th   Phone 168

Residence Phones 654 and 554-J

LOANS
Convenient Payments

We loan to consolidate your debts.

Insurance   —   All Kinds

A Friendly, Helpful Service

"In the Pecos Valley for Seventeen Years"

The Foundation Investment Co.

ROSWELL, NEW MEXICO

214 N. Richardson Ave.   Phone 1045

125 Outside Rooms

Coffee Shop — Drug Store

Cocktail Lounge in Connection

E. 5th and Virginia Ave. $1.50 Up   Phones 800-801-802-803

M. L. NORTON

COMPLETE INSURANCE SERVICE

Office Norton Hotel 200-4 W. 3d St.   Phone 900

Special Agent Aetna Life Ins. Co.
District Mgr. Farmers Automobile Inter Ins. Exch. and
Truck Ins. Exch.

LARGE & SMALL ANIMAL HOSPITAL

DR. J. H. CROWDER

COMPLETE VETERINARY SERVICE

Registered Puppies for Sale

318 E. Alameda St.   Phone 1577

ASK FOR

VALLEY BRAND MEAT PRODUCTS

Pecos Valley Packing Co.

Processors of

Products from New Mexico Farms and Ranches

1000 Block N. Garden St.   Phone 369

Roswell Sand & Gravel Co.

A. F. Drury, Owner

Wholesale and Retail

**SHIPPERS in CARLOAD LOTS
SERVING SOUTHEASTERN NEW MEXICO**

104 S. Kansas St.   Phone 1548

Land Leveling, Earthen Tanks and Dams

ST. MARY'S HOSPITAL
CONDUCTED BY THE SISTERS OF THE SORROWFUL MOTHER
Established 1906

A General Hospital for the Care of Surgical, Medical and Obstetrical Patients, Conducted on Modern and Scientific Principles. Up-to-date X-Ray, Clinical and Pathological Laboratories operated for the benefit of our patients. Graduate nurses are in charge of all departments.
For further information apply to Sister Superior

ST. MARY'S HOSPITAL   Main Office Phone 185   ROSWELL, N. M.
Second Floor Phone 184

STEWART'S

TRUCK AND TRAILER BUILDING OUR SPECIALTY

WELDERS — BLACKSMITHS — TANK BUILDERS

Don't Discard, Repair It
PORTABLE EQUIPMENT
"We Go Anywhere Any Time"

423 E. 2d St.   Phone 72
Night Phone 1686-M

ROSWELL DAILY RECORD

Roswell's LEADING Newspaper

ASSOCIATED PRESS
(Weekly Editions)

UNITED PRESS
(Sunday Editions)

BETTER COVERAGE
of
Local, National and International Events

Phones 11 and 55

ROSWELL MORNING DISPATCH

Published Every Morning Except Monday by the

ROSWELL MORNING DISPATCH, Inc.

Member of the Associated Press

110 N. Main St.   PHONE 303

ROSWELL, NEW MEXICO

McCRACKEN SUPPLY HOUSE

M. O. McCracken

ACETYLENE WELDING, PIPE - NEW AND USED
BUILDING MATERIALS, STRUCTURAL STEEL

We Buy Scrap Material

116 E. Walnut   Phone 1372-M

RANCHERS' SUPPLY COMPANY

GLOBE VACCINES — MINERAL SALT — RANCH SUPPLIES

WOOL

FAY B. GOODWIN

Representing   COLONIAL WOOL CO.   Boston, Mass.

306 East 4th St.   ROSWELL, NEW MEXICO   Phone 17

MAPS
SURVEYING   PHOTOSTATING   DRAFTING
BLUE PRINTING

Roswell Map and Blue Print Co.

Aubrey B. Gregg

PHONE 230   108½ N. Main

ROSWELL SEED CO.

Established 1900

Seeds   WHOLESALE AND RETAIL   Seeds

BEE SUPPLIES — POULTRY SUPPLIES — ORCHARD SUPPLIES
CANNING SUPPLIES — DAIRY SUPPLIES — PLANET JR. TOOLS

Catalog on Request

115-17 S. Main St.   Ivan J., Verdi F. and Walter Lee Gill, Operators   Phone 92

ROSWELL TYPEWRITER CO.

"Everything for the Office"

215 N. Main   Phone 674

SINCLAIR REFINING CO.

Mrs. Hazel M. Wallace, Agt.

214 E. Alameda   Phone 903   Res. Phone 617

ALLIS-CHALMERS
TRACTOR DIVISION—MILWAUKEE U.S.A

POWER AND FARM MACHINERY
PEERLESS PUMPS PERFORM

Smith Machinery Co.

512 E. SECOND ST. CLIFFORD G. SMITH, Owner PHONE 171

F. R. Stone Machine Shop

Electric and Acetylene Welding
Blacksmithing — General Repair
Pipe Rethreading — Drill Stem Joints Turned
Pump and Engine Repairing — Lawn Mowers Sharpened
Portable Equipment — Work Guaranteed — Reasonable

214 N. Virginia Ave. – P. O. Box 427, – Phone 124 – Res Phone 1245

THOMPSON'S AUTO SALVAGE

211 E. Reed, Phone 1496 O. B. Thompson, Prop.

New and Used Parts for all Cars

Batteries	Gears
Springs	Radiators
Axles	Trailers
Tires	Trucks

WE BUY, SELL and TRADE USED CARS and TRUCKS
GENERAL AUTO REPAIRING and WELDING

WRECKER SERVICE PRICES REASONABLE

O. H. WHITE

BLACKSMITHING

&

WELDING

401 E. 2d St. Phone 566

HUDSPETH DIRECTORY COMPANY'S

ROSWELL CITY DIRECTORY

1943-44

CONTAINING A GENERAL DIRECTORY OF CITIZENS, BUSINESS AND PROFESSIONAL FIRMS AND CORPORATIONS; A HOUSEHOLDERS DIRECTORY AND STREET GUIDE; A LIST OF THE STATE OFFICIALS; A DIRECTORY OF THE CITY AND COUNTY GOVERNMENTS, CHURCHES, EDUCATIONAL INSTITUTIONS, SECRET AND BENEVOLENT SOCIETIES AND OTHER ORGANIZATIONS; ALSO A COMPLETE

CLASSIFIED BUSINESS DIRECTORY

"THE BUYERS' GUIDE"

Price $10.00

"The DIRECTORY IS THE COMMON INTERMEDIARY BETWEEN BUYER AND SELLER"

COMPILED AND PUBLISHED BY

HUDSPETH DIRECTORY COMPANY

(INCORPORATED)

El Paso, Texas

DIRECTORY LIBRARY FOR FREE USE OF PUBLIC AT YOUR CHAMBER OF COMMERCE

Copyright 1943, by Hudspeth Directory Co. (Inc.)

Section 28, Copyright Law, In Force July 7, 1909

That any person who wilfully and for profit shall infringe any copyright secured by this act, or who shall knowingly or wilfully aid or abet such infringement, shall be deemed guilty of a misdemeanor, and upon conviction thereof shall be punished by imprisonment for not exceeding one year, or by a fine of not less than one hundred dollars nor more than one thousand dollars, or both, in the discretion of the court.

Publisher's Note

The information in this Directory is gathered by an actual canvass and is compiled in a way to insure maximum accuracy.

The publishers cannot and do not guarantee the correctness of all information furnished them nor the complete absence of errors and omissions, hence no responsibility for same can be or is assumed.

The publishers earnestly request the bringing to their attention of any inaccuracy so that it may be corrected in the next edition of the Directory.

HUDSPETH DIRECTORY CO., Publishers

TABLE OF CONTENTS

	Page
Abbreviations Used in Directory	33
Alphabetical List of Names	34-244
Business Directory	293-343
Churches	303-304
City Government	31-32
Classified Business Directory	293-343
Clubs	329
Colleges and Schools	336-337
County Government	32
County Officials of New Mexico	25-28
Courts	19-21
Educational	32
Federal Officials in Roswell	31
Fire Department	32
General Directory	33-244
Householders Directory	245-292
Index to Advertisements	16
Introductory	17
Labor Organizations	328-329
Miscellaneous Directory	19-32
Organizations and Societies	327-329
Police Department	32
Postal Guide	29-30
Railroads	32
Schools and Colleges	336-337
Secret Societies	327-328
Societies and Clubs	327-329
State Government	19
State Boards	21-24
State Legislature	24-25
Statistical Review	18
Street Directory	245-292

Index to Advertisements

Allison-Floral Co	right top lines
Arnold Transfer & Storage Co	left top lines
Attaway R S	left side lines
Big Jo Lumber Co	left side lines
Bond-Baker Co	page 4
Busy Bee Cafe	right side lines
Car Parts Depot	left side lines
Carrigan Paul Co	page 4
Central Hardware Inc	front cover
Clardy's Dairy	left side lines and page 4
Cummins Garage	back cover
Daniel Paint & Glass Co	front edge
Daughtry Insurance Agency	page 3
Elmer's Service Station	right top lines
El Paso-Pecos Valley Truck Lines	left top lines
First National Bank	front cover
Ford Willis Agency	both ends
Foundation Investment Co	page 5
Gessert-Sanders Abstract Co	right top lines
Glover's Flowers	right top lines
Hamilton Roofing Co	right side lines
Hinkle Motor Co	right side lines
Hoffman & Clem	page 5
Johnson-Lodewick	right side lines
Johnston Pump Co	left side lines
Kemp Lumber Co	back bone
Large & Small Animal Hospital	page 6
Mayes Lumber Co	back cover
McCracken Supply House	page 10
Merritt's Ladies Store	left top lines
Myers Co The	inside front cover
Nickson Hotel	page 6
Norton M L	page 6
Panhandle Lumber Co	left top lines
Pecos Valley Coca Cola Bottling Co	right side lines
Pecos Valley Drug Co	left side lines
Pecos Valley Lumber Co	front cover
Pecos Valley Packing Co	page 7
Pecos Valley Trading Co & Hatchery	left side lines
Price & Co	page 3
Purdy's Furniture Co	right top lines
Ranchers' Supply Co	page 10
Roswell Auto Co	left top lines
Roswell Building & Loan Assn	inside front cover
Roswell Cotton Oil Co	right side lines
Roswell Daily Record	page 9
Roswell Insurance & Surety Co	inside front cover
Roswell Map & Blue Print Co	page 11
Roswell Morning Dispatch	page 10
Roswell Sand & Gravel Co	page 7
Roswell Seed Co	page 11
Roswell Trading Co	right side lines
Roswell Typewriter Co	page 11
St Mary's Hospital	page 8
Service Garage	page 3
Sinclair Refining Co	page 11
Smith Machinery Co	page 12
Southwestern Public Service Co	back cover
State Collection Bureau	left top lines
Stewart's	page 8
Stone F R Machine Shop	page 12
Sunset Creamery	left top and right top lines
Thompson's Auto Salvage	page 12
Two-O-One Cab Co	left top lines
White O H	page 12
Wilmot Hardware Co	right top and right side lines

INTRODUCTORY

The volume herewith presented embodies the 1943-44 edition of the Roswell City Directory. The data for this directory was obtained by a corps of trained workers and the publishers feel confident that it will be found reliable, as dependable as it is possible to make a work of this character.

The arrangement of this directory conforms to the recommendations of the Association of North American Directory publishers. The four distinct departments are as follows:

THE MISCELLANEOUS DIRECTORY—pages 19 to 32—contains information about city, county and state government, federal officials, courts, etc. Following the standardization plan of the Association of North American Directory Publishers, information about churches, schools, organizations, societies, clubs, etc., has been transferred to the Classified Business Directory under their respective headings.

THE DIRECTORY OF NAMES—pages 33 to 244—contains the names, alphabetically arranged, of persons, showing occupation or business, firms and corporations, showing personnel or officers, names of institutions, buildings, etc. The residence of each person is shown, "h" before the number, denoting a householder or head of the family, "r" denoting other persons in the home. In fact "h" is a key to the Householders Directory—when it is used the name will be shown at that particular number.

THE HOUSEHOLDERS DIRECTORY AND STREET GUIDE—pages 245 to 292—contains the names of streets alphabetically and numerically arranged, the numbers of the houses thereon numerically arranged with each intersecting street shown at the point where it intersects. Opposite each number is shown the name of the person living or doing business there. The symbol ⊚ following the name indicates home ownership, the symbol △ preceding the name denotes householders and places of business having telephones.

THE CLASSIFIED BUSINESS DIRECTORY—pages 293 to 343—shows the various financial, manufacturing, mercantile and professional concerns under their respective headings. The classifications are approximately the same as used in all other standard directories published in the United States and Canada.

POPULATION—This directory contains 8,846 names of corporations, firms and individuals.

Respectfully,

HUDSPETH DIRECTORY COMPANY.

ROSWELL STATISTICAL REVIEW

POPULATION—1942 Census Estimate 17,692.

ALTITUDE—3600 feet.

CLIMATE—Average day temperatures: January 58; February 59; March 66; April 74; May 83; June 91; July 92; August 90; Sept 83; Oct. 74; Nov. 62; Dec. 54.

Average night temperatures: Jan 25; Feb. 28; March 36; April 53; May 52; June 60; July 63; Aug. 62; Sept. 59; Oct. 49; Nov. 38; Dec. 29.

Average annual rainfall 14.7 inches, three fourths of this coming between May and October, inclusive. Roswell has as great a percentage of sunshine in winter as in summer.

TRADE AREA—Radius of 75 miles with total population of 77,000

RETAIL SALES 1941—$10,947,000.00.

WHOLESALE VOLUME 1940—$6,098,000.00.

FORM OF GOVERNMENT—Mayor and Aldermen. Election first Tuesday in April every even numbered year.

BONDED INDEBTEDNESS—November 1942—$206,000.00.

TELEPHONES IN SERVICE—November 1941—3,590.

FINANCIAL—One National Bank with deposists of $8,000,000. Three mutual building and loan associations with resources of more than $2,400,000.

EDUCATIONAL—Six ward schools, Junior High School, and Senior High School. Parochial School with 200 enrolled. New Mexico Military Institute, with high school and junior courses, has an enrollment of 675 boys from all parts of the United States. One business college.

HOSPITALS—St. Mary's, 80 beds, accredited by American College of Surgeons.

CHURCHES—20, of the various denominations.

HOTELS—Seven hotels, and ten modern tourist courts.

TRANSPORTATION—Santa Fe Railway, New Mexico Transportation Co, Hill Lines Inc., El Paso-Pecos Valley Truck Lines, Roswell Truck Line, Tucumcari Truck Line, Continental Air Lines.

AIR PORTS—Roswell Airport, with lights on call, standard hangar for storage and repair service, one mile west and one quarter mile north from center of city.

HIGHWAYS—US 70, US 380, US 285.

NEWSPAPERS—2, morning and afternoon Associated Press dailies.

BUILDING PERMITS—1942 (Jan. 1st to Nov. 1st) $592,000.00.

POSTOFFICE RECEIPTS—1941—$85,877.16.

MILITARY—Roswell Army Flying School, advanced twin engine pilot and bombardier training.

WATER CONNECTIONS—3,400.

HUDSPETH DIRECTORY CO.'S
Miscellaneous Directory
ROSWELL, NEW MEXICO
1943 - 44

Johnson Lodewick

Refiners and Marketers of Petroleum Products

Distributors for Southeastern New Mexico of QUAKER STATE MOTOR OILS

New Mexico Distributors for Barnsdall Oil Co.

813 N. Virginia Ave.

Phone 164

R. O. ANDERSON
President

DALE FISCHBECK
General Supt.

STATE OFFICIALS

John J. Dempsey, governor; J. B. Jones, lieut governor; Mrs. Cecilia Tafoya, sec of state; E. P. Chase, atty general; J. D. Hannah, state auditor; Guy Shephard, state treas; Mrs Georgia Lusk, supt of public instruction; H. R. Rodgers, commissioner of public lands; Robt Valdez, Don R. Casados and Henry Eager corporation commissioners; Cosme R. Garcia, chief clerk of commission; Brig Gen Russell C Charlton, adjutant general; J O Gallegos, commissioner Bureau of Revenue; Gail S Carter, director school, compensating tax, and severance tax div; Diego R Gonzalez, chief clerk franchise tax dept; Paul E Culver, director gasoline tax div; Earl Kerr, director income tax and succession tax div; S T Jernigan, director liquor control div; Earl Stull, director courtesy and information motor transportation div; J O Garcia, commissioner motor vehicle div; Al S Roughton, director operators' license div; C. R. Sebastion, state comptroller; R F Apodaca, supt of insurance; Woodlan P Saunders, state bank examiner; Dr. Jas R Scott, director public health; Mrs. Jennie M Kirby, director of public welfare; Paul B. Harris, chief tax commissioner; Donaciano E. Rodriguez and Thos. Hughes, associate commissioners; Thos M McClure, state eng; Burton G. Dwyre, state highway eng; Frank Young, chief of state police; Josph Bursey, director state tourist bureau; Geo. M Fitzpatrick, editor New Mexico Magazine; Elliott S. Barker, State game and fish warden; R. J. Doughtie, labor commissioner; John B McManus, warden state penitentiary; Warren G Bracewell, Albuquerque, state mine inspector; C E Hollied, state park commr.

STATE JUDICIAL DEPARTMENT

State Supreme Court—C. R. Brice, chief justice; D. K. Sadler, C. A. Bickley, A. L. Zinn, Thos. J. Mabry, justices; Herbert Gerhart clerk.

The Supreme Court of the State of New Mexico begins its regular session on the second Wednesday in January and on the third Monday in the months of March, May, July, September and November.

DISTRICT COURTS

First Judicial District—Counties of Santa Fe, Rio Arriba, San Juan and McKinley, David Chavez, Jr, judge. D. W. Carmody, district atty. Santa Fe. Terms—Santa Fe County: First Monday in March and second Monday in September at Santa Fe; Iola Yashvin, clk. McKinley County: First Monday in May and first Monday in

Phone 23 "SKIDDO"

ARMOLD TRANSFER & STORAGE
STORAGE - CRATING - SHIPPING
"We Move Anything"   419 N. Virginia

CAR PARTS DEPOT INC.

Distributors

Automotive Supplies and Equipment

Welding Equipment and Supplies

PHONE 205

401 N. Virginia Ave.

P. O. Box 1288

November at Gallup. Eva Ellen Sabin, clk. Rio Arriba County; Third Monday in June and first Monday in December at Tierra Amarilla Iola Yashvin, clk. San Juan County; First Monday in April and second Monday in October at Aztec, Chas. F. Hally, clk.

Second Judicial District—Counties of Bernalillo and Sandoval Bryan G. Johnson and A. S. Kool, judges; D. A. Macpherson, district attorney, Albuquerque. Terms—Bernalillo County: Third Monday in March and third Monday in September at Albuquerque, Mrs. Rubie Krohn, clk. Sandoval County; First Monday in February and fourth Monday in August at Bernalillo, Mrs. Rubie Krohn, clk.

Third Judicial District—Counties of Dona Ana, Lincoln, Otero and Torrance. Numa C. Frenger, judge. M. A. Threet, dist. atty. Terms—Dona Ana County: First Monday in March and first Monday in September at Las Cruces, L. A. Cardwell, clk. Lincoln County: Second Monday in April and second Monday in October at Carrizozo, Felix Ramey, clk. Otero County: First Monday after first day of January and first Monday in June at Alamogordo, J. L. Stephens clk. Torrance County: First Monday in February and first Monday after 4th of July at Estancia, Boney Madril, clk.

Fourth Judicial District—Counties of Mora, Guadalupe, and San Miguel. I. S. Moise, judge; M. E. Noble, district attorney. Terms—Mora county; Fourth Monday in April and Second Monday in November at Mora, Mrs. Pearl V. Dearth, clk. Guadalupe County: Second Monday in April and fourth Monday in September at Santa Rosa, Guadalupe G. Martinez,, clk, San Miguel County. Third Monday in May and first Monday in December at Las Vegas, Mrs. Pearl V. Dearth, clk.

Fifth Judicial District—Counties of Chaves, Eddy and Lea. James B. McGhee, judge, G. T. Watts, district attorney. Terms—Chaves County: Second Monday in April and first Monday in November at Roswell, Helen P. Riley, clk. Eddy County. Second Monday in March and first Monday in October at Carlsbad, Mrs. Ethel M. Highsmith, clk. Lea County: Third Monday in February and second Monday in September at Lovington, W. M. Beauchamp, clk.

Sixth Judicial District—Counties of Grant, Hidalgo and Luna. Geo. W. Hay, judge; J. W. Hodges, dist. atty. Terms—Grant County: First Monday in March and first Monday in September at Silver City, G. H. Keener, clk. Hidalgo County: First Monday in May and first Monday in October at Lordsburg, Marshall Fuller, clk. Luna County Third Monday in April and third Monday in October at Deming, Margaret Williams, clk.

Seventh Judicial District—Counties of Catron, Sierra, Socorro and Valencia. E. D. Lujan, judge, C. E. Waggoner, dist. atty. Terms—Catron County: Third Monday in April and third Monday in October at Reserve, W. D. Newcomb, clk. Sierra County: First Monday in February and first Monday in August at Hillsboro, W. D. Newcomb, clk. Socorro County: Third Monday in March and third Monday in September at Socorro, W. D. Newcomb, clk. Valencia County: First Monday in March and first Monday in Septmeber at Los Lunas, W. D. Newcomb, clk.

Eight Judicial District—Counties of Colfax, Harding, Taos and Union. L. N. Taylor, judge; Fred Federici, district attorney. Terms—Colfax County: First Monday in May and first Monday in December at Raton, Mrs. Viola K. Reynolds, clk. Harding County: First Monday in April and first Monday in October at Mosquero, Frank Heiman, clk. Taos county: First Monday in June and first Monday in November at Taos, Mrs. Tom Oakley, clk. Union County: First Monday in March and first Monday in September at Clayton, Darden Grimes, clk.

Ninth Judicial District—Counties of Curry, De Baca, Quay and Roosevelt, J. C. Compton, judge; E. T. Hensley Jr, district attorney. Terms—Curry County: First Monday in February and September at Clovis, Mrs. Mae L. Hood, clk. De Baca County: First Monday in

BIGELOW RUGS AND CARPETS DRAPERIES LINOLEUMS WASHING MACHINES	 Purdys' Furniture Company 321-25 N. MAIN PHONE 197	KARPEN FURNITURE STOVES AND RANGES UPHOLSTERING VENETIAN BLINDS WINDOW SHADES

March and October at Ft. Sumner, F. L. Hutcherson, clk. Quay County: Third Monday in March and October at Tucumcari, Mrs. Irene Kerns clk, Roosevelt County: Second Monday in August and January at Portales, Mrs. Sidney Stone, clk.

STATE BOARDS AND COMMISSIONS

Cattle Sanitary Board—Ed Johnson, Raton, Victor L. Stewart, Logan, Tom Summers, Reserve; Tom Woods, Carlsbad; Ira J. Briscoe, Tucumcari; W. C. Simpson, Faywood; Sam McCue sec, Albuquerque.

College of Agriculture and Mechanical Arts, State College—J. O. Seth, Santa Fe; Albert Mitchell, Albert; W. A. Keleher, Albuquerque; M. H. Threat, Las Cruces; Frank Light, Silver City.

Oil and Gas Conservation Commission—Jno. E. Miles, Santa Fe; H. R. Rogers, Carlsbad; J. M. Kelly, Santa Fe.

Eastern New Mexico Junior College of Portales—Heck Harris, Portales; Mrs. E. A. Cahoon, Roswell; C. M. Compton, Jr, Portales; N. N. Duckworth, Clovis; A. E. Hunt, Portales.

State Planning Board—Lyle Brush, Cimarron; E. L. Manson, Clovis; Grady Thompson, Hobbs; Enrique Gonzalez, Taos; Thos. Posey, Magdalena; T. B. Catron, Santa Fe; Delfino Salazar, Santa Fe, director.

Girls' Welfare Home—Mrs. Geo Taylor, Albuquerque; Mrs. Leopold Meyer, Albuquerque; Mrs. Onofre Gutierrez, Albuquerque, Mrs. Maria Bachechi, Albuquerque.

Insane Asylum, Las Vegas—Canuto Ramirez, Rociada; W. J. Evans, Deming; E. C. Iden and J. W. Hannett, Albuquerque; M. A. Romero, Las Vegas.

Institute for the Blind—Allen D. Walker, Alamogordo; Mrs. A. L. Dunn, Alamogordo; C. F. Loggains, Alamogordo; Mrs. Clark Baker, Roswell.

Labor Industrial Commission—Chas. Lembke, Albuquerque; H. H. Williams, Raton; Mike Leyba, Domingo.

Miners' Hospital—Arthur Johnson, Raton; Mrs. Kate Barr, Raton; C. J. Humphreys, Raton; Juan N. Vigil, Taos; Mrs. I. L. Woodward, Raton.

Museum of New Mexico—P. A. F. Walter, Santa Fe; Gilbert Espinoza, Albuquerque; J. F. Zimmerman, Albuquerque; Dan T. Kelly, Santa Fe; E. L. Hewett, Santa Fe; Mrs. Albert Simms, Albuquerque.

Museum of New Mexico Art Gallery—Mrs. R. Van Stone, director.

New Mexico State Fair Commission—Harold Sellers, Albuquerque; Jas. Murray Sr. Hobbs; Con Jackson; Springer; Nick Kranawitter, Encino; Don E. Woodward, Albuquerque.

New Mexico Military Institute, Roswell—H. M. Dow, Roswell; R. E. Daughtry, Roswell; R. R. Hinkle, Roswell; J. C. Compton, Portales; M. B. Otero, Albuquerque; Col D. C. Pearson, supt.

Normal University, Las Vegas—Faustin Guerin, Las Vegas; Mrs. Mary B. Lucero, Santa Rosa; M. E. Noble, Las Vegas; Wm. H. Stapp, Las Vegas; Edw. Moise, Santa Rosa.

Industrial School for Boys, Springer—Rev. J. H. Coleman, Springer; Jas. Zukie, Raton; T. J. Mabry, Albuquerque; Livingston N. Taylor, Clayton; Eugene D. Lujan, Los Lunas.

School for Deaf and Dumb, Santa Fe—Mrs. Paul A. F. Walter, gos, Socorro; Garnet Burks, Socorro; Hugh L. Johnson, Hobbs; L. C. White, Raton.

Sheep Sanitary Board—David Armijo, Albuquerque; J. H. Leatherwood, Shoemaker; Joe Clements, Roswell; J. E. Gomez, Dulce; D. M. Martinez, Roy; Thos Snell, sec.

Drink

Delicious and Refreshing

PECOS VALLEY Coca-Cola Bottling Co.

908-10 N. Main

PHONE 771

TAXI

201 — Curtis Corn, Owner
201 — 3d and Richardson Ave.

Dr. R. S. Attaway D. V. M.

Chaves County's Only Qualified (Graduate) Practicing Veterinarian

Large and Small Animal Practice

PHONE **636**

403 East 2d.

Spanish American Normal School, El Rito—Mrs. E. H. Oakley, Santa Fe; Roman Baca, El Rito; Elias Lucero, Espanola; Octaviano Manzanarez, La Puente; Roman Atencio, Dixon.

State Board of Accountancy—E. D. Reynolds, Raton; C. L. Linder and R. B. Horton, Albuquerque.

State Board of Architect Examiners—L. G. Hesselden, Albuquerque; W. C. Kruger, Raton; Hugo Zehner, Santa Fe; R. E. Merrill, Clovis; A. W. Boehning, Albuquerque.

State Board of Bar Commissioners—A. K. Montgomery, Santa Fe; B. G. Johnson, Albuquerque; Waldo H. Spiess, Las Vegas; A. W. Marshall, Deming; Geo. L. Reese, Roswell; Edwin Mechem, Las Cruces; E. M. Grantham, Albuquerque; E. C. Crampton, Raton; C. H. Fowler, Socorro; Herbert Gerhart, sec.

State Board of Barber Examiners—W. R. Weatherford, Albuquerque; J. L. Bowen, Hagerman; Bernabe Romero, Santa Fe.

State Board of Public Health—Dr. Jas. R. Scott, Santa Fe, director; Miss Billy Tober, registrar; Dr. E. Simms, Alamogordo; E. P. Moore, Santa Fe; Dr. E. W. Fiske, Santa Fe; Dr. M. K. Wylder, Albuquerque; Mrs. E. F. Gonzalez, Santa Fe.

State Board of Dental Examiners—M. V. Berardinelli, Santa Fe; R. E. Buvens, Lordsburg; J. J. Clarke, Artesia; H. S. Raper, Albuquerque; M. S. Smith, Clovis.

State Board of Education—Gov. Jno. E. Miles, ex officio pres; Raymond Huff, Clayton; H. W. James, Silver City; Mrs. Irene Guthrie, Lovington; Margaret Kennedy, Las Vegas; Horacio De Vargas, Tierra Amarillo.

State Board of Veterinary Examiners—T. I. Means, Santa Fe, pres; W. L. Hatcher, Cimarron, sec; C. E. Freeman, Carrizozo.

State Board of Directors of Carrie Tingley Crippled Children's Hospital—Dr. G. T. Colvard, Deming; Mrs. Carrie Tingley, Albuquerque; R. R. Gibson, Albuquerque.

State Board of Embalmers—Neil McNerney, Albuquerque; Viola T. Rush, Raton; W. H. Roberts, Santa Fe; Ernest Pollock, Silver City; R. M. Thorne, Carlsbad.

State Board of Cosmetologists—Mrs. Claudia Elliott, Santa Fe, sec; Mrs. D. W. Miller, Albuquerque; Mrs. Frances Kelley, Hobbs.

State Board of Finance—Gov. Jno. E. Miles; Fred Luthy, Albuquerque; J. O. Seth, Santa Fe; W. A. Keleher, Albuquerque.

State Board of Medical Examiners—J. M. Doughty, Tucumcari; E. T. Hensley, Portales; D. T. Espinosa, Espanola; E. L. Ward, Santa Fe; F. F. Doepp, Carlsbad.

State Board of Examining Surveyors—D. B. Jett, State College; J. H. Dorroh, Albuquerque; T. M. McClure, Santa Fe; E. M. Conwell, Albuquerque; B. G. Dwyre, Santa Fe.

State Board of Osteopathy—C. A. Wheelon, Santa Fe; L. M. Pearsall, Albuquerque; Caroline C. McCune, Santa Fe; H. S. Rouse, Roswell; H. E. Donovan, Raton.

State Board of Optometry—Neland Gray, Clayton; E. P. Sellard, Gallup; Howard McDonald, Portales.

State Board of Pharmacy—Roy Campbell, Ft. Sumner; E. C. Welch, Albuquerque; Forrest Seale, Las Cruces; Alfredo Rodriguez, Taos; H. E. Henry, Albuquerque, sec.

State Board of Chiropractic Examiners—C. E. Winchester, Santa Fe; H. J. Morton, Las Vegas; E. E. Thaxton, Albuquerque.

State Board of Nurses Examiners—Sister Mary Lawrence, Santa Fe; Mrs. Celine Chavez, Santa Fe; Teresa McMenamin, Albuquerque; Mrs. Jno. S. Anderson, Dexter.

State Canadian River Irrigation and Flood Control Commission—J. L. Briscoe, Tucumcari; H. B. Jones, Tucumcari; O. S. Greaser, Obar.

GESSERT-SANDERS ABSTRACT CO.
ABSTRACTS OF TITLE
109 E. Third St.   **Phone 493**

State Board of Bar Examiners—H. M. Dow, Roswell; M. W. Hamilton, Santa Fe; A. H. McLeod, Albuquerque; Herbert Gerhart, Santa Fe, sec.

Veterans Service Commission—Murray C. Beene, director; A. L. Atherton, Albuquerque; Lorenzo Gutierrez, Santa Fe; Murray Hintz, Santa Fe.

Carey Act Land Board—J. E. Miles, chmn, Frank Worden, Santa Fe; T. M. McClure, Santa Fe.

State Certification Board—N. P. Walter, Filo M. Sedillo, T. M. McClure.

State Board of Chiropody Examiners—M. L. Clodfelter, Santa Fe pres; J. L. Hughes, Clovis; E. Lenore Morris, Albuquerque, sec.

State Housing Authority Board—J. B. Jones, Albuquerque, chmn; Lyle Bush, Santa Fe, v-chmn; W. C. Kruger, Santa Fe, sec; Sam Klein, Las Cruces.

State Rural Electrification Authority — Coke Johnson, Hatch; Emory Davis, Los Lunas; Guy A. Reed, Malaga.

State Tax Commission—Paul Harris, chf. tax comnr.; J. S. Clark, Las Vegas; D. E. Rodriguez, Mesquite; Thos. Hughes, Albuquerque.

State Board of Public Welfare—W. H. Nichols, Clovis; Oscar Love, Albuquerque; Oscar Huber, Madrid; Mrs. Genevieve Chavez, Santa Fe; Col. H. M. Milton, Las Cruces.

State Boundary Commission—A. H. Hudspeth, Carrizozo; Arturo Romero, Mora; Fletcher Catron, Santa Fe.

State Capitol Custodian Committee—Gov. Jno E. Miles, chmn., Santa Fe; Fabian Chavez, Santa Fe; Mrs. Jessie M. Gonzales, Santa Fe, sec.

Board of Supervisors State Police—Gov. Jno E. Miles, Santa Fe; T. P. Gallagher, Bernalillo; Jos Bursey, Santa Fe; Burton Dwyre, Silver City; J. O. Gallegos, Socorro.

State Contractors License Board—E. S. Mount, Albuquerque; S. L. Kirk, Santa Fe; Geo. Bates, Roswell; Ruth Ames, Santa Fe, sec.

State Game Commission—Colin Neblett, Santa Fe; H. B. Woodward, Albuquerque; C. H. Hughes, Deming; Elliott Barker, Santa Fe.

State Highway Commission—Pete Vidal, Gallup, pres; Ivan Hilton, Las Vegas; Jose Ortiz y Pino, Galisteo; Burton Dwyre, eng.

State Police—Tom Summers, chief.

State Penitentiary Commission, Santa Fe—J. B. McManus, supt., Wm. B. Beacham, Santa Fe; E. Franchini, Albuquerque; Damian Padilla, Socorro; Jno. F. Simms, Albuquerque; David Hughes, Santa Fe.

State Teachers' College, Silver City—Mrs. Thos McCauley, Columbus; Ira L. Wright, Silver City; A. E. Franks, Silver City; C. G. Sage, Deming; Mrs. M. V. Portwood, Deming.

Training School and Home for Mental Defectives, Los Lunas—Mrs. Louise Marron, Albuquerque; Mrs. Dan Salazar, Belen; M. P. Beam, Albuquerque; Ignacio Aragon y Garcia, Belen; Mrs. W. H. Woolston, Albuquerque.

University of New Mexico, Albuquerque—J. F. Zimmerman, pres; Sam Bratton, Albuquerque; Jack Korber, Albuquerque, Adolfo Gonzalez, Albuquerque; Mrs. Jno. Milne, Albuquerque; Mrs. Floyd Lee, San Mateo.

State Racing Commission—Maj. Grove Cullum, Santa Fe; Ed Springer, Cimarron; Guy Waggoner, Mosquero.

Intergovernmental Cooperation Commission—Filo M. Sedillo, Santa Fe; J. O. Gallegos, Santa Fe; Thos. B. Catron, Santa Fe; Jos. A. Bursey, Santa Fe.

Unemployment Security Commission—Ben. D. Luchini, Santa Fe; Eben Jones, Raton; H. W. Kane, Las Vegas.

HINKLE MOTOR COMPANY
131 W. 2D ST.
WHOLESALE AUTOMOBILE PARTS AND EQUIPMENT
Serving New Mexico for 22 Years
Garage and Service Station Equipment
PHONE 12

EL PASO-PECOS VALLEY TRUCK LINES

J. L. NAYLOR, Owner CARL A. LONG, Local Agt.

Daily, Dependable Service from and to EL PASO, LOS ANGELES and POINTS WEST

118 E. 4th St. Phone 160

CLARDY'S PRODUCTS

Raw and Pasteurized

MILK

Butter
Cream
Butter Milk
Ice Cream

Delivered to Your Home or At Your Grocer

PHONE 796

200-202 E. 5th

State Soil Conservation Commission—Joe Wilkerson, Clovis; Frank Light, Silver City; Jno. E. Miles, Santa Fe; E. E. Salyer Capulin.

Capitol Addition Building Commission—(Supreme Court Building) J. O. Seth, Santa Fe; D. T. Kelly, Santa Fe; H. B. Gerhart Santa Fe.

State Aeronautics Commission—Harllee Townsend, Santa Fe; W. T. Cutter, Santa Fe; R. C. Charlton, Santa Fe.

Interstate Stream Commission—David M. Chavez Jr., chmn; T. M. McClure, sec; Geo. Keith, Socorro; R. H. Westaway, Carlsbad; J. M. Beene, Las Cruces.

Investigation of Public Utilities—Robt. Valdez, Santa Fe, chmn J. R. Sole, Santa Fe; N. P. Walter, Las Vegas.

Merit System Commission—Ralph Trigg, Albuquerque, chmn; T C. Donnelly, Santa Fe; Miguel Leyva, Santa Fe.

State Park Commission—C. E. Hollied, chmn; J. E. Miles, Santa Fe; B. G. Dwyre, Santa Fe.

Nineteen-Forty One Compilation Commission—C. R. Brice, Roswell, chmn; E. P. Chase, Santa Fe, member; H. B. Gerhart, sec.

Electrical Administrative Board—15 Salmon bldg, J. B. Luchini eng.

State Library Trustees—H. B. Gerhart, sec; Arie Poldervaart librarian.

New Mexico Public Service Commission—Gail S. Carter, Santa Fe, chmn; Antonio M. Fernandez, Santa Fe, comnr; Ed L. Manson Clovis, comnr.

New Mexico Dry Cleaning Board—W. L. Barrowman, Roswell N. M., chmn; Dan Taichert, Santa Fe, N. M., sec; A. J. Coats, Santa Fe N. M. chf supvr; M. B. Smith, Silver City, member.

New Mexico State Library Commission—Museum of N. M., Mrs Julia Brown Asplund, chmn; Mrs Irene S. Peck, exec sec.

MEMBERS OF STATE LEGISLATURE ELECTED 1940
STATE SENATE

Dist.	Counties	Name	Address
1.	San Miguel, Mora	Waldo Spiess	Las Vegas
2.	San Miguel, Mora	Cosme R. Garcia	Chacon
3.	San Miguel, Guadalupe	R. M. Krannawitter	Vaughn
4.	Rio Arriba	Ralph Gallegos	Chama
5.	Bernalillo, Sandoval, San Juan	Don L. Dickason	Albuquerque
6.	Rio Arriba, Sandoval	Joseph Montoya	Santa F
7.	Bernalillo	Frank Butt	Albuquerque
8.	Colfax	James Morrow	Raton
9.	Colfax, Harding, Union	John M. West	Des Moines
10.	Santa Fe	George W. Armijo	Santa F
11.	Taos	Marcelino Martinez	Questa
12.	Valencia	Joe B. Garcia	Los Lunas
13.	Grant, Hidalgo, Luna, Sierra and Socorro	Burton C. Roach	Hillsboro
14.	Socorro, Catron	Joe N. Romero	Aragon
15.	Lincoln, Otero, Socorro, Torrence	Geo. T. McWhirter	Mountainair
16.	Dona Ana	A. E. Pettit, Jr.	Anthony
17.	McKinley	W. E. Clarke	Gallup
18.	Lincoln and Otero	A. L. Dunn	Alamogordo
19.	Chaves	J. H. Mullis	Roswell
20.	Eddy and Lea	Milton R. Smith	Carlsbad
21.	De Baca, Roosevelt	Arthur F. Jones	Portales
22.	Quay	I. L. McAllister	Nara Visa
23.	Curry	Claude E. Gamble	Clovis
24.	Grant	John W. Turner, Sr.	Whitewater

HOUSE OF REPRESENTATIVES

Dist.	Counties	Name	Address
1.	Valencia	Leandro Lopez	Los Lunas
1.	Valencia	Melquiades Chavez	Jarales
2.	Socorro and Catron	Byron J. Adair	Luna
2.	Socorro and Catron	John G. Montgomery	Socorro
3.	Bernalillo	Mrs. Will Rogers	Albuquerque
3.	Bernalillo	John O. Richardson	Albuquerque
3.	Bernalillo	Elias Gonzales	Albuquerque
4.	Santa Fe	Dr. Charles A. Wheelon	Santa F
4.	Santa Fe	Concha Ortiz y Pino	Gallsteo

"Say it with Flowers" ALLISON FLORAL CO.
We Telegraph Them Anywhere — Expert Florists and Designers
Phone 408—Day or Night — 707 S. Lea Ave.

5.	Rio Arriba	Mrs. Alcadio Griego, Jr.	Canjilon
5.	Rio Arriba	Jose M. Trujillo	Lumberton
5.	San Miguel	Peter M. Gonzales	Las Vegas
6.	San Miguel	Blas A. Lopez	Las Vegas
6.	San Miguel	Alfredo R. Maez, Jr.	Mesa Rica
7.	Mora	Celestino S. Garcia	Chacon
7.	Mora	P. Felix Martinez	Wagon Mound
8.	Colfax	Mrs. Charles R. Love	Raton
8.	Colfax	Sylver Lorenzo	Dawson
9.	Taos	Laurie Tafoya	Taos
9.	Taos	Juan F. Romero	Vadito
0.	Sandoval	Antonio Velarde	Bernalillo
1.	Harding and Union	Claude Rutherford	Clayton
1.	Harding and Union	T. J. Heimann	Mosquero
2.	Torrance	Lilburn C. Homan	Estancia
3.	Guadalupe	Frank Padilla	Puerto de Luna
4.	McKinley	Gilbert Lopez	Gallup
4.	McKinley	Charles Tomeich	Gallup
5.	Dona Ana	Mrs. Calla K. Eylar	La Mesa
5.	Dona Ana	Albert Gonzales	Las Cruces
6.	Lincoln	S. E. Greisen	Capitan
7.	Otero	Murray E. Morgan	Alamogordo
8.	Chaves	Frank McCarthy	Hagerman
8.	Chaves	John G. Anderson	Dexter
8.	Chaves	R. E. Daughtry	Roswell
9.	Lea and Eddy	Don G. McCormick	Hobbs
9.	Lea and Eddy	Jesse I. Funk	Cottonwood
0.	De Baca and Roosevelt	Tuska Walker	Portales
1.	Luna	Ruth Soper	Deming
2.	Grant and Hidalgo	H. Vearle Payne	Lordsburg
2.	Grant and Hidalgo	Alvan N. White	Silver City
3.	Sierra	W. C. Knox	Hot Springs
4.	San Juan	Carlos Stalworthy	Kirtland
5.	Quay	A B. Carman	Tucumcari
5.	Quay	A. S. Hickerson	Tucumcari
6.	Curry	Dr. M. S. Smith	Clovis
7.	Rio Arriba and Sandoval	Guzman B. Martinez	El Rito
8.	Guadalupe, Santa Fe and Torrance	Alfonso P. Baca	Santa Fe
9.	Guadalupe and San Miguel	Hilario Rubio	Las Vegas
0.	Lincoln, Otero and Socorro	Paul Case	Socorro

Eat at BUSY BEE CAFE

JIM RALLES

"Roswell's Leading Cafe"

318 N. Main

PHONE 281

COUNTY OFFICERS
BERNALILLO COUNTY—ALBUQUERQUE
Probate Judge, Herminio S. Chavez; County Clerk, Edna Monahan; Sheriff, E. J. Donahue; Assessor, Daniel O'Bannon; Treasurer, J. Tierney; County School Supt. Caroline Schmidt; surveyor, C. B. Beyer; County Commissioner, 1st District, Leo Baca; County Commissioner, 2nd District, Jas. Bezemek; County Commissioner, 3d District, A. L. Atherton.

CATRON COUNTY—RESERVE
Probate Judge, Geo. Cathey; County Clerk, Ellis McPhaul; Sheriff, Frank Balke; Assessor, B. G. Aragon; Treasurer, E. C. Higgins; County School Supt, C. O. Kiehne; County Commissioner, 1st District, Dorris Simpson; County Commissioner, 2nd District, Melvin Swapp; County Commissioner, 3d District, W. E. Lipsey.

CHAVES COUNTY—ROSWELL
Probate Judge, Lucius Dills; County Clerk, D. P. Greiner; Sheriff, Frank Young; Assessor, C. M. Cooper; Treasurer, Julius Skinner; Surveyor, L. B. Rose; County School Supt., R. M. Cookson; Commissioners; 1st Dist., Harry Puryear; 2d District, P. D. Wilkins; 3d District, Austin Reeves.

COLFAX COUNTY—RATON
Probate Judge, Manuel A. Garcia; County Clerk, Viola K. Reynolds; Sheriff, Burch Telford; Assessor, R. L. McQuarie; Treasurer, F. A. Vigil; County School Supt., G. W. Spencer; Surveyor, Joe Pellicoe; County Commissioner 1st District, E. E. Sayler; County Commissioner, 2d District, E. W. Swope; County Commissioner, 3d District, N. M. Abreu.

CURRY COUNTY—CLOVIS
Probate Judge, W. T. Woods; County Clerk, Mrs. Litchfield Hood; Sheriff, W. H. Collins; Assessor, Theodore Rozzell; Treasurer, Olan Walling; Supt. of Schools, A. O. Fedric; County Commissioner, 1st District, Roy Marks; County Commissioner, 2d District, Bennett Stockton; County Commissioner, 3d District, Sam Campbell.

MERRITT'S SMART APPAREL FOR WOMEN
319 North Main —PHONE 482—

Johnston Pump Co.

DISTRIBUTORS OF

Johnston Turbine Pumps For New Mexico and West Texas

Domestic Pressure Systems

Electric Motors and Starters

108-110 S. Virginia Ave.

PHONE 70

DE BACA COUNTY—FT. SUMNER
Probate Judge, H. E. Usher; County Clerk, F. L. Hutcherson; Sheriff, Bill Hitson; Assessor, W. P. Hart; Treasurer, G. M. Herring; Supt. of Schools, Mrs. Ellen Vaughan; County Commissioner, 1st District, J. H. Marshall; County Commissioner, 2d District, Tom Bryan; County Commissioner, 3d District, Benj. Good.

DONA ANA COUNTY—LAS CRUCES
Probate Judge, B. G. Chavez; County Clerk, Manuel J. Chavez; Sheriff, M. F. Apodaca; Assessor, W. T. Scoggin; Treasurer, W. F. Smith; Supt. of Schools, E. C. Engler; Surveyor, S. H. Crittenden; County Commissioner, 1st District, Geo. Amis; County Commissioner, 2nd District, Leo J. Valdes; County Commissioner, 3rd District, I. W. McGuire.

EDDY COUNTY—CARLSBAD
Probate Judge, J. T. Harpin; County Clerk, Mrs. R. A. Wilcox; Sheriff, Howell Gage; Assessor, R. N. Westway; Treasurer, J. F. Attebery; Supt of Schools, R. N. Thomas; Surveyor, John W. Lewis Jr.; County Commissioner, 1st District, C. F. Montgomery; County Commissioner, 2nd District, J. J. Terry; County Commissioner, 3rd District, Troy Caviness.

GRANT COUNTY—SILVER CITY
Probate Judge, P. J. Reynolds; County Clerk, G. H. Keener; Sheriff, G. S. Murray; Assessor, R. P. Noble; Treasurer, E H. McKay; Supt of Schools, J. F. Cummins; Surveyor, W. H. Bard; County Commissioner, 1st District, Randolph Franks; County Commissioner, 2nd District, E. L. McCoy; County Commissioner, 3d District, H. H. Dinwiddie.

GUADALUPE COUNTY—SANTA ROSA
Probate Judge, Modesto H. Romero; County Clerk, Gilberto C. Martinez; Sheriff, Jose A. Sena; Assessor, F. T. Encinias; Treasurer, Jos T. Cole Jr.; Supt. of Schools, Lorenzo Marquez; County Commissioner, 1st District, J. M. Duran; County Commissioner, 2d District, Tomas Luna; County Commissioner, 3d District, Manuel Sanchez.

HARDING COUNTY—MOSQUERO
Probate Judge, T. J. Johnston; County Clerk, Frank Heimann; Sheriff, R. D. Laumbach; Assessor, Earl Baum; Treasurer, Alice Leatherwood; Supt. of Schools, E. L. Wallace; Surveyor, E. H. Abernathy; County Commissioner, 1st District, E. L. Williams; County Commissioner, 2d District, Tell Bradley; County Commissioner, 3d District, Marcelino Velasquez.

HIDALGO COUNTY—LORDSBURG
Probate Judge, P. W. Wilson; County Clerk, Marshall Fuller; Sheriff, Oscar Allen; Assessor, C. F. Sanders; Treasurer, Mrs. Katy Hall; Supt. of Schools, Mrs. Mary L. Fairly; County Commissioner, 1st District, Hyrum M. Pace; County Commissioner, 2d District, J. H. McLeod; County Commissioner, 3d District, Ray Edington.

LEA COUNTY—LOVINGTON
Probate Judge, J. W. Green; County Clerk, Mrs. P. B. McGlathery; Sheriff, H. B. Owens; Assessor, Oscar Fisher; Treasurer, G. D. Jones; Supt. of Schools, Mrs. L. B. Lister; County Commissioner, 1st District J. M. Cunningham; County Commissioner, 2nd District, R. F. Alley; County Commissioner, 3rd District, W. H. Turner.

LINCOLN COUNTY—CARRIZOZO
Probate Judge, Jno. Mackey; County Clerk, Felix Ramey; Sheriff, A. F. Stover, Assessor, L. H. Dow; Treasurer, Ernest Key; Supt. of Schools, Mrs. Ola C. Jones; Surveyor, A. H. Harvey; County Commissioner, 1st District, Manuel Corona; County Commissioner, 2d District, A. C. Hester; County Commissioner, 3d District, W. W. Gallacher.

ELMER'S SERVICE STATION
ELMER LETCHER
600 No. Main St.,   Phone 102

We Employ EXPERIENCED Labor

LUNA COUNTRY—DEMING
County Clerk, W. H. Jennings; Sheriff, Ernest A. Prugel; Assessor, Albert K. Field; Treasurer, J. B. Wells; Supt. of Schools, Mrs. Rachel Simonds; Surveyor, C. B. Morgan; County Commissioner, 1st District, G. V. Yates; County Commissioner, 2d District, J. E. Ackerman; County Commissioner, 3d District, Tom Baker

McKINLEY COUNTY—GALLUP
Probate Judge, Dan Cornejo; County Clerk, Eva E. Sabin; Sheriff, D. F. Mollica; Assessor, J. B. Romero; Treasurer, W. M. Bickel; Supt. of Schools, Mrs. Aileen E. Roat; County Commissioner, 1st District, K. Westbrook; County Commissioner, 2d District, Ben Bernabe; County Commissioner, 3d District, Jos. P. Gribben.

MORA COUNTY—MORA
Probate Judge, Frank Lopez; County Clerk, A. J. Romero; Sheriff, Casimiro Paiz; Assessor, Elfido Sandoval; Treasurer, Luis D. Ortega; Supt of Schools, Celia Martinez; County Commissioner, 1st District, Juan D. Herrera; County Commissioner, 2d District, J. N. Arguello; County Commissioner, 3d District, J. D. Medina.

OTERO COUNTY—ALAMOGORDO
Probate Judge, Rosalio Nogales; County Clerk, J. L. Stephens; Sheriff, Tony L. Trujillo; Assessor, G. A. Alexander; Treasurer, A. J. Gillis; Supt of Schools, Mrs. F. E. Godley; County Commissioner, 1st District, R. G. Walker; County Commissioner, 2d District, F. A. Smith; County Commissioner, 3d District, Frank L. Bennett.

QUAY COUNTY—TUCUMCARI
Probate Judge, J. Frank Ward; County Clerk, Mrs. Irene Kearns; Sheriff, C. C. Moncus; Assessor, C. B. Batson; Treasurer, Mrs. W. D. Stratton; Supt of Schools, Neumon Parker; County Commissioner, 1st District, Jim Griggs; County Commissioner, 2d District, J. H. Gray; County Commissioner, 3d District, Rex L. Martin.

RIO ARRIBA COUNTY—TIERRA AMARILLA
Probate Judge, J. D. Gomez; County Clerk, Mrs. G. B. Madrid; Sheriff, Matias Velarde; Assessor, Leandro Herrera; Treasurer, Frank Garcia; Supt. of Schools, Horacio De Vargas; Surveyor, K. A. Heron; County Commissioner, 1st District, Anastacio I Romero; County Commissioner, 2d District, Emiliano Herrera; County Commissioner, 3d District, Medardo Abeyta.

ROOSEVELT COUNTY—PORTALES
Probate Judge, J. H. Baker; County Clerk, Mrs. S. J. Stone; Sheriff, J. N. McCall; Assessor, Homer Barnett; Treasurer, Mrs. Hester P. Daniel; Supt of Schools, A. E. Hunt; County Commissioner, 1st District, Ted Williams; County Commissioner, 2d District, O. C. Herbert; County Commissioner, 3d District, E. G. Sparks.

SANDOVAL COUNTY—BERNALILLO
Probate Judge, Anastacio S. Trujillo; County Clerk, Patricio Montoya Jr; Sheriff, R. F. Romero; Assessor, Filomeno L. Lucero; Treasurer, Mauricio Ortiz; School Superintendent, Alfredo M. Baca; County Commissioner, 1st District, Ezequiel Padilla; County Commissioner 2d District, Geo. Tenorio; County Commissioner, 3d District, Fermin Aragon.

SAN JUAN COUNTY—AZTEC
Probate Judge, C. R. Bolton; County Clerk, C. F. Holly; Sheriff, A. H. Andrews; Assessor, Walter O. Crandall; Treasurer, Miss Mabel Woods; Supt. of Schools, Ora B. Douglass; Surveyor, C. W. Harkness; County Commissioner, 1st District, Ed T. Jaquez; County Commissioner, 2d District, C. H. Evans; County Commissioner, 3d District, Troy H. King.

Hamilton Roofing Co.

GEO E. BALDEREE Mgr.

We Feature Old American Roofing Shingles Siding Etc.

Free Estimates

Industrial and Residential Roofing and Sheet Metal Contractors

Bonded and Insured

Easy Payment Plan

303 N. Railroad Ave.

Phone 460

ROSWELL FORD AUTO CO.

Open All Night — SALES AND SERVICE — **One Stop Service Station**

PHONES 189 and 190

PHONE 14

A Lumber Number Since 1897

BIG JO LUMBER CO.

800 North Main

PHONE 14

SAN MIGUEL COUNTY—LAS VEGAS

Probate Judge, Filemon Sanchez; County Clerk, Luis Encinas; Sheriff, M. Antonio Romero; Assessor, Isidro V. Lucero; Treasurer, Alfredo R. Martinez; Supt. of Schools, Mrs. O. F. A. Guerin; Surveyor, Edwin Gates; County Commissioner, 1st District, Cristobal Montoya; County Commissioner, 2d District, Jacobo Roybal; County Commissioner, 3d District, Walter Ray Jr.

SANTA FE COUNTY—SANTA FE

Probate Judge, Julio Ortiz; County Clerk E. J. Martinez; Sheriff Tom P. Delgado; Assessor, Antonio Padilla; Treasurer, Uriol Garcia; Supt. of Schools, Mrs. J. M. Granito; Surveyor, W. G. Turley; County Commissioner, 1st District, Abdon Lopez; County Commissioner, 2n District, Carlos Gilbert; County Commissioner, 3d District, H. I Taylor.

SIERRA COUNTY—HILLSBORO

Probate Judge, O. C. Salcido; County Clerk, Rafael S. Tafoya; Sheriff, P. W. Kinney; Assessor, Mrs. J. M. Caldwell; Treasurer, Crespin Aragon; Supt. of Schools, Mrs. Billie Keith; County Commissioner, 1st District, R. B. Smith; County Commissioner, 2d District, G. R. McGregor; County Commissioner, 3d District, J. C. Calhoun.

SOCORRO COUNTY—SOCORRO

Probate Judge, Tomas Olguin; County Clerk, G. L. Benavides; Sheriff, Lawrence Murray; Assessor, H. A. Sanchez; Treasurer, Mrs E. C. Crabtree; Supt. of Schools, Melchora Gonzalez; County Commissioner, 1st District, Gregorio U. Chavez; County Commissioner, 2d District, H. O. Bursum Jr; County Commissioner, 3d District, Eustacio J. Chavez.

TAOS COUNTY—TAOS

Probate Judge, Saml. M. Y. Laviadie Sr; County Clerk, Mrs. Trinidad Oakley; Sheriff, Isidro Montoya; Assessor, Felipe S. Ortega; Treasurer, J. B. Martinez; Supt. of Schools, J. Abiguel Maes; County Commissioner, 1st District, J. Eusebio Vigil; County Commissioner, 2d District, R. Eli Maestas; County Commissioner, 3d District, Felix G. Quintana.

TORRANCE COUNTY—ESTANCIA

Probate Judge, J. M. Torres; County Clerk, Boney Madril; Sheriff, Felix Alderete; Assessor, F. C. Ewing; Treasurer, W. C. Perkins; Supt. of Schools, Mrs. Ethel Hawkins; Surveyor, J. N. Johnson; County Commissioner, 1st District, Demecio Perea; County Commissioner, 2nd District, G. M. Kayser; County Commissioner, 3d District, S. J Howell.

UNION COUNTY—CLAYTON

Probate Judge, C. E. Anderson, County Clerk, Darden Grimes; Sheriff, Jno. Lenhart; Assessor, Jas. Taylor; Treasurer, Joe Eubanks; Supt of Schools, B. B. Thaxton; County Commissioner, 1st District, K. E. Wight; County Commissioner, 2d District, R. S. Pittard; County Commissioner, 3d District, Bernard Robertson.

VALENCIA COUNTY—LOS LUNAS

Probate Judge, Estanislado E. Vigil; County Clerk, J. M. Otero; Sheriff, J. F. Tondre; Assessor, Nabor Mirabel; Treasurer, Elfego G. Baca; Supt. of Schools, Manuel B. Gabaldon; Surveyor, Alvarado S. Torrez; County Commissioner, 1st District, Diego Aragon; County Commissioner, 2d District, M. O. y Orona; County Commissioner, 3d District, S. S. Gottlieb.

Flowers For All Occasions

PHONE 275
405 W. ALAMEDA
Member F. T. D, A.

POSTOFFICES IN NEW MEXICO
(From U. S. Official Postal Guide)

* Money Order Offices.   † International Money Order Offices.

Town	County
Abbott*	Harding
Abeytas*	Socorro
Abiquiu*	Rio Arriba
Acme*	Chaves
Acomita*	Valencia
Adams Diggins*	Catron
Adobe*	Socorro
Afton*	Dona Ana
Akela*	Luna
Alameda*	Bernalillo
Alamogordo†	Otero
Albert*	Harding
Albuquerque†	Bernalillo
Alcalde*	Rio Arriba
Algodones*	Sandoval
Alto*	Lincoln
Amistad*	Union
Ancho*	Lincoln
Animas*	Hidalgo
Anthony†	Dona Ana
Anton Chico*	Guadalupe
Apache Creek*	Catron
Aragon*	Catron
Arch*	Roosevelt
Armijo*	Bernalillo
Arrey*	Sierra
Arroyo Hondo*	Taos
Arroyoseco*	Taos
Artesia†	Eddy
Artarque*	Valencia
Augustine*	Socorro
Aztec†	San Juan
Bard*	Quay
Bayard*	Grant
Belen†	Valencia
Bell Ranch*	San Miguel
Bellview*	Curry
Bent*	Otero
Berino*	Dona Ana
Bernalillo†	Sandoval
Bingham*	Socorro
Black Springs*	Catron
Blanco*	San Juan
Bloomfield†	San Juan
Bluewater*	Valencia
Bluit*	Roosevelt
Boaz*	Chaves
Bosque*	Valencia
Broadview*	Curry
Buchanan*	De Baca
Buckeye*	Lea
Buckhorn*	Grant
Buena Vista*	Mora
Bueyeros*	Harding
Caballo*	Sierra
Cabezon*	Sandoval
Cambray*	Luna
Cameron*	Curry
Canjilon*	Rio Arriba
Canones*	Rio Arriba
Capitan†	Lincoln
Caprock*	Lea
Capulin*	Union
Carlsbad†	Eddy
Carizozo†	Lincoln
Carson*	Taos
Carthage*	Socorro
Casa Blanca*	Valencia
Causey*	Roosevelt
Cebolla*	Rio Arriba
Cedar Crest*	Bernalillo
Cedar Hill*	San Juan
Cedarvale*	Torrance
Centerville*	Union
Central*	Grant
Cerrillos*	Santa Fe
Cerro*	Taos
Chaco Canyon*	San Juan
Chacon*	Mora
Chama†	Rio Arriba
Chamberino*	Dona Ana
Chamisal*	Taos
Chamita*	Rio Arriba
Chaperito*	San Miguel
Chaves*	Chaves
Chico*	Colfax
Chimayo*	Santa Fe
Chloride*	Sierra
Cienega*	Otero
Cimarron†	Colfax
Clapham*	Union
Claudell*	Roosevelt
Claunch*	Socorro
Clayton†	Union
Cleveland*	Mora
Cliff*	Grant
Closson*	Valencia
Cloudcroft†	Otero
Cloverdale*	Hidalgo
Clovis†	Curry
Colmor*	Colfax
Colonias*	Guadalupe
Columbus†	Luna
Conchas Dam†	San Miguel
Contreras*	Socorro
Coolidge*	McKinley
Cordova*	Rio Arriba
Corona†	Lincoln
Correo*	Valencia
Costilla*	Taos
Cowles*	San Miguel
Coyote*	Rio Arriba
Crossroads*	Lea
Crownpoint*	McKinley
Crystal*	San Juan
Cuba*	Sandoval
Cubero*	Valencia
Cuchillo*	Sierra
Cuervo*	Guadalupe
Cundiyo*	Santa Fe
Cunico*	Colfax
Cutter*	Sierra
Dahlia*	Guadalupe
Datil*	Catron
Dawson†	Colfax
Dayton*	Eddy
Delphos*	Roosevelt
Deming†	Luna
Derry*	Sierra
Des Moines†	Union
Dexter†	Chaves
Dilia*	Guadalupe
Dixon*	Rio Arriba
Domingo*	Sandoval
Dona Ana*	Dona Ana
Dora*	Roosevelt
Doretta*	San Miguel
Dulcet*	Rio Arriba
Dunlap*	De Baca
Duoro*	Guadalupe
Duran*	Torrance
Dusty*	Socorro
Eagle Nest*	Colfax
East Vaughn†	Guadalupe
Edgewood*	Santa Fe
Elephant Butte*	Sierra
Elida†	Roosevelt
Elk*	Chaves
Elkins*	Chaves
El Moro*	Valencia
El Paso Gap*	Eddy
El Porvenir*	San Miguel
El Prado*	Taos
El Rito*	Rio Arriba
Embudo†	Rio Arriba
Encino†	Torrance
Endee*	Quay
Engle*	Sierra
Ensenada*	Rio Arriba
Escabosa*	Bernalillo
Espanola†	Rio Arriba
Estancia†	Torrance
Eunice*	Lea
Fairacres*	Dona Ana
Farley*	Colfax
Farmington†	San Juan
Faywood*	Grant
Fence Lake*	Valencia
Fields*	Socorro
Fierro*	Grant
Flora Vista*	San Juan
Florida*	Luna
Floyd*	Roosevelt
Folsom*	Union
Forrest*	Quay
Fort Bayard†	Grant
Fort Stanton†	Lincoln
Fort Sumner†	De Baca
Fort Wingate*	McKinley
Frazier*	Chaves
French*	Colfax
Frisco*	Catron
Fruitland*	San Juan
Gage*	Luna
Galisteo*	Santa Fe
Gallegos*	Harding
Gallina*	Rio Arriba
Gallup†	McKinley
Gamerco*	McKinley
Gardiner*	Colfax
Garfield*	Dona Ana
Garita*	San Miguel
Gavilan*	Rio Arriba
Gibson*	McKinley
Gila*	Grant
Gladiola*	Lea
Gladstone*	Union
Glencoe*	Lincoln
Glenrio*	Quay
Glenwood*	Catron
Glorieta*	Santa Fe
Governador*	Rio Arriba
Grady*	Curry
Grand Quivera*	Torrance
Grants†	Valencia
Greens Gap*	Catron
Grenville†	Union
Grier*	Curry
Guadalupita*	Mora
Guy*	Union
Hachita†	Grant
Hagerman†	Chaves
Hanover*	Grant
Hassell*	Quay
Hatch†	Dona Ana
Hayden*	Union
Heck Canyon*	Colfax
Hernandez*	Rio Arriba
Hickman*	Catron
High Rolls*	Otero
Hillsboro†	Sierra
Hilton Lodge*	San Miguel
Hobbs†	Lea
Hollene*	Curry
Hollywood*	Lincoln
Holman*	Mora
Holy Cross*	Luna
Hondo*	Lincoln
Hope†	Eddy
Horse Springs*	Catron
Hot Springs†	Sierra
House*	Quay
Humble City*	Lea
Hurley†	Grant
Ilfeld*	San Miguel
Ima*	Quay
Ione*	Union
Isleta*	Bernalillo
Jal†	Lea
Jarales*	Valencia
Jemez*	Sandoval
Jemez Springs*	Sandoval
Jicarillo*	Lincoln
Jordan*	Quay
Kelly*	Socorro
Kenna*	Roosevelt
Kingston*	Sierra
Kirtland*	San Juan
Knowles*	Lea
La Cueva*	Mora
Laguna*	Valencia
La Jara*	Sandoval
Lajoya*	Socorro
Lake Arthur*	Chaves
Lake Valley*	Sierra
Lakewood*	Eddy
La Lande*	De Baca
La Liendre*	San Miguel
La Luz*	Otero
La Madera*	Rio Arriba
La Mesa†	Dona Ana
Lamy†	Santa Fe
La Puente*	Rio Arriba

PAPER Products

WHOLESALE

GROCERIES | **JANITORS' SUPPLIES**

FEED

Roswell Trading Company

PHONE 126

STATE COLLECTION BUREAU, INC.

H. G. Parsons, Mgr.   H. R. Laurain, Pres.

BONDED - ESTABLISHED 1930

10 Bank of Commerce Bldg.   106 E. 4th   Phone 224

DRUGS

PECOS VALLEY DRUG CO.

The Rexall Store

FREE DELIVERY

312 N. MAIN

PHONE -1-

Town	County	Town	County	Town	County
Las Cruces†	Dona Ana	Otowi*	Sandoval	Serafina*	San Miguel
Las Palomas*	Sierra	Paguate*	Valencia	Servilleta*	Taos
Las Tablas*	Rio Arriba	Palma*	Torrance	Sherman*	Grant
Las Vegas†	San Miguel	Park View*	Rio Arriba	Shiprock†	San Juan
La Union*	Dona Ana	Pasamonte*	Union	Shoemaker*	Mora
Ledoux*	Mora	Pastura*	Guadalupe	Silver City†	Grant
Lemitar*	Socorro	Pecos*	San Miguel	Skarda*	Taos
Levy*	Mora	Pedernal*	Torrance	Socorro†	Socorro
Leyba*	San Miguel	Penablanca*	Sandoval	Soham*	San Miguel
Lincoln*	Lincoln	Penasco*	Taos	Solano*	Harding
Lindrith*	Rio Arriba	Penistaga*	Sandoval	Springer†	Colfax
Lingo*	Roosevelt	Pep*	Roosevelt	Spur Lake*	Catron
Llano*	Taos	Peralta*	Valencia	Stanley*	Santa Fe
Logan†	Quay	Petaca*	Rio Arriba	State College†	Dona Ana
Lon*	Lincoln	Picacho*	Lincoln	Stead*	Union
Lordsburg†	Hidalgo	Pietown*	Catron	Steins†	Hidalgo
Los Lunas†	Valencia	Pinon*	Otero	Stong*	Taos
Lourdes*	San Miguel	Pinos Altos*	Grant	Strauss*	Dona Ana
Loving†	Eddy	Pintada*	Guadalupe	Sugarite*	Colfax
Lovington†	Lea	Polvadera*	Socorro	Swastika*	Colfax
Lucy*	Torrance	Ponderosa*	Sandoval	Tafoya*	Colfax
Lumberton*	Rio Arriba	Portales†	Roosevelt	Taiban*	De Baca
Luna*	Catron	Prewitt*	McKinley	Tajique*	Torrance
Lyden*	Rio Arriba	Puerto de Luna*	Guadalupe	Taos†	Taos
Madrid†	Santa Fe			Tapicitoes*	Rio Arriba
Maes*	San Miguel	Quay*	Quay	Tatum†	Lea
Magdalena†	Socorro	Quemado*	Catron	Taylor Springs*	Colfax
Malaga*	Eddy	Questa*	Taos	Tecolotenos*	San Miguel
Malpie*	Colfax	Radium Springs*	Dona Ana	Tererro*	San Miguel
Mangas*	Catron			Tesuque*	Santa Fe
Manuelito*	McKinley	Rainsville*	Mora	Texico†	Curry
Marcia*	Otero	Ramah*	McKinley	Thomas*	Union
Marquez*	Valencia	Ramon*	Lincoln	Thoreau†	McKinley
Maxwell†	Colfax	Ranches of Taos†	Taos	Three Rivers*	Otero
Mayhill*	Otero	Raton†	Colfax	Tierra Amarilla†	Rio Arriba
McAlister*	Quay	Rayo*	Socorro		
McDonald*	Lea	Red Hill*	Catron	Tingle*	Valencia
McGaffey*	McKinley	Red River*	Taos	Tinnie*	Lincoln
McIntosh*	Torrance	Redrock*	Grant	Toadlena*	San Juan
Melrose†	Curry	Regina*	Sandoval	Tohatchi*	McKinley
Mentmore*	McKinley	Rehoboth*	McKinley	Tolar*	Roosevelt
Mescalero*	Otero	Rencona*	San Miguel	Tome*	Valencia
Mesilla*	Dona Ana	Reserve*	Catron	Torrance*	Torreon
Mesilla Park†	Dona Ana	Ribera*	San Miguel	Torreon*	Torrance
Mesquite*	Dona Ana	Ricardo*	De Baca	Trampas*	Taos
Mexican Spring*	McKinley	Rincon*	Dona Ana	Trechado*	Valencia
Miami*	Colfax	Rociada*	San Miguel	Trementina*	San Miguel
Mills†	Harding	Rodarte*	Taos	Tres Lagunas*	Catron
Milnesand*	Roosevelt	Rodeo†	Hidalgo	Tres Piedras*	Taos
Mimbres*	Grant	Rogers*	Roosevelt	Truchas*	Rio Arriba
Mogollon†	Catron	Rosebud*	Harding	Trujillo*	San Miguel
Monero*	Rio Arriba	Roswell†	Chaves	Tucumcari†	Quay
Montezuma*	San Miguel	Rowe*	San Miguel	Tularosa†	Otero
Monticello*	Sierra	Roy†	Harding	Turley*	San Juan
Montoya*	Quay	Ruidoso*	Lincoln	Turn*	Valencia
Monument*	Lea	Rutherton*	Rio Arriba	Tyrone†	Grant
Mora†	Mora	Sabinosa*	Otero	Ute Park*	Colfax
Moriarty*	Torrance	Sacramento*	Otero	Vadito*	Taos
Moses*	Union	Saint Vrain*	Curry	Vado*	Dona Ana
Mosquero*	Harding	Salem*	Dona Ana	Valdez*	Taos
Mountainair†	Torrance	Salt Lake*	Catron	Valencia*	Valencia
Mountain Park*	Otero	San Acacia*	Socorro	Vallecitos*	Rio Arriba
Mount Dora*	Union	San Antonio*	Socorro	Valley Ranch*	San Miguel
Mule Creek*	Grant	San Cristobal*	Taos	Valmora*	Mora
Nara Visa†	Quay	Sandia Park*	Bernalillo	Vanadium*	Grant
Newcomb*	San Juan	Sandoval*	Sandoval	Van Houten*	Colfax
Newkirk*	Guadalupe	San Felipe*	Sandoval	Vaughn†	Guadalupe
New Laguna*	Valencia	San Fidel*	Valencia	Veguita†	Socorro
Nogal*	Lincoln	San Ignacio*	Guadalupe	Velarde†	Rio Arriba
Nolan*	Mora	San Jon†	Quay	Vermejo Park*	Colfax
Norton*	Quay	San Jose*	San Miguel	Villanueva*	San Miguel
Nutt*	Luna	San Lorenzo*	Grant	Wagon Mound†	Mora
Obar*	Quay	San Marcial†	Socorro	Waterflow*	San Juan
Ocate*	Mora	San Mateo*	Valencia	Watrous*	Mora
Ochoa*	Lea	San Patricio*	Lincoln	Weed*	Otero
Oil Center*	Lea	San Rafael*	Valencia	West Las Vegas†	San Miguel
Ojo Caliente*	Taos	Santa Cruz*	Santa Fe		
Ojo Felix*	Mora	Santa Fe†	Santa Fe	White Oaks†	Lincoln
Ojo Sarco*	Rio Arriba	Santa Rita*	Grant	Whitewater*	Grant
Old Albuquerque†	Bernalillo	Santa Rosa†	Guadalupe	Willard†	Torrance
Olive*	Chaves	San Ysidro*	Sandoval	Winston*	Sierra
Omega*	Catron	Sapello*	San Miguel	Yates*	Harding
Optimo*	Mora	Scholle*	Valencia	Yeso*	De Baca
Organ*	Dona Ana	Seboyeta*	Valencia	Youngsville*	Rio Arriba
Orogrande†	Otero	Sedan*	Union	Zamora*	Bernalillo
Oscuro*	Lincoln	Sena*	San Miguel	Zuni*	McKinley
		Seneca*	Union		
		Separ*	Grant		

Flowers For All Occasions
PHONE 275
405 W. ALAMEDA
Member F. T. D. A.

STATE OFFICIALS IN ROSWELL

Highway Department—519 E. 2d, J. P. Church, dist. eng.
Artesian Well Supervisor—Court House, E. G. Minton Jr., supvr.
Cattle Sanitary Board—337 Federal bldg., Harry Thorne, inspr.
Auto License Bureau—1st fl Court House.
New Mexico State Police—Sgt. Robt. Scroggins, in charge

UNITED STATES OFFICIALS IN ROSWELL

Farm Credit Administration Emergency Crop and Feed Loan Section—Court House, W. H. Butterbaugh, field supvr.
U. S. Commissioner—S. P. O'Neill, Court House.
U. S. Department of Agriculture, Bureau of Animal Industry—Federal Bldg, Salem Curtis and G. D. Dale, insprs.
U. S. Department of Agriculture, Farm Security Administration—bsmt Court House, R. K. Lewis, county supvr in ch.
U. S. Department of Agriculture, Bureau of Entomology and Plant Quarantine—3d fl Federal bldg., W. F. Rice, inspr in ch.
U. S. Department of Interior, Division of Grazing—304 J. P. White, Bldg., Carl Welch in charge.
U. S. Geological Survey—3d fl Federal bldg, E. A. Hanson, supvr.
U. S. Internal Revenue Office—2d fl Federal bldg, C. S. Cisco and C. R. Kollenborn, dep collrs.
U. S. Marshal's Office—2d fl Federal bldg, David Fresquez, dep.
U. S. Postoffice—N Richardson av se cor 4th, Mrs. Mary McCullough, postmaster.
U. S. Weather Bureau—327 Federal bldg, R. V. Bell, meteorologist in charge.
U. S. Army Recruiting Station—2d fl Federal bldg, G. C. Moss, in charge.
Federal Security Agency Social Security Board—1st fl City Hall, W. G. Hearn, mgr.
Agricultural Adjustment Administration—209 J. P. White bldg, E. L. Morris, chmn.
Chaves County Selective Service Board—2d fl Federal bldg., Mrs. A. C. Keith, clk.
Soil Conservation Service—bsmt City Hall, C. E. Olson, conservationist.
Roswell Army Flying School—4 mi s of city, Col. Jno. C. Horton, com; Lieut. Col. Robt. R. Estill, medical officer; Maj. J. J. Ratigan, Q. M.; Capt. Geo P. Knapp, spcl service officer; Lieut. Ralph Ayer, public relations officer.
Office of Price Administration—Bank of Commerce bldg, Jas. T. Jennings, director.
United States Civil Service Commission—Bsmt City Hall, Marjorie M. Griswold, spcl rep.
War Price and Rationing Board—City Hall, E. L. Lusk, chmn; W. E. Bondurant, T. A. Roff, W. H. Hortenstein, Stanley Lodewick and G. H. Foster, members; Mrs. Leo di Lorenzo, chf clk.
United States Navy Recruiting Station—2d fl Federal bldg, W. Odle, CBM, in ch.
United States Employment Service—City Hall, Theo. M. Schuster, interviewer.
United States War Department Provisional Training Wing—City Hall, Brig. Gen. Martin F. Scanlon, com.
Office of Civilian Defense—302 J. P. White bldg, H. E. Samson, com; Mrs. R. F. Entrop, office sec.

CITY GOVERNMENT

City Hall—N Richardson av, se cor W 5th. Next election April, 1944. Council meets 1st Tuesday in each month. Thos. J. Hall, mayor; I. K. Dekker, city clk and city treasurer; Ross L. Malone Jr., city attorney; Lea Rowland, city eng and water supt; Dr. C. R. Covington, sanitary officer; J. D. Blea, elec inspr; H. L. Eller, chief of police; R. C. Chrisman, chief of fire department; R. L. Ballard, police judge.

PAPER Products

WHOLESALE

GROCERIES | **JANITORS' SUPPLIES**

FEED

Roswell Trading Company

PHONE 126

STATE COLLECTION BUREAU, INC.
H. G. Parsons, Mgr. H. R. Laurain, Pres.
BONDED - ESTABLISHED 1930
10 Bank of Commerce Bldg.   106 E. 4th   Phone 224

Board of Aldermen—John McClure, C. H. Glover, E. B. Johnston R. H. aDniel, H. H. McGee, R. L. Burrow, T. L. Gardner, M. L Norton and R. M. Tigner.

Police Department—City Hall. H. L. Eller, chief.

Fire Department—108 W 1st. R. C. Chrisman, chief.

EDUCATIONAL
Public Free Schools of Roswell

Board of Education—Office Jr. High School, C. E. Hinkle, pres A. D. Jones, H. H. McGhee, and F. L. Austin, members; J. E. Johns sec.

COUNTY GOVERNMENT

Court House—N Main, N. Virginia av, E. 4th and 5th.

County Jail—410 N. Virginia av.

Officials—J. B. McGhee, Judge 5th Judicial District; G. T. Watts district attorney; Mrs. M. A. Puckett, clk; Lucius Dills, judge Probate Court; J. C. Peck, county clerk; Julius Skinner, treas; Jeff Liston assessor; I. B. Rose, surveyor; E. C. White Jr., superintendent o schools; S. P. O'Neill, sheriff; W. W. Phillips, health officer; Mrs E. V. Schaubel, health nurse; Tom Reid, agrl agt; Pauline Sparkman home demonstration agt; Le Roy Thompson, probation officer.

County Commissioners—District No 1, Jno. Tweedy, distric No 2, P D Wilkins; District No 3, Austin Reeves.

Constable—Precinct No 1, B. H. Thorne.

Justice of the Peace—Precinct No. 1, Harry Puryear.

RAILROADS

Atchison, Topeka & Santa Fe Ry.—Passenger depot nw cor E 5th, Santa Fe tracks. Freight depot nw cor E 6th, Santa Fe tracks B. F. Rose, local freight and passenger agent.

Stations and Distances on Santa Fe South of Roswell

Stations	Miles	Stations	Miles
South Springs	5	Otis	8?
Dexter	17	Loving	8?
Greenfield	19	Malaga	9?
Hagerman	23	Red Bluff	10?
Lake Arthur	32	State Line	10?
Artesia	42	Orla	12?
Dayton	50	Riverton	13?
Lakewood	57	Dixieland	14?
Oriental	63	Arno	14?
Avalon	70	Patrole	15?
La Huerta	74	Pecos	16?
Carlsbad	75		

Stations and Distances on Santa Fe North of Roswell

Stations	Miles	Stations	Miles
Poe	4	Bovina	13?
River Stock Yards	12	Parmerton	13?
Acme	18	Friona	14?
Campbell	25	Black	15?
Elkins	36	Summerfield	15?
Boaz	42	Hereford	16?
Kenna	55	Joel	171
Elida	65	Dawn	17?
Kermit	73	Umbarger	184
Delphos	78	Lester	19?
Portales	90	Canyon	19?
Cameo	100	Haney	20?
Clovis	108	Zita	20?
Farwell-Texico	116	Amarillo	21?
Wilsey	124		

DRUGS

PECOS VALLEY DRUG CO.

The Rexall Store

FREE DELIVERY

312 N. MAIN
PHONE -1-

GESSERT-SANDERS ABSTRACT CO.

ABSTRACTS OF TITLE

109 E. Third St.   Phone 493

HUDSPETH DIRECTORY CO.'S
GENERAL DIRECTORY
ROSWELL, NEW MEXICO
1943 - 44

ABBREVIATIONS

acct .... accountant	electn .... electrician	phone .... telephone
addn .... addition	elev .... elevator	photo .... photographer
adv .... advertisement	emp .... employee	phys .... physician
agrl .... agricultural	eng .... engineer	plmbr .... plumber
agt .... agent	es .... east side	pntr .... painter
al .... alley	exch .... exchange	pres .... president
appr .... apprentice	exp .... express	prsmn .... pressman
assn .... association	ext .... extension	prntr .... printer
asst .... assistant	FSA .... Farm Security Admn	prop .... proprietor
atdt .... attendant	fnshr .... finisher	pubr .... publisher
aud .... auditor	forldy .... forelady	r .... residence
av .... avenue	formn .... foreman	repr .... repairer
bg hse .... boarding house	frt .... freight	restr .... restaurant
bgmn .... baggageman	ftr .... fitter	Rev .... Reverend
bkbndr .... bookbinder	furn .... furniture	rstbt .... roustabout
bkpr .... bookkeeper	gard .... gardener	R R .... railroad
bldg .... building	gen .... general	Ry .... railway
bldr .... builder	govt .... government	S .... south
blk .... block	gro .... grocer	sch .... school
blksmith .... blacksmith	h .... householder	se .... southeast
blrmkr .... boilermaker	hdqrs .... headquarters	sec .... secretary
bklyr .... bricklayer	hlpr .... helper	slsmn .... salesman
bkmn .... brakeman	⊙ .... home owner	slsldy .... saleslady
cabtmkr .... cabinetmaker	hngr .... hanger	smstrs .... seamstress
carp .... carpenter	hosp .... hospital	ss .... south side
csh .... cashier	ins .... insurance	st .... street
chauf .... chauffeur	ins agt .... insurance agent	sten .... stenographer
chf .... chief	inspr .... inspector	stereo .... stereotyper
civ civil	instr .... instructor	stmftr .... steamfitter
clk .... clerk	jwlr .... jeweler	sw .... southwest
clnr .... cleaner	lab .... laborer	supt .... superintendent
collr .... collector	lndrs .... laundress	supvr .... supervisor
comm .... commissioner	lino .... linotype	swtchmn .... switchman
coml .... commercial	lmbr .... lumber	tchr .... teacher
compt .... comptometer	mach .... machinist	tel .... telegraph
cnd .... conductor	mech .... mechanic	☏ .... telephone
confr .... confectioner	mfg .... manufacturing	tkt .... ticket
constr .... construction	mfr .... manufacturer	tmkpr .... timekeeper
contr .... contractor	mgr .... manager	tmstr .... teamster
cor .... corner	mkr .... maker	trav .... traveling
ctr .... cutter	mlnr .... milliner	treas .... treasurer
del .... delivery	msngr .... messenger	vet .... veterinary
dept .... department	mdse .... merchandise	W .... west
dep .... deputy	N .... north	WPA .... Work Project Admn
dist .... district	ne .... northeast	ws .... west side
distbtr .... distributor	nr .... near	whol .... wholesale
dlr .... dealer	NYA .... Natl Youth Admn	whsemn .... warehouseman
dom .... domestic	ns .... north side	wid .... widow
dftsmn .... draftsman	nw .... northwest	wkr .... worker
dsmkr .... dressmaker	opp .... opposite	wks .... works
dr .... drive	opr .... operator	wtchmn .... watchman
drvr .... driver	P O .... post office	yd .... yard
e .... east	paperhngr .... paperhanger	ydmn .... yardman
	pass .... passenger	ydmstr .... yardmaster
	pharm .... pharmacist	

ABBREVIATIONS OF GIVEN NAMES

Alex .... Alexander	Edw .... Edward	Robt .... Robert
Arch .... Archibald	Geo .... George	Saml .... Samuel
Aug .... August	Jas .... James	Theo .... Theodore
Benj .... Benjamin	Jno .... John	Thos .... Thomas
Chas .... Charles	Jos .... Joseph	Wm .... William

---

The Roswell Cotton Oil Co.

Mfrs. of

Molasses Cubes

and

Cotton Seed Cake

●

301 E. 2d St.

●

PHONE **58**

PANHANDLE LUMBER COMPANY, INC.
"COMPLETE BUILDING SERVICE"
PLAN SERVICE — FINANCING
107-11 W. Alameda   Phone 59

A

PURE MILK

Clardy's Dairy
Since 1912
Producer and Distributor of Quality Dairy Products and Ice Cream
200-202 E. 5th
Phone 796

A A A Club 400 N Main
A T & S F Ry see Atchison Topeka & Santa Fe Ry
Abbott C Lewis U S Army r1212 N Washington
Abbott Mack D Rev (Esther) pastor Pentecostal Church h121
   N Washington av
Abbott Oleta r1212 N Washington av
Abbott Veneta r1212 N Washington av
Abercrombie Fred W (Eleanor W) h603 S Kansas av
Abernathy J W (Edna) mgr Berry's Cafe r102 S Main
Abernathy Mary P furn rms 204 E Alameda h same
Able Howard lieut US Army h D,301 W Alameda
ACCEPTANCE AGENCY THE, R D Little mgr, general insur
   ance, personal loans, installment financing, 402 J P White
   bldg, tel 647-W
ACE AUTO CO (Inc) L S Larson pres, Mrs Lorene Larson v
   pres, Mrs Eula Nickel sec-treas, Hudson dealers, general
   repairing, Standard Oil Co products, 405 E 2d, tel 539
Acevedo Frank (Lilly) lab h102 Ash av
Ackerman Bernice Mrs slsldy Hunter & Son r405 S Missouri
Ackerman David M h1402 N Kentucky av
Ackerman Margaret tchr Jr High Sch r1402 N Kentucky av
Ackerman Wm H (Mary A) carp h408 S Delaware av
Adair P Ray (Beatrice) eng aide SCS h109 E 8th
Adams Benj Q (Dorothy M) parts truck opr Roswell Auto C
   h306 S Washington av
Adams Cleaners (Mrs N F and T S Adams Jr) 507 W 1st
Adams Dovie M Mrs chf opr Mt States Tel & Tel h1204
   Bland
Adams Mabel (wid Robt) clk Snelson's Bakery h109 S Mi
   souri av
Adams Marjorie sec First Provisional Training Wing r109
   Missouri av
Adams Maude (wid N W) r118 Pear
Adams Nell F (wid T S) (Adams Clnrs) h 100 N Lea av
Adams Robt atdt Roswell Auto Co r306 S Washington a
Adams Thos S (Laura J) (Adams Clnrs) h911 W 3d
Adamson Amanda E (wid Carl) h41 Riverside dr
Adamson Raymond C (Juanita Jones) sgt U S Army h501b
   Lea av
Addington Wm D h321 E 8th
Addison Jimmie waitress r715 N Lea av
Addy Saml I (Coleen) truck drvr h1204 W Alameda
Advertising Service (R W Fall) 310 J P White bldg
AERO MAYFLOWER TRANSIT CO, Arnold Transfer
   Storage agts, 419 N Virginia av, tel 23
AETNA LIFE INS CO, M L Norton spcl agt, office Nort
   Hotel, 200-4 W 3d, tel 900 (see page 6)
African M E Church 112 S Michigan av

Wilmot Hardware Co. — Wholesale Retail — ESTABLISHED 1911

Agricultural Adjustment Administration see US Dept of Agriculture
Aguilar Everardo lab h710b E Tilden
Aguilar Higinio (Concha) lab h717 E Tilden
Aguilar Lucy r710b E Tilden
Aguilar S P lab r 716 E Tilden
Aguirre Jose h 128 E 1st
Ahner Edw T (Catherine A) h504 W 1st
Ahrens Myra Mrs cash Sears, Roebuck & Co r1108 N Richardson av
Airhart Lilyan B sten r403 S Missouri av
Aker Cecil T pntr r1041½ N Main
Akers Geo H (Luretha) U S Army r418 E 5th
Akers Jas C (Margie L) pntr h1306 S Richardson av
Akers Luretha Mrs waitress Shamrock Cafe r418 E 5th
Akin Donald P (Loweta) geologist r123 E 23d
Akin Edw T janitor r506 S Ohio av
Akin Effie L r506 S Ohio av
Akin Herman M (Ova M) janitor h506 S Ohio av
Akin Lewis C slsman Clardy's Dairy r 2 mi nw of city
Akin W Walter (Thelma) cotton ginner h215 W 6th
Alameda Apartments Mrs Audrey Norton mgr 301 W Alameda
Alanis Emmett (Della) r604 E Albuquerque
Albert Elizabeth opr Yucca Beauty Service & Cosmetic Shop r514 E 5th
Albert Helen H Mrs treas A A A h514 E 5th
Albert Jas M (Helen H) welder h514 E 5th
Albert Jno W (Luna F) carrier P O h1201 N Atkinson av
Albert Lillian (wid J W) r1201 N Atkinson av
Albert Nell C (wid W S) r800 N Lea av
Albert Ruth M mech r1201 N Atkinson av
Albright Amanda (wid Gus) r Elm Court
Albright Cecil T carp r Elm Court
Aldaco Bonnie (Beatrice) lab h706 E Bland
Alden Howard H (Marjorie) instr N M Military Inst r same
Alden Marjorie L Mrs instr N M Military Inst r same
Aldrich Dorothy S Mrs sec-treas Chaves County Abst Co h601 S Missouri av
Aldrick Raymond W (Dorothy S) mgr W U Tel Co h601 S Missouri av
Alexander Frank H (Billie V) welder r1017 W 2d
Alexander Vernia J (Christine) carp h rear 1312 N Missouri
Alford Alford (Nan Lee) cook Katy's Cafe
Allamandi Paul lieut U S Army r2401 N Main
Allan C Elmer (Jane) (Roswell Body & Fender Wks) r520 E 6th
Allan Lee (Effie) emp Roswell Body & Fender Wks r520 E 6th
Allbright Lee (Carmel) lieut U S Army r627 N Richardson av
Allcorn Una h302 W 4th
Allen Benj B (Maggie A) farmer h200 E Mathews
Allen Dollie checker Excelsior Clnrs & Dyers h4, 718 N Main
Allen Ethan L (Bertha F) h110 N Kansas av

KELVINATOR Electric Refrigerators

Maytag Washing Machines

Magic Chef Gas Ranges

Philco Radios Sales and Service

Samson Windmills

Engines

Fencing

Paint

Guns and Amunition

Sporting Goods

115-17 N. Main

PHONE 634

STANDARD BRAND PULLORUM TESTED BABY CHICKS  Embryo fed chicks and **PURINA CHOWS FEED** Hay and Grain  C. F. & I. Dawson & RATON Kindling **Pecos Valley Trading Co. & Hatchery** 603 N. Virginia PHONE **412**	Allen Evelyn r326 E 6th Allen Frankie (wid J) h rear 110 E 6th Allen Gayle D (Ada) h910 N Richardson av Allen Jack K (Wanda) U S Army h307 Shartelle Allen Jas (Margaret) U S Army h213 W 8th Allen Jno W lab r Mrs Alpha Morgan Allen Lawrence r111 N Ohio av Allen Leland F (Carlie) U S Army r816 N Main Allen Lottie (wid N L) r111 N Ohio av Allen Martin (Betty) ydmn Panhandle Lmbr Co h911 Jefferson Allen Mildred F clk S W Public Service Co r303 S Pennsylvania av Allen Milton N (Lula M) tkt agt A T & S F h603 N Ohio av Allen Paul (Pauline) h507 N Lea av Allen Thos H barber 111½ S Main Allen Rudolph R (Fay E) pntr h303 S Pennsylvania av Allen Thos W (Veteria O) servicemn S W Public Service C h311 E 7th Allen V O waitress Te Pee Cafe r518 E 7th Allensworth Clifford (Opal) h rear 1213 N Virginia av Allison Chas L (Emma) (Johnson & Allison) contr 113 E 3 h410 N Michigan av Allison Chas L Jr (Pauline) acct h1 Hillcrest dr Allison Claude M (Viola E) carrier P O h612 N Main **ALLISON FLORAL CO** (W A Allison) florists, choice cu flowers, expert designers, 707 S Lea av, tel 408, day c night (see right top lines) Allison Gladys L bkpr Kemp Lmbr Co h204½ W 3d Allison J Bennett (Ethel) wtchmkr Boellner's h 207 N Mi souri av Allison Laura L tchr Washington Av Sch r408 N Kentucky a Allison Lena L (wid W D) h 700 N Lea av **ALLISON W ARTHUR** (Alice) (Allison Floral Co) h106 Washington av, tel 523 Allister Agnes M clk Social Security Bd h706½ N Pennsy vania av Allman R Curtis Jr (Dorothy L) surveyor r111 S Missouri a Allred Homer B (Edna) plantmn Sunset Creamery r213 N U ion av Allred Ralph M (Peggy) mach h206½ W Alameda Alphin Jno N lab r109 N Richardson av Alplin Lorenzo D (Ruby) mech Dean's Garage h1803 N Mi souri av Alston Geo T (Pearl) h1503 Highland rd Alston Kate r1503 Highland rd Alter Wilton J (Oma B) rancher h1104 S Main Alters Eva r Enoch Hayden Alvarado Francisco (Martha) h809 E Alameda Alvarez Alex (Santos) h600 E Hendricks Alvarez Guadalupe (Concepcion) lab h601 E Mathews Alvarez Guillermo farmer r803 (802) E Walnut Alvarez Pedro (Guillerma) h803 (802) E Walnut

Amador Jno B (Helen) mech H B Smith r206 W Albuquerque
Amador Refugio (Marie) h206 W Albuquerque
Amancio Pedro h e end E Alameda
Amason J Howard (Birdie C) (Amason White & McGee) h909 N Lea av
AMASON WHITE & McGEE (J H Amason, H H McGee) fire and casualty insurance, 503 J P White bldg, tel 456
American Cafe (C J Thimios Steve Montreal) 116 W 2d
AMERICAN NATIONAL INS CO (industrial and ordinary depts) Charlie M Johnson supt, C L Hammerton asst supt. Geo M Drew, H L Evans, Albert Didde, J S Slatton, J H Langley agts, Cortez Daniel cash, 500 J P White bldg, tel 356
American Red Cross Mrs L O Fullen county chmn county office 2d fl City Hall Edith Geyer sec-treas 402½ N Main
Amis Gilbert N (Floyd T) contr 107 E 7th h112 S Kentucky av
AMONETT E T (Edd Amonett) auto body builders, leather goods, 316-18 N Richardson av, tel 203
Amonett Edd (Nettie B) (E T Amonett) r408 N Pennsylvania
Amos Travis W (Dorothy L) truck drvr h913 Lincoln
Anaya Alfredo (Martina) lab h615 E Bland
Anaya Bustillos (Encarnacion) lab h708 E Bland
Anaya Eloy U S Army r501 E Albuquerque
Anaya Eugenio U S Army r904 S Kentucky av
Anaya Isidro (Manuelita) lab h501 E Albuquerque
Anaya Raymon (Rachel) r503 E Mathews
Anaya Rebeca Mrs h509 E Tilden
Anaya Reynalda Mrs r904 S Kentucky av
Anaya Trinidad Mrs h714 E Tilden
Anderson Aaron (Margaret) h114 E Alameda
Anderson Arthur (Mattie) (Anderson Gardens) r Ruidoso N M
Anderson Arthur L (Letha) truck drvr r Lee Reeves
Anderson B G drvr N M Transptn Co
Anderson C M instr N M Military Inst r same
Anderson Carrie h 912 W Alameda av
Anderson Cecil L (Mildred) slsmn Johnson-Lodewick h1109 N Lea av
Anderson Edw (Marie) carp h212 N Pennsylvania av
Anderson Elena Mrs sec Dr Geo S Morrison h113 N Kentucky
Anderson Georgia Mrs dep county assessor h710 W Mathews
Anderson Harley (Verna F) mech h302a E 8th
Anderson Hugh H (Mary N) farmer h1302 W Albuquerque
Anderson J Gayle (Daisy) plmbr h318 E 6th
Anderson Jas (Gayle) farmer h ns E 24th 3 w N Garden av
Anderson Jas instr N M Military Inst r same
Anderson Jas K student r112 W 13th
Anderson Jesse W (Pearl) rancher h711 W 13th
Anderson Jewel maid 200 N Lea av r same
Anderson Jos (Myrtle) carp h713 W 13th
Anderson Leslie clk F W Woolworth Co r710 W Mathews
Anderson Lester C (Margaret) lessee Anderson's Gardens r608 E 2d
Anderson Mildred K Mrs h112 W 13th

Johnson Lodewick

Refiners and Marketers of Petroleum Products

Distributors for Southeastern New Mexico of QUAKER STATE MOTOR OILS

New Mexico Distributors for Barnsdall Oil Co.

813 N. Virginia Ave.

Phone 164

R. O. ANDERSON President

DALE FISCHBECK General Supt.

Phone 23 "SKIDDO"

ARMOLD TRANSFER & STORAGE
STORAGE - CRATING - SHIPPING
"We Move Anything"   419 N. Virginia

Anderson Myrtle (wid A L) tchr r509 N Richardson av
Anderson Olivia maid r110 E Alameda
Anderson Pauline waitress Minute Toastery r310 N Virginia
Anderson Pearl Mrs emp Snow White Lndry h711 W 13th
Anderson Peter H (Alice O) h108 N Delaware av
ANDERSON ROBT O, pres Johnson-Lodewick and Valley Refining Co r Artesia, N M
Anderson Stanley r121 E 2d
Anderson Void V (Helena) h113 N Kentucky av
Anderson Walter W (Lyal E) farmer h409 S Missouri av
Anderson Wanda W Mrs opr Mt States Tel & Tel Co r se of city
Anderson Wilho W (Ollie S) clk h401 S Pennsylvania av
Anderson Wm janitor r107 S Kansas av
Anderson Wm reprmn Carl A Johnson r121 E 2d
Anderson Willie maid 101 N Michigan av r912 W Alameda
Anderson Winifred bkpr S W Public Service Co r408 N Kentucky av
Anderson's Gardens (Arthur Anderson) L C Anderson lesse 608 E 2d
Andrew Harry R (Rose) h110 N Pennsylvania av
Andrews Carl W (Ruth) U S Army h510 N Pennsylvania av
Andrews Lindsay L (Ruth) carp h109 E Missouri av
Andrews Lyma A r109 N Missouri av
Andrews Wilhelmina Mrs ironer Roswell Lndry & Dry Clnr r320 E 6th
Andrews Wm J (Wilhelmina) hlpr Holsum Baking Co r32 E 6th
Anglada M Fred (Bessie E) (Sinclair Service Sta) h1012 E 2
Anglada Milton F dept mgr Sears Roebuck & Co r1012 E 2d
Anglin Alfred F (Ollie) electn Zumwalt & Danenberg r410 Pennsylvania av
Ansted Brady A (Josie) firemn h516 E 7th
Antram Jas C (Goldie S) opr W U Tel Co h112 W Deming
Antram Mary V bkpr First Natl Bank r112 W Deming
Antram Ruth N typist r112 W Deming
Apache Building 204½ N Main
Aragon Doroteo O (Emilia) h728 E Albuquerque
Aragon Francisco (Catalina) lab h718 E Walnut
Aragon Fred (Felicita) farmer h1201 N Washington av
Aragon Gilbert atdt Ned Revelle Co h203 E Matthews
Aragon J Geo (Mae) atdt Ned Revelle Co h214 E Deming
Aragon Lola r728 E Albuquerque
Aragon Luticia r1201 N Washington av
Arcade Billiard Parlor (Barney McCoy) 212 N Main
Arcade Cafe (M D Markham) 212 N Main
Archer Helen tchr Jr High Sch h603 N Richardson av
Archer Jas W (Carmen) mgr Roswell Cash Whol Gro h1711 Missouri
Archuleta Anita h rear 110 E Alameda
Archuleta Geo R (Lora) h ws Sherman av 3 s Chisum
Archuleta Liberato (Emilia) h1208 N Ohio av
Archuleta Placido (Rosaura M) h1209 N Ohio av
Ard Wm service sta atdt Roswell Auto Co r306 W 2d

CAR PARTS DEPOT INC.

Distributors
Automotive Supplies and Equipment

Welding Equipment and Supplies

PHONE 205

401 N. Virginia Ave.

P. O. Box 1288

BIGELOW RUGS AND CARPETS **DRAPERIES** **LINOLEUMS** **WASHING MACHINES**

Purdys' Furniture Company
321-25 N. MAIN   PHONE 197

KARPEN FURNITURE **STOVES AND RANGES** **UPHOLSTERING** **VENETIAN BLINDS** **WINDOW SHADES**

Arendell Henry R (Jack) wtchmn Pecos Valley Compress h 1201 E Bland
Argenbright H Ed (Allie) drvr N M Transptn Co r202 S Richardson av
Argenbright J D (Anne C) drvr N M Transptn Co r202 S Richardson av
Argenbright Lillie D (wid D A) h107 E McGaffey
Argenbright Thelma K opr Mt States Tel & Tel Co r107 E McGaffey
Arias Cafe (Mrs Carmen Arias) 322 S Main
Arias Carmen (wid Eliseo) (Arias Cafe) h320 S Main
Arias Jose (Concha) mgr Arias Cafe h103 W Tilden
Arias Pedro (Paula) ydmn Mayes Lmbr Co h 312 E Deming
Arledge J M (Marie W) U S Army r417 W College blvd
Arline Albert (Olivia) U S Army r203 S Kansas av
Armijo Jose (Rebeca) mech Roswell Auto Co h413 E Albuquerque
Armijo Josefita E student r413 E Albuquerque
Armijo Rosa mech hlpr Roswell Auto Co r413 E Albuquerque
Arnold Benj F (Nora E) h502 S Kentucky av
ARNOLD RAYMOND (Lee E) (Arnold Transfer & Storage) r307 N Kentucky av, tel 558
ARNOLD TRANSFER & STORAGE (Raymond Arnold) we move anything, household goods stored and crated, piano boxes furnished, agts Aero Mayflower Transit Co, distbtrs Hills Bros Coffee, Reid-Murdock Grocery Co "Monarch Brands", Waples-Platter Grocery Co "White Swan Brands" 419 N Virginia av, tel 23 (see left top lines)
Armstrong Clara H (wid G B) (Armstrong & Armstrong r Nickson Hotel
Armstrong Cleopatra r205 S Virginia av
Armstrong Coy T (Viola) h1300 N Washington av
Armstrong Gayle r215 W 7th
ARMSTRONG GAYLE G (Murphy S) (Arsmtrong & Armstrong) pres Pecos Valley Packing Co, h215 W 7th, tel 1534
Armstrong Gerard B Jr (Armstrong & Armstrong) h512 N Kentucky av
Armstrong Jno G (D D) U S Army h304 N Washington av
Armstrong & Armstrong (G G, G B Jr and Mrs C H Armstrong) contrs 217 W 2d
Arnold Barber Shop (C M Arnold) 205 W 3d
Arnold C Mansfield (Mary E) (Arnold Barber Shop) h108 W Tilden
Arnold Chas W clk U S Geological Survey r606 W Alameda
Arnold Clarence (Dorecia) (No Delay Shine Parlor) h2, 111 S Virginia
Arnold R Clinton (Helen) plantmn Pecos Valley Coca-Cola Bott Co r Rt 1 Box 104C
Arnold Rex J (Alma) plantmn Pecos Valley Coca-Cola Bott Co h1401 N Kansas av
Arnold Walter B (Charlotte E) mach h1, 504 S Pennsylvania
Arrington Wm C (Ava) carp h907 W Alameda

Drink

Delicious and Refreshing

PECOS VALLEY Coca-Cola Bottling Co.

908-10 N. Main

PHONE **771**

201
Curtis Corn, Owner

TAXI

201
3d and Richardson Ave.

Dr. R. S. Attaway D.V.M.

Chaves County's Only Qualified (Graduate) Practicing Veterinarian

Large and Small Animal Practice

PHONE
636

403 East 2d.

Art Gift Shop (Mrs Wally Stone) 107 W 4th
Artesian Well Supervisor E G Minton Jr bsmt Court House
Arthur Carmen W A A C r920 E 2d
Arthur Odis W (Carrie) carp h920 E 2d
Arthur Odis W Jr (Emalyn) U S Army r920 E 2d
Arthur W Thos U S Navy r920 E 2d
Artiaga Manuel mech H B Smith r605 E Tilden
Asbury Jos L (Barbara) lieut U S Army h1106 N Lea av
Ascencio Desiderio lab h218 E McGaffey
Ascencio Francisco r218 E McGaffey
Ashcraft Henry A (Gladys) firemn S W Public Service Co 103 W Mathews
Ashinhurst Jennie L Mrs r209 N Pennsylvania av
Askew Nannie sorter Roswell Lndry & Dry Clnrs r610 N Virginia
Askren Anne V sten r607 N Kentucky av
Askren Otto O (Florence E) lawyer 2d fl Court House h60 N Kentucky av
Assembly of God Church Rev Frank Mata pastor 120 Ash a
Assembly of God Church Rev J M Hart pastor 424 E 4th
Aston Bert sec-treas Franklin Pet Corp and Aston & Fair In r506 N Washington av
Aston & Fair Inc Bert Aston sec-treas oil oprs 321 J P Whit bldg
Atchison Topeka & Santa Fe Ry B F Rose local agt pass depo E 5th nw cor Grand av frt depot E 6th nw cor Grand av
Atkinson Jesse T r Capitan Hotel
Atkinson Rebecca A (wid W M) h300 N Lea av
ATTAWAY R S, D V M, Chaves County's only qualified (graduate) practicing veterinarian, large and small animal practice, 403 E 2d, tel 636, r100 S Pennsylvania av, tel 1815-V (see left side lines)
Atwood Geneva N (wid W M) h501 N Lea av
Atwood Jeff D (Olga M) (Atwood & Malone) h213 N Missour
Atwood Orvis J (Jeffie R) carp h121 E Forest
ATWOOD & MALONE (Jeff D Atwood, Ross L Malone Jr lawyers, suite 312 J P White bldg, tel 823
Aubert Ellamae Mrs clk Hill Lines Inc h311 W Hendricks
Aubert Jacob (Ellamae) police h311 W Hendricks
Auld Duncan M (Elizabeth) h207 W Alameda
Aulds Cloy R (Velma M) lab h519 W Reed
Aunt Kate's Cafe (Mrs Lucille Reed) 122 E 2d
Aunt Kate's Rooms (Mrs Ida Walker G E Watson) 122 E 2d
Austin Ada M maid r204 E Alameda
Austin Clifton H (F Louise) clk P O h611 S Lea av
AUSTIN FLAVIUS L (Jane C) pres-gen mgr Kemp Lmbr C h1108 N Pennsylvania av, tel 934
Austin Flavius L Jr student r1108 N Pennsylvania av
Austin Glenn L (Mabel) slsmn Omar Leach & Co h909 N Pennsylvania av
Austin Grace C student r1108 N Pennsylvania av
Austin Sallie dom 406 S Kentucky av r same
Auto License Distributor 1st fl Court House

GESSERT-SANDERS ABSTRACT CO.
ABSTRACTS OF TITLE
109 E. Third St.   **Phone 493**

Auto Service Co (B V Ellzey) 224 W 2d
Autrey H Woodrow (Mabel) emp Roswell Cotton Oil Co h1, 610 N Virginia
Avelar Agustin (Rosa) h611 E Bland
Avelar G Lucia Mrs h613 E Bland
Avery Gertrude r103½ S Kansas av
Avery Herbert R (Thankful) bkpr Clardy's Dairy h204 W 8th
Avery Herbert S (Hazel G) lieut U S Army h623 E 6th
Awrbrey Louise (wid W H) r103 W 11th
Ayala Geo (Sophia) baker Holsum Baking Co h412 E Bland
Ayala Julia (wid D S) h505 E Bland
Ayala Raymond student r505 E Bland
Ayer Ralph H (Florence P) lieut U S Army h105 S Washington av
Ayers Alice tchr Roswell High Sch r600 S Pennsylvania av
AYERS GIFT SHOP (Mrs Meda Ayers) Mexican and Indian curios, novelties, souvenirs, greeting cards, books, stationery, magazines, outside newspapers, cigars, candy, rental library, 114 W 3d, tel 1050
Ayers Meda Marner Mrs (Ayers Gift Shop) h413 W Tilden
Ayers Thos clk Nickson Hotel r same
Aynes David E (Esther) dept mgr Sears, Roebuck & Co h B, 110 W Alameda
Aynes David E Jr student r B, 110 W Alameda

B

Babb Jno (Ola) h1809 N Kansas av
Babcock Howard E Jr mgr Mitchell Seed & Grain Co 601 N Virginia av
Baca Betty student r809 S Lea av
Baca Carlota (wid Matias) h113 E Tilden
Baca Henry Jr (Lucy) h807 S Lea av
Baca Henry C (Bartolita) ice cream mkr Kipling's Confy h809 S Lea av
Baca Jacobo (Elodia) r609 E Albuquerque
Baca Lorenzo (Glorita) h709 E Walnut
Baca Miguel rancher r113 E Tilden
Backues Jno W (Ruby) lab h es Munroe 3 s Chisum
Backues Wm S (Carrie) h310 E Chisum
Bacon Albert N (Elva) U S Army r412 N Lea av
Bacon Robt B (Helen) (Martin Ins Agcy) h213 N Washington
Badgett Leon P (Emma L) sgt U S Army r501 S Main
Badgett Wm D (Bee) h204 N Kentucky av
Baggett Kent (Aline) opr Greenhaven Service Sta r609 E 2d
Bagwell Gordy L (Nina) grocer 204 W Albuquerque h rear same
Bagwell Louis (Katherine) sec A A A h304 W McGaffey
Bagwell Thurman (Frances) clk r212 W Deming
Bailey Albert r102 W McGaffey
Bailey Albert h1820 Cambridge av

HINKLE MOTOR COMPANY
131 W. 2D ST.
WHOLESALE AUTOMOBILE PARTS AND EQUIPMENT
Serving New Mexico for 22 Years
Garage and Service Station Equipment
PHONE 12

EL PASO-PECOS VALLEY TRUCK LINES

J. L. NAYLOR, Owner
CARL A. LONG, Local Agt.
Daily, Dependable Service from and to EL PASO, LOS ANGELES and POINTS WEST
118 E. 4th St.
Phone 160

CLARDY'S PRODUCTS

Raw and Pasteurized

MILK

Butter
Cream
Butter Milk
Ice Cream

Delivered to Your Home or At Your Grocer

PHONE 796

200-202 E. 5th

Bailey Alliert P (Ruby) form N M Dept of Public Welfare h1816 Cambridge av
Bailey Aubrey (Annie V) lab h308 Van Buren
Bailey Eugene S (Jean) lieut U S Army r1010 E 2d
Bailey Eugenia R Mrs sten Pecos Valley Pkg Co r201 W Deming
Bailey Elzie E (Mary L) brkmn r709 W 13th
Bailey Garland (Lizzie) h912 N Missouri av
Bailey Harry D (Elaine E) janitor h104 W McGaffey
Bailey Herchel O (Eugenia R) U S Army r201 W Deming
Bailey Mary clk F W Woolworth Co r912 N Missouri av
Bailey Mott R (Rose B) (Bailey's Cleaning Works) h115 Pear
Bailey Murle R Jr (Ruth) clnr Bailey's Clng Wks r115 Pear
Bailey Robt A U S Army r208 E 7th
Bailey Roy R (Bonnie L) caretkr East New Mex State Fair Grounds h same
Bailey S R r122 E 2d
Bailey Sibyl fnshr Bailey's Clng Wks h205 E Bland
Bailey Cleaning Works (M R Bailey) 420 N Main
Baiza Elias lab street dept City r512 E Tilden
Baiza Evaristo lab h706 E Tilden
Baiza Nieto r512 E Tilden
Baker Benj projectionist R E Griffith Theatres r509 N Richardson av
Baker Bess N Mrs slsldy Singer Sewing Mach Co h1012 N Washington av
BAKER CLARK A (Lucy) (Bond-Baker Co Ltd) h600 N Lea av, tel 434
Baker Clifford (Bertha) mech r212 W Deming
Baker Ethel clk F W Woolworth Co r514 E 6th
Baker Ethel Mrs slsldy Sunset Creamery r514 E 6th
Baker Fred H (Bertha) carp h1703 N Washington av
Baker M Lancaster (Bess N) prntr Roswell Daily Record h1012 N Washington av
Baker Margie W Mrs (Lo Marr Beauty Nook) h1307 W 7th
Baker Martin L (Ethel) U S Army r514 E 6th
Baker Warren L (Margie W) slsmn h1307 W 7th
BALDEREE GEO E (Ethel) mgr Hamilton Roofing Co, h600 S Lea av, tel 1797
Balderson Andrew M (Agnes C) (Purdy Elec Co) h208 N Missouri av
Baldock Jack (Essie) asst mgr R E Griffith Theatres r208½ W 4th
Baldwin Joe N U S Army r111 E Bland
Baldwin Marcus E (Carroll M) U S Army h207 S Pennsylvania av
Baldwin Robt rancher r111 E Bland
Baldwin Ruth marker Roswell Lndry & Dry Clnrs r508 N Virginia av
Baldwin T L dockmn Hill Lines Inc r508 N Virginia av
Baldwin Thos J U S Army r111 E Bland
Baldwin Wm F eng AT&SF h111 E Bland
Baldwin Wm F Jr U S Army r111 E Bland

"Say it with Flowers" ALLISON FLORAL CO.

We Telegraph Them Anywhere   Expert Florists and Designers

Phone 408—Day or Night   707 S. Lea Ave.

Baldwin Wm K h1900 N Missouri av
Baldy Marie Mrs sten Hervey Dow Hill & Hinkle h900 N Main
Baldy Wm K lab h604 W 9th
Ball Harold H (Helen J) pres Ball & White h301 N Washington av
Ball Luna ironer Roswell Lndry & Dry Clnrs r409 S Ohio av
Ball Studios (Mrs F O Butler) 404 W 2d
Ball Wade (Lee) U S Army r402 E 2d
BALL & WHITE, H H Ball pres, H H Ray sec-treas, Kuppenheimer good clothes for men, shoes for men, 218 N Main, tel 133, P O Box 827
Ballard Bert M (Bess) (Ballard Funeral Home) h205 W Walnut
BALLARD FUNERAL HOME (Bert M Ballard) 910 S Main, tel 400
Ballard Robt L (Marie) police judge, drivers license distbtr 214 E 3d r610 W Hendricks
Bandy Rufus L (Mary) saddle mkr E T Amonett r508 N Pennsylvania av
Bangart Floyd H (Carrie) sgt U S Army h109½ N Missouri av
Bank Bar (E L Emerson) 327 N Main
Bank of Commerce Building 327 N Main
Banks C Clifford (Betty) U S Army r800 N Kentucky av
Bannister Eugene E (Metta) h1512 N Missouri av
Barbe Pearl bottler Clardy's Dairy r 3 mi e of city
Barber Albert L Jr r1001 N Lea av
Barber E Earle lab r504 W 17th
Barber E Merle r504 W 17th
Barber Emma r504 W 17th
Barber Geo V (Cecil M) lab h504 W 17th
Barber J Hugh (Salene) miner h203 N Kentucky av
BARBOUR L DONALD (Kay) (Roswell Osteopatic Hospital) osteopathic physician and surgeon, 216 N Richardson av tel 420, h802 N Pennsylvania av, tel 1641
Barela Elias (Manuelita) grocer 605 E Mathews h same
Barela Martina Mrs h105 E Elm
Barela Melquiades (Simona) bartndr h218 E Reed
Barela Miguel lab r405 E Albuquerque
Barela Teodoro (Rachel) slsmn Furniture Mart h1400 N Kansas av
Barger Albert B (Geraldine) staff sgt U S Army h114 W Alameda
Barger Leo W (Daisy A) U S Army h509 E Reed
Barger Patti F (wid G F) h410 N Kentucky av
Barker Elmer A (Opal L) U S Army h700 S Pennsylvania av
Barnes Belle nurse N M Military Inst r809 N Richardson av
Barnes Jno r809 N Richardson av
Barnes Jno B (Martha) h809 N Richardson av
Barnes Kate r 809 N Richardson av
Barnes Murice slsldy Bon Ton Shop r809 N Richardson av
Barnes Obie D lab r809 N Richardson av
Barnes Pauline B cash Victory Cafe r207 W Hendricks
Barnes Robt L (Ethel) h705 N Delaware av

Eat at **BUSY BEE CAFE**

JIM RALLES

"Roswell's Leading Cafe"

318 N. Main

PHONE 281

MERRITT'S SMART APPAREL FOR WOMEN

319 North Main —PHONE 482—

Johnston Pump Co.

DISTRIBUTORS OF

Johnston Turbine Pumps For New Mexico and West Texas

Domestic Pressure Systems

Electric Motors and Starters

108-110 S. Virginia Ave.

PHONE **70**

Barnes Roy (Clara) barber h705 N Main
Barnes Travis B (Ruby R) roofer h809 S Kentucky av
Barnes Winona student r705 N Main
Barnett Elmer L (Lilla) h1718 N Missouri av
Barnett Glenna L cosmetician Pecos Valley Drug Co r611 S Washington av
Barnett Hilda clk r205 N Michigan av
Barnett Irene Mrs uphol 202 S Richardson r same
Barnett J O (Barnett Oil Co) r same
Barnett Jas C (Liela F) h611 S Washington av
Barnett Jno A (Maurine) petroleum eng U S Geological Survey h1209 Highland rd
Barnett Oil Co (J O Barnett) es N Main 2 N Country Club rd
Barrel The (Ruth Meadows Joyce Hunter) confy 1012 W 2d
Barrera Fidel (Margaret) lab r407 E Hendricks
Barrier Barton R (Valores) lieut U S Army h120 Pear
Barrier Paul clk Montgomery Ward & Co r403 E 2d
Barringer L Wade (Ruby) slsmn Sunset Creamery r ne of city
Barron Jas dockmn El Paso-Pecos Valley Truck Lines r310 E 7th
Barrowman Marie Mrs (Excelsior Clnrs & Dyers) h510 W Alameda
Barrowman Wm L (Marie) (Excelsior Clnrs & Dyers) h510 W Alameda
Bartlett Archie (Lennie) mech h ws Sherman av 6 s Chisum
Bartlett Bertha h505 N Richardson av
Bartlett Bonnie A (Lupe M) truck drvr h314 Van Buren
Bartlett Elgin L (Marian E) ydmn h315 E McGaffey
Bartlett Ettie (wid R C) r W E Bartlett
Bartlett Fred bundleboy West First St Lndry
Bartlett Grace r505 N Richardson av
Bartlett Josephine (wid J K) h311 E Summitt
Bartlett Minnie r311 E Summit
Bartlett Wayne E (Hazel) janitor N M Military Inst h ns College blvd 4 e N Atkinson av
Barton Chester (Alta M) U S Army r L L Dougherty
Barton Lowell H (Martha) slsmn h406 W 14th
Basham Lenore sten r507 N Ohio av
Basham Terry T (Grace P) supt Johnson-Lodewick h507 N Ohio av
Basham Zelma clk Sears, Roebuck & Co r911 N Kentucky av
Baskin Ruth S (wid E G) dep county clk r413 W Tilden
Bass Jas F Jr (Delora M) atdt McNally-Hall Motor Co r1108 W 1st
Bass Jno (Pearl) U S Army r600 N Richardson av
BASSETT ACCOUNTING OFFICE (J Walden Bassett) accountants, Federal and State tax consultants, audits, systems, 212 J P White bldg, tel 50, P O Box 915
Bassett Ethel W Mrs sec Bassett Acctg Office r309 W 9th
Bassett J Walden (Evelyn) (Bassett Accounting Office) h 308 N Missouri av
Bates Edw J (Lola) ranchmn h606 N Lea av
Bates H N lab N M Highway Dept r Rt 1 Box 29 H

Elmer's Service Station
ELMER LETCHER
600 No. Main St., Phone 102

We Employ EXPERIENCED Labor

Bates Lucille tchr Missouri Av Sch h707 S Michigan av
Bates Monene D registrar N M Military Inst r212 W 13th
Bates R Kerland (Irene) h1814 Maryland av
Bates Richard L (Alice) steward N M Military Inst h212 W 13th
Bates Ross r107 S Union av
Bates Rufus (Nellie) U S Army h203 S Kansas av
Bates Zelpha M tchr r212 W 13th
Battin Buford Rev (Cordelia) pastor Church of the Nazarene h710 N Washington av
Baum Jas H (Sarah) inspr r1020 S Lea av
Bauman Anna smstrs r323 S Main
Beach Rex W (Lina B) U S Army h1609 N Kansas av
Beadle Leona Mrs r500 E 5th
Beagles Albert L (Flora C) U S Army h411 W Wildy
Beagles Edw T (Nancy) auto mech h1711 Maryland av
Beagles Floyd (Gertrude) (Floyd's Auto Salvage) h ss E 2d 2 e Atkinson av
Beal Rose L hsekpr r309½ N Main
Bean Perry Jr (Hermie C) r115 W 12th
Bean R Perry (Berda G) real est h115 W 12th
Bean Richard G student r115 W 12th
Bean Saml R (Annie L) h308 E 8th
Bear Edna Mae Mrs sten N M Oil & Gas Assn h1308 N Main
Bear H Robt (Edna M) mechl supt Roswell Daily Record h1308 N Main
Beasley Cecil L (Margaret) servicemn Roswell Tractor & Imp Co h200 W Matthews
Beasley Elsie M Mrs nurse Medical & Surgical Clinic h404 W Tilden
Beasley Howard F (Jennie M) eng h800 N Missouri av
Beasley Ivy H (wid R F) r800 N Missouri av
Beasley Jennie May Mrs clk Kessel's Five & Ten Cent Store h800 N Missouri av
Beasley Jewel r303 N Pennsylvania av
Beasley Morris S (Elsie M) combinationmn Mt States Tel & Tel Co h404 W Tilden
Beaty Frank R (Frances) U S Army r801 W 8th
Beaty Wm H (Mayme L) (Beaty's Lndry) h310 W 14th
Beaty's Laundry (W H Beaty) 105-7 W 6th
Beavers Jas T h rear 501 S Main
Beck Anna B (wid L P) h707 E McGaffey
Beck David E (Ida B) h307 S Lea av
Becker Ella M (wid M O) r205½ N Kentucky av
Becker Genevieve (wid W J) h112 W Albuquerque
Becker Richard M (Evelyn) U S Army h203 N Lea av
Bedford Henry D (Virginia) landmn Gulf Oil Corp h1314 N Richardson av
Beeman E F "Jack" (Ethel) city firemn h520 E 7th
Beers Jno B (Marie W) cotton 602 E 2d r 2 mi e of city
Beers Virginia clk Nickson Hotel r same
Beeson Chas F (Mary C) phys 125 W 4th h312 N Pennsylvania av

Hamilton Roofing Co.

GEO E. BALDEREE Mgr.

We Feature Old American Roofing Shingles Siding Etc.

Free Estimates

Industrial and Residential Roofing and Sheet Metal Contractors

Bonded and Insured

Easy Payment Plan

303 N. Railroad Ave.

Phone 460

ROSWELL FORD AUTO CO.

Open All Night — SALES AND SERVICE PHONES 189 and 190 — One Stop Service Station

PHONE 14

A Lumber Number Since 1897

BIG JO LUMBER CO.

800 North Main

PHONE 14

Beighley Alvin J (Dessie M) whsemn Stockmen's Well Sup S Atkinson av 1 mi fr city
Beighley Gertie clk F W Woolworth Co r Rt 2 Box 164a
Bejarano Donaciano Rev (Andrea) pastor Mexican Baptis Ch h403 E Albuquerque
Belcher Albert M (Ida L) U S Army r725 E Alameda
Belcher Wm B (Rona) dept mgr Sears, Roebuck & Co h100 W Tilden
Belew Donald A (Nola M) clnr Roswell Lndry & Dry Clnr h406 W 13th
Belk D L (Mabel) h205 W 13th
Belk Mabel Mrs slsldy Popular Dry Goods Store h205 W 13tl
Bell Chas (Guadalupe) h1305 N Washington av
Bell Claude C (Dorothea) servicemn S W Public Service C h337 E 8th
Bell Flora (wid R D) h206 E Albuquerque
Bell Jno (Maggie L) r213 W 8th
Bell Leatha hlpr Nickson Coffee Shop
Bell Olen C (Beulah) ofc mgr Sunset Creamery h500 S Virginia av
Bell Ray bkpr Franklin Pet Corp r410 W Hendricks
Bell Roland V (Ellen) meteorologist in ch U S Weather Bure h310 S Kansas av
Bell Thos E (J J) lieut U S Army h307 W Albuquerque
Bell Winnie Mrs r122 E Hendricks
Bellama Dora G Mrs h308 N Kansas av
Bellamy Frank B ydmn 309 W 2d r207 S Michigan av
Bellgard Grats G (Willie) h105 E 8th
Bellgard Willie Mrs ironer Roswell Lndry & Dry Clnrs h10: E 8th
Bellue Wirt E (Marie E) U S Army r614 S Union av
Belshe Marshall H U S Army r501 E 4th
Belshe Melville D (Mabel) r501 E 4th
Belshe Robt G U S Army r501 E 4th
Belvin Henry D plantmn Sunset Creamery r ne of city
Benavides Agustin r rear 208 E Wildy
Bengston Nathan (Jean) lieut U S Army h E, 301 W Alameda
Benjamin Oliver (Tessie) U S Army r114 N Richardson a
Benke Bertha F dep city clk treas r907 S Main
Benke Dorothy office asst A A A r907 S Main
Benke Frank (Mary) trucker h907 S Main
Benke Frank Jr student r907 S Main
Benke Helen r907 S Main
Bennett Berta L credit mgr Montgomery Ward & Co r20i W Alameda
Bennett Naomi (wid Allen) (Cottage Court) h1010 E 2d
Bennett Saml (Jessie M) U S Army r1010 N Kansas av
Benson Aaron B (Geneva) U S Army r603 N Kentucky a
Benson Arthur C (Pauline) U S Army h310 W College blvc
Benson Elizabeth sten r B, 301 W Alameda
Benson Emma F (wid N J) h801 N Richardson av
Berger Martha (wid Julian) r104 S Missouri av

Flowers For All Occasions
PHONE 275
405 W. ALAMEDA
Member F. T. D, A.

Berkey Bowling Alleys (B B Poorbaugh) 210-12 W 2d
Bernard Edw O (Angelena) U S Army r611 N Richardson av
Berry Alex E (Leona B) (Berry's Cafe) h912 N Richardson
Berry Arthur (Lula) U S Army r109 N Richardson av
Berry Betty r324½ N Main
Berry E L (Gladys) r109½ S Main
Berry Glenn L (Alfreda C) air pilot U S Army h206 W Deming
Berry J Martin U S Army r609 W 9th
Berry Jas D (Iris) U S Army h309 14th
Berry Nannie I Mrs h609 W 9th
Berry's Cafe (A E Berry) 102 S Main
Besing Maxine Mrs r306 W 3d
Betcher Vivian usherette R E Griffith Theatres r204 E Bland
Beverage Audrey waitress Zeke's Cafe r510 N Kentucky av
BIG JO LUMBER CO, James A Lee mgr, 800 N Main, tel 14 a lumber number since 1897 (see left side lines)
Bigelow Florence C Mrs drftsmn U S Geological Survey h 1208 N Main
BIGELOW RUGS & CARPETS, Purdy's Furniture Co, 321-25 N Main, tel 197
Biggers Carley (Ella) porter r109 E Tilden
Biggers Ludie waitress Sunset Cafe r109 E Tilden
Biggers Vera Mrs r809 W 10th
Bilbo R W lab r ss W 2d bey city limits
Billings Herman (Bertha) h1816 N Kansas av
Bills L Clyde (Ruth) livestock h303 E Deming
BI-LO MARKET, Winfred Roy Binns prop, Complete Food Market, Everything That's Good to Eat; Sinclair products 501 E 2d, tel 824
Bingham Theron E (Cleo F) r109½ S Main
Binns Burwell chauf Yellow Cab Co r112 N Kansas av
Binns Mercantile Store (W B Binns) 111 E 2d
Binns Walter B (Una C) (Binns Mercantile Store) h112 S Kansas av
Binns Walter B Jr (Edna) (Yellow Cab Co) h904 W 2d
Binns Winfred Roy (Irene) prop Bi-Lo Market h501 E 2d
Bird see also Byrd
Bird Carl M (Madeline) (Carl M Bird Acctg Service) h48 Riverside dr
BIRD CARL M ACCOUNTING SERVICE (Carl M Bird) public accountants and auditors, 20 First Natl Bank bldg, tel 105
Bird Russell G (Bess) acct h506 W 4th
Bird Russell G Jr U S Army r506 W 4th
Birdsell Jerome M hlpr Easy Way Lndry r501 E 4th
Birnie Chas G (Louise) mech h110 W Mathews
Bisco Effie cook r115 E Walnut
Bishop Fred lieut U S Army r612 N Main
Bissell Harold R (Florence) mining eng h1512 N Washington
Bivens Roy T (Lula) stock farmer h ns E 2d 4 e Atkinson
Bivins Elizabeth S (wid L C) r104 N Lea av
Bizzell Jas M (Marie) collr J B Beers r702 S Kansas av
Black Gilbert dockmn Hill Lines Inc r123 E 3d

PAPER Products

WHOLESALE

GROCERIES | **JANITORS' SUPPLIES**

FEED

Roswell Trading Company

PHONE 126

STATE COLLECTION BUREAU, INC.

H. G. Parsons, Mgr.   H. R. Laurain, Pres.

BONDED - ESTABLISHED 1930

10 Bank of Commerce Bldg.   106 E. 4th   Phone 224

DRUGS

PECOS VALLEY DRUG CO.

The Rexall Store

FREE DELIVERY

312 N. MAIN

PHONE -1-

Black Paul (Nadine) U S Army r511 S Missouri av
Black T Richard (Georgia A) h ns E College blvd 6 e N Atkinson av
Blackmar Richard A (Estelle) asst mgr Central Hdw Inc 1206 Highland rd
Blackwell E Clyde (Cynthia) (Roswell Motor Supply) h708½ W 4th
Blackwell Edw (Rosa) U S Army r109 N Richardson av
Blair E Frank (Gladys) (White House Gro & Mkt) r113 N Kansas av
Blair E Frank Jr r113 N Kansas av
Blair Elmer (Dorothy) h9, 718 N Main
Blake Alva L (Lottie D) hlpr Johnston Pump Co h910 E Alameda
Blake Archie L (Edith) h905 N Michigan av
Blake Bessie Mrs slsldy Merritt's Ladies Store h106 E 1s
Blake Chas P (Martha) police h1614 N Missouri av
Blake Edwin R (Bessie) (Navajo Weavers) h106 E 1st
Blake Edwin R Jr (Lula B) (Navajo Weavers) r106 E 1s
Blake Harry D (Barbara) instr N M Military Inst h1309 N Kentucky av
Blake Willis L hlpr Johnston Pump Co r910 E Alameda
Blakely Berry r600 N Richardson av
Blakeney Lloyd (Ozella) police h209 S Montana av
Blalock Jas E (Clara) carp h1610 N Michigan av
Blancet Jaunda usherette R E Griffith Theatres r711 S Main
Blancet Oneita Mrs h711 S Main
Blancet Pauline cash R E Griffith Theatres r711 S Main
Blanchard Jas G (Ruby) farmer r618 S Atkinson av
Blanchett Isabel clk F W Woolworth Co r1013 N Main
Blanco Eva (Everybody's Cafe) r100 E Alameda
Blankenship Frank (Mae) cook Busy Bee Cafe r114 N Richardson av
Blankenship Mae Mrs slsldy Firestone Stores r114 N Richardson av
Blanscet A O reprmn O K Rubber Welding r nw of city
Blanton Maynard L mgr Fisher Body Shop r ½ mi ne intersection Atkinson and College
Blashek Frank H corn meal grinder h900 E College blvd
Blashek Patrick G farmer h701 E College blvd
Blea Jno D (Charlotte M) electn Purdy Elec Co h106 W Albuquerque
Blevins Seada (wid J B) h1305 W 7th
Blivins Kirby (Lela) mech h1210½ N Richardson av
BLOCKSOM FREDERICK W (Madge) asst cash First Nat Bank of Roswell, v-pres Mortgage Loans Inc, h605 N Lea av tel 486
Bloodworth Ardell L Mrs clk Montgomery Ward & Co h80? N Delaware av
Bloodworth Hughie C (Hallie M) contr 208 W Mathews h same
Bloodworth J Perry (Rosalie) whsemn Omar Leach & Co h 908 Richardson av

oodworth Rosalie Mrs slsldy Everybody's Cash Store h908 N Richardson av
oodworth Susie M Mrs h1308 S Richardson av
oodworth Wm P (Ardell L) slsmn Omar Leach & Co h805 N Delaware av
oom J Edw (Monetta) cattlemn h200 N Kansas av
ough Bernice L (wid F L) sten h107 S Missouri av
ough Frank L U S Army r107 S Missouri av
ough Pauline waitress Bright Spot
ount H Kenneth hlpr Clardy's Dairy r413½ E 5th
ount Harold H (Hazel S) U S Army r205 W 5th
ount Jos E (Daisy L) firemn h413½ E 5th
ue Top Cottages (W H Johnson) 501 E 4th
ythe Harrie W (Helen) slsmn Wilmot Hdw Co h1009 Highland rd
ard of Education C E Hinkle pres F L Austin v-pres J E Johns sec A D Jones H H McGee 300 N Kentucky av
ardman Wm T bkpr Car Part Depot r202½ E 2d
b's Place (Bob Whittle) barbecue 1004 W 2d
bo Jos S (Florence) h901 Mathews
ckman Jos B (Grace) 2d v-pres Dominion Oil & Gas Co h 1401 Highland rd
de Dorothy I r505 S Kentucky av
de Geo r505 S Kentucky av
de Oscar G (Lela I) woodwkr h505 S Kentucky av
ehms Robt E (Zelma) slsmn Omar Leach & Co h1018 S Lea av
ellner Arden R (Hazel) lieut col U S Army (Boellner's) h508 N Missouri av
ellner Louis B (Martha) (Boellner's) h404 S Kentucky av
ellner's (L B and A R Boellner) jwlrs 316 N Main
gan Houston N (Ann) hd bkpr First Natl Bank h118 E Hendricks
ggs Florence (wid J N) h1308 N Virginia av
ggs Leonard r1308 N Virginia av
ggs Orval B (Susie) optician T E Boggs mgr Spring River Tourist Camp h same

OGGS T E, graduate optometrist, specialist in examining eyes and fitting glasses, lenses ground in our own laboratory, 309 N Main, tel 21, h103 W 11th, tel 1563

ogle Inez Mrs h617 E 5th
olin Alton R U S Army r610 W 18th
olin Etta Mrs h610 W 18th
olin Loren H (Gloria) lubricationmn Firestone Stores r802 N Virginia av
olin Willis D (Glenda F) sgt U S Army r113 N Kentucky
olton Claude F (Mary E) drvr Two-O-One Cab Co h404 W 18th
olton Edith sten Grazing Service U S Dept of Interior r601 S Washington av
on Ton Shop (Mrs M I Palmer) ladies wear 311 Main

PANHANDLE LUMBER
COMPANY, INC.
"COMPLETE BUILDING SERVICE"
PLAN SERVICE — FINANCING

107-11 W. Alameda   Phone 5!

PURE MILK

Clardy's Dairy

Since 1912

Producer and Distributor of Quality Dairy Products and Ice Cream

200-202 E. 5th

Phone 796

BOND-BAKER CO LTD (Clark A Baker, Franklin Bond, Do ald E Gillespie) wool commission merchants, dealers in hid and pelts, E 4th nw cor Grand av, tel 1090 (see page 4)
Bond Franklin (Bond-Baker Co Ltd) r Albuquerque N
Bond Wm carp r502 S Virginia av
BONDURANT WM E (Hazel) treas Pecos Valley Pkg Co, co ton buyer, road contr, 112 W 3d, tel 169, h708 N Lea av, t 381
Bondurant Wm E Jr student r708 N Lea av
Bone Geo (Tribbie L) h302½ E 8th
Bonine Arlyn clk Pecos Valley Drug Co r615 N Richardso
Bonner Monroe (Della) porter Bright Spot r121 E 10th
Bonney C D (Sara L) h406 S Pennsylvania av
BONNEY CECIL (Amelia G) active v-pres Chaves Coun Building & Loan Assn; mgr Fidelity Ins Agcy, 105 W 3d, t 71, h609 W 5th, tel 347
Booher Christine mech r501 E 5th
Booher Lane F (Odessa) rancher r105 E 7th
Booher Norman ydmn Big Jo Lmbr Co r105 E 7th
Booher Odessa Mrs (Seventh St Lndry) r105 E 7th
Booker Annie Myrtle Mrs hlpr Victory Cafe
Boone Vernon J mech r301 E Bland
Boothe Gertrude E (wid C E) h205 N Michigan av
Borah W A pntr r104 W Alameda
Borem Harry W (Mayme) mech Purdy's Furn Co h319 E 8
Borem Robt U S Army r319 E 8th
Borgmeir Kenneth B (Marguerite) sta agt Municipal Air Po r Municipal Air Port
Boswell Martin (Josephine M) lieut U S Army r401 S Lea
Boswell Thornton H Jr (Mildred M) sec-treas Roswell Prod Credit Assn h401 S Lea av
Boswell Thornton H III student r401 S Lea av
Botkin Michael E h930 Jefferson
Bottoms Auburn (Marjorie) in ch Bureau of The Census U Dept of Commerce h803 W Kentucky av
Bottoms Marjorie Mrs nurse Dr I J Marshall h803 N Kentuck
Bottomstone Bert A (Louise G) U S Air Corps r501 E 5th
Bottomstone Louise G Mrs cash Mrs Lee's Cafe r501 E 5
Bourke see also Burk
Bourke Margaret E tchr Highland Sch r207 S Lea av
Bowen R R (Clarice) U S Army r507 N Missouri av
Bowers Edw J (Johnanna) U S Army h1007 N Lea av
Bowers Eldee (Helen L) U S Army h808 N Washington
Bowers Emmett A (Ann) ins r15 Morningside pl
Bowers Jeff D (Ellen) eng wtchmn AT&SF h420 E 5th
Bowie Jno B reprmn Dabbs Furn Co r116 E 2d
Bowman Chas G (Mary L) instr h704 W Tilden
Bowman Lewis O (Mildred) slsmn h109 N Kentucky av
Bowman Mary L Mrs slsldy Price & Co h704 W Tilden
Bowman Robt L (Helen L) U S Army r706 S Richardson
BOY SCOUTS OF AMERICA EASTERN NEW MEXIC Area Council, J E Newman scout exec, 10 First Natl Bar bldg, tel 219

Wilmot Hardware Co.
ESTABLISHED 1911

Wholesale
Retail

Boyce Saml (Rachel) slsmn Pecos Valley Coca-Cola Bott Co r Rt 2 Box 71B
Boyd Bonnie L r1211 S Main
Boyd Denver U S Army r G W Boyd
Boyd Ervin C (Elizabeth) plmbr h810 S Kentucky av
Boyd Geo W (Collia) lab h ss Country Club rd 11 e N Main
Boyd Grady U S Army r G W Boyd
Boyd Helen tchr Roswell High Sch r211 W 1st
Boydstun Bula (wid J F) h720 N Main
Boyer Edw E (Edith) porter Davidson Sup Co r rear 110 E Alameda
Boyer Henry W H H (Annie) h107 S Kansas av
Boyer Maudie cook h218 S Virginia av
Boyer Pinkey h503 S Grand av
Boyer Porter (Lola) janitor h302 E Hendricks
Boyer Porter Jr r302 E Hendricks
Boyer Sherwood (Cynthia E) r108 S Montana av
Boykin Gerald V (Pauline P) nightmn Hill Lines r207 S Union av
Boykin Lillian (wid R H) h201 W Bland
Boykin Robt H (Lucille) U S Army r701 N Richardson
Boykin Travis H (Ruby) rep Douglas-Guardian Whse Corp r201 W Bland
Boyle Arthur A mgr Midget Photo Shop r223 W McGaffey
Bozarth Wm J (Alma E) h623 N Richardson av
Brabham Edith A student r206 N Pennsylvania av
Brabham Patricia student r206 N Pennsylvania av
Brabham Thos M U S Army r206 N Pennsylvania av
Brabham Thos W Rev (Mariam B) pastor First Methodist Ch h206 N Pennsylvania av
Brackeen A Elmore (Yvo) r rear 608 W 9th
Brackeen Kelsey E U S Army r rear 608 W 9th
Brackeen Myrtle Mrs h rear 608 W 9th
Brackeen Orville (Marie) r rear 608 W 9th
Bracy Robt (Mandy) porter Nickson Hotel r805 W Walnut
Bradley Frances r307 E 7th
Bradley Frank (Elsie) h808 N Richardson av
Bradley Frank G (Esther) carp h307 E 7th
Bradley Jas L (Lucy E) carp h1006 S Lea av
Bradley Jewel (Rosetta) r310 N Union av
BRADLEY ROBERT L (Mary E) physician, 219 J P White bldg, tel 147, h508 N Kentucky av, tel 83
Bradley Saml (Jo) plmbr Hill Plmbg & Htg Co r 1 mi e of city
Bradley Zelda sten r107 E McGaffey
Bradshaw Ervin N (Loree) h5 604 N Virginia av
Bradshaw Jessie J presser Roswell Lndry & Dry Clnrs r402 S Delaware av
Bradstreet Nellie A (wid L H) h403 S Missouri av
Bradvica Geo U S Army r303 N Pennsylvania av
Brady Barney W U S Army r400 E Hendricks
Brady Bernier M Mrs clk Montgomery Ward & Co h C, 301 W Alameda

KELVINATOR
Electric
Refrigerators

Maytag
Washing
Machines

Magic Chef
Gas Ranges

Philco
Radios
Sales and
Service

Samson
Windmills

Engines

Fencing

Paint

Guns and
Amunition

Sporting
Goods

115-17
N. Main

PHONE
634

STANDARD BRAND PULLORUM TESTED BABY CHICKS

Embryo fed chicks and

PURINA CHOWS

FEED

Hay and Grain

C. F. & I.
Dawson &
RATON

Kindling

Pecos Valley Trading Co. & Hatchery

603
N. Virginia

PHONE
412

Brady C H (Bernier M) U S Army h C, 301 W Alameda
Brady Doris Mrs sec Dist Atty r207 N Michigan av
Brady Irvin U S Army r400 E Hendricks
Brady Michael (Josefita) U S Army h308½ E Hendricks
Brady Orlando G (Olympia) h411 E Bland
Brady Primitivo S (Josefita) real est h400 E Hendricks
Brady Wm E (Rosaria) lab r200 E Hendricks
Bragg Alyeene Mrs slsldy Merritt's Ladies Store r408 S Pensylvania av
Bragg Margaret sten r504 S Lea av
Bragg Thos (Alyeene) U S Army r408 S Pennsylvania av
Bragg Wm J (Eva G) h504 S Lea av
Brainard Peggy tchr Jr High Sch r414 W Alameda
Brand Dorell F Mrs emp E T Amonett h810 W Tilden
Brand Raymond D student r810 W Tilden
Brand Wm M (Dorell F) boot shop formn E T Amonett h8⎯ W Tilden
Brandt Julia F Mrs opr Mt States Tel & Tel Co h304 W 4⎯
Brandt Wm (Julia F) U S Army h304 W 4th
Branham Jas S (Marguerite) h55 Riverside dr
Brantley Arvel (Mildred) drvr Two-O-One Cab Co h808 ⎯ Walnut
Brasher Jess E (Pearl) delmn A A Gilliland & Co h ns Pea⎯ 2 e Orchard av
Braswell G Aaron (Odessa) h808 N Michigan av
Braun see also Brown
Braun Matilda nurse r627 N Richardson av
Bray Bertha M (wid J P) (Bray-Moore Shop) h507 N Ke⎯ tucky av
Bray-Moore Shop (Mrs B M Bray Mrs A W Moore) ladi⎯ wear 109 W 3d
Brazwell Bobbie Mrs r306 S Ohio av
Brenan H Fred (Laura) eng h11 Riverside dr
Brenan Mildred student r 11 Riverside dr
Brennan Elmer (Hope) U S Navy r110 W 4th
Brenneman I Otis (Norman) slsmn The Model h1209 N Ke⎯ tucky av
Brenneman Jno carp r rear 901 E Alameda
Brenneman Richard O student r1209 N Kentucky av
Bresler Geo U S Army r208 W Alameda
Brewer Edw W (Beulah) farmer h ss E Alameda 3 e A⎯ kinson av
Brewer Julia Mrs r306 N Pennsylvania av
Brewster Chas S (Hattie) lab h507 N Missouri av
Brewster Kenneth U S Navy r507 N Missouri av
Brice Chas R (Evelyn P) justice Supreme Court of N M offi⎯ 422 J P White bldg h800 N Richardson av
Bridenstine Kermit H (Matilda J) h605 N Richardson av
Bridenstine Matilda J Mrs cash S W Public Service Co h605 ⎯ Richardson av
Bridge Bart (Minnie) h1111 W Tilden
Bridge Clarence K (Wilma R) lab r rear 309 E Summit
Bridge Hotel J P Bridge mgr 104½ N Main

idge J P (Julia) mgr Bridge Hotel h104½ N Main
idge Thos J (Alberta) h ns E McGaffey 2 e S Atkinson av
iggs Carl R (Winnie) r705 S Kansas av
iggs Denva E (Lois) h es Stanton av 1s Chisum
iggs Howard S (Thelma) drvr Two-O-One Cab Co h301½ E 8th
iggs Robt (Hazel) carp r1814 Maryland av
iggs Walter G U S Army r409 S Main
iggs Wm U S Army r409 S Main
iggs Wm W (Martha L) h409 S Main
ight Spot (Mrs Clarice Horton) restr 1000 N Main
imer Cecil E (Lena M) U S Army r409 W 2d
inck Augusta (wid Fritz) h609 N Missouri av
inker Kathryn Mrs office sec Holsum Baking Co r5 mi ne of city
inkley Fred (Edna) h1606 N Kentucky av
riones Bernardo r Zeferino Briones
riones Zeferino lab h e end E Alameda
risco Jesse (Josie) lab h115 W 10th
risco Jno r204 E Alameda
risco Nolan L (Nancy) lab h1808 N Kentucky av
risco Paul (M Jean) slsmn Sunset Creamery r115 W 10th
risco Wm C (Effie) slsmn Sunset Creamery h1200 N Atkinson
riscoe Doris h4, 111 S Virginia av
riseno Matias G (Bennie) firemn Pecos Valley Comp r708 E Walnut
ristow Nolan F (Lois) mech Myers Co r Rt 1 Box 308
ritt Opal waitress r419 E 4th
ritt Roy (Dorothy) U S Army r419 E 4th
ritton Helen clk F W Woolworth Co r1821 N Missouri av
ritton Horace (Alta) carp h523 E 5th
ritton Mary E (wid J A) h403 E 4th
roadway Cafe (Birl Smith) 301 S Main
rochheuser Jno J (Anna M) farmer h601 E 3d
rock Arley A (Edna D) tel opr A T & S F h810 W 2d
rock Edna D Mrs alterations Excelsior Clnrs & Dyers h810 W 2d
rock Fay truck drvr r211½ S Main
rock Roy M (Sophia) farmwkr h700 N Missouri av
rockman Jno E (Harriet E) contr h901 N Richardson av
rockman Lambert Rev O F M pastor St John's Mex Catholic Ch r805 S Main
rooks Innis J (Iris) carp r321½ E 6th
rooks Elnora E h811 W 1st
rooks Geo P (Andy) ins h607 W 1st
rooks Robt L (Mabel B) h1003 E McGaffey
rooks Stephen V (Samantha) h1313 N Washington
rookshier Beverly N receptionist Crile Studio r618 N Main
rookshier Jack T storekpr r618 N Main
rookshier June tchr r603 N Richardson av
rookshier Orville B (Dola) inspr h618 N Main
rown see also Braun
rown A Neal (Mabel) U S Army r811 N Pennsylvania av

Johnson Lodewick

Refiners and Marketers of Petroleum Products

Distributors for Southeastern New Mexico of QUAKER STATE MOTOR OILS

New Mexico Distributors for Barnsdall Oil Co.

813 N. Virginia Ave.

Phone 164

R. O. ANDERSON President

DALE FISCHBECK General Supt.

Phone 23 "SKIDDO"

ARMOLD TRANSFER & STORAGE
STORAGE - CRATING - SHIPPING
"We Move Anything"   419 N. Virginia

CAR PARTS DEPOT INC.

Distributors
Automotive Supplies and Equipment

Welding Equipment and Supplies

PHONE 205

401 N. Virginia Ave.

P. O. Box 1288

Brown Alice (wid Chas) h504 N Pennsylvania av
Brown Alice G sten r109 W Mathews
Brown Annie (wid C H) h109 S Pennsylvania av
Brown Apartments 111 S Virginia av
Brown Burton H (Hattie) (Sanitary Barber Shop) h1301 Kentucky av
Brown Calvin J (Sallie) (Brownie Cafe) h1806 N Maryland
Brown Chas L (E Frances) parts mgr Roswell Auto Co r610 Pennsylvania av
Brown Chas S (Florence) pntr h1208½ W 8th
Brown Clarence C brkmn AT&SF r114 Pear
Brown David T r115 E College blvd
Brown Donald lieut U S Army r109 W Mathews
Brown Donald A (Helen) cond A T & S F h625 E 6th
Brown De Loyd U S Army r713a N Grand av
Brown Don (Merle) court reporter 5th Judicial Dist h803 N Kentucky av
Brown E Frances Mrs bkpr Omar Leach & Co r610 S Pennsylvania av
Brown E Luther (Erma A) asst postmaster h115 S Richardson
Brown E Luther Jr U S Army r115 S Richardson av
Brown Easter L r912 N Union av
Brown Edith Mrs emp Roswell Lndry & Dry Clnrs h338 E 7
Brown Ella F dom 408 S Pennsylvania av r407 E Deming
Brown Ernestine waitress r205 S Virginia av
Brown Eunice r202½ E 2d
Brown Geo (Lorene) h713a N Grand av
Brown Geo A (Jennie M) chef Mrs Lee's Cafe h722 E Alameda
Brown Geo B (Lou) h1029 W 13th
Brown Geo W (Sallie) U S Army r807 N Richardson av
Brown Gilmer (Lucille) (Brown's Barber & Beauty Shop) h1204 W 8th
Brown H B oil mill wkr r207 E Alameda
Brown H Florence Mrs (Brown's Barber & Beauty Shop) 1208½ W 8th
Brown Harlow F (Pauline L) U S Army h103 E 8th
Brown Harold R (Edith P) capt U S Army h300 E Bland
Brown Herbert C (Owl Sign Co) h1003 S Lea av
Brown Horace (Roxie) rancher r115 E Walnut
Brown Howard announcer Radio Sta K G K L r115 E College blvd
Brown Howart T r rear 1201 W 8th
Brown I Louise r109 W Mathews
Brown Iva Mrs h608 S Main
Brown J Harwood (Lela) drvr N M Transptn Co h109 Mathews
Brown J Thos h1726 Maryland av
Brown Jack J (Leta) h506 W 19th
Brown Jas W (Edith) floor sander h338 E 7th
Brown Julia tchr Mark Howell Sch r802 N Richardson av
Brown Lee (Ruth) r600 N Richardson av
Brown Leon V (Maggie) sgt U S Army h905 N Missouri av
Brown Lillie M (wid C C) h114 Pear

BIGELOW RUGS
AND CARPETS
DRAPERIES
LINOLEUMS
WASHING MACHINES

Purdys' Furniture Company
321-25 N. MAIN   PHONE 197

KARPEN FURNITURE
STOVES AND RANGES
UPHOLSTERING
VENETIAN BLINDS
WINDOW SHADES

Brown Lucille r713a N Grand av
Brown Lynn R U S Navy r109 W Mathews
Brown Maid Shop (Mrs Ruth Brown) curios 115 E College blvd
Brown Martha Mrs h1719 Maryland av
Brown Mary O (wid Ross C) rancher h302 N Kansas av
Brown Neal A (Ruth) carrier P O h115 E College blvd
Brown Orville S (Jessie) grocer 324 N Richardson av h308 N Pennsylvania av
Brown Paul C (Anne C) U S Army h304 S Pennsylvania av
Brown Richard doorman R E Griffith Theatres r509 N Richardson av
Brown Robt (Dorothy) U S Army r803 N Pennsylvania av
Brown Robt L (Louella) athletic dir N M Military Inst h710 N Kentucky av
Brown Ross porter G W Shoemaker r204 E Alameda
Brown Roxie (Sunset Cafe) r115 E Walnut
Brown Ruby P Mrs mgr El Capitan Hotel r same
Brown Russell emp Roswell Gin Co h609 E 2d
Brown Ruth Mrs (Brown Maid Shop) h115 E College blvd
Brown Ted M student r115 S Richardson av
Brown Wesley G ranchmn r608 S Main
Brown Wiley M plantmn Pecos Valley Coca-Cola Bott Co r Rt 1 Box 12
Brown Wm U S Army r713a N Grand av
Brown Wm shoe shiner r204 E Alameda
Brown Wm H r1003 S Lea av
Brown Wm H U S Army r109 W Mathews
Brown Wm T (Dorothy) mach Palace Machine Shop h404 W 19th
Brown Winston (Juanita) embalmer Ballard Funeral Home h 105 W Walnut
Brown Zula (wid W F) waitress Club Cafe r514 E 7th
Brown's Barber & Beauty Shop (Gilmer and Mrs H F Brown) 108 W 4th
Brownd Margaret Mrs opr Norton Beauty Shop r207 W 5th
Brownie Cafe (C J Brown) 207 N Main
Browning Walter B (Ruthie) (Service Garage & Service Sta) r1411 W 2d
Brownlow Thos S (Emil G) cement wkr h313 E McGaffey
Bruin Geneva sec Atwood & Malone r505 N Kentucky av
Bruin Leina (wid Fred) office sec W L Troutt & Co h505 N Kentucky av
Brumfield Calvin E (Jane) sgt U S Army r505 W Walnut
Brumley Emma C (wid O A) r1403 W 2d
Brunk Geo E (Nell) cash A A Gilliland & Co h304 W Mathews
Bruster G L (Goldie L) firemn h109 E Forest
Bryant Dorothy r707 N Grand av
Bryant Harold B (Alice) slsmn Holsum Baking Co h302 E Bland
Bryant Jno A (Deborah) lieut U S Army h633 E 6th
Bryant Otis W (Alice) r707 N Grand av

Drink

Delicious
and
Refreshing

PECOS
VALLEY

Bottling
Co.

908-10
N. Main

PHONE
771

TAXI

201 Curtis Corn, Owner — **201** 3d and Richardson Ave

Dr. R. S. Attaway D.V.M.

Chaves County's Only **Qualified (Graduate) Practicing Veterinarian**

Large and Small Animal Practice

PHONE 636

403 East 2d.

Bryant Saml E (Ruby L) carrier P O h102, 109 W 5th
Bryant Sarah E (wid H E) h611 N Garden av
Buchanan Alice h rear 106 Sunset av
Buchanan Clara B (wid H C) cash Wilmot Hdw Co h604 Lea av
Buchanan Jos B (Juanita) mech N M Transptn Co h301 W M Gaffey
Buchenau Bernie (Mary) radio tech Zink's h1101 W 8th
Buchly Daisy (wid W C) h207 W 7th
Buchly Howard C (Lucille) lawyer 27 First Natl Bank bld h205 W 7th
Buchte Eugene (Idella) sgt U S Army r1101 W Walnut
Buck Gilbert G (Blanche) slsmn h1208 Highland rd
Buellesfeld Emma (wid M E) r406 N Michigan av
Bull Jas R (Helen E) lieut U S Army r406 W Hendricks
Bullard Amos H (Irene) h112 W Tilden
Bullard Lawrence B (Craft Work Sup Co) r112 W Tilden
Bullock Herbert W (Claudia) electn r408 E 5th
Bullock Oscar L (Helen) (Bullock's Jwlry Store) h404 W Hendricks
Bullock Wm P (Betty) U S Army r1010 E 2d
Bullock's Jewelry Store (O L Bullock) 311 N Main
Bumper Ellen Mrs clk Sunset Creamery r100 N Kentucky a
Bumper Uel (Ellen) mech r100 N Kentucky av
Bunch Andrew M (Eva M) mech h341 E 8th
Bunch Chas M (Sarah E) clk Palace Transfer h405 N Pennsylvania av
Bunch Reba mech r W E Bunch
Bunch Vera mech r W E Bunch
Bunch Wm E (Nora) lab h ss E 2d 12 e Atkinson av
Bungalow Courts Mrs M P Schwab mgr 501 S Lea av
Bunish Paul (Louise) U S Army r204 N Atkinson av
Bunn A S (Velma) U S Army r302 N Pennsylvania av
Bunte Idalia Mrs waitress White Rock Cafe
Bunton Oscar J (Lela) mech h ns Country Club rd 1 e N Mai
Burciaga Ernesto U S Army r1200 N Missouri av
Burciaga Lorenzo U S Army r1200 N Missouri av
Burciaga M Antonio lab h1200 N Missouri av
Burden Henry L (Myrtle) trucker h1814 N Lea av
Burdette Howard D (Dora L) sec-treas McNally-Hall Moto Co h302 S Missouri av
Burdette Mary V tchr Washington Av Sch r302 S Missouri av
Burdette Robt S student r302 S Missouri av
Burgoon Myra opr Mt States Tel & Tel Co r nw of city
Burk see also Bourke
Burk Billie typist r101 S Union av
Burk Don (Betty) lieut U S Army h910½ N Richardson av
Burk Edna (wid L R) r204 N Missouri av
Burk Jesse T (Orphia) aircraft mech r107 E Mathews
Burke Ella (wid J W) (Texas Rooms) h111½ N Main
Burke Jas B (Minnie) (Burke's Tire Shop) h rear 606 E 2d
Burke Roger vulc Burke's Tire Shop r rear 606 E 2d
Burke Vernon vulc Burke's Tire Shop r606 E 2d

GESSERT-SANDERS ABSTRACT CO.
ABSTRACTS OF TITLE

109 E. Third St.   Phone 493

urke Vivian student r rear 606 E 2d
urke's Tire Shop (J B Burke) 606 E 2d
urkhead Jno C (Beth) refrig mech Wilmot Hdw Co h1313 N Lea av
urkstaller Frederick P (Ida M) pntr 200 S Main h406 S Kansas av
urkstaller Herman F (Dorothy) pntr F P Burkstaller h605 S Missouri av
urkstaller Wm E (Julice) slsmn Pecos Valley Lmbr Co h810 S Michigan av
urleson Sallie S h rear 206 S Michigan av
urnett Bessie Mrs slsldy J C Penney Co h806 W Albuquerque
urnett Clyde K Jr slsmn Pecos Valley Drug Co r1515 N Missouri av
urnett David P mech r500 N Richardson av
urnett Realty Co (Thos N and Viola E Burnett) 402 N Main
urnett Roy A (Bessie) truck drvr h806 W Albuquerque
urnett Roy A Jr U S Army r806 W Albuquerque
urnett Thos N (Viola E) (Burnett Realty Co) h410 S Michigan av
urnett Viola E Mrs (Burnett Realty Co) dist mgr-financier Security Benefit Assn h410 S Michigan av
urney J Woodrow (Lora M) slsmn Pecos Valley Coca-Cola Bott Co r1520 N Missouri av
urney Lora M Mrs clk Jackson Food Store r1520 N Missouri
urnham Thos r104½ N Main
urns Chas W emp Elks Club h413 E 5th
urns Edwin L (Marie) (West Second St Gro & Mkt) h109 N Washington av
urns Jno (Minnie) lieut U S Navy h405 S Richardson av
urnside Omer C (Annie) U S Army h4, 506 W 2d
URNWORTH-COLL SHEET METAL SHOP (Frank Burnworth, Lawrence W Coll) sheet metal products, warm air heating, tanks, vats and troughs, 116 E 3d, tel 272
urnworth J Franklin (Anise) (Burnworth-Coll Sheet Mtl Shop) h123 Pear
urnworth V Dewey U S Army r123 Pear
urrier Jas M (Mollie) prop Katy's Cafe h110 S Union av
urrier Jas Oden hlpr Katy's Cafe r110 S Union av
urris Jas E (Elizabeth) plantmn Sunset Creamery h1207 W 13th
urrola Lillie r723 E Alameda
urrola Moises h730 E Tilden
urrola Raymond (Matilda) h723 E Alameda
urrola Raymond Jr r723 E Alameda
urroughs Guy (Beulah) slsmn r211 N Kentucky av
urrow R L (Florence) (Burrow's Service Sta) distbtr Gulf Oil Products h108 N Atkinson av
URROW'S SERVICE STATION (R L Burrow) "We know the roads" gas, oils, Goodrich tires, tubes, Goodrich batteries, vulcanizing, accessories, tourist supplies, wholesale and retail distributor of Gulf products, E 2d and Carlsbad Highway, tel 253

HINKLE MOTOR COMPANY
131 W. 2D ST.
WHOLESALE AUTOMOBILE PARTS AND EQUIPMENT
Serving New Mexico for 22 Years
Garage and Service Station Equipment
PHONE 12

EL PASO-PECOS VALLEY TRUCK LINES

J. L. NAYLOR, Owner CARL A. LONG, Local Agt
Daily, Dependable Service from and to EL PASO, LOS ANGELES and POINTS WEST
118 E. 4th St. Phone 16(

CLARDY'S PRODUCTS

Raw and Pasteurized

MILK

Butter
Cream
Butter Milk
Ice Cream

Delivered to Your Home or At Your Grocer

PHONE
7 9 6

200-202 E. 5th

Burson Wm trucker r900 S Atkinson av
Burton Herbert M (Fannie L) bootmkr Welter Saddlery C h709 E College blvd
Burton Homer E (Ova) trucker h609 S Atkinson av
Burton Jas B trucker r519 E 4th
Burton Jno C (Marguerite) opr Capitan Theatre h809 N Lea
Burton Jno G Jr student r512 E 6th
Burton Jos G (Bertha) trucker h519 E 4th
Burton Lowell W (Bettye J) mkt mgr Jackson Food Stor r501 E 4th
Burton Lura M waitress Te Pee Cafe r519 E 4th
Burton Ralph W (Clarissa A) phys h201 W McGaffey
Burton Ruby waitress Te Pee Cafe r519 E 4th
Burton Robt B (Laura) tractor opr r512 E 6th
Burton Ruby waitress r519 E 4th
Burton Wm Z (Flodell) U S Army r609 S Atkinson av
Burwick Edith r1008 S Pennsylvania av
Busby J B whsemn Roswell Trading Co r510 E 5th
Busby J Melvin (Minnie) former h510 E 5th
Busby Minnie Mrs pie mkr Snelson's Bakery h510 E 5th
Buscomb Wm T (Clove J) U S Army h1207 N Pennsylvania a
Busey J Jack (Nona) U S Army h906 N Kentucky av
Bush Elizabeth tkt agt Union Bus Depot r212 W 4th
Bush Henderson D (Jennie M) chiropractor 109 W 4th h52 E 4th
Bush Henry (Evelyn) h207 E Alameda
Bush Marian clk F W Woolworth Co r523 E 4th
Bush Morris D U S Army r523 E 4th
Bussell Edna M Mrs r504 S Montana av
Bussey Fred T U S Army r329 E 6th
Bussey Ralph E U S Army r329 E 6th
Bussey Thos E (Lillie B) firmen h329 E 6th
Bustamante Mary Mrs r701 E Bland
Bustamante Procopio (Mary) rancher h706 E Albuquerque
BUSY BEE CAFE (James Ralles) "Roswell's Leading Cafe 318 N Main, tel 281 (see right side lines)
BUTLER CHAS E (Fannie O) mgr Citizens Finance Co, 4C J P White bldg, tel 641, h105 N Michigan av, tel 1583
Butler Dora (wid Chas) h607 W Walnut
Butler Earl B (Lois) capt U S Army h328 E 6th
Butler Fannie O Mrs (Ball Studios) h105 N Michigan av
Butler J Weldon (Jeanne) radio eng h505 E 3d
Butler Jeanne clk F W Woolworth Co r505 E 3d
Butler Kenneth M (Nora) carp h608 S Atkinson av
Butler Lucas N (Evalyn) U S Army h107 N Missouri av
Butler Leslie H (Elma) carp h509 W College blvd
Butler Nora Mrs (Old Mill Cafe) r612 S Atkinson av
Butler Oran driller r612 S Atkinson av
Butler Rachel B Mrs r502 S Lea av
Butler Sam'l (Nannie E) driller h612 S Atkinson av
Bulter Walter C (Susette) h5, 111 S Virginia av
Butterbaugh Wm H Jr (Bernice K) field supvr Farm Cred Admin h408 N Union

"Say it with flowers" ALLISON FLORAL CO.

We Telegraph Them Anywhere   Expert Florists and Designers
Phone 408—Day or Night   707 S. Lea Ave.

59

utts Clyde I (Barbara) U S Army h1012 N Lea av
yard C W r414 N Missouri av
ybee Eula C tchr Jr High Sch r102 S Pennsylvania av
ybee N Bess r102 S Pennsylvania av
ybee Shelton C (Mary E) farmer h102 S Pennsylvania av
yers Jane C Mrs r608 W 4th
ynum Odie C (Velma) h627 N Richardson av
ynum Velma Mrs slsldy Singer Sewing Mach Co h627 N Richardson av
yram Lon (Cordea) r1309 N Kentucky av
yrd see also Bird
yrd Clifton r406 N Richardson av

C

abber Ann (Variety Liquor Store) r104 S Main
abber Max (Faye) U S Army h1109 N Richardson av
able Peyton R (Rosetta) r Camp Chavez
ahoon Laura H (wid E A) h612 N Kentucky av
ahoon Park N Michigan av nw cor 5th
ain A B (Dovie T) h203½ W Bland
alderon Adolfo G r414 E Bland
alderon Agustin (Maria) h105 Mulberry av
alderon David A (Concha A) lawyer h414 E Bland
alderon Victor (Natividad) garbagemn city h907 S Grand av
alhoun Hugh E (Mary) mech Municipal Airport h3, 306 W 3d
alifornia Stores Sol Stahl mgr 123 N Main
all Ruth sten Fire Co's Adj Bureau r811 N Kentucky av
allahan Carl C (Julia C) h106 N Richardson av
allahan Julia C Mrs (Kiva Beauty Salon) h106 N Richardson av
allaway House (Mrs N C Prunty) 509 N Richardson av
allaway Nettie C Mrs (Callaway House) h509 N Richardson av
allens Bessie J (wid W L) h911 W Alameda av
allens Richard D (Louise) mgr Municipal Air Port r911 W Alameda
alvary Baptist Church Rev C T Holtzclaw pastor 1007 W Alameda av
alvary Baptist Church (Spanish) Rev J G Sanchez pastor 600 E Tilden
ameas Day (Jesusita) h403 E Hendricks
amp Camino (J W Carter) 1001 N Main
amp Chavez F M Johnson mgr 2406-8 N Main
amp Cicero C (Annie) rancher h702 N Garden av
amp Elm Mrs Mina Graves mgr ws N Main 1 n Country Club rd
amp Frances V r705 S Virginia av
amp Fuston (Paul Ingram) 1013-17 W 2d
amp Jessie (wid E W) waitress h109 E 9th

Eat at

BUSY BEE CAFE

JIM RALLES

"Roswell's Leading Cafe"

318 N. Main

PHONE 281

MERRITT'S SMART APPAREL FOR WOMEN

319 North Main — PHONE 482 —

Johnston Pump Co.

DISTRIBUTORS OF

Johnston Turbine Pumps For New Mexico and West Texas

Domestic Pressure Systems

Electric Motors and Starters

108-110 S. Virginia Ave.

PHONE 70

Camp Jno J (Verla) servicemn S W Public Service Co h20(E Bland
Camp Mary clk r702 N Garden av
Campbell Academy of Beauty Culture (C L Campbell) 306 Richardson av
CAMPBELL ARCHIE (Lucille) mgr The Myers Co, 106-10 Main, tel 360, h22 Riverside av, tel 365
Campbell Clyde K Rev (Martha) dist supt Methodist Ch h7] N Richardson av
Campbell Court L (Mary L) (Campbell Academy of Beaut Culture) h807 W 8th
Campbell Curtis K (Lois B) U S Army r506 S Missouri av
Campbell Dovie emp Roswell Lndry & Dry Clnrs r706 W 9t
Campbell Eunice r104 S Montana av
Campbell Louise clk First Natl Bank r613 N Kentucky av
Campbell Wm D (Carrie G) carp r604 Sunset av
Campos Pascual (Rafaelita) h1107 W 11th
Canada Wade J (Nadine) clk Camp Camino r808 N Richardsc
Candelaria Pancratius Bro O F M r 805 S Main
Candia Jesus (Balerina) lab r400 E Hendricks
Cannon Harvey C (Ruby) lab h907 Jefferson
Cannon Jno P lease supt Dominion Oil & Gas Co r1000 Kentucky
Cannon Jos G U S Army r1000 S Kentucky av
Cannon Mary A (wid P H) h1000 S Kentucky av
Cannon Peter E eng r1000 S Kentucky av
Canter Manuel (Marian) U S Army r100 N Richardson av
Cantina Bar (Standard Liquor Stores) L L Smith mgr 107 3d
Cantrell Addie r4, 306 W 3d
Cantrell Julius C (Mary L) carp h515 E 4th
Cantrell Sidney T r515 E 4th
Cantu Manuel (Dominga) lab r718 E Tilden
Canty Lillie (wid F S) h507 E 4th
Capitan Theatre (Mrs Mary E Trieb) 314 N Main
Capriota Jos (Mae) U S Army h105 N Missouri av
CAR PARTS DEPOT INC, N F Rivers mgr, distributors aut(motive supplies and equipment, welding equipment and suj plies, 401 N Virginia av, tel 205, P O Box 1288 (see left sic lines)
Caranel Ernest (Gabriela) U S Army h310 E Hendricks
Caraway Esther Mrs (Caraway's Knit Shop) h203½ W 3
Caraway Geo P (Jonnie L) collr McNally-Hall Motor Co h10 109 W 5th
Caraway Jonnie L Mrs slsldy J C Penney Co h104, 109 W 5t
Caraway's Knit Shop (Mrs Esther Caraway) 203½ W 3d
Carbajal Bonnie (Sinferosa) r rear 700 E Tilden
Carbajal Lee baker Purity Baking Co r400 E Hendricks
Carbajal Mercedes hlpr Holsum Baking Co r400 E Hendricl
Card O Jeanne Mrs sec Geo T Watts r706 S Lea av
Card Wm L (O Jeanne) U S Army r706 S Lea av
Cardenas Carlos (Lucy B) r410 E Hendricks
Cardona Betty Mrs r105 Ash av

ELMER'S SERVICE STATION

ELMER LETCHER

We Employ EXPERIENCED Labor

600 No. Main St.,   Phone 102

ardona Cruz U S Army h901 E Walnut
ardona E C (S Varda) r901 E Walnut
ardona Lucy Mrs h732 (726) E Tilden
arl David L (Irene E) sgt U S Army r501d S Lea av
arlile Wm M (Edna) grocer 300 S Washington av h same
arlson Aug C (Quilla) maj U S Army h1009 W Hendricks
arlson Chas (Evelyn) sgt U S Army r100 S Lea av
arlson Donna J opr Mt States Tel & Tel Co r801 N Richardson
arlton Clergie F (Helen) truck drvr Hill Lines Inc h210 S Ohio av
arlton Helen Mrs waitress Mrs Lee's Cafe h210 S Ohio av
armichael Ed J (Dorothy L) U S Army r1306 N Lea av
armichael Edw P (Katie) real est 221 J P White bldg h1306 N Lea av
armona Isabel (Inez) h308 Elm
armona Isabel Jr U S Army r609 E Deming
armona Pedro U S Army r609 E Deming
armona Teodoro (Ruby) r801 W 11th
arnal W Roy (Dora E) truck drvr Johnson-Lodewick h308 S Ohio av
ARNEGIE LIBRARY, Louise Hamilton librarian, 127 W 3d tel 1086
arney Dewey constr formn N M Highway Dept r612 E 2d
aron Ethel r409 W 17th
aron Jno B (Bertha) real est h409 W 17th
arothers see also Caruthers
arathers Aubrey F (Hazel) mech McNally-Hall Motor Co r402 E 2d
arothers Geo N (Muriel) tchr Roswell High Sch h207 S Lea
arothers Keatha marker Roswell Lndry & Dry Clnrs r411 N Missouri av
arothers Miller whsemn J M Radford Gro Co r409 N Union av
ARPENTER ARTHUR B (Helen) lawyer, 413-15 J P White bldg, tel 395, h406 N Michigan av, tel 895
arpenter Clarence W (Allie) mech h ns E 2d 2e Atkinson av
arpenter Daniel E U S Army r1001 Plum
arpenter Dustin E (Marian) U S Army r627 E 6th
arpenter Hugh F gard h1001 Plum
arpenter Leroy (Frances) hlpr Armold Trans & Sto h1824 N Lea av
arpenter Martha S r1001 Plum
arper Ernest (Ruby S) mech McNally-Hall Motor Co h307 S Washington av
arper Jesse L (Margaret) mech Lowrey Auto Co h700 S Kansas av
arr see also Karr
arr Chester D (Lena J) h409 S Richardson av
arr Henry F (Adelle D) sgt U S Army h508 S Ohio av
arr Hubert (Lorene) slsmn h416 E 3d
arr Jack E (Mary L) eng h2, McPherson Apts
arr Jno R (Peggy A) capt U S Army h106 W Mathews
arr Julie Mrs h502 S Lea av
arr Lorena Mrs slsldy J C Penney Co h416 E 3d

Hamilton Roofing Co.

GEO E. BALDEREE
Mgr.

We Feature Old American Roofing Shingles Siding Etc.

Free Estimates

Industrial and Residential Roofing and Sheet Metal Contractors

Bonded and Insured

Easy Payment Plan

303 N. Railroad Ave.

Phone 460

ROSWELL FORD AUTO CO.

Open All Night — SALES AND SERVICE — **One Stop Service Station**
PHONES 189 and 190

PHONE 14

A Lumber Number Since 1897

BIG JO LUMBER CO.

800 North Main

PHONE 14

Carrara Jno (Virginia P) sgt U S Army h108 W Alamed
Carrell see also Carroll
Carrell Rex (June) mech h1106 W 8th
Carrigan Lena (wid J W) h112 N Montana av
CARRIGAN PAUL (Pearl) (Paul Carrigan Co) h417 E 4 tel 1367
CARRIGAN PAUL CO (Paul Carrigan) sheet metal product heating, air conditioning, Payne Gas Furnaces, tanks, trough 124 E 2d, tel 308 (see page 4)
Carrillo Felicitas (wid Doroteo) r115 E Tilden
Carrillo Manuel r115 E Tilden
Carrillo Jesus S restr 118 S Main h same
Carrillo Leo (Lola) lab h710 E Mathews
Carrillo Nicolasa Mrs r rear 503 E Mathews
Carrillo Urbano (Rosa) lab h509 E Albuquerque
Carrington Chas C (Ora) h1726 N Missouri av
Carroll see also Carrell
Carroll Bunah M (wid R F) r803 N Main
Carroll Evelyn Mrs sten h408 W 8th
Carroll Jas C hlpr Victory Cafe r Bridge Hotel
Carroll Jno F (Mattie) grocer 616 N Main h801 same
Carroll La Vanche r803 N Main
Carroll Lex (Ruth A) mech h702 W 9th
Carroll Oscar D (Evelyn) U S Army h408 W 8th
Carroll Roy J (Dorothy G) r310 S Lea av
Carson Grace (wid V) r1112 N Pennsylvania av
Carson Hannah J (wid Jno) nurse h301a E 8th
Carson Harry B (Ruby) meterdr S W Public Service Co r41 N Missouri av
Carson Ruby Mrs clk Brown Maid Shop r414 N Missouri av
Carson W Kit h619 W 13th
Carter Alfred N (Sara) instr N M Military Inst h1506 Washington av
Carter Edw E (Alice G) clk H & K Cash & Carry Gro & Ml h502 E College blvd
Carter Helen Mrs slsldy Ginsberg Music Co r405 N Kentuck
Carter Henry (Bertha) porter Don's Night Club h132 E 1st
Carter Isaac (Opal) ydmn McCracken Sup House r rear 60 E Tilden
Carter Isaac W (Sharlie L) (Camp Camino) h1001 N Main
Carter Jas R (Jewell M) carp r310 S Main
Carter Leland (Helen) meat ctr Camp Camino r405 N Ker tucky av
Carter Minnie W (wid H C) student r209 W 1st
Carter Oma r201 E College blvd
Carter Powhatan (Effie) rancher h502 N Lea av
Carter Powhatan Jr student r502 N Lea av
Carter Preston M lieut U S Army h1005 S Pennsylvania av
Carter Rufus H (Diana B) h401 N Richardson av
Carter Thos A (Hattie) h3 Morningside pl
Carter Warren (Ella) electn h705 N Washington av
Carter Wm C (Helen) lieut U S Army h ns E College blvd & N Atkinson av

Flowers For All Occasions
PHONE 275
405 W. ALAMEDA
Member F. T. D, A.

arter Wm C meat ctr Consumer's Food Mkt r306 W 2d
artright Jacob J h807 W 10th
aruthers see also Carothers
aruthers Claude S (Lois) mech Smith Machy Co h rear 512 E 2d
aruthers Raymond E (Ina E) mach h301 E Bland
arver School Wendal Sweatt prin 205 E Hendricks
aseholt Grace Mrs clk Montgomery Ward & Co h206 W Alameda
aseholt Phyllis student r206 W Alameda
asey Richard H (Gertrude) carp h915 E McGaffey
ass Benj S (Earline) clk A T & S F h414 N Michigan av
ass Earlene Mrs opr W U Tel Co h414 N Michigan av
assie Jno H (Edna) carp h926 Jefferson
ast C Eldon (Dorothy) auto mech h1007 E Walnut
astillo Pedro (Nickey) lab h805 E Bland
astle Leo (Guadalupe) U S Army r510 N Virginia av
astleberry Genoa Mrs slsldy Ayers Gift Shop h108 N Pennsylvania av
astleberry Louis M (Genoa) (Castleberry's Phillips Service Sta) h108 N Pennsylvania av
astleberry's Phillips Service Station (L M Castleberry) 300 W 2d
atano Alberto (Mary) greasemn McNally-Hall Motor Co r 502 E Hendricks
ates A Homer (Vera) barber h205 N Kentucky av
ates Alice O (wid J P) h906 W 7th
ates Almeda r508 W 19th
ates Arlie W r508 W 19th
ates Boyd lab r508 W 19th
ates Dorothy r508 W 19th
ates Jas W (Lillie) lab h707 N Grand av
ates Jess W (Anna) lab h508 W 19th
ates Jesse M (Blanche) U S Army h402 E 4th
ates Luther (Vera) farmwkr h305 E 8th
ates Melvin r305 E 8th
ates Sidney F (Opal) U S Army r707 N Grand av
atchcart Bennett clk Kipling's Confy r511 N Kentucky av
athcart Ruby Mrs h511 N Kentucky av
atola Tony (Laura B) electn r604 S Kansas av
atron Roy (Sylvia) roofer h1816 Maryland av
auhape Jeanne tchr r613 N Kentucky av
auhape Jno P (Frances) ranchmn h613 N Kentucky av
auhape Jno P Jr r613 N Kentucky av
authan Paul H Jr (June) lieut U S Army h1206 W 8th
avendor Noble S (Hazel) mgr Singer Sewing Mach Co r Rt 1 Box 256a
aywood Chas R (Alice M) h800 S Union av
aywood Geo W (Nora) farmer h504 E 4th
earnal Auzie E (Marjorie) lieut U S Army h707 S Main
ecil Beulah r303 N Pennsylvania av
entral Barber Shop (F O Graham) 122½ N Main
entral Grill (Mrs E B Johnson) 115 W 3d

PAPER Products

WHOLESALE

GROCERIES | **JANITORS' SUPPLIES**

FEED

Roswell Trading Company

PHONE 126

DRUGS

PECOS VALLEY DRUG CO.

The Rexall Store

FREE DELIVERY

312 N. MAIN

PHONE -1-

STATE COLLECTION BUREAU, INC.
H. G. Parsons, Mgr.   H. R. Laurain, Pres.
BONDED - ESTABLISHED 1930
10 Bank of Commerce Bldg.   106 E. 4th   Phone 224

CENTRAL HARDWARE INC, Tom Witten Jr pres-mgr, M: Zella Varney v-pres, Aliene Varney Witten sec-treas, whol sale and retail hardware, stoves, kitchenware, queenswar windmills and pipe, N Main se cor 3d, tel 177 (see fro cover)

Cervantes Manuel (Amalia) lab r801 W 11th

CHAMBER OF COMMERCE, W W Merritt pres, Jno W Ha v-pres, Claude Simpson sec, 400 N Main, tel 86

Chamberlain Clyde T magazine agt r412 W College blvd
Chamberlain Sherman G (Luberta) janitor h600 S Michigan a
Chamberlain Wm E (Sarah) yd formn Triangle Lmbr Co h41 W College blvd

CHAMBERS E YERBY (Cusseta B) consignee The Texa Company, S Virginia av ne cor E Tilden, tel 144, h410 S Le av, tel 1272

Chambers E Yerby Jr student r410 S Lea av
Chambers Jno W (Mary) carp h804 N Virginia av
Chambers Leroy F wshemn Roswell Cash Whol Gro r804] Virginia av
Chambers Perry J (Gladys D) contr 204 E McGaffey av same
Chambers Ray J carp r804 N Virginia av
Chambers Roy E (Dorothy) rep Texas Co h1200 Highland r
Chance Isaac W (Clydie M) firemn h114 W Bland
Chancelor T R (Claudie) r203½ W Bland
Chandler Ethel opr Roswell Beauty Shop r9 Morningside
Chandler Lee asst mgr Moseley's Coronado Tavern
Chandler Gus T (Mabel) rancher h1108 N Kentucky av
Chandler Phyllis dep county clk r206 N Pennsylvania av
Chaney W Floyd (Mabel L) rancher h408 N Lea av
Chaplin R Goldman (Etha) U S Army h906 W 3d
Chapman Benj (Charlotte J) farmer h325 E 8th
Chapman Larue C (Esther) U S Army h208 W 9th
Chapman Lloyd D (Vivian F) capt U S Army r1002½ V Tilden
Chappell Raydelle tchr r409 S Missouri av
Chastain Patricia opr Yucca Beauty Service & Cosmetic Sho r213 N Kentucky av
Chatham Goldman (Maurice) U S Army r414 E 5th
Chatham Maurice Mrs clk F W Woolworth Co r414 E 5th
Chatmas Jas C (Maxine) U S Army h606 N Ohio av
Chaves County Abstract Co (Inc) Lake J Frazier pres L Quantius v-pres Mrs Dorothy S Aldrich sec-treas 112 V 3d

CHAVES COUNTY BUILDING & LOAN ASSOCIATION (Inc W C Lawrence pres, Cecil Bonney active v-pres, C W Grie v-pres, G Ramer, asst sec, 105 W 3d, tel 71

GESSERT-SANDERS ABSTRACT CO.
ABSTRACTS OF TITLE

09 E. Third St.   **Phone 493**

[CH]AVES—COUNTY OF, Court House es N Main between 4th and 5th, Agricultural Agent, Tom Reid; Assessor, Jeff Liston; Commissioners, Jno Tweedy, Dist No 1; R D Wilkins, Dist No 2; Austin Reeves, Dist No 3; Constable, B H Thorne; County Clerk, Jno C Peck; District Attorney, Geo T Watts; District Clerk, Mrs Marcielle A Puckett; District Court, Fifth Judicial, J B McGhee, judge; Health Nurses, Mrs Esther V Schaubel, city school; Dorothy Newton, county health; Health Officer, O E Puckett, Carlsbad, N M; Dr W W Phillips asst, Matilde S Worthington sec; Home Extension Agent, Pauline Sparkman; Jail, 410 N Virginia av Justice of Peace, precinct 1, Harry Puryear; Probate Court Lucius Dills, judge; Probation Officer, LeRoy Thompson; Sheriff, S Patrick O'Neill; Superintendent of Schools, E Carroll White Jr; Surveyor, I B Rose; Treasurer, Julius Skinner

[Ch]aves County Selective Service Board Mrs A C Keith chf clk 231 Federal bldg
[Ch]avez Alex (Florinda) U S Army r Isaac Duran
[Ch]avez Andrea (wid W D) h700 E Bland
[Ch]avez Benancio (Geralda) h818 S Kentucky av
[Ch]avez Benigna Mrs h908 N Union av
[Ch]avez Dimetrio Mrs h rear 198 E Wildy
[Ch]avez Eduvigen C Mrs h rear 600 E Bland
[Ch]avez Eloy (Mercedes) lab r300 E Wildy
[Ch]avez Ezequiel U S Army r914 Jefferson
[Ch]avez Gene (Ollie) drvr Levers Bros h500 S Ohio av
[Ch]avez Isidro (Esther) lab street dept City h1002 S Lea av
[Ch]avez Jose weaver Navajo Weavers r323 S Main
[Ch]avez Juan (Felicitas) h904 N Union av
[Ch]avez Lloyd (Mercedes) r807 N Delaware av
[Ch]avez Lucy r908 N Union av
[Ch]avez Luis (Ona T) plstr h506 E Albuquerque
[Ch]avez Manuel H (Louisa K) (East Alameda Gro) h730 E Alameda
[Ch]avez Manuel lab street dept City r122 E 1st
[Ch]avez Miguel butcher hlpr Pecos Valley Pkg Co
[Ch]avez Mildred r101½ E Tilden
[Ch]avez Pablo h198 E Wildy
[Ch]avez Sally Mrs h107 E Tilden
[Ch]avez Seferino U S Army r914 Jefferson
[Ch]avez Simona maid 805 N Kentucky av r103 S Montana av
[Ch]avez Theatre J E "Ted" Jones mgr 105 N Main
[Ch]avez Tonita Mrs h914 Jefferson
[Ch]avez Vickie Mrs slsmn California Stores r600 E Bland
[Ch]eairs S Belle (wid Wm) r1008 W Walnut
[Ch]edester Jas M (Venoy M) h1400 N Kentucky av
[Ch]eek Bernie (Gloria) U S Army h1010 N Washington av
[Ch]eever Russell E (Ann) U S Army h113 N Michigan av
[Ch]erry C H carp r323 S Main
[Ch]esnutt Hazel E Mrs opr Mt States Tel & Tel Co r305 N Richardson av
[Ch]esser David T (Louvene) timekpr N M Highway Dept h116 E McGaffey

The Roswell Cotton Oil Co.

Mfrs. of

Molasses

Cubes

and

Cotton

Seed

Cake

301 E. 2d St.

PHONE 58

PANHANDLE LUMBER
COMPANY, INC.
"COMPLETE BUILDING SERVICE"
PLAN SERVICE — FINANCING
107-11 W. Alameda   Phone

PURE MILK

Clardy's Dairy
Since 1912
Producer and Distributor of Quality Dairy Products and Ice Cream
200-202 E. 5th
Phone 796

Chesser Rody (Mittie) r1207 N Virginia av
Chester Allie W farmer h rear 402 Lincoln
Chew Dewell (Juanita) h1201 N Ohio av
Chewning Louise Mrs asst sec Chamber of Commerce r E 5th
Chewning Margie Mrs office sec Armstrong & Armstrong r E 4th
Chewning Robt L (Louise) slsmn J C Penney Co r407 E
Chewning Virginia opr Erma's Beauty Shop r405 N Richa son av
Chewning Zeb (Nellie) janitor Court House r bsmt same
CHILDRESS FLOYD (Margaret) cash First Natl Bank Roswell, sec-treas Mortgage Loans Inc, h ss E 17th 1 AT&SF Ry, tel 1325-M
Childs Benj L (Betty) sheet metal wkr h906 W 2d
Childs Jno student r400 S Kentucky av
Childs Leona tchr East Side Sch r400 S Kentucky av
Childs Wm J (Winnie B) h400 S Kentucky av
Childs Winnie B Mrs alterations Royal Clnrs h400 S Kentuc
Chisum Booker T (Daisy L) U S Army r204 E Alameda
Chisum Daisy L r204 E Alameda
Chisum Jane h312 N Michigan av
Chitwood Earl (Lucile) projectionist R E Griffith Theat h509 E 4th
Chrisman see also Crisman
Chrisman Beatrice L Mrs clk F W Woolworth Co h1006 W
Chrisman Rue C (Beatrice L) ch fire dept h1006 W 1st
Chrisman Susie A (wid J R) h707 S Virginia av
Christian Science Reading Room Mrs Lizzie Williams librari 304½ N Richardson av
Christie Earl L (Neva) fuel inspr AT&SF Ry Co h205 Pennsylvania av
Christie Wm J (Parsons) U S Army r627 E 6th
Christman Earl (Edna) U S Army r111 S Richardson av
Christnot Alfred U S Army r909 W 10th
Christnot Frank (Bettie) carp h909 W 10th
Christopher Lovie (Pauline) porter C E Knight r116 W Bla
Christy Jos M bartndr Dock's Place r704 N Montana
Christy Warren B (Katherine) U S Army h627 E 6th
Chumley Jno W (Ora) h1206 N Kansas av
Chunning Robt L (Louise) slsmn r407 E 5th
Church Amelia B (wid J P) h210 S Kentucky av
Church Homer C (Sara) sgt U S Army h405 N Kansas av
Church Jos P (Frances) dist eng N M Highway Dept h206 1st
Church of Christ Rev A E Johnson pastor 900 S Main
Church of Christ Rev Marshal Davis pastor 1212 N Richards
Church of Christ 424 E 5th
Church of God Rev Oscar Gregory pastor 814 W 12th
Church of God in Christ Rev D A Cleaver pastor 200 S Ohio
Church of the Nazarene Rev Buford Battin pastor N Washi ton av nw cor 8th
Churchman Homer C (Allie) beauty opr h1001 E McGaffey

 Wholesale Retail

urchwell Geo C (Virginia M) sgt U S Army r209 W Deming
urchwell J Thos (Velma) lab h309 N Kentucky av
sco Cliff S (Beatrice) dep collr U S Internal Revenue Office h717 N Main
sneros Andrew r406 E Albuquerque
sneros Isidro (Manuelita) drvr N M Highway Dept h406 E Albuquerque
TIZENS FINANCE CO, Chas E Butler mgr, personal loans, 401 J P White bldg, tel 641
tty Floyd F (Gertrude) acct r209 N Missouri av
TY DIRECTORY, Hudspeth Directory Co publishers, 749 First Natl Bank bldg, El Paso, Texas
ty Hall Richardson se cor 5th
ty Jail Wm B Porter jailer 214 E 3d
ty Officials see Roswell—City of
ardy Andrew J h505 W 17th
LARDY CARL F (Josephine E) mgr Clardy's Dairy, h 3 mi nw of city, tel 038-R3
ardy Dolan E (Ruby) buttermkr Clardy's Dairy h409b N Grand av
ardy Earl C (Jeanne) farm mgr Clardy's Dairy h813 W 3d
ardy Ralph U S Army r505 W 17th
LARDY WILLIAM T (Ethel T) prop Clardy's Dairy, h 3 mi nw of city, tel 038-R1
LARDY'S DAIRY, W T Clardy prop, grade A raw and pasteurized milk, butter, cream and buttermilk, ice cream mfrs, 200-202 E 5th, tel 796, dairy farm 3 mi nw of city, tel 038-R2 (see left side lines and page 4)
ark Addie Mrs maid Craig Hotel r104 W Alameda
ark Ardie S (Velma) r1404 N Washington av
ark Bertha (wid J B) h1809 N Kentucky av
ark Edith G student r503 S Missouri av
ark Esther tchr Mark Howell Sch r304 N Michigan av
ark Geo A (Ellen A) used autos 126 S Main h400 S Washington av
ark Hal S (Donna) section lab A T & S F r302 E 9th
ark Jas (Madeline) rock mason r808 N Richardson av
ark Jno slsmn Roswell Trading Co r Hagerman N M
ark Madeline clk Excelsior Clnrs & Dyers r808 N Richardson
ark Mary P (wid S C) h1404 N Washington av
ark R Marshall (Adrienne) tchr Jr High Sch h803 W Mathews
ark Woods T (Edith) slsmn Quality Liquor Stores h503 S Missouri av
ausing Henry H (Julia) baker Purity Baking Co h1001 W 14th
awsey Lester T (Lenora) clk AT&SF r111 W 5th
ay Luefelia maid 512 N Pennsylvania av r301 E Albuquerque
ay Martha tchr East Side Sch r309 N Richardson av
ayton Frances C (wid A F) h409 S Lea av
ayton E Leonard (Tinnie) asst shop supt N M Highway Dept h1208 N Lea av
ayton Jerry B (Mary) rancher h712 N Lea av

KELVINATOR
Electric
Refrigerators

Maytag
Washing
Machines

Magic Chef
Gas Ranges

Philco
Radios
Sales and
Service

Samson
Windmills

Engines

Fencing

Paint

Guns and
Amunition

Sporting
Goods

115-17
N. Main

PHONE
634

Price's SUNSET CREAMERY

STANDARD BRAND PULLORUM TESTED BABY CHICKS

Embryo fed chicks and PURINA CHOWS FEED Hay and Grain

C. F. & I. Dawson & RATON

Kindling

Pecos Valley Trading Co. & Hatchery

603 N. Virginia

PHONE 412

Clayton Marcella tchr r409 S Lea av
Clayton Raymond hlpr Supreme Radio Service r Country Cl rd
Cleary Mary C asst mgr Owl Drug Co r108 W Deming
Cleaver Delmon A (Florence) pastor Church of God in Chr h711 W Walnut
Cleek Chas T (Grace) firemn S W Public Service Co h1508 Kentucky av
Clees Theo (Ella B) delmn Wilmot Hdw Co h606 N Delawa
Clees Wilbur T U S Navy r606 N Delaware av
Cleghorn Bertie L r411 E 4th
Cleghorn Edna C mgr Vann Hotel r same
Clem Clifton M r522 E 4th
CLEM GEORGE H (Jennie B) (Hoffman & Clem) h522 E 4 tel 554-J
Clem Lewis W (Frances H) trucker h405 S Ohio av
Clem Omar M (Mary L) sgt U S Army h704 S Lea av
Clemens Jno M (Anna C) U S Army h602 N Washington av
Clements Benj M h310 E Bland
Clements Frank E (Ophelia) carp h406 N Richardson av
Clements Frank E Jr (Genevieve) (Clements Standard Servi Sta) h1120 Hahn
Clements Geo (Bebe) ranchman h106 N Pennsylvania av
Clements Ophelia Mrs (Virginia Inn) h406 N Richardson a
Clements Standard Service Station (F E Clements Jr) 3 W 2d
CLIFTON H P (Ann) mgr Firestone Stores, 114 W 2d, tel 1 h609 S Lea av, tel 1827-W
Cline Maxine E emp Beaty's Lndry r402 E 2d
Clippinger David L (Frances C) instr h501a S Lea av
Clonis Eugene cement wkr r323 S Main
Clore Elmer M (Vera F) mech hlpr Cummins Garage h5 W Forest
CLOWE & CLOWAN INC, F W Winsett mgr, wholesale plum ing and heating materials, wholesale farm and ranch su plies, municipal water works equipment, Pomona deep w pumps, distributors industrial equipment and supplies, 8 N Virginia av, tel 1025
Clower Earl S U S Army r402 E 5th
Clower Ervin G (Ouita) sheet metal wkr h205 W 12th
Clower Jno S (Virginia) pntr h402 E 5th
Clower Jno S Jr U S Army r402 E 5th
Cloyer Bobbie L Mrs tchr Washington Av Sch r409 S Missou
Cloyer Raymond D (Bobbie L) U S Army r409 S Missouri
Club Cafe (C N Smith) 114 W 4th
Clubb Jas M (Edith O) woodwkr h1300 N Delaware av
Clutcher J C r1211 W Alameda
Coalson Jno B (Anita L) lieut U S Army h1021 S Pennsylvan
Coates Jas B (Helena) rancher r2, 500 S Pennsylvania av
Coats J W millwkr Roswell Cotton Oil Co r Rt 3
Cobean Alice student r621 N Main
Cobean Hial K (Esther G) (Cobean Staty Co) h607 N Lea
Cobean Minnie W Mrs slsldy Cobean Staty Co h621 N Main

Price's Sunset Creamery

bean Stationery Co (H K and W R Cobean) 208 N Main
bean Warren R (Minnie W) (Cobean Staty Co) h621 N Main
bean Warren R Jr student r621 N Main
bos Abundio h106 Mulberry av
bos Jesus (Dora) h700 E Albuquerque
bos Juan (Erminda) lab h610 E Albuquerque
bos Lucy r206 E Wildy
bos Manuel r610 E Albuquerque
bos Ramon (Lilly) h708 E Albuquerque
OCA-COLA BOTTLERS, see Pecos Valley Coca-Cola Bottling Co
chran C B (Freda) mgr Hotel Norton r same
chran Chester R (Marie) servicemn Elmer's Service Sta r 508 N Pennsylvania av
chran Donnie (Ida) servicemn Elmer's Service Sta h112 E 6th
chrane Dale (Louise) sgt U S Army h3, 504 S Pennsylvania
der Norman (Elenor) eng r109 N Kentucky av
e Nellie L (wid D L) r208 N Missouri av
ffey O Glenn (Myrtle E) carp h1515 N Missouri av
ffman Bebe B r110 N Montana av
ffman Delbert r110 N Montana av
ffman Maude Mrs h110 N Montana av
gburn J Henry (Leota) ship clk H A Marr Gro Co h409 W Reed
ggins Roy (Anna M) h e s Munroe 2 s Chisum
hn Meyer R (Sally) slsmn N M Mercantile Co h1010 N Missouri av
le Caleb B (Becky) lab h906 N Virginia av
le Clyde V (Emma) carp h414 E 5th
le Donald C (Beverly) lieut U S Army h211½ S Washington av
le J Cecil (Fay) mech Roswell Machine & Weld Shop r113 S Missouri av
le Lillie r906 N Virginia av
le Mary O r1208 N Kentucky av
le Robt L (Lizzie) mgr Roswell Machine & Welding Shop h1208 N Kentucky av
le Robt M (Viola) mech N M Highway Dept h ns E 23d 3 e N Main
le William H (Grace E) (Palace Machine Shop) h709 W 8th
le Wm J (Lydia F) farmer h ns E 23d 5 e Main
oleman Beth r411 S Kentucky av
oleman Geo (Mary L) U S Army r204 E Alameda
oleman Georgana Mrs r100 N Kansas av
oleman J Willie (Marjorie T) porter h604 S Michigan av
oleman Mary L beauty opr r204 E Alameda
oleman Quincy A (Eva M) airplane mech r210 E McGaffey
oll Lawrence W (Lula B) (Burnworth-Coll Sheet Mtl Shop) h121 Pear
oll Max W (Lillian) oilmn h200 S Pennsylvania av
ollier Laura M clk Excelsior Clnrs & Dyers
ollier Matthew E (Mattie) rancher h107 N Pennsylvania av

Johnson Lodewick

Refiners and Marketers of Petroleum Products

Distributors for Southeastern New Mexico of QUAKER STATE MOTOR OILS
New Mexico Distributors for Barnsdall Oil Co.

813 N. Virginia Ave.

Phone 164

R. O. ANDERSON
President

DALE FISCHBECK
General Supt.

Phone 23 "SKIDDO"

ARMOLD TRANSFER & STORAGE
STORAGE - CRATING - SHIPPING
"We Move Anything"   419 N. Virginia

CAR PARTS DEPOT INC.

Distributors

Automotive Supplies and Equipment

Welding Equipment and Supplies

PHONE 205

401 N. Virginia Ave.

P. O. Box 1288

Collier Maude (wid O A) h507 N Richardson av
Collins Bessie Mrs waitress American Cafe
Collins Homer E mech h ss E 23d 1 e Main
Collins Houston r301 E Albuquerque
Collins Jas h106 E Alameda
Collins Jos M (Cortez) lab r805 W Walnut
Collins Mary h121 E 10th
Collins Maurean slsldy Pecos Valley Drug Co r808 N Richardson av
Collins Pearl r H E Collins
Collins Seymore C (Lizzie) lab h713 W Albuquerque
Collins Vivian (Clara) carp h204 N Montana av
Colvin Reuben B (Ollie) carp h410 E 3d
Combs Hubert L (Josephine) asst mgr Sears, Roebuck & C h508 N Garden av
Comfort Emily E sten U S Geological Survey r Nickson Hot
Commercial Service Station (Herman Shuman) 300 E 2d
Compton C S h307 E 8th
Compton Jos (Loty) lieut U S Army h109 S Delaware av
Conboy Margaret A Mrs r415 W 16th
Conboy Mollie Mrs alterations Excelsior Clnrs & Dyers h4 W 16th
Conboy Thos R (Mollie) U S Navy h415 W 16th
Conboy Wm Gilbert hlpr Pecos Valley Coca-Cola Bott Co r4 W 16th
Coney Norton J (Martha) prsmn Hall-Poorbaugh Press r15(W 2d
Conklin Harold D (Faye) lab r1602 N Missouri av
Conley Clifton O (Frances M) slsmn Price & Co h911 N Ma
Conley Cora B r702 S Washington av
Conley Geraldine maid r114 E Walnut
Conley Jno F (Rebecca M) (South Side Gro & Mkt) h702 Washington av
Conley Lillis Mrs dept mgr Sears, Roebuck & Co h111 N Lea
Conley Myrtle cook h114 E Walnut
Conley Otto (Zona E) clk South Side Gro & Mkt h113 Deming
Conley Robt (Lillis M) slsmn Roswell Auto Co h111 N Lea
Conley Wilbur wrapper Holsum Baking Co 911 N Main
Conlin Jos L (Yvonne) lieut U S Army h407 W Hendric
Conlin Yvonne Mrs tchr Washington Av Sch h407 W Hendricks
Conn Beulah F cash Busy Bee Cafe r5, 504 W 2d
Conn Wm F (Lucille) gard h719 Pear
Conner Bruce P (Janice) (Medical & Surgical Clinic) h6(N Missouri av
Conner Edna (wid Erb) checker Roswell Lndry & Dry Cln h417 E 3d
Conner Horace O (Bertie) (O K Rubber Welding) r109½ Main
Conner Janice Mrs (Huff Fine Arts Studios) h605 N Missouri av

| BIGELOW RUGS AND CARPETS DRAPERIES LINOLEUMS WASHING MACHINES | **Purdys' Furniture Company** 321-25 N. MAIN PHONE 197 | KARPEN FURNITURE STOVES AND RANGES UPHOLSTERING VENETIAN BLINDS WINDOW SHADES |

onner Jasper (Ethel) r600 N Richardson av
onner Jasper appr Buck Russell Plmbg Co r417 E 3d
onner Marshall (Annie) lab r417 E 3d
onnor Elizabeth (wid Bruce) h ws N Main 2 n Country Club rd
onnor Nora (wid Ross) mech r Mrs Elizabeth Connor
onoco Service Station (W E Platt) 200 W 2d
onsumer's Food Market (Jos Shamis) 113 N Main
ontinental Air Lines W O Wooldridge mgr end W College blvd
ontinental Oil Co C T Naramore agt 220 E Walnut
ontinental Service Station No 1 J T Manning lessee 426 N Main
ontreras Pedro (Betty) lab h100 Ash av
ontreras Seferina Mrs h1312 N Kansas av
onway Jno F (Marjorie) U S Army h203 N Missouri av
onwell Lawrence L (Vena) asst mgr Panhandle Lmbr Co h1007½ N Lea av
onyers Vera sten r508 N Washington av
ook Chas E (Dorothy) U S Army r200 N Michigan
ook Claude (Mattie) carp h1315 N Kansas av
ook Elizabeth tchr Roswell High Sch r600 S Pennsylvania av
ook Gayle (Frances B) opr Brown's Barber & Beauty Shop h1207 W 7th
ook Goldman (Ida) lab h910 W College blvd
ook J D (Jimmie) U S Army r1015 E 2d
ook Jimmie Mrs bkpr Levers Bros r1015 E 2d
ook Oscar W (Frieda M) mech Wilmot Hdw Co h512 S Main
ookson Harry H r507 W Missouri av
ookson Orville H (Helen L) U S Army h708 S Michigan av
ookson Rodman M (Verda O) h507 S Missouri av
ookson Verda O Mrs sec County School Supt h507 S Missouri
OOLEY HAROLD B (Mary) sec-adv mgr Roswell Daily Record, 424 N Main, tel 11 and 55, h505 W Walnut, tel 229-J
ooley Jas D (Thelma) partsmn Cummins Garage h800 N Lea
ooley Jas D Jr delmn Pecos Valley Drug Co r800 N Lea av
oon A R (Deaubrey) mach opr h1001 E Hendricks
ooney Genevieve L r305 W Walnut
ooney Pauline B Mrs h305 W Walnut
ooper A Cecil (Thelma) mech Roswell Auto Co h301 E 6th
ooper Abner C (Ruth) h808 W 12th
ooper Chas D h808 W 12th
ooper Clarence M (Hazel) clk h1104 N Lea av
ooper Eva M (wid J S) h414 N Lea av
ooper Jewel H (Mary L) carp h ws N Garden av 1 n E 23d
ooper Julian (Frances) lab h506 E 5th
ooper Roy Y U S Army r1300 N Washington av
opeland Chas (Lavera) carp h418 W 17th
opeland Ernest (Jessie) lab r Elm Court
opeland Sanford E (Ada) lab Clardy's Dairy Farm r Elm Court
openhaver Jas H (Wanda) lieut U S Army r113½ E Bland
opley Jack (Doris) U S Army r303 N Pennsylvania av

Drink

Delicious and Refreshing

PECOS VALLEY Coca-Cola **Bottling Co.**

908-10 N. Main

PHONE **771**

TAXI

201
Curtis Corn, Owner

201
3d and Richardson Ave

Dr. R. S. Attaway D.V.M.

Chaves County's Only Qualified (Graduate) Practicing Veterinarian

Large and Small Animal Practice

PHONE 636

403 East 2d.

Coppedge Oscar P (Edna) slsmn Roswell Auto Co h211 Michigan av
Coran Jos (Maggie) lab h710 W 13th
Corbin Eugene W (Frances) U S Army r802 N Kentucky a
Corbitt Talmadge r419 E 4th
Cordell Hurshell E (Dorothy) U S Army r310 S Lea av
Cordell Willie A (Ethel) h1209 W 13th
Corder Chas J (Lola) carp h606½ N Garden
Corman Richard W (Lula) h413 W 17th
Corman Richard W Jr (Grace) dentist 9 Roswell Auto bldg 908 W 8th
Corn Audrey D bkpr McNally-Hall Motor Co r 18 mi n of ci
Corn Clarence R (Dolores R) rancher h103 N Lea av
CORN CURTIS B (Wynema) (Two-O-One Cab Co) 3d ar Richardson av, tel 201, r1508 S Main
CORN DOLORES R MRS, asst sec Willis Ford Agency Inc, 3(N Richardson av, tel 93, h103 N Lea av, tel 1129
Corn Donald (Helen) rancher h309 N Washington av
Corn Fred B (Beatrice H) rancher h604 S Washington a
Corn Irwin (Bertha) rancher h405 S Missouri av
Corn Jesse rancher r426 N Richardson av
Corn Lee B (Alice A) rancher h100 S Washington av
Corn Marge Mrs sec Dr R P Waggoner h509 N Kentucky av
Corn Poe W (Marge) supvr boys physical education cit schools h509 N Kentucky av
Corn Richard H (Syble G) rancher h203 S Kentucky av
Corn Robt L (Maggie) rancher h112 N Richardson av
Corn Ronald (Billy) rancher r812 N Richardson av
Corn Wade H (Grace) ranchmn h412 N Kentucky av
Corn Wade H Jr student r412 N Kentucky av
Corn Wm E student r412 N Kentucky av
Cornelius E Bass (Erma) h ns E 2d 3 e Atkinson av
Corum Art h304½ W Alameda
Corwell Jas W (Jeanne) lieut U S Army h305 S Richardson a
Cosand Carrie B (wid K S) r103 S Missouri av
Cottage Barber Shop (Jabe Worsham B T Gary) 105 E 2
Cottage Court (Mrs Naomi Bennett) 1010 E 2d
Cottle Richard A (Sue N) lieut U S Army h605 E 5th
Cotton Jane W Mrs bkpr Sacra Bros r202 S Missouri av
Cottwitz Laverne (Ellen) r411 S Missouri av
Couch Dale (Louise) h805 N Montana av
Couch Floydene P clk Montgomery Ward & Co r Bridge Hot
Couch Howard E U S Army r208 E 4th
Couch Vera Caroline waitress Victory Cafe
Counts Prentice r205 E 7th
County Jail 410 N Virginia
County Officials see Chaves—County of
Court House es N Main bet 4th and 5th
Court House Cafe (Mrs Madie Skipworth) 402 N Main
COURT HOUSE GARAGE INC, L P Richart pres, J C Marten sec-treas, Pontiac cars and GMC trucks, Fruehauf trailer sales and service, general auto repairing, storage, 124 E 4tl tel 720

GESSERT-SANDERS ABSTRACT CO.
ABSTRACTS OF TITLE
109 E. Third St. **Phone 493**

ourtie Jas (Bettie) r1309 N Kentucky av
ourtney Robt S (Margaret L) sgt U S Army r204 E Bland
overt Jas S (Ruth K) oil opr h608 W 4th
ovey Ann (wid Robt) tchr Roswell High Sch r312 W Alameda
ovington Clifton R (Rebecca) city meat-milk inspr and sanitary officer h106 N Atkinson av
ovington Lora Mrs h1304 W Albuquerque
ovington Minnie Mrs smstrs Roswell Mattress Co r 1408 Stanton av
owan Arthur A (Edwina) r208 E Albuquerque
owan Audie J (Vera) presser Hi Art Clnrs h313 E 7th
owan E Sue student r313 E 7th
owan Geo M (Iva R) bldg inspr h819 N Main
owan Gladys tchr Washington Av Sch r107 S Missouri av
owan Hallie B Mrs mgr Municipal Golf Course h Cahoon Park
owan Jas L (Hallie B) mgr Cahoon Park h same
owan Leo (Marjorie) (Roswell Barber Shop) h111 E Mathews
owan Marian J r Cahoon Park
owan Mary Jane county home management supvr F S A h 809 W 4th
owan Ples A U S Navy r313 E 7th
owden Liddon U S Army r1309 N Lea av
owden Reese O (Eileen) U S Army r316 E 6th
owles Gladys Mrs r209 S Montana av
ox E Leo student r408 E 5th
ox Harry Rev (Emily) h208 N Pennsylvania av
ox Helen A Mrs slsldy Price & Co h112 W Alameda
ox Hilton P (Iris) teller First Natl Bank h12 Riverside dr
ox Jack W (Lucille) tchr Jr High Sch h1112 N Lea av
ox Jas M (Marie) clk h109 E Albuquerque
ox Jas N (Lela) water pumper h408 E 5th
ox Raymond (Hazel) (Fairview Garage) h ns E McGaffey 4 e S Atkinson av
ox Robt P (Lounette) carp h 300 E 7th
ox W Thad (Wilma M) acct Sacra Bros h209 N Michigan av
ox Wm R (Helen A) lieut U S Army h112 W Alameda av
ox Wm T (Cordelia) mech Roswell Auto Co h1104 S Lea av
ox Winston H (Joyce) section lab A T & S F r 302 E 9th
oyne Harry A (Marie) aircraft eng mech h108 E Mathews
ozart Vernon O (Barbara E) h407 W 8th
ozart W Robt shoe repr E T Amonett r109½ S Kentucky
ozart Wm R (America J) h109½ S Kentucky av
raft Eugene (Ivory) h7, 111 S Virginia av
raft Ira waitress Broadway Cafe r7, 111 S Virginia av
raft Orville I (Golden) eng h122 Pear
raft Work Supply Co (L B Bullard) 112 W Tilden
raig Apartments 109 E Tilden
raig Eldon bodymn E T Amonett r1108 S Virginia av
raig Georgia Ruth waitress Mrs Lee's Cafe
raig Hotel Mrs Lillie Jackson mgr 211½ S Main
raig L Brooks h318 S Main

HINKLE MOTOR COMPANY
131 W. 2D ST.
WHOLESALE AUTOMOBILE PARTS AND EQUIPMENT
Serving New Mexico for 22 Years
Garage and Service Station Equipment
PHONE 12

EL PASO-PECOS VALLEY TRUCK LINES

J. L. NAYLOR, Owner CARL A. LONG, Local Agt.
Daily, Dependable Service from and to EL PASO, LOS ANGELES and POINTS WEST
118 E. 4th St. Phone 160

CLARDY'S PRODUCTS

Raw and Pasteurized

MILK

Butter
Cream
Butter Milk
Ice Cream

Delivered to Your Home or At Your Grocer

PHONE 796

200-202 E. 5th

Craig L Brooks Jr (Merle) 2d hnd gds 306 S Main h400 Grand av
Craig Mattie L (wid T H) h307 N Kentucky av
Crain Florence Mrs h810 W 12th
Crane W L U S Army r109 N Kentucky av
Cravens Austin A U S Army r412 N Kansas av
Crawford Alice r403 S Missouri av
Crawford Dorothy usherette R E Griffith Theatres r807 W 12th
Crawford Ellis E (Mildred) drvr Sacra Bros h120 E McGaffe
Crawford Emma Mrs h708 S Washington av
Crawford Eunice L (wid R W) h807 W 12th
Crawford Glenn U S Army r807 W 12th
Crawford Ira (Amelia) wtchmkr Huff's Jwlry Store h414 E 3
Crawford Jesse P (Alta F) drvr Sacra Bros h511 W Reed
Crawford Leonard (Lola) clk h1802 N Missouri av
Crawford Maud Mrs slsldy J C Penney Co r300 N Kentucky a
CRAWFORD MILO A (Mary K) mgr Pecos Valley Packin Co, 1000 blk N Garden av, tel 369, h505 N Lea av, tel 123
Crawford Milo L U S Navy r505 N Lea av
Crawford Morgan custodian Jr High Sch r same
Crawford Ted slsmn Clardy's Dairy r807 W 12th
Creel Ella E Mrs h107½ W Tilden
Creger E O wool-hide buyer 109 S Virginia av r same
Crenshaw Levi G (Emma) r1610 N Kentucky av
Crenshaw T A (Dorothy) U S Army r511 S Missouri av
Creps Eugene (Virginia) pilot U S Army r302 W Deming
Creps Virginia r302 W Deming
Crick E T (Beulah) carp h928 Jefferson
Crile Austin D Rev (Winifred A) chaplain N M Military Ins h1302 N Main
Crile Herman R Jr (Margaret) (Crile Studio) r409 N Kansa
Crile Studio (H R Crile Jr) photo 314 N Richardson av
Crippen R Belle (wid J E) r601 S Lea av
Crisman see also Chrisman
Crisman Erbin A (Geneva) lino opr Roswell Morning Dispatc h205 W 5th
Crisp Ray D (Ruby L) farmer h400 Sunset av
Crist Alexander billiards 313 S Main r315 same
Crist Peter (Annie) (Jiggs Pig Stand) waiter Busy Bee Caf h315 S Main
Cristie Jno W r200 E Alameda av
Crocker Jno S (Inez) sgt U S Army h612 S Lea av
Crocker Robt P (Velma) carp h811 W 12th
Crockett Bruce whsemn r908 N Pennsylvania av
Crockett Elton P (Vida) barber Central Barber Shop r N Washington av 1½ mi from city
Crofts Alfred (Gertrude) U S Navy r805 N Pennsylvania av
Croissant Lynn S (Rena) contr 506 E 4th h same
Croissant Lynn W U S Army r506 E 4th
Cronic Floyd emp Roswell Gin Co r O B Cronic
Cronic Oscar B (Ollie) mgr Roswell Gin Co r ½ mi e of cit limits

"Say it with flowers" ALLISON FLORAL CO.

We Telegraph Them Anywhere   Expert Florists and Designers

Phone 408—Day or Night   707 S. Lea Ave.

Croom Fred (Lucille) rancher h600 S Pennsylvania av
Crosby Robt A (Thelma) rancher h7 Riverside dr
Crosby Roberta sten r7 Riverside dr
Crosby Ruby S student r200 E Deming
Crosby Stanley W (Ruby S) oil leases r200 E Deming
Crosby Stanley W Jr student r200 E Deming
Crosby Stephen r C D Douthitt
Crosby Virginia student r107 N Michigan av
Cross Terrel Q (Bessie) U S Army r410 E 4th
Crossland Marie clk N M Transport Co r107 N Michigan av
Crosson Mary E (wid F S) slsldy Ayers Gift Shop r413 W Tilden
Crouch E M truck drvr Johnson-Lodewick r Artesia N M
Crouch F C r719 N Main
Crouch Jno V (Flora) city firemn r1600 W Alameda
Crouch L C formn Roswell Lndry & Dry Clnrs r700 N Missouri av
Croucher Ann Mrs sten r122½ E 2d
Crouse J Urban (Agnes F) mgr West Second Feed Store h 2 mi w of city
Crow Anna J (wid A B) chf opr Mt States Tel & Tel Co r108 N Delaware av
Crow Dewey R (G Opal) (West Eighth St Gro) h711 N Union
Crow Ethel Mrs alterations Hamilton's Justrite Clnrs h213 E Bland
Crow Gladys P Mrs bkpr Roswell Bldg & Loan Assn h1112 S Main
Crow J Michael (Gladys P) U S Navy h1112 S Main
Crow Jack L (Marie) clk P O h1211 N Lea av
Crow Leo F (Eva M) barber h209 W Hendricks
Crow Lois L sec Hervey Dow Hill & Hinkle r213 E Bland
Crow Wm M (Ethel) (Home Mkt & Gro) h213 E Bland
Crowder Barbara tchr r318 E Alameda
Crowder Hope M student r318 E Alameda
Crowder Jno F (Zita C) electn Purdy Elec Co h1208 S Virginia av
CROWDER JOHN H DR (Elsie) (Large & Small Animal Hospital) complete veterinary service, registered puppies for sale, 318 E Alameda, h same,, tel 1577 (see page 6)
Crowder Lois E student r318 E Alameda
Crowder Rachel student r318 E Alameda
Crume Chas K (Beatrice H) mach h913 S Lea av
Crume Jos A (Capitola) yd mgr Kemp Lmbr Co h209 E 3d
Cruse Pool Hall (R F Cruse) 209 S Main
Cruse Robt F (Ila) (Cruse's Tourist Cabins; Cruse Pool Hall) h104 S Kentucky av
Cruse's Tourist Cabins (R F Cruse) 215 S Main
Crutchfield Arthur W mgr Cruse Pool Hall r209 S Main
Culdice Chas H (Minnie) r408 W 3d
CULDICE & VENRICK (Glenn N Venrick) general insurance and real estate, 13 First Natl Bank bldg, tel 57
Cullen Blanche r411 S Kentucky av
Cullen Italene sten r511 E 2d

75

Eat at

BUSY

BEE

CAFE

JIM
RALLES

"Roswell's
Leading
Cafe"

318
N. Main

PHONE
281

MERRITT'S SMART APPAREL FOR WOMEN
319 North Main — PHONE 482 —

Johnston Pump Co.

DISTRIBUTORS OF Johnston Turbine Pumps For New Mexico and West Texas

Domestic Pressure Systems

Electric Motors and Starters

108-110 S. Virginia Ave.

PHONE 70

Cullen Juliet H (wid R D) h411 S Kentucky av
Cullen Leroy R (Lela W) contr 511 E 2d h same
Cullen Nina S tchr Roswell High Sch r411 S Kentucky av
Cullen Richard L (Stella S) carp r411 S Kentucky av
Cullender Jas M H (Nellie M) capt U S Army, lawyer 1 Ramona bldg h1107 W 1st
Cullender Leslie W brkmn r507 N Virginia av
Cullum E G instr N M Military Inst r same
Culver Audrey Mrs r411 Ash av
CUMMINS GARAGE (J Q Cummins, C W Grier, Donald Dye dealers in Dodge and Plymouth automobiles, garage and r pair shop, 209 N Richardson av, tel 344 (see back cover)
Cummins Jas C (Vivian I) U S Army h ns Country Club r 3e N Main
CUMMINS JOHN Q (Dona B) (Cummins Garage) h504 N Ke tucky av, tel 245
Cunningham Keith L (Elma M) lieut U S Army h209½ \ Hendricks
Cunningham Mott C (Dora B) h500 S Missouri av
Cunningham Mott C Jr (Marie S) produce 606 W Hendrick h same
Cunningham Reuben E (Annie L) h123 E 23d
Cunningham Saml O r415 E 5th
Curran Richard J (Jeanne) lieut U S Army r908 N Richardso
Curry Alva L (Ethel W) tel opr A T & S F h8 Riverside dr
Curry Helen tchr Highland Sch h206 S Missouri av
Curtis Harry E U S Army r108 E 8th
Curtis Louise clk r108 E 8th
Curtis N Duval (Lucile) hlpr Roswell Plmbg & Htg Co h61 W 9th
Curtis Salem inspr U S Bureau of Animal Industry
Curtis Wm J (Veda) atdt Burrow's Service Sta r same
Curtis Zacharias N (Lula) h108 E 8th
Curtiss Leona Mrs opr Lo Marr Beauty Nook h C, 110 V Alameda
Curtiss Taylor (Leona) (Roswell Barber Shop) h C, 110 V Alameda
Cutts Prentice L r111½ N Main
Cyreck Adam (Dorris) U S Army r200 N Washington av

D

Dabbs C Odell (Pauline) sgt U S Army r406 N Richardson a
Dabbs Chas S (Hattie M) (Dabbs Furn Co) h407 S Lea av
DABBS FURNITURE CO (C S Dabbs) 119-21 N Main, tel 42
Dabbs Sarah E student r407 S Lea av
Dabbs Sarah J (wid L H) r306 N Lea av
Dad & Son Radiator & Welding Shop (E G and G C Kimes 425 E 2d
Dahm Gertrude nurse Dr W T Neely's Drugless Clinic r41 N Missouri av

ELMER'S SERVICE STATION

ELMER LETCHER

We Employ EXPERIENCED Labor

600 No. Main St., Phone 102

ahm Mary A r414 N Missouri av
ailey Dorothy tchr Highland Sch r108 N Kentucky av
ailey Neal U S Army r627 N Richardson av
ailey Wm B (Winona) mgr Robt Porter & Sons Inc h208 E 7th
akens Julia H (wid R A) r600 N Missouri av
akens Robt A prop Kipling's Confy h600 N Missouri av
ale G D inspr U S Bureau of Animal Industry
ale Oran C (Frances) (Levers Bros) v-pres Standard Liquor Stores h1000 N Lea av
ale Thurman (Peggy J) dockmn Hill Lines Inc h311 N Grand
aley Jno (Dora) h1111 W 11th
algram Lewis I (Nellie) h712 W 13th
alhouse Martha tchr Jr High Sch r212 W 4th
allabrida Edw L (Phyllis) U S Army r504 N Missouri av
allam Clarence r111½ N Main
allas Gene (wid Russell) h602 N Kentucky av
allas Grocery (Hayden T Dallas) 901 W 11th
allas Harry H asst mgr Dallas Grocery h1102 N Kansas av
allas Hayden T (Dallas Grocery) r1102 N Kansas av
alton Daniel S (Sallie M) farmer h414 W 16th
alton Garland (Sybil) carp h418 W 16th
alton Grady L (Avanell) lab h422 W 16th
anenberg Dannie R student r200 S Missouri av
anenberg Harold D (Ruey M) (Zumwalt & Danenberg) h 200 S Missouri av
anforth Bessie Mrs slsldy Everybody's Cash Store h909 W Hendricks
anforth Jos G (Bessie) chemist h909 W Hendricks
aniel Albion H (Maggie E) carp h111 S Delaware av
aniel Celesten E (Doris) installation formn Johnston Pump Co h1111 N Lea av
aniel Doris Mrs opr Yucca Beauty Service & Cosmetic Shop h1111 N Lea av
aniel June phone opr r708½ N Main
aniel Leslie E student r111 S Delaware av
aniel Maggie marker Roswell Lndry & Dry Clnrs r111 S Delaware av
DANIEL PAINT & GLASS CO (R H Daniel) wholesale and retail paints, painters supplies, glass, wallpaper, canvas, window shades, linoleum, painting and decorating contractors, store front construction, building specialists, 205 N Main, tel 39 (see front edge)
aniel Quinton (Kathryn D) U S Army r710 S Main
aniel Richard (Lee O) U S Army r410 S Pennsylvania av
DANIEL ROY H (Nelle E) (Daniel Paint & Glass Co) h212 N Kansas av, tel 375
aniel Roy H Jr (Pamela) pntr Daniel Paint & Glass Co r520 E 5th
aniel W Richard (Leora) U S Army r410 S Pennsylvania av
DANIEL W WINTSON (Katherine) asst mgr Daniel Paint & Glass Co, h4 Riverside dr, tel 1186

Hamilton Roofing Co.

GEO E. BALDEREE Mgr.

We Feature Old American Roofing Shingles Siding Etc.

Free Estimates

Industrial and Residential Roofing and Sheet Metal Contractors

Bonded and Insured

Easy Payment Plan

303 N. Railroad Ave.

Phone 460

ROSWELL FORD AUTO CO.

SALES AND SERVICE
PHONES 189 and 190

Open All Night — One Stop Service Station

BIG JO LUMBER CO.

PHONE 14

A Lumber Number Since 1897

800 North Main

PHONE 14

Daniel Wesley H (Linnie) h203 E 12th
Daniels Cecil W U S Army r406 W 18th
Daniels Dean (Esma) h307 Hobbs
Daniels Katherine r607 W Walnut
Daniels Wm F (Rose) carp h406 W 18th
Danley Lon Jr (Nettie) grazier aide Grazing Service U Dept of Interior h209 W 6th
D'Arcy Wm purch agt r328½ E 6th
Darnall Calvin A (Irene) gen bkpr First Natl Bank h1 W 11th
Darrow Jos C (Elizabeth) lieut U S Army h116 Pear
Daugherty Lonzo L (Mildred) carp h es Munroe 4 s Chisu
Daugherty Sarah A (wid J F) r J N Henry
DAUGHTRY INSURANCE AGENCY (J R and R E Daug try) general insurance, 222-23 J P White bldg, tel 301 (s page 3)
DAUGHTRY JAS R (Maud A) (Daughtry Ins Agcy; Securi Finance Co) gen agt General American Life Ins Co 222-2 J P White bldg, tel 301, h703 E 5th, tel 670
DAUGHTRY ROBT E (Blaine) (Daughtry Ins Agcy; Securi Finance Co) gen agt General American Life Ins Co, 222-2 J P White bldg, tel 301, h805 N Kentucky av, tel 1307-W
DAVENPORT H GRADY (Hortense) local mgr Kemp Lml Co, h1310 N Lea av, tel 1653-W
Davenport Ida B (wid T M) h612 N Virginia av
David Lester (Gladys) plant opr S W Public Service Co h170 N Maryland av
Davidson Ada Mrs butter wrapper Clardy's Dairy r 3 mi of city
Davidson Brown F (Daisy C) carp h212 W McGaffey
Davidson Chas (Elsie) mech h908 W 13th
Davidson Daniel (Ozema) drvr Two-O-One Cab Co h1602½ N Missouri av
Davidson Edw (Lucille) slsmn Omar Leach & Co h1615 Kansas av
Davidson Ella (wid Cyrus) r210 S Kentucky av
Davidson Fayette (Barbara) (Davidson Supply Co) h812 Kentucky av
Davidson Millon (Marcella) clk h409 W 2d
DAVIDSON SUPPLY CO (Fayette Davidson) 24 Hour Ne Tread Service, Murphy Paints, 120 S Main, tel 529
Davidson Thelma P (wid S L) h813 N Kentucky av
Davila Manuel (Isabel) lab h509 E Hendricks
Davis Alva (Billie B) U S Army r104 N Missouri av
Davis Alvis C (Thelma F) slsmn h105 W Deming
Davis Artie maid 305 N Missouri av r103 S Kansas av
Davis Aubrey C (Hazel H) h1009 W Walnut
Davis Belle (wid H L) h1210 N Kansas av
Davis C Droke U S Army r509 N Pennsylvania av
Davis C Frank (Viola) dep sheriff h213 E 4th
Davis Chas r114 E Walnut
Davis Claude H (Alta M) trucker h1110 S Lea av

Flowers For All Occasions

PHONE 275
405 W. ALAMEDA
Member F. T. D, A.

Dyer's Flowers

Davis Clifton T (Gladys) slsmn Pecos Valley Coca-Cola Bott Co r310 E Jefferson
Davis Della (wid Wm) waitress r306 W 2d
Davis Donald R (Lorena) mech h203 W Bland
Davis E Jean Mrs opr Mt States Tel & Tel Co h209 W Alameda
Davis Eddie Mrs cash J C Penney Co h115 W 11th
Davis Elizabeth Mrs slsldy Kessel's Inc h305 S Kansas av
Davis Frances sten r305 E 6th
Davis Frances I (wid J F) h405 S Kansas av
Davis Geo F Jr bkpr Johnson-Lodewick r203 N Kentucky av
Davis H R (Irene) h1215 N Union av
Davis Harvey S (Lizzie E) h309 W Tilden
Davis Hazel R typist r306 S Delaware av
Davis Jack service sta atdt Roswell Auto Co r305 S Kansas
Davis Jacob J (Catherine) h812 W 12th
Davis Jas L drvr Palace Transfer r1210 N Kansas av
Davis Jesse J (Lola) h725 Pear
Davis Jos N (Elizabeth) shop formn Roswell Auto Co h305 S Kansas av
Davis Kenneth R (E Jean) combinationmn Mt States Tel & Tel Co h209 W Alameda
Davis Leon (Juda) U S Army r104 Alameda
Davis Lester L lab Pecos Valley Trading Co & Hatchery r n e of city
Davis Lois Mrs (Lo Marr Beauty Nook) h211 E Bland
Davis Lora A (wid J H) r105 W Deming
Davis Lula (wid D D) h2404 N Main
Davis M Edw (Eddie) mech h115 W 11th
Davis Marion L h311½ E 8th
Davis Marshall Rev (Voncille) pastor Church of Christ h1715 N Lea av
Davis Mary K (wid David) h310 S Richardson av
Davis Mary L tchr East Side Sch r2404 N Main
Davis Mattie (wid G E) h305 E 6th
Davis Milton A (Lois M) yd formn Pecos Valley Lmbr Co h211 E Bland
Davis Minnie r402 S Michigan av
Davis Modena Mrs fnshr Ball Studio r R A F S
Davis Myrtle G Mrs asst libarian Carnegie Library r408 N Kentucky av
Davis Nina E (wid Carleton H) h907 N Pennsylvania av
Davis Nina G sten r907 N Pennsylvania av
Davis Nora M (wid C A) h509 N Pennsylvania av
Davis R J U S Army r509 N Pensylvania av
Davis Ralph H (Amanda E) custodian Roswell High Sch h same
Davis Robt F (Lucille) sgt U S Army r110 W Mathews
Davis Robt M (Beulah I) (Stockmen's Well Supply) well driller 314 E 4th h600 N Delaware av
Davis Roy millwkr Roswell Cotton Oil Co r709 W Albuquerque
Davis Ruby r501 N Richardson av
Davis Ruby H r607 S Kentucky av

PAPER Products

WHOLESALE

GROCERIES | **JANITORS' SUPPLIES**

FEED

Roswell Trading Company

PHONE 126

STATE COLLECTION BUREAU, INC.

H. G. Parsons, Mgr.   H. R. Laurain, Pres.

BONDED - ESTABLISHED 1930

10 Bank of Commerce Bldg.   106 E. 4th   Phone 22⁴

Davis Viola Mrs cash Capitan Theatre h213 E 4th
Davis Wanda L opr Mt States Tel & Tel Co r104 N Lea
Davy Eleanor (wid F J) r319 E 6th
Dawson Archie R (Hazel M) custodian East Side Sch h2
   W Deming
Dawson B Jeanne student r608 W 1st
Dawson Harvey B (Martha) h412 N Kansas av
Dawson Jno E (Maurine) slsmn Roswell Package Store h8
   N Richardson av
Dawson Jno G (Bertha) (Roswell Package Store) h608
   1st
Dawson Mary M (wid W W) h w s Sherman av 1 s Chisu
Dawson Sallie r213 N Kentucky av
Day Edw (Virginia) h313 N Kentucky av
Day Edw H (Billie E) lieut U S Army h421 W College blv
Day Ida B (wid C L) r308 S Union av
Day Lula h809 W 8th
Day Virginia doorgirl R E Griffith Theatre r313 N Kentuck
Dean see also Deen
Dean Arbie Mrs opr Yucca Beauty Service & Cosmetic Sho
   h1205 W Walnut
Dean Lewis U S Army r411 N Pennsylvania av
Dean Pearl Mrs h1311 N Richardson av
Dean Robt L truck drvr r109 N Richardson av
Dean Stephen C h710 N Main
Dean Walter (Arbie) slsmn Pecos Valley Coca-Cola Bott C
   h1205 W Walnut
Dean Wm M (Pearl) (Dean's Garage) h1409 W 2d
Dean's Garage (W M Dean) 1407 W 2d
Dearholt Harley delmn Glover's Flowers r308 N Missouri a
Dearholt Inis J Mrs opr Mt States Tel & Tel Co h1305
   Richardson av
Dearholt Lula (wid Wm) r1305 N Richardson av
Dearholt S Ray (Lorene) h107 N Lea av
Dearholt S Ray Jr U S Army r107 N Lea av
Dearholt Wm H (Inis J) mech Myers Co h1305 N Richardso
Dearinger Martin L (Lois) U S Army r111 W 6th
Dearr Wm B (Nora K) plmbr Roswell Plmbg & Htg Co h91
   N Delaware av
Dearr Wm L (Vernice H) auto mech h401½ S Kansas av
Deason Chas A lieut U S Army r605 S Main
Deason J Cecil (Mary H) slsmn Myers Co h706 S Washingto
Deason T Jack Jr (June) U S Army h911 N Kentucky a
Deason Thos J (Eunice) poultrymn h605 S Main
Deaton Paul H (Laura M) prin Roswell High Sch r Berend
   4 mi n of city
De Boer Coba waitress Court House Cafe r114 N Richardso
Debolt Benj H (Ella C) capt U S Army h211 S Pennsylvani
De Borde Betty hlpr F W Woolworth Co r510 W 19th
De Bremond Athletic Field 1014 N Richardson av
Decker Alice F cash F W Woolworth Co r202 W Alamed
Decker Jas B carp r202 W Alameda
Decker Jas L (Mary M) brand inspr h202 W Alameda

DRUGS

PECOS VALLEY DRUG CO.

The Rexall Store

FREE DELIVERY

312 N. MAIN

PHONE -1-

...cker Josephine M clk F W Woolworth Co r202 W Alameda
...cker M Margaret instr N M Military Inst h807 N Lea av
...cker Mary nurse St Mary's Hospital r same
...en see also Dean
...en Ora (wid Z F) h122 E Hendricks
...eter Gerald (Mollie) U S Army r504 N Missouri av
...eter Mollie K clk Montgomery Ward & Co r504 N Missouri
...Fernandez Carlos (Roswell Furn Shop) h212 E 5th
...kker Abraham h506 S Lea av
...kker Arthur W r800 N Kentucky av
...KKER JOS H (Essie Lee) city clerk and treas, City Hall tel 612, h800 N Kentucky av, tel 610
...kker Mary A office asst Gross-Miller Gro Co r506 S Lea
...Korte Albert C U S Army r303 N Pennsylvania av
...la Cruz Felice r601 E Tilden
...la Cruz Manuel lab r601 E Tilden
...la Cruz Pablo (Pabla) lab h601 E Tilden
...la Cruz Rita Mrs sandwichmkr Moseley's Coronado Tavern r601 E Tilden
...la Cruz Victor r601 E Tilden
...l Forge Bonny Mrs cash Wilmot Hdw Co r110 E Albuquerque
...Laney Pearl (wid M J) h1103 N Delaware av
...Leon Julio r122 E 1st
...l Grosso Lea M r510 N Pennsylvania av
...Long Robt E (Svea) lieut U S Army h619 E 6th
...ming Fred (Elvisha) U S Army r114 E Walnut
...mpsey Dennis E (Betsy R) clk Montgomery Ward & Co r507 S Lea av
...nney Benj F (Rosa B) farmer h1501 S Grand av
...nney Elmer T r1501 S Grand av
...nney Ulysses E U S Navy r1501 S Grand av
...nning Ora A (wid W M) nurse Dr W T Neely's Drugless Clinic h310 W 1st
...nnis Barney C (Lucille) partsmn Hinkle Motor Co r203 N Kentucky av
...nnis Benj F (Rilla) carp h913 N Missouri av
...nnis Robt F student r913 N Missouri av
...nnis Willa D student r913 N Missouri av
...nnis Wm F (Lola M) opr eng h105 S Montana av
...nnis Wm G student r913 N Missouri av
...Oliviera Monnell J (Evelyn B) safety eng r306 S Kentucky
...rrick Laura soda clk Mitchell Drug Co r414 E 5th
...rrick Ola B fountain mgr Mitchell Drug Co r414 E 5th
...SHURLEY FAYE E MRS, v-pres Pecos Valley Trading Co & Hatchery, h312 W Alameda, tel 552
...Shurley Geo S student r312 W Alameda
...SHURLEY HARRY O (Faye E) sec-treas-mgr Pecos Valley Trading Co & Hatchery, h312 W Alameda, tel 552
...stree Anais H (wid F) r1203 N Kentucky av
...stree Mamie L r1203 N Kentucky av

GESSERT-SANDERS ABSTRACT CO.
ABSTRACTS OF TITLE
09 E. Third St.   Phone 493

The Roswell Cotton Oil Co.

Mfrs. of Molasses Cubes and Cotton Seed Cake

301 E. 2d St.

PHONE 58

PANHANDLE LUMBER
COMPANY, INC.
"COMPLETE BUILDING SERVICE"
PLAN SERVICE — FINANCING
107-11 W. Alameda   Phone 5

PURE MILK

Clardy's Dairy
Since 1912
Producer and Distributor of Quality Dairy Products and Ice Cream
200-202 E. 5th
Phone 796

Destree Mary Frances sten First Provisional Training Wi r1203 N Kentucky av
DESTREE W E "BILL" (Mamie) distributor Permutit Wa Conditioning, 103 W 4th, h1203 N Kentucky av, tel 1537
Detrick Frank (Betty) U S Army h623 N Richardson av
Deutsch Armandine (wid Alex) r109 E Mathews
De Vore Emma clk F W Woolworth Co r505 N Pennsylva
De Voss Jimmie slsmn Sunset Creamery r110 W 1st
De Voss Marie (wid Otto) slsldy Wilmot Hdw Co r111 7th
Dew Homer H (Peggy) lieut U S Army h1307 N Richards
Dewett Cedric B U S Navy r704 W 9th
Dewett Hershel B (Essie) carp h704 W 9th
Dewett Leonties waitress White Rock Cafe r704 W 9th
Dewey David W U S Army h805b N Kentucky av
De Wolf Willis H (Jessye C) h709 W 5th
Diamond A Cattle Co B C Mossman Jr pres 7 First Natl Ba bldg
Dickenson Elizabeth r209 N Lea av
Dickenson Iva L (wid W H) slsldy St John Candy Co h209 Lea av
Dickenson Ray C (Dora) trav slsmn h403 S Kansas av
Dickenson Wm H student r209 N Lea av
Dickinson Wm H (Rosa L) lab h600 S Montana av
Dicks Willie M clk F W Woolworth Co r801 Richardson
Dickson see also Dixon
Dickson Jas (Geneva) r414 N Missouri av
Dickson Kenneth (Ruth) lieut U S Army r1010 E 2d
Didde Albert A (Edith D) agt American Natl Ins Co h207 Summit
Didde Edith D Mrs opr Lo Marr Beauty Nook h207 E Simi
Diefendorf Ann Mrs cosmetician Pecos Valley Drug Co h W 4th
Diggs Annie r121 E 10th
Dilgard Wm J (Mary) h204b W 10th
Dillard Esther checker Roswell Lndry & Dry Clnrs r8 N Main
Dillard Harvey coach clnr N M Transptn Co
Dillard Lizzie (wid L A) h310 S Washington av
Dillard Lloyd W (Frances) stores clk N M Highway Dep 403 S Ohio av
Dillard Mattie W Mrs clk Montgomery Ward & Co h r 106 N Delaware av
Dillard Otis L (Ruby J) emp Auto Service Co r310 S Wa ington av
Dillard Thos L (Mattie W) pntr Roswell Auto Co h rear N Delaware av
Dillingham Gaylord lieut U S Army r2401 N Main
Dills Lucius (Gertrude L) judge Probate Court 1st fl Co House h410 N Pennsylvania av
di Lorenzo Leo (Lucile D) r410 N Pennsylvania av
di Lorenzo Lucile D Mrs chf clk Rationing Board r410 N Pe sylvania av

  Wholesale / Retail

inty Moore's Bar (J M Leakou) 101 N Main
ishman Odthe D (Exie M) mech Roswell Auto Co h300 S Michigan av
itto Thomas L (Iola) mech r801 N Richardson av
ixon see also Dickson
ixon Arthur J opr W U Tel Co r114 E Albuquerque
ixon Earl L (Dorothy) lino opr Roswell Daily Record h317 E 6th
ixon Geo D (Alice M) clk h311 N Kentucky av
ixon Geo H r311 N Kentucky av
ixon Ozious F Rev (Lury A) pastor Second Baptist Ch h108 S Kansas av
ixon Sue Mrs sec W O Montgomery
obbins Gordon D (Willa) truck drvr h1212 N Delaware
obson Bryant projectionist R E Griffith Theatre r507 N Richardson av
ock's Place (Clyde Roberts) liquors 326 N Main
odds Minerva I (wid J C) hsekpr 410 W Walnut r same
ODGE BROTHERS MOTOR CARS AND TRUCKS, Cummins Garage, 209 N Richardson av, tel 344
odge Hattie (wid G H) r509 N Missouri av
odson see also Dotson
odson J W (Annette) U S Army h1621 N Kansas av
oherty Francis X (Rita) U S Army r1212 W 7th
ollahon Eugene tiremn Dollahon Tire Shop r202½ E 2d
ollahon Eugene A (Olene) carp r506 N Garden av
ollahon Hotel (W E Dollahon) 202½ E 2d
ollahon Mildred bkpr S W Public Service Co r306 W Deming
ollahon Robt W (Annie C) h306 W Deming
ollahon Tire Shop (W E Dollahon) 200 E 2d
ollahon Willard E (Eunice) (Dollahon Tire Shop; Dollahon Hotel) h202½ E 2d
ominguez Geo J (Annie) cook Victory Cafe h501 E Tilden
ominguez Mary waitress J S Carrillo r208 E Hendricks
ominguez Nicolas (Gabriela) r923 Jefferson
OMINION OIL & GAS CO (Inc) Daniel Vaughan pres, W A Nicholas 1st v-pres, J B Bockman 2d v-pres, 420 J P White bldg, tel 98
on's Night Club W V Jurgens mgr 1123 S Atkinson av
onald A F r2401 N Main
onaldson Martha tchr h205 N Kansas av
onlin Vernon (Ruth) eng r423 E 4th
ooley Ethel (wid J H) r403 S Ohio av
ooley Jno W (Lola) drvr Two-O-One Cab Co r114 N Richardson av
ooley Lola Mrs phone opr Two-O-One Cab Co r114 N Richardson av
oretry Jno (Mary K) U S Army r308 N Washington av
orris Louise Mrs clk F W Woolworth Co r615 N Richardson
orris Wilson (Louise) U S Army r615 N Richardson av
orsey Nada r1200 N Richardson av
oss Jas G barber G W Shoemaker r104 E 2d
oss Oliver M (Leatrice) mech h1013 W 8th

KELVINATOR
Electric
Refrigerators

Maytag
Washing
Machines

Magic Chef
Gas Ranges

Philco
Radios
Sales and
Service

Samson
Windmills

Engines

Fencing

Paint

Guns and
Amunition

Sporting
Goods

115-17
N. Main

PHONE
634

STANDARD BRAND PULLORUM TESTED BABY CHICKS

Embryo fed chicks and **PURINA CHOWS FEED** Hay and Grain

COAL

C. F. & I.
Dawson &
RATON

Kindling

Pecos Valley Trading Co. & Hatchery

603
N. Virginia

PHONE
412

Dotson see also Dodson
Dotson Margaret clk Montgomery Ward & Co r301 W Alameda
Doty Minnie (wid Chas) h413 N Pennsylvania av
Doty Wendell M (Eloise C) cash Mt States Tel & Tel Co h10(N Pennsylvania av
Double Kenneth (Elizabeth) U S Army h1, 506 W 2d
DOUGHTIE ROBT J (Edna P) bus agt, fin sec Internatl H(Carriers Bldg, and Common Laborers Union of Ameri(local No 475, h401 E Forest
Douglas Florence sec N M Highway Dept r504 N Lea av
Douglas Guardian Warehouse Corp Travis Boykin rep 2(E 2d
Douthit Ronalda opr Norton Beauty Shop r801 N Pennsy vania av
Douthit Buff ranchmn r213 N Michigan av
Douthitt Chas D (Elizabeth) rancher h ss E 2d 6 e N Atkins(
Douthitt Elgin (Florence A) ranchmn h213 N Michigan :
Dow Gilbert F (Oney) carp h209 W 12th
Dow Hiram M (Ella L) (Hervey Dow Hill & Hinkle) h6 N Lea av
Dowaliby Jas M (Evelyn) (Furniture Mart) h54 Riverside
Dowell Daniel L (Gladys M) U S Army r703 S Kentucky
Downer Clarence (Edna) delmn h1822 N Lea av
Downing Elmer B (Euphrosyna) dist mgr Panhandle Lm Co h10 Riverside dr
Downing Mary Mrs bottler Clardy's Dairy r 3 mi e of ci
DOWNS C F (Nina) prop Service Garage, 1417 W 2d, h sa1 tel 812-R
Downs Denver C (Hazel) storekpr h111 S Montana av
Downs Henry A truck opr r109 N Richardson av
Downs O Glyn Mrs bkpr Carl A Johnson h122½ E 2d
Drabick Matthew J (Stephany P) U S Army r207 E Sumn
Drake Ann r411 S Kentucky av
Drake Virginia (wid Abraham) r802 N Kansas av
Draper Mark R circ mgr Roswell Morning Dispatch r410 17th
Draper Wm F (Effie) dairywkr h410 W 17th
Draper & Co Abe Mayer Jr rep wool buyers rear 211 E
Draughn Sylvester (Anna) roofer h3, 606 N Virginia av
Dreher Richard C (Grace L) sgt U S Army h304 W Wil(
Dresser Dixie B bkpr S W Public Service Co r703 N Richar son av
Dresser Doris r703 N Richardson av
Dresser Thos J plmbr Buck Russell Plmbg Co h703 N Richar son av
Dresser Thos J Jr U S Navy r703 N Richardson av
Drew Geo M (Comer) agt American Natl Ins Co h108 Kansas av
Drew Roswell K (Bernice) U S Army r403 S Pennsylvar
Drive Inn The (Mrs Mary McPherson) 208 E 2d
Driver Josie h110 S Montana av
Drivers License Bureau Robt L Ballard distbtr 214 E 3d

RURY A FAREST (Edith) owner Roswell Sand & Gravel Co shippers in car load lots, serving South Eastern New Mexico 104 S Kansas av, h same, tel 1548
rury Marcella M student r104 S Kansas av
ry Lawrence W (Ella) linemn AT&SF h1110 N Lea av
rysdale Richard W clk P O r300 E Bland
u Bois Betty waitress Cantina Bar r420 N Richardson av
u Chane M L U S Army r206 W 8th
uck Harry M (Annie L) h801 N Missouri av
udley Carl W U S Army r108 N Lea av
udley Floyd (Tommie E) h701 S Michigan av
udley Jas W (Carolyn H) real est 9 Ramona bldg h108 N Lea
UDLEY LUTHER M (Tommie) asst treas Roswell Auto Co h109 N Washington av, tel 688
udley Wm M (Zula) slsmn Kessels Inc r502 S Lea av
udley Wilma O (wid W L) r301 E 7th
udley Zula Mrs slsldy The Vogue r502 S Lea av
uffield Betty Jo sten r811 W 3d
uffield Crystle M (wid R W) h811 W 3d
uffield G Barry (Margaret) dean N M Military Inst h200 W College blvd
uffin Jas V contr 112 W 12th h same
uffin Tod R (Roberta) contr h108 W 12th
uffin Virginia F sten r112 W 12th
ufo Jno C (Velma) h308½ W Alameda
uke Wm W (Joan) h405 W College blvd
ukes Geo E (Hope S) lieut U S Army h306 W Alameda
ukes H Claude (Lynne) lieut U S Army h106 W 13th
U LANEY ARTHUR A REV (Irene) pastor First Baptist Church, 5th and Pennsylvania av, tel 608, h415 N Pennsylvania, tel 651
u Laney Arthur A Jr U S Army r415 N Pennsylvania av
u Laney Beatrice E student r415 N Pennsylvania av
u Laney Jimmie Lou sten r415 N Pennsylvania av
umas Jas E (Anne) bkpr Hinkle Motor Co h811 N Kentucky
unagan Bernice student r101 S Missouri av
unagan Homer (Gussie G) attendance officer city schools h101 S Missouri av
uncan Jno H (Minnie) groundmn S W Public Service Co h414 E 4th
uncan Jno W (Eleanor J) asst observer U S Weather Bureau h319 E 7th
unlap Laura (wid R D) r1109 N Lea av
unlap Wilburn T (Tommie) eng h1707 N Missouri av
unn Bessie S (wid I E) r ½ Park Rd
unn Claude M clk r107 E McGaffey
unn David (Margaret) U S Army h302 N Missouri av
unn Margaret M Mrs office sec Gulf Oil Corp h302 N Missouri av
unn Wm A lawyer 14 First Natl Bank bldg r Nickson Hotel
unnahoo Alex H (Tommie) mail msngr P O h807 W 9th
unnahoo Mary (wid Rufe) r807 W 9th

Johnson Lodewick

Refiners and Marketers of Petroleum Products

Distributors for Southeastern New Mexico of QUAKER STATE MOTOR OILS

New Mexico Distributors for Barnsdall Oil Co.

813 N. Virginia Ave.

Phone 164

R. O. ANDERSON President

DALE FISCHBECK General Supt.

Dunnahoo Owens student r807 W 9th
Dunnigan Jno (Sallie) U S Army r305 N Kentucky av
Dupree Gladys Mrs tech Dr W D McPherson r521½ N Ma
Dupree Layton T (Gladys M) U S Army r521½ N Main
Duran Alfredo linoleumlyr Purdy's Furn Co r807 W 11t
Duran Antonio U S Army r801 W 11th
Duran Eloy delmn Purdy's Furn Co r807 W 11th
Duran Guadalupe h101½ E Tilden
Duran Isaac (Julia) farmer h1215 W College blvd
Duran Isaac (Juana) farmer h ws N Ohio av 1 n Colleg blvd
Duran Jas (Christine) baker Purity Baking Co h rear 206 Albuquerque
Duran Jose (Pilar) trucker h801 W 11th
Duran Lugardita h103½ E Tilden
Duran Luis C (Orcelia S) lab h807 W 11th
Duran Manuel (Martha) r801 W 11th
Duran Rafael (Nina) h1014 W College blvd
Duran Victor C (Dorothy) ice dept S W Public Service (h904 N Virginia av
Durbin Cecil A (Lillian) delmn El Paso-Pecos Valley Truc Lines r sw of city
Durham Elsie M hlpr Sunset Cafe r205 S Virginia av
Durham Goree maid h205 S Virginia av
Durham Melvin J (Lenora) mgr La Salle Gro & Service S r2301 N Main
Dutro Jas A (Henrietta N) lieut U S Army h1006 N Kentucl
Duvall Jay (Dora M) (Jay Duvall's Men's Wear) h208 Kentucky av
Duvall Jay Men's Wear (Jay Duvall) 210 N Main
Duvall Louise tchr Highland Sch r300 N Lea av
Dwight Ples A (Bonnie) inspr h513 16th
Dwyer Daniel (Minnie) city firemn
Dwyer Jas P (Joan E) U S Army h608 S Lea av
Dybich Myron J (Genevieve A) capt U S Army h507 S Ke tucky av
DYE DONALD (Leta B) (Cummins Garage) h103 N Kentucl av, tel 82
Dye Thoras M (Dorothy) ranchmn h404 W 14th
Dyer Joan Mrs slsldy Merritt's Ladies Store r801 N Richar son av
Dyer Walter (Joan) U S Army r801 N Richardson av

E

Eaby David K (Myrtle B) sgt U S Army h200 W Wildy
Eeads Isaac C pntr r104½ N Main
Ealey Floyd (Ruth) r507 N Richardson av
Eanes Jas S (Helen) restr 215 S Virginia av h205 E Alamec
Earhart Wilmer E (Isabelle) bodymn Fisher Body Shop r4 E 4th
Earnest Ana L student r919 Jefferson

BIGELOW RUGS AND CARPETS — **DRAPERIES** — **LINOLEUMS** — **WASHING MACHINES**

Purdys' Furniture Company
321-25 N. MAIN   PHONE 197

KARPEN FURNITURE — **STOVES AND RANGES** — **UPHOLSTERING** — **VENETIAN BLINDS** — **WINDOW SHADES**

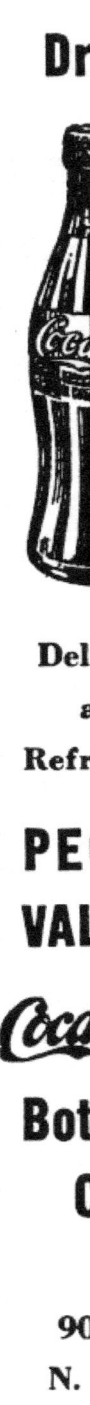

Drink Coca-Cola

Delicious and Refreshing

PECOS VALLEY Coca-Cola Bottling Co.

908-10 N. Main

PHONE **771**

arnest Gearvaise (Choice W) U S Army h500 E McGaffey
arnest Ira L U S Army r919 Jefferson
arnest Jno A (Elsie) mech h904 Jefferson
arnest Luther E (Lou) h919 Jefferson
asley Jas B (Alice) sgt U S Army r510 S Virginia av
ast Alameda Grocery (P N Franco M H Chavez) 730 E Alameda
ast Side Grocery & Market (Mrs E J Stevenson) 512 E 5th
ast Side School Flossie White prin 509 E 5th
astern New Mexico State Fair Grounds 1101 N Virginia av
astwood Alvin R (Flora B) (Eastwood Shoe Shop) h511 S Missouri av
astwood Shoe Shop (A R Eastwood) 215 W 2d
asy Way Laundry Mrs B D King mgr 104½ W Tilden
aton Harold J ship clk Pecos Valley Pkg Co
aton Jos L (Adeline) h641 E 6th
berhart Leuna clk-typist U S Employment Service r Rt 2 Box 69
chler Bessie (wid Dwight) h303 N Pennsylvania av
chler Lorraine clk N M Transptn Co r303 N Pennsylvania
ckelkamp Isabelle sten r108 W 9th
ckert A Claude (Anna) asst chf fire dept Air Base h1608 N Kentucky av
ckert Harry W carp r1608 N Kentucky av
ddens Marie marker Roswell Lndry & Dry Clnrs r423 E 5th
demson Henry (Katie) h rear 112 E Alameda
dgar Howard L (Agnes I) lieut U S Army h608 W Alameda
dmisten Harvey (Zonell) U S Army r204½ S Pennsylvania
dmisten Zonell Mrs plantmn Pecos Valley Coca-Cola Bott Co r204½ S Pennsylvania av
dmond Chas Y (Louise) U S Army r207 W 5th
dmonds David (Edna) sgt U S Army h313 W Mathews
dmondson Ira C (Celia M) bkpr Firestone Stores h411 N Kentucky av
dwards Anita N Mrs opr Mt States Tel & Tel Co r305 N Pennsylvania av
dwards E Chas (Erma) wtchmkr 416 N Main h same
dwards Frances librarian Roswell High Sch r600 S Pennsylvania av
dwards Fred O Jr (Jewell E) sgt U S Army r1010 E 2d
dwards Harry M tkt clk AT&SF r Nickson Hotel
dwards Hershel (Florence) U S Army r615 N Richardson av
dwards Howard C (Neata) cash J M Radford Gro Co r712 N Main
dwards Jean B Mrs prop Plaza Hotel h same
dwards Louise Mrs opr Mt States Tel & Tel Co r108 N Kentucky av
dwards Milton E (Nadine) r305 N Pennsylvania av
dwards Walter R (Jean B) state liquor inspr h119½ W 3d
gelston Elmer F (Virginia H) capt U S Army r 2 Park rd
gleston Harry C (Mollie E) h111 S Richardson av
hler Glenn (Pauline) U S Army r104 N Missouri av
hrich Carl A (Louise) fire chf Air Base h1008 W 1st

TAXI

201 — Curtis Corn, Owner
201 — 3d and Richardson Ave

Dr. R. S. Attaway D. V. M.

Chaves County's Only **Qualified (Graduate) Practicing Veterinarian**

Large and Small Animal Practice

PHONE **636**

403 East 2d.

Eiffert Cecil M (Erabelle) (Pueblo Court) U S Army r113 Michigan av
Elam Chas (Annabelle) h613 S Atkinson av
El Capitan Hotel Mrs R P Brown mgr 124½ N Main
El Dorado Drive In Cafe (Mrs Matilda Kopanes) 901 N Ma
Eldredge Peter H (Jerry) slsmn r1102 S Virginia av
Elgin A Richard student r419 E 3d
Elgin Alvin R (E Hazel) mech h419 E 3d
Elizabeth's (Mrs Elizabeth Martin) ladies wear 314 N Richardson av
Elkins Thos F (Annie C) h409 W Summit
Elks Club H D Johnson sec 202 N Richardson av
Eller Henry L chf of police 1st fl City Hall r 9 Riverside
Ellett Catherine M student r600 S Kentucky av
Ellett Jno R student r600 S Kentucky av
Ellett Lucius G (Lucille) rancher h600 S Kentucky av
Ellett Martha L student r600 S Kentucky av
Ellett May (wid A R) h209 S Missouri av
Ellingson Arthur G (Palma) instr N M Military Inst h90 N Richardson av
Ellingson Palma Mrs nurse h904 N Richardson av
Elliott Frank O student r500 N Kentucky av
Elliott Freddie Jo student r413 W 2d
Elliott Lawrence E (Edna M) oil opr h500 N Kentucky a
Elliott Vera (wid F D) mgr La Posta h413 W 2d
Elliott Vernon L (Sylvia) farmer h1821 N Union av
Ellis Amelia (wid J C) r504 N Washington av
Ellis Ann Mrs h107 E 8th
Ellis Arthur r507 N Virginia av
Ellis Geo F (Mattie D) mgr Diamond A Cattle Co h207 Missouri av
Ellis Harlan J (Brownie) stillmn Valley Ref Co h801½ Lea av
Ellis Herbert (Eula M) roofer h905 W Tilden
Ellis J B instr N M Military Inst r same
Ellis Willis G U S Army r107 E 8th
Ellison Alice Mrs receptionist T E Boggs r521½ N Main
Ellison Chas L (Alice E) U S Army r521½ N Main
Ellison Corinne dom r713 W Albuquerque
Ellzey Berry V (Mary D) whol oils 300 E 2d h603 N Mi souri av
Ellzey Nancy r603 N Missouri av
ELMER'S SERVICE STATION (Elmer Letcher) Texaco products, Gates tires, tubes and batteries, Marfak lubrication washing, cars called for and delivered, 600 N Main, tel 10 (see right top lines)
Elmore Albert E (Keith) (Elmore Prntg Co) h300 N Kans
ELMORE PRINTING CO (A E Elmore) commercial printer and stationers, 115 W 4th, tel 777
Elmore Ray A (Reba) guard r615 N Richardson av

GESSERT-SANDERS ABSTRACT CO.

ABSTRACTS OF TITLE

109 E. Third St.   Phone 493

L PASO-PECOS VALLEY TRUCK LINES, J L Naylor owner, Carl A Long local agt, daily dependable service from and to El Paso, Los Angeles, and points west, 118 E 4th, tel 160 (see left top lines)

l Rancho Cafe (Doss Matchen) 306½ N Richardson av
lston Ernie L (Annie L) r912 W Alameda av
lton Dora Mrs r608 N Virginia av
lton Odell r608 N Virginia av
ly Floyd (Ruth) delmn Camp Camino r507 N Richardson av
mergency Crop & Feed Loan Office see Farm Credit Admin
merson Ernest L (Blanche) (Bank Bar) h508 W 2d
merson Ernest L Jr student r508 W 2d
merson Ray hlpr Ace Auto Co
merson Wm L (M Audrey) carp h502 S Montana av
mery Thos (Belle) h306 E Bland
mheiser Russell (Pauline) baker Holsum Baking Co h108 W 7th
mmett Ben D student r401 N Union av
mmett Bob L student r401 N Union av
mmett Churchill A (Sylvia) carrier P O h401 N Union av
mmett Jno C U S Army r401 N Union av
mmett Lois C asst clk city water dept r401 N Union av
mmett Ruth V sten r401 N Union av
mmick Cressie L (Travis) mech Smith Machy Co h502 S Missouri av
mmick Leona J music tchr r502 S Missouri av
mmick Travis Mrs slsldy J C Penney Co h502 S Missouri av
nglish Lucy Mrs clk h604 N Delaware av
ntrop Inez Mrs office sec Office of Civilian Defense h708 N Kansas av
ntrop Kenneth (Ann) metermn S W Public Service Co r414 N Pennsylvania av
ntrop Mable L Mrs r708 S Michigan av
ntrop Robt F (Inez) plant supt S W Public Service Co h708 N Kansas av
off Edd (Gladys K) drvr N M Transptn Co h101 N Missouri av
off Gladys K Mrs colln dept Roswell Daily Record h101 N Missouri av

QUITABLE BUILDING & LOAN ASSN (Inc) H M Dow pres, S P Johnson v-pres, E G Minton v-pres and sec, J W Minton treas and asst sec, 107 W 3d, tel 809

QUITABLE INVESTMENT & INSURANCE CO (Inc) H M Dow pres, S P Johnson v-pres, E G Minton v-pres and sec, J W Minton treas and asst sec, 107 W 3d, tel 809

quitable Life Assurance Society of the U S Mrs Lillian R Russell rep 206 W 3d
ricson Roy C (Lillie M) mech h909 W 8th
riven Fred (Beatrice) U S Army r205 E Alameda
rma's Beauty Shop (Mrs Josephine Hall) 307 N Main
rvin see also Irwin
rvin Andrew J 211½ S Main
rvin T G plmbr Buck Russell Plmbg Co r S Washington av and Chisum

---

HINKLE MOTOR COMPANY

131 W. 2D ST.

WHOLESALE AUTOMOBILE PARTS AND EQUIPMENT

Serving New Mexico for 22 Years

Garage and Service Station Equipment

PHONE 12

EL PASO-PECOS VALLEY TRUCK LINES

J. L. NAYLOR, Owner CARL A. LONG, Local Agt.
Daily, Dependable Service from and to EL PASO, LOS ANGELES and POINTS WEST
118 E. 4th St. Phone 160

CLARDY'S PRODUCTS

Raw and Pasteurized

MILK

Butter
Cream
Butter Milk
Ice Cream

Delivered to Your Home or At Your Grocer

PHONE 796

200-202 E. 5th

Erwin Burrell F plmbr Buck Russell Plmbg Co r rear 52 E 8th
Erwin Geo L (Ethel) adjutant N M Military Inst r same
Erwin Stella B (wid J H) h205 W Tilden
Erwin Wm E mech Sumrall Garage r rear 523 E 8th
Escalante Alejandro (Ofelia) lab h rear 512 E Albuquerqu
Escobar Manuel (Lillie) slsmn Magnolia Pet Co h107 Elm a
Eshbach Jas R (Sadie) U S Army r510 S Virginia av
Espinoza Alberto (Eugenia) h711½ E Alameda
Espinoza Angelita r rear 503 E Mathews
Espinoza Ara T (wid M E) h101 Mulberry av
Espinoza Candelario r713 E Alameda
Espinoza Demetrio (Onecima) farmer h905 Jefferson
Espinoza Domitila r101 Mulberry av
Espinoza Frank r208 E Hendricks
Espinoza Joaquina Mrs h713 E Alameda
Espinoza Juan (Crusita) tyer Pecos Valley Comp h719 Alameda
Espinoza Juan F h902 S Kentucky av
Espinoza Mary (wid M E) h728 E Alameda
Espinoza Patrocinio (Juanita) h110 Mulberry av
Essery Alice (wid J R) r P H Essery
Essery Grover (Pearl) h ws Stanton r s Chisum
Essery Paul H oilfieldwkr h w s Stanton 1 s Chisum
Esslinger Claude (Opal) h1610 N Kentucky av
Esslinger Claudie student r1204 N Ohio av
Esslinger Richard T (Mary) h1204 N Ohio av
Esslinger Thos U S Army r1204 N Ohio av
Estey Harold (Helen) lieut U S Army h J, 301 W Alamed
Estill Robt R (Mary) lieut col U S Army h1001 S Main
Estrada Geo (Martha) linoleum mech Price & Co h rear 4(E Albuquerque
Estrada Ignacio (Isabel) lab N M Dept of Public Welfare 111 Ash av
Estrada Marcelina A Mrs h612 E Albuquerque
Etz Ada N Mrs h107 N Washington av
Etz Alva N (Bonnie R) (Etz Bros) sec-treas Etz Oil Co h101 N Pennsylvania av
Etz Bros (Geo and A N Etz) oil oprs 419 J P White bldg
Etz Geo (Etz Bros) pres Etz Oil Co r Lubbock Tex
Etz Oil Co (Inc) Geo Etz pres A N Etz sec-treas 419 J White bldg
Eubank Cleo (Essie L) janitor McNally-Hall Motor Co h3(S Delaware av
Eubank Mary r300 S Delaware av
Eubank Ruby r300 S Delaware av
Eudey Jos H (Mary) farmer h513 E 3d
Euphrant Stanley F (Dorothy) U S Army r612 N Main
Evanhoe Bernard M (Clara B) capt U S Army h307 E Blan
Evans Chas J (Isabel) barber 303 S Main r906 S Kentuck
Evans Dorothy M maid r601 S Michigan av
Evans Frank W (Donna M) pntr Daniel Paint & Glass Co 113 S Missouri av

"Say it with Flowers" ALLISON FLORAL CO.
We Telegraph Them Anywhere — Expert Florists and Designers
Phone 408—Day or Night — 707 S. Lea Ave.

VANS GEO P (Helen) solr Willis Ford Agency Inc, 304 N Richardson av, tel 93, h607 W 1st, tel 1105-W
vans Harold D sheetmetal wkr r700 S Delaware av
vans Harvey L (Byrd) agt American Natl Ins Co h506 W 3d
vans Jas A r406 W 17th
vans Jennie Mrs Rev pastor North Hill Mission h1701 N Washington av
vans Jos E (Bessie) clk P O h109 E Summit
vans Memory L (Margaret) U S Army r205 E 5th
vans Mildred r608 N Garden av
vans Otis (Fanny B) h ws Sherman av 2 s E McGaffey
vans Richard (Jerry) trucker r1020 S Lea av
vans Rosa A lndrs h111 S Kansas av
vans Stephen F (Willie L) drvr Armold Trans & Sto h1209 Sherman
vans Thelma clk F W Woolworth Co r114 N Richardson av
vans Vard (Lorena) carp h1107 Hahn
vans Watson (Joan) sgt U S Army r119 S Richardson av
veready Garage (O S Owen) 1211 W 2d
verett Isa Mrs (Ozark Cafe) h1208 N Missouri av
verett Jas E (Mary L) city firemn h1202 N Missouri av
verett Jno E (Isa) h1208 N Missouri av
verett Leslie U S Army r104 W Alameda
verett Thelma L clk r212 N Lea av
verette Earline H clk First Natl Bank r510 N Richardson
verman Ralph T (Mary E) carp h520 W McGaffey
verman Thos R r Enoch Hyden
vers Mildred Mrs sec Johnston Pump Co h110 E Albuquerque
verts Edw (Bonnie) carp h606 W 10th
verybody's Cafe (Eva Blanco) 100 E Alameda
VERYBODY'S CASH STORE, W A Vandewart prop, dry goods, millinery, shoes, ladies' ready-to-wear, 221 N Main tel 109
xcelsior Cleaners & Dyers (W L and Mrs W L Barrowman) 116 S Main
xchange Service Station J M Farmer mgr es n Main 1 n Country Club
xum A Dial (Ida Lee) clk P O h1200 N Lea av

F

agg Loudale tchr Mark Howell Sch r109 W 5th
ahrlender Louis L U S Army r419 E 4th
ahrlender Pete (Carrie) city park dept emp h419 E 4th
airbank Lawrence E (Martha) h710 S Washington av
airburn Francis (Patricia) U S Army r605 S Main
airview Garage (Raymond Cox) 1201 S Atkinson av
airview Service Station (Henry Hoogland) 1201 S Atkinson
alconi Electric Service (Louis Falconi) 125 W 2d
alconi Louis (Unice P) (Falconi Elec Service) h404 S Missouri av
ales A Merritt (Ethyl) carp h411 E 3d

Eat at **BUSY BEE CAFE**
JIM RALLES
"Roswell's Leading Cafe"
318 N. Main
PHONE 281

MERRITT'S SMART APPAREL FOR WOMEN

319 North Main —PHONE 482—

Johnston Pump Co.

DISTRIBUTORS OF Johnston Turbine Pumps For New Mexico and West Texas

Domestic Pressure Systems

Electric Motors and Starters

108-110 S. Virginia Ave.

PHONE 70

Fales Audre sten r411 E 3d
Fales Avery L (Blanche) h624 N Main
Fall Hugh V (Grace) phys 210 W 3d h604 N Richardson
Fall Robt W (Helen) (Advertising Service) r604 N Richardson av
Fanning Jay W (Roberta) bartndr h519 E 8th
Fanning Roberta Mrs emp Roswell Lndry & Dry Clnrs h519 8th
Fanning Wm F (Della) plmbr Roswell Plmbg & Htg Co h10 E 7th
Farha Jos grocer 400 S Main r same
Farm Credit Administration see United States Dept of Agric
Farm Security Administration see U S Dept of Agriculture
Farmer Jas M (Margaret) mgr Exchange Service Sta r sam
FARMERS AUTOMOBILE INTER INS EXCHANGE, M Norton dist mgr, office Norton Hotel, 200-4 W 3d, tel 9((see page 6)
Farmers Drug & Beauty Shop (Yolanda Pierson) 1019 E 2d
Farmers Inc V M Grantham pres B F Heinie v-pres E Whitney sec-treas cotton ginners 913 S Atkinson av
FARNSWORTH ARTHUR L (Vera) sec-treas Roswell Au Co, h612 N Richardson av, tel 117
FARNSWORTH CYRUS M (Clara) pres Roswell Auto Co, 214 W 7th, tel 537
Farquhar Harold E (Juanita) r907 N Pennsylvania av
Farquhar Juanita Mrs marker Roswell Lndry & Dry Cln r907 N Pennsylvania av
Farrar Clark (Lillie) U S Army r412 N Lea av
Farrell Hugh r324½ N Main
Father Bear's Den (Sgt M A Horton) liquors 100 N Main
Fatheree Benj (Minnie) drvr Robt Porter & Sons h1815 Kansas av
Faust Fred (Helen) U S Army r200 N Michigan av
Favor J F h518½ E 6th
Fay Louis E Jr (Mildred) night editor Roswell Morning Di patch h100 E Bland
Feather Shirley tchr Roswell High Sch r4 Hillcrest dr
Federal Building N Richardson av se cor 4th
Federal Security Agency see Social Security Board
Fee Thos H (Mabel J) pntr h102 S Washington av
Felts Jack B (Thelma L) leatherwkr h308 S Richardson a
Felts Jas E r308 S Richardson av
Felts Thelma L Mrs clk Modern Food Mkt h308 S Richardso
Fensom Marjorie E bkpr r205 S Missouri av
Fensom Wm E (Flora E) h205 S Missouri av
Ferebee Minnie bkpr Jackson Food Stores h237, 111 W 5th
Fereda Josephine dom 210 S Missouri av
Ferguson Oliver L (Sue P) slsmn h1200 E Bland
Ferguson Thos H (Wanda M) sub clk P O h304 S Lea av
Ferguson Urban C (Ida M) restr 120 E 3d h same
Ferguson Verna prsr Walker Clnrs r1309 N Montana av
Fernandez Pedro (Rita) lab h201 Ash av
Fernandez Sixto (Josephine) r206 E Hendricks

We Employ EXPERIENCED Labor

ELMER'S SERVICE STATION
ELMER LETCHER

600 No. Main St.,   Phone 102

erns Rose cook El Rancho Cafe r322 E 6th
erran C Gordon (Maria) capt U S Army h801½ N Kentucky av
errell Chas J (Willie M) woodwkr h211 S Missouri av
erreira Aguila r803 E Alameda
erreira Amado (Tomasa) h803 E Alameda
erreira Josefina r803 E Alameda
errin Clifford (Madelaine B) clk P O h102 S Missouri av
errin Madelaine B Mrs sten Equitable Bldg & Loan Assn h 102 S Missouri av
esler Kathryn Mrs r512 N Missouri av
idelity Insurance Agency Cecil Bonney mgr 105 W 3d
idwell Harry F (Jean) U S Army r609 N Kentucky av
ielding Oran F (Frances F) U S Army r606 W Tilden
ields Benj F (Bessie T) routemn Roswell Lndry & Dry Clnrs h rear 907 W 2d
ields Barbara Mrs h812 N Michigan av
ields Benj F Jr (Nell) slsmn The Model h307 N Michigan av
ields Jas (Emma L) guard h510 N Virginia av
ields Jno L lieut U S Army h805a N Kentucky av
ierro Angel (Elizabeth) truck drvr h103 S Montana av
ierro Angelita D (wid F F) cook h715 E Alameda
ierro Herminda Mrs h719½ E Alameda
ierro Jesus r719½ E Alameda
ierro Sotero (Dora) r rear 514 E Albuquerque
iles Jno L (Bernice) U S Army r809 N Pennsylvania av
inch Thos H (Clella M) jailer County Jail h ws N Main 3 n Country Club rd
incher Jerry (Willie) r304 N Pennsylvania av
ink Lou W director of band city schools r Rt 2 Box 165
inley Jas H (Lena) U S Navy h1800 Cambridge av
inley Jno E plantmn Sunset Creamery r sw of city
inley Monroe B (Letha) h900 W College blvd
inley Viola (wid Wm) h1111 Hahn
inley Wayman E (Romaine) h902 W College blvd
inney T Walter r310 W Deming
inney T Walter Jr (Josie E) trucker h310 W Deming
IRE CO'S ADJUSTMENT BUREAU, D A Potter branch mgr, Will C Thomas staff adj, 317 J P White bldg, tel 238
ire Department Rue Chrisman chf 108 W 1st
IRESTONE STORES, H P Clifton mgr, 114 W 2d, tel 116
IRST BAPTIST CHURCH, Rev Arthur A Du Laney pastor, 5th and Pennsylvania av, tel 608
irst Baptist Church Mission 214 E 5th
irst Christian Church Rev G T Reaves pastor 400 N Richardson av
irst Church of Christ 101 S Lea av
irst Church of the Nazarene Rev V B Atteberry pastor 710 N Washington av
irst Methodist Church Rev Thos W Brabham pastor 200 N Pennsylvania av
irst National Bank Building 104 W 3d

Hamilton Roofing Co.

GEO E. BALDEREE Mgr.

We Feature Old American Roofing Shingles Siding Etc.

Free Estimates

Industrial and Residential Roofing and Sheet Metal Contractors

Bonded and Insured

Easy Payment Plan

303 N. Railroad Ave.

Phone 460

ROSWELL FORD AUTO CO.

Open All Night — SALES AND SERVICE PHONES 189 and 190 — One Stop Service Station

PHONE 14
A Lumber Number Since 1897

BIG JO LUMBER CO.

800 North Main

PHONE 14

FIRST NATIONAL BANK OF ROSWELL, J F Hinkle pres, J E Moore v-pres, Floyd Childress cash, F W Blocksom, R Kain and J Q Marshall asst cashrs, 224-26 N Main, tel (see front cover)

First Presbyterian Church Rev Le Roy Thompson pastor W sw cor Kentucky av

First Provisional Training Wing W C A A F T C, Brig G Martin F Scanlon commanding 2d fl City Hall

FISCHBECK DALE (Louise) gen supt Johnson-Lodewick a Valley Refining Co, h411 N Missouri av, tel 1946-M

Fischer Carl (Anna T) U S Army r312 E 8th

Fisher Betty r505 E 3d

Fisher Body Shop (Wilson Fisher) M L Blanton mgr 415 E

Fisher Building 215 W 3d

Fisher Calvin H (Evelyn W) taxi h1202 W 1st

Fisher Cora L (wid E M) h200 N Washington av

Fisher Eldon (Elvera) U S Army h rear 212 N Kansas av

Fisher Floyd h1011 W Walnut

Fisher Geo caretkr 1004 S Main r same

Fisher Grace (wid R L) h407 W 1st

Fisher Harry M Jr (Johnny) lieut U S Army h609 E 6th

Fisher Henry B (Louise) col U S Army h112 N Kentucky a

Fisher Lillis tchr Mark Howell Sch r200 N Washington

Fisher Louis B (Ruby) farmer h1311 E 2d

Fisher Oscar chauf Yellow Cab Co r1202 W 1st

Fisher Robt (Ollie F) mech r415 E 4th

Fisher Wilson (Gladys E) (Fisher Body Shop) h409 W Tilde

Fixit Shop (J S Teague) 408½ E 2d

Fleehart Albert E (Eva) bkpr h207 N Michigan av

Fleehart Clark r207 N Michigan av

Fleehart Janet L r207 N Michigan av

Flegal Blair L (Nellie M) mach h203 E Bland

Fleming Alice E (wid W C) h ns E Alameda 2 e Atkinson

Fleming Lavell W U S Army r709 W 9th

Fleming R Annie (wid G T) h709 W 9th

Fleming Thelbert M gas dept S W Public Service Co r709 9th

Flenner Jesse C U S Army r600 W College blvd

Fletcher Burton L student r304 S Missouri av

Fletcher Jack (Katie) bandmstr N M Military Inst h114 Mathews

Fletcher Thos M (Reece) slsmn Omar Leach & Co h304 S Mi souri av

Fletcher Thos M Jr U S Army r304 S Missouri av

Flinn E C (Ethel M) contr 107 W Mathews h same

Flint Jayne sten r509 N Richardson av

Flippo Dale V (Dorothee) h106a N Lea av

Flood Addie Mrs mgr Tanner Apts h712 N Main

Flood Ella Mrs h712 N Main

Flood Roy L (Addie) h712 N Main

Floore Jno W (Louise) capt U S Army r Zuni Court

Flores Bernabe (Magdalena) lab h719 E Tilden

Flowers For All Occasions

PHONE 275
405 W. ALAMEDA
Member F. T. D. A.

'lores Isaac S hlpr Holsum Baking Co
'lores Manuel (Luisa) h408 Sherman av
'lores Manuela (wid R T) maid h403 E Bland
'lores Maureto (Mable) r918 Jefferson
'lores Pablita (wid H C) h407 E Hendricks
'lores Pasquala (wid T F) r403 E Bland
'lores Rafael (Dominga) lab h209 Van Buren
'lores Sam'l (Epigmenia) h1207 N Ohio av
'lournoy Homer clk r Mrs Lenora Flournoy
'lournoy Lenora Mrs h ns Cole 1 n E 23d
'lowers Beatrice Mrs r1109 W 2d
'lowers Dennis E (Margree) mech h1109 W 2d
'loyd Alvin C (Essie) mech h rear 1207 N Virginia av
'loyd Cletus C (Gwendolyn) lab h714 W 13th
'loyd Lawrence E (Vivian L) airplane mech h608 W Walnut
'loyd's Auto Salvage (Floyd Beagles) ss E 2d 2 e Atkinson av
'lud Ray C (Nina M) whsemn h1821 N Lea av
'ORBES GEORGE S (Bertie A) pres Pecos Valley Trading Co & Hatchery, h306 S Kentucky av, tel 1442-W
'orbish Emily r300 W Mathews
'ord Calvin F (Jean) U S Army r109 N Washington
'ord C V (Bonnie) tailor Royal Clnrs r321½ E 6th
'ORD CARS & TRUCKS, Roswell Auto Co, 120-32 W 2d, tel 189
'ord Dale H atdt Roswell Service Station r208 N Kansas av
'ord Esther h5, 718 N Main
'ord Francis E r104½ N Main
'ord Maurice W (Esther) electn Purdy Elec Co h210 W Tilden
'ord Nellie h rear 900 N Union av
'ord Norma r rear 900 N Union av
'ord Weyma F (Ina) electn h414½ E 5th
'ORD WILLIS (Emma S) pres Willis Ford Agency Inc, 304 N Richardson av, tel 93, h204 S Lea av, tel 156
'ORD WILLIS AGENCY INC, Willis Ford pres, general insurance, surety bonds, 304 N Richardson av, tel 93 (see both ends)
'ordham Florence nurse Roswell Osteopathic Clinic r 519 E 5th
'oreman Jno R (Grace) cabtmkr h312 W 1st
'orester Faye r1105 W 8th
'orester Virgil C (May E) U S Army r505 W 18th
'orrester Alex M (Juliette) U S Army h1305 N Lea av
'orrester Cora C r W C Forrester
'orrester Evelyn clk R E Griffith Theatres r803 W 11th
'orrester Everett E U S Army r803 W 11th
'orrester Harley L U S Army r W C Forrester
'orrester Evelyn clk R E Griffith Theatres r803 W 11th
'orrester Ralph T (Addie) h803 W 11th
'orrester Wm C (Harriett L) farmer h ss E 17th 2 e ATSF Ry
'ort Minette (wid F W) tchr of speech r106 S Lea av
'ortenberry J E (Melva) U S Army r1207 N Virginia av
'ortenberry J Kent (Flodelle) clk Montgomery Ward & Co h810 S Richardson av

PAPER Products

WHOLESALE

GROCERIES | **JANITORS' SUPPLIES**

FEED

Roswell Trading Company

PHONE 126

STATE COLLECTION BUREAU, INC.
H. G. Parsons, Mgr.   H. R. Laurain, Pres.
BONDED - ESTABLISHED 1930
10 Bank of Commerce Bldg.   106 E. 4th   Phone 224

Fortner Chas H (Beulah) h1110 N Missouri av
Foster Adrian S (Maude) h1106 N Richardson av
Foster Chas A (Mattie) slsmn h306 S Kansas av
Foster Chas A Jr U S Army r306 S Kansas av
Foster Dorothy waitress r419 E 4th
Foster Estelle M Mrs sec Gross-Miller Gro Co h203 N Michiga
Foster Fred (Mamie) janitor h3, 111 S Virginia av
Foster Geo H (Fay) ranchmn h800 N Pennsylvania av
Foster Gladys Mrs r1212 W Alameda av
Foster Helen r419 E 4th
Foster Leonard A elec mech r1106 N Richardson av
Foster Mamie Mrs dispr Yellow Cab Co h500 S Washington a
Foster Wallace W (Florence) eng AT&SF r312 E 6th
Foster Wesley (Estelle M) pres Gross-Miller Gro Co h203 I
   Michigan av
Foster Wesley M (Clara E) v-pres Gross-Miller Gro Co h60
   W Alameda av
Foster Wm A (Cleola) bartndr Bank Bar h1709 N Missouri a
**FOUNDATION INVESTMENT CO (Inc) G K Richardson v
   pres-mgr, Donald A Hinch asst mgr, gen ins, auto financing
   loans, 214 N Richardson av, tel 1045 (see page 5)**
Fourth Street Jewelry (L L Hammer) 106 W 4th
Fourth Street Supply Store (J M Hill) 407 W 4th
Foutch Guy barber Cottage Barber Shop r801 N Richardson a
Foutch Lula Mrs alterations The Vogue r E 19th
Fowler Alice M student r700 Sunset av
Fowler Eva Mae clk Sears, Roebuck & Co r408 N Kentucky
Fowler Mamie D Mrs slsldy h711 W 5th
Fowler Nathaniel A (Martha L) (Fowler's Grocery) h1020
   Lea av
Fowler's Grocery (N A Fowler) 514 N Virginia av
Fox Jos H (Dorothy H) capt U S Army h1014 S Pennsylvani
Fox Maurice (Rose M) sgt U S Army h1004 N Missouri av
FRANCISCAN FATHERS, 805 S Main, tel 501
Franco Alberto (Helen) cook h600 E Albuquerque
Franco Alfonso (Socorro) U S Army r600 E Albuquerque
Franco Daniel (Adeline) h604 E Albuquerque
Franco Dario (Antonio) plstr r Pedro Amancio
Franco Guadalupe Mrs maid r514 E Albuquerque
Franco Lorenzo (Caroline) U S Army h rear 514 E Albuquer
   que
Franco Manuel (Guadalupe) r514 E Albuquerque
Franco Patrocinia Mrs h514 E Albuquerque
Franco Pedro (Annie) h602 E Albuquerque
Franco Pedro N (Eva) (East Alameda Gro) h507 E Albuquer
   que
Frank Leonard (Elsa) U S Army r113 S Pennsylvania av
Franklin Arthur (Martha B) tractor opr h309 E McGaffey
Franklin Benj (Hattie) h901 E McGaffey
Franklin Murrell (Doshia) U S Army r509 N Richardson av
Franklin Petroleum Corp Bert Astor sec-treas 321 J P Whit
   bldg

DRUGS

PECOS VALLEY DRUG CO.

The Rexall Store

FREE DELIVERY

312 N. MAIN

PHONE -1-

anks Abraham (Georgie) plant opr S W Public Service Co Rt 2 Box 80
anks Chas J (Ida M) h324 E 7th
anks Harold H (Dorothy E) aircraft woodwkr h207 W Tilden
anks Sarah J (wid W H) r1802 Cambridge av
anz Carolyn D clk r601 S Missouri av
anzen Russell W (M Frances) carp h307 W McGaffey
anzen Russell Walden U S Navy r307 W McGaffey
asier Donald F (Irene) routemn Roswell Lndry & Dry Clnrs r405 S Kansas av
ause Walter H mech r500 N Richardson av
azier Lake J (Helen H) (Frazier & Quantius) h411 W 7th
azier Lake J Jr r411 W 7th
azier Mary maid Nickson Hotel r110½ E Alameda
azier May Mrs waitress r604 N Virginia av
AZIER & QUANTIUS (Lake J Frazier Leland M Quantius) lawyers, 123 W 4th, tel 89
ed's Grocery (E V Hunter) 500 S Main
edin Geo (Gladys) r410 E 3d
edin Rene waitress Moseley's Coronado Tavern r410 E 3d
eeman Austin R (Eva G) emp Auto Service Co h706 W Tilden
eeman Jno W (Ida) farmer r L H Freeman
eeman Louis H (Lovie) carp h ss E 2d 16 e Atkinson av
eilinger Corinne sten r812 N Washington av
eilinger Mathis (Hazel) (West Ninth St Gro) h812 N Washington av
eilinger Mathis P U S Army r812 N Washington av
ench Edith r604 N Pennsylvania av
ench G Edw r604 N Pennsylvania av
ench Geo E (Elizabeth) office 112 W 3d h 604 N Pennsylvania av
ench Nellie V (wid Eugene) r912 W 5th
entress Edna Earle sten War Savings Staff U S Treas Dept 713 N Lea av
enzel Elgin W (Daisy L) sgt U S Army r207 W Hendricks
esquez Cirila Mrs cash J C Penney Co h105 N Union av
esquez Corina smstrs Price & Co r904 N Virginia av
esquez Dave (Josie) dep U S Marshal h ss W 2d 9 w Mississippi av
esquez Isidro (Mary) r1102 W College blvd
esquez Romualdo E (Cirila) slsmn h105 N Union av
esquez Salomon rancher h1102 W College blvd
ick Paul (Dollie) U S Army r212 N Pennsylvania av
end Jackie r906 Virginia av
itz Esther C Mrs bkpr Foundation Invt Co r109 S Missouri
itz Matt H (Esther C) U S Army r109 S Missouri av
zzell Jerry (Eunice) r402 E 2d
ost Homer L (Viola) r600 N Richardson av
ost Jack (Lena) trucker h308 W McGaffey
ost Jno A (Nana A) petroleum eng U S Geological Survey h 03 S Missouri av

---

GESSERT-SANDERS ABSTRACT CO.
ABSTRACTS OF TITLE
09 E. Third St.   **Phone 493**

The Roswell Cotton Oil Co.

Mfrs. of Molasses Cubes and Cotton Seed Cake

301 E. 2d St.

PHONE 58

PANHANDLE LUMBER COMPANY, INC.
"COMPLETE BUILDING SERVICE"
PLAN SERVICE — FINANCING
107-11 W. Alameda   Phone 5!

PURE MILK

Clardy's Dairy

Since 1912

Producer and Distributor of Quality Dairy Products and Ice Cream

200-202 E. 5th
Phone 796

Frost Viola Mrs clk Gross-Miller Gro Co r600 N Richardson
Fry Amburs A (Beulah) tractor opr Roswell Sand & Grav Co r 18 mi n of city
Fry Richard B (Floree D) truck drvr h411 W Wildy
Fudge Louis P lieut U S Army h106 Pear
Fuentes Anita maid 215 W 7th r405 E Bland
Fuentes Emilia wine dept Levers Bros
Fuentes Manuel (Rosa) r405 E Bland
Fuentes Maria Mrs h405 E Bland
Fuentes Ramon (Sofia) lab h712 E Walnut
Fulbright Aileen Mrs sec Jno L Mikesell h405 W Bland
Fulbright Jess (Aileen) slsmn J L Mikesell h405 W Bla
Fulcher Curtis U (Tommie) mech h410 W 18th
Fullen Louis O (Vashti) lawyer 2-3 First Natl Bank bldg h2 S Kentucky av
Fullen Vashti Mrs county chmn American Red Cross h200 Kentucky av
Fuller C W pntr Daniel Paint & Glass Co
Fuller Jas R (Thelma) h rear 506 E 5th
Fuller Mape h ns E McGaffey 5 e S Atkinson av
Fuller Mildred Mrs waitress Rock Inn Cafe r401 N Atkinson
Fuller Walter (Fannie) h305 Hobbs
Fullerton Doris M r1520 N Missouri av
Fulton Charlotte B r305 N Pennsylvania av
Fulton Helen (wid Clyde) sten Gardner Ins Agcy h 305 Pennsylvania av
Fulton Janet C (wid J L sten h311 W Alameda
Fulton Maurice G (Vaye) instr N M Military Inst h1314 Kentucky av
Fuqua Arlie O (Edith L) stillmn Valley Ref Co r1208 N K tucky av
Furnace Wm W (Violet) mech Green's Auto Clinic h407b Grand av
Furniture Mart The (J M Dowaliby) 107-9 E 2d
Fuston Wm R (Katie) h1011 W 2d
Fye Lena (wid August) h606 N Missouri av

G

Gabaldon Leopold (Lottie) carwshr Firestone Stores h r 310 E Hendricks
Gabriel Chas W (Kaleta F) U S Army r126 S Richardson
Gadberry Burl W (Velma) U S Army r407 N Virginia av
Gadberry Ellie (wid W A) ironer Roswell Lndry & Dry Cl h412 E 3d
Gadberry Roy C (Hazel M) mech Roswell Auto Co h60? Richardson av
Gaddy Frank A (Claudia) carp h1202 N Richardson av
Gaddy Frank A Jr (Mary) r1202 N Richardson av
Gaddy Jno F U S Army r1202 N Richardson av
Gaeta Victor bodymn Roswell Body & Fender Wks r807 Delaware

 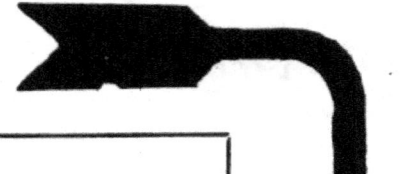

Wholesale
Retail

ailey Malinda (wid J A) h102 W McGaffey
aines Clarence E (Roberta) U S Army r811 W 3d
aines Ernestine waitress Everybody's Cafe r218 S Virginia av
aines Jno D (Irene) asst mgr Montgomery Ward & Co h903 N Missouri av
aines Roberta Mrs sec Boellner's r811 W 3d
aither Elbert L (Ruth) drvr N M Transptn Co h612 S Kentucky av
aither Ruth Mrs slsldy J C Penney Co h612 S Kentucky av
allegos Clara (wid David) h309 E Summit
allegos Frances hsekpr r309 E Summit
allegos Marcos (Herlinda) lab h216 E McGaffey
allegos Margarita h206 E Wildy
allegos Pilar h404 E Hendricks
allegos Raymond r814 S Kentucky av
allegos Severo Jr (Erminia S) nightmn Conoco Service Sta r206 E Wildy
allegos Vicente (Winnie) ovenmn Holsum Baking Co r rear 106 W Alameda
allier Winifred (Estelle G) U S Army r109 N Richardson av
alloway E H phys r Hotel Norton
alloway Mirtie (wid S T) r412 E Summit
alloway Richard N (Cordie) jr observer U S Weather Bureau h2, 604 N Virginia
allup Marian F tchr Roswell High Sch r414 W Alameda
amboa Anastacio (Maria I) h1212 N Missouri av
amboa Antonio rancher r111½ N Main
amboa Castulo M (Mollie) lab h607 E Alameda
amboa Felipe U S Army r607 E Alameda
amboa Raymond U S Army r607 E Alameda
ameros Jose lab r311 E Hendricks
ameros Mariana Mrs h311 E Hendricks
annon Benita student r624 N Main
annon Raymond A (Mattie B) slsmn r624 N Main
ant Chas L mech hlpr Roswell Auto Co r504 S Kentucky av
ant Clyde N (Mary I) mech Roswell Auto Co h504 S Kentucky av
ant Mary I Mrs slsldy Markus Shoes h504 S Kentucky av
antt Albert R clk Roswell Seed Co r 407 S Kansas av
antt Lela L (wid T A) r407 S Kansas av
antt Winifred tchr Highland Sch r312 W Alameda
rcia Agustin (Lola) pntr McNally-Hall Motor Co h700 E Tilden
rcia Agustin Jr (Jessie) car wshr McNally-Hall Motor Co r702 E Tilden
rcia Albert (Lucy) pntr h313 E Deming
rcia Alejo (Hortencia) lab h714 E Tilden
rcia Annie Mrs r400 E Hendricks
rcia Bartola r724 E Tilden
rcia Beatrice Mrs h600 E Bland
rcia Esteban (Clarita) h512 E Albuquerque
rcia Cleofas (Josefita) h406 E Hendricks
rcia Eulalio (Eufrasia) lab h414 E Hendricks

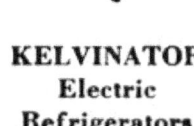

KELVINATOR
Electric Refrigerators

Maytag Washing Machines

Magic Chef Gas Ranges

Philco Radios Sales and Service

Samson Windmills

Engines

Fencing

Paint

Guns and Amunition

Sporting Goods

115-17 N. Main

PHONE
634

SUNSET CREAMERY

STANDARD BRAND PULLORUM TESTED BABY CHICKS

Embryo fed chicks and **PURINA CHOWS**

FEED

Hay and Grain

C. F. & I.
Dawson &
RATON

Kindling

Pecos Valley Trading Co. & Hatchery

603
N. Virginia

PHONE
412

Garcia Felice r400 E Hendricks
Garcia Felicita beauty opr r104 S Virginia av
Garcia Herminia student r410 E Bland
Garcia Jas student r410 E Bland
Garcia Jose (Refugio) h104 S Virginia av
Garcia Jose C (Lucia) pntr McNally-Hall Motor Co h410 Bland
Garcia Josephine r700 E Tilden
Garcia Julian (Guadalupe) bill poster Pecos Valley Adv (h707 E Tilden
Garcia Laurencio (Elisa) r310 E Albuquerque
Garcia Lilly maid 416 N Richardson av r910 N Union av
Garcia Lola Mrs grocer 701 E Tilden r700 same
Garcia Lorenzo (Inez) h910 N Union av
Garcia Mary sten Ginsberg Music Co r700 E Tilden
Garcia Ray (Rosa) r rear 106½ W Alameda
Garcia Salome Mrs h724 E Tilden
GARDNER INSURANCE AGENCY, (T L Gardner and T Gardner Jr) general insurance, 112 W 3d, tel 169
Gardner Jno W drvr N M Transptn Co r503 S Richardson
Gardner Loren E (Elsie) clk h409 W 18th
Gardner Marguerite clk Sears, Roebuck & Co r1013 N Mai
Gardner Thos L (Gardner Ins Agcy) h309 W 2d
Gardner Thos L Jr U S Army (Gardner Ins Agcy) r309 W 2
Garges Walter C (Helen) office mgr Price & Co h404 N Ke tucky av
Garland Helen opr Lea's Old Mission Beauty Shop r309½ Main
Garmon C Albert (Jewell) partsmn McNally-Hall Motor (h1105½ W 8th
Garner Ona clk Sears, Roebuck & Co r302 W Alameda
Garner Thos J (Bernice) drvr N M Transportation Co h503 Richardson av
Garoutte Harold (Virgie) slsmn Clardy's Dairy r409½ W 8
Garrett Elizabeth musician h102 S Lea av
Garrett Ella M Mrs h608 W 19th
Garrett Euland W U S Army r rear 1002 E 2d
Garrett Hume P (Lois) prin Highland Sch h108 N Kentucky
Garrett Iva Mrs r rear 1002 E 2d
Garrett Jack clk Purity Baking Co r109 S Lea av
Garrett Lester R (Susie) meat ctr Gross-Miller Gro Co h1 S Lea av
Garrett Lester R Jr student r109 S Lea av
Garrett Lexon (Margaret) miner r rear 1002 E 2d
Garrett Marvin V (Juanita M) trav slsmn h704 S Michig
Garrett W Chilton Rev (Mattie) h106 S Lea av
Garrett Zera file clk r rear 1002 E 2d
Garrison Curtis (Penney O) U S Army r Earnest Moorehead
Garrison Penney O Mrs cook Rock Inn Cafe r Earnest Moo head
Garrison Theo (Velma) U S Army r801 N Main
Garrod Frank O (Lillian) drvr Phillips Pet Co r Rt 1 Box 1
Gary Benj T (Gladys) (Cottage Barber Shop) h323 N Virgi

ary Lloyd (Maudie L) washmn Roswell Lndry & Dry Clnrs h1401 N Kentucky av
arza Agapito F (Narcisa) lab h726 E Alameda
aston O Kendrick jailer County Jail r E 19th beyond city limits
aston Wm L (Ida M) r412 E 3d
ates Henry C (Jessie W) real est 320 J P White bldg h110 S Pennsylvania av
ayhart Ethel opr Lea's Old Mission Beauty Shop r513 E 3d
ebaur Arthur W (Martha J) lieut U S Army h602 S Virginia
eitner Gilbert (Marjorie J) lieut U S Army h1016 S Pennsylvania av
ENERAL AMERICAN LIFE INS CO, J R and R E Daughtry gen agts, 22-23 J P White bldg, tel 301
entle Glenn R (Hazel) h416 E 4th
entry Florence Mrs waitress Nickson Coffee Shop r407 W 1st
entry Jas P mech r407 W 1st
entry Pauline waitress r202½ E 2d
eorge Bobbie waitress Steve's Cafe 120 S Main
eorge Ella (wid D F) h204 N Atkinson av
erron Jno (Lillie) h309 E 6th
erter Velma r304 E Hendricks
essert Dorothy sten r604 N Kentucky av
ESSERT EDWARD C (Phyllis N) pres Gessert-Sanders Abstract Co, h604 N Kentucky av, tel 248
essert Edw C Jr lieut U S Army r604 N Kentucky av
essert L Lisette student r604 N Kentucky av
essert Margaret student r604 N Kentucky av
ESSERT-SANDERS ABSTRACT CO (Inc) Edward C Gessert pres, Lyman A Sanders sec-treas, abstracts of title, 109 E 3d, tel 493 (see right top lines)
eyer C Ford (Maude) h310 N Washington
eyer Edith sec American Red Cross ins 402 N Main h309 W 9th
holston see also Goldston
holston Edwin (Helen) U S Army h802 W 8th
iammichele Alfred (Nora) U S Army r406 W Hendricks
IBBANY ARLINE MISS, public stenographer, notary public 5 First Natl Bank bldg, r200 N Michigan av
ibbany Carl E (Velma) slsmn H A Marr Gro Co h410 N Kansas av
ibbany Flora J (wid Ed S) h200 N Michigan
ibbany Thos H (R Pearl) drvr Two-O-One Cab Co h202 N Michigan av
ibbons Geo student r309 W Bland
ibbons Murray F (Frances L) col U S Army h309 W Bland
ibson Daniel W (Nannie B) rock mason r D W Gibson Jr
ibson Daniel W Jr rock contr h w s Sherman av 2 s Chisum
ibson Oma presser Roswell Lndry & Dry Clnrs r314 E 7th
ifford Gordon C (Eileen) sgt U S Army r La Salle Court
ilbert Kate G (wid J C) h411 S Missouri av
ilcrease Clyde N U S Army r W N Gilcrease

Johnson Lodewick

Refiners and Marketers of Petroleum Products

Distributors for Southeastern New Mexico of QUAKER STATE MOTOR OILS

New Mexico Distributors for Barnsdall Oil Co.

813 N. Virginia Ave.

Phone 164

R. O. ANDERSON President

DALE FISCHBECK General Supt.

Phone 23 "SKIDDO"

ARMOLD TRANSFER & STORAGE
STORAGE - CRATING - SHIPPING
"We Move Anything"   419 N. Virginia

CAR PARTS DEPOT INC.

Distributors
Automotive
Supplies
and
Equipment

Welding
Equipment
and
Supplies

PHONE 205

401 N.
Virginia
Ave.

P. O. Box
1288

Gilcrease Willis N (Zora) farmer h ss Country Club rd 9 N Main
Giles Emily Ryan Mrs waitress Victory Cafe
Gileson Jos F (Marion) U S Army h1204 N Kentucky av
Gilkison Marvin R (Loretta M) sgt U S Army h611 S Ke tucky av
Gill Hattie C (wid Walter) bkpr Cobean Staty Co h108 E 7
GILL IVAN J, operator Roswell Seed Co, in U S Army, 115- S Main, tel 92
Gill Robt (Rosa B) U S Army r301 E Albuquerque
GILL VERDI F (Thelma A) operator Roswell Seed Co, h5 S Kansas av, tel 592-J
GILL WALTER LEE (Iola) operator Roswell Seed Co, in U Army, r503 S Kansas av, tel 592-J
Gillanders Isabel r201 E 22d
Gilleland Paul E (Lorena) slsmn h303 N Union av
GILLESPIE DONALD E (Carrie D) (Bond-Baker Co Lt h801 E 5th, tel 572
Gillespie Don E Jr (Martha) U S Army h506 N Washingt
GILLILAND A A & CO (Arthur A Gilliland, Edw P Herrin wholesale fancy fruits and vegetables, 221 E 2d, tel 4 and 407
Gilliland Arthur A (Jessie L) (A A Gilliland & Co) h ns College blvd 1 e Atkinson av
Gilliland Margaret student r A A Gilliland
Gilliland Zeke E (Georgia E) (Zeke's Cafe) h908 W Hendric
Gillis Ella opr Mt States Tel & Tel Co r801 N Pennsylvar
Gillis Geo (Arleen) U S Army h112 Pear
Gilmore Ellis W (Dora M) sgt U S Army h307 E Deming
Gilstrap Gurvis (Mary S) clk U S Geological Survey h305 Washington av
Ginsberg Benj B (Maybelle) (Ginsberg Music Co) h607 Tilden
Ginsberg Bernard R lieut U S Army Air Corps r607 W Tild
GINSBERG MUSIC CO (B B Ginsberg) "Everything Musica 205 N Main, tel 10
Girard Edith A (wid J P) h500 E College blvd
Glass Curtis (Sue) lab h510 E Chisum
Glass Geo B (Ruby) electn h504 N Washington av
Glass Pearl (wid Jerro) h es Stanton 5 s Chisum
Glennan Paul chauf Yellow Cab Co r Orchard Camp
Gloudeman Geo (Esther) U S Army r510 N Washington
GLOVER C HOWARD (Helen H) (Glover's Flowers) h211 Lea av, tel 275
Glover Helen H Mrs florist-designer Glover's Flowers h2 S Lea av
Glover Jos J (Mary) slsmn Everybody's Cash Store h8 W 5th
Glover Victor S clk Kipling's Confy r908 N Richardson
GLOVER'S FLOWERS (C H Glover) flowers for all occasic member Florists Telegraph Delivery Assn, 405 W Alame tel 275 (see right top lines)
Glunt Angell sgt U S Army r408 N Richardson

BIGELOW RUGS AND CARPETS — DRAPERIES — LINOLEUMS — WASHING MACHINES

Purdys' Furniture Company
321-25 N. MAIN   PHONE 197

KARPEN FURNITURE — STOVES AND RANGES — UPHOLSTERING — VENETIAN BLINDS — WINDOW SHADES

oad Jas C (Mary L) sgt U S Army r933 Jefferson
oddard Glen (Florence) U S Army h307 W 1st
oddard Wm B (Sally) U S Army r209 N Michigan av
odfrey Doris Mrs cash Kessel's Inc h207 E 19th
odfrey Grover C (Doris) barber Realistic Beauty & Barber Shop h207 E 19th
odfrey Lola T (Elizabeth) coach N M Military Inst r same
odfrey Paralee (wid A J) r406 E 3d
odfrey W Walter (Esther) slsmn Holsum Baking Co h404 E 5th
odfrey Wm W student r404 E 5th
oggins C Elton (Rue) drvr Armold Trans & Sto h107 S Union av
oins Calvin H U S Army r500 S Montana av
oins Gardie A lab r500 S Montana av
oins Jas C U S Army r500 S Montana av
oins Kenneth millwkr Roswell Cotton Oil Co
oins Lena M (wid J A) h500 S Montana av
olden Jesse B (Gladys) h213 N Union av
oldenberg Jos (Hanna) lieut U S Army r209 W Tilden
oldston see also Gholston
oldston Henry C (Zollie) sheet metalwkr h109½ E 8th
oldston Sidney B (L D) truck drvr h1612 N Missouri av
oldston Sidney E U S Army r1612 N Missouri av
omez Alfred R (Dorothy) h1201 N Union av
omez Florencia Mrs h1311 N Washington av
omez Florencio R (Joaquinita) lab r711 E Alameda
omez Frank (Tillie) h1217 N College blvd
omez Lawrence h312 E Albuquerque
onzalez Alejo (Beatrice) h612 E Bland
onzalez Amado (Geneva) lab h513 Ash av
onzalez Amelia wine dept Levers Bros
onzalez Ana hsekpr 513 E 2d r same
onzalez Andres R (Sostena) stone mason h701 E Hendricks
onzalez Antonio (Guadalupe) lab h726 (802) E Tilden
onzalez Bacilio (Elena) h605 E Alameda
onzalez Benj (Rita) h810 W College blvd
onzalez Benj D h606 E Deming
onzalez Bertha Mrs r400 E Hendricks
onzalez Carolina r805 E Alameda
onzalez Carlos (Guadalupe) U S Army r115 E Tilden
onzalez Carlos F slsmn r308 N Kansas av
onzalez Chon (Anita) h504 E Hendricks
onzalez Clifford C (Margarita) plstr h503 E Bland
onzalez Concha r606 E Deming
onzalez Cruz r306 Van Buren
onzalez Felipa r307 E Mathews
onzelez Felipe (Elena) lab h224 E Hendricks
onzalez Frank (Isabel) h1113 W 11th
onzalez Geo G U S Army r720 E Tilden
onzalez Guadalupe (Alejandra) lab h413 E Deming
onzalez Henry R (Reyes H) U S Army h307 E Mathews

103

Drink

Delicious and Refreshing

PECOS VALLEY Coca-Cola **Bottling Co.**

908-10 N. Main

PHONE **771**

Dr. R. S. Attaway D. V. M.

Chaves County's Only **Qualified** (Graduate) **Practicing Veterinarian**

Large and Small Animal Practice

PHONE **636**

403 East 2d.

Gonzalez Jas (Adeline) (Mint Cafe; Playmoor Parlor) h50 E Tilden
Gonzalez Jerry U S Army r500 E Tilden
Gonzalez Jose U S Army r500 E Tilden
Gonzalez Jose C r508 E Hendricks
Gonzalez Jose P (Aurelia) lab h609 E Deming
Gonzalez Juan S (Luz) trucker h605 W 12th
Gonzalez Luis G lab r720 E Tilden
Gonzalez Manuel R (Sofia) lab h300 E Mathews
Gonzalez Manuelita Mrs h108 Elm av
Gonzalez Marcial (Inez G) h508 E Hendricks
Gonzalez Mary maid 506 N Richardson av r same
Gonzalez Mary G Mrs h720 E Tilden
Gonzalez Miguel h502 E Hendricks
Gonzalez Nicholas V (Bertha) U S Army r400 E Hendric
Gonzalez Nora r612 E Bland
Gonzalez Ralph U S Army r500 E Tilden
Gonzalez Reynaldo (Cleo) U S Army r910 W 2d
Gonzalez Teodoro G r609 E Deming
GOODART JUDSON (Marie) sec-treas Roswell Trading
  h605 W 1st, tel 1199
Goodart Julius J (Dixie D) U S Army r318 E 6th
Goode Pearl (wid D A) r407 N Pennsylvania av
Goode Warren (Maxine) h w s Stanton 6 s Chisum
Goode Willard A (Katherine) trucker h809 W 11th
Goodell Lawrence B (Dorothy) supvr Pecos Valley Coca-Co
  Bott Co h904 N Main
Gooding Virgil G (Leona) shoe repr Welter Saddlery Co h5
  N Pennsylvania av
Goodloe Herman r603 S Michigan av
Goodman Gilbert (Virginia) capt U S Army r Zuni Cou
Goodnight Ralph F (Winnie) used car mgr McNally-H:
  Motor Co h1204 N Lea av
Goodnough Wm C r406 N Richardson av
Goodrum Edw B (Buena E) rancher h501 S Kentucky
Goodrum Herman (Velma) ranchmn h300 N Michigan
Goodsell Oscar D (Nellie M) pntr h710 W Alameda
Goodsell Paul D (Laura) pntr h304 S Washington av
GOODWIN FAY B (Ruth L) (Ranchers' Supply Co) h404
  Michigan av, tel 952
Goodwin Frank L (Jeanne) r404 N Michigan av
Goodwin Helen sten r600 E 5th
Goodwin Ruth L Mrs owner Yucca Beauty Service & Cosme
  Shop r404 N Michigan av
Gordon Elza B (Grace) U S Army r202 W 8th
Gordon Myrtle D (wid Roy) h309 E 8th
Gordon Nellie Mrs foreldy Roswell Lndry & Dry Clnrs h2
  W 8th
Gore Edw T (Josephine) star route P O h309 N Michigan
Gore V R (Helen) mgr Zuni Court h1201 N Main
GORMAN ROBERT W (Hattie) supt Roswell Cotton Oil Co
  421 E 3d, tel 1526
Gorman Wayne A (Elizabeth) U S Army r112 N Kansas

GESSERT-SANDERS ABSTRACT CO.
ABSTRACTS OF TITLE
109 E. Third St.   **Phone 493**

Gosnell Geo L (Vessie L) stillmn Valley Ref Co h206 S Ohio
Gosnell Richard L r206 S Ohio av
Goss Jas L (Betty A) capt U S Army h603 E 6th
Gott Leona Mrs clk Sunset Creamery r414 W Alameda
Gould Tyson E (Stella) U S Army r605 S Main
GOWIN WILKS W, dist eng S W Public Service Co, h305 N Michigan av, tel 439
Grabill Jno P (Ruby A) U S Army r210 W Alameda
Grabill Ruby A flmgr F W Woolworth Co r210 W Alameda
Grady Inez Mrs (Grady's Coffee Shop) h310 N Pennsylvania
Grady's Coffee Shop (Mrs Inez Grady) 209½ W 4th
Graham Floyd U S Army r1114 E Bland
Graham Frank O (Dorothy) (Central Barber Shop) h1114 E Bland
Graham Grace Mrs r906 W 3d
Graham Hood N (Edna) rancher h300 W Alameda
Graham Jos B (Ida) slsmn h616 S Atkinson av
Graham Melvin (Grace) U S Army h rear 414 E 5th
Graham Oma Dene student r616 E Atkinson av
Graham Robt W (Bobbie) radio mech h423 E 5th
Grant Florence Mrs r 2 rear 801 N Main
Grant Leroy (Lucille) U S Army h206 E Summit
Grant Violet emp Roswell Lndry & Dry Clnrs r305 N Kentucky
Grantham Virgil M (Curls) pres Farmers Inc r Rt 1 2 mi w of Bottomless Lakes
Gratton Patrick H (Lorene J) instr N M Military Inst h200 S Washington av
Graves Allie Mrs marker Roswell Lndry & Dry Clnrs h334 E 7th
Graves Cecil (Selma) h1610 N Missouri av
Graves Clifford E (Morretta) h1005 E McGaffey
Graves Eric D (Allie) h334 E 7th
Graves Howard E (Lucille) bkpr Sacra Bros h1311 Pear
Graves Hugh (Viola) slsmn Purity Baking Co h401 S Kansas
Graves Randolph r406 N Richardson av
Graves Nina Mrs mgr Camp Elm h1801 N Kentucky av
Graves Raymond R (Nina) sgt U S Army r1801 N Kentucky
Gravett Robt A (Jean A) U S Army r613 E 6th
Gray Arch (Elizabeth) drvr N M Dept of Public Welfare h 808 S Kentucky av
Gray Betty student r206½ W 3d
Gray Darlene r106 S Missouri av
Gray Emmett (Jessie) h323 E 7th
Gray Guy A (Leona) firemn h707 N Main
Gray Herbert C (Mamie) U S Army h206½ W 3d
Gray Herman lab r312 E Hendricks
Gray Herschel L (Sarah) formn N M Dept of Public Welfare h211 E 12th
Gray Jack L (Lois) U S Army h613 E 6th
Gray Jno (Sadie) lab h e s New 4 n E 23d
Gray Jos D (Grace) carp h1815 N Washington av
Gray L Belle Mrs h510 S Kentucky av
Gray Lee (Lina B) U S Army r205 S Virginia av

105

HINKLE MOTOR COMPANY
131 W. 2D ST.
WHOLESALE AUTOMOBILE PARTS AND EQUIPMENT
Serving New Mexico for 22 Years
Garage and Service Station Equipment
PHONE 12

EL PASO-PECOS VALLEY TRUCK LINES

J. L. NAYLOR, Owner CARL A. LONG, Local Agt.

Daily, Dependable Service from and to EL PASO, LOS ANGELES and POINTS WEST

118 E. 4th St. Phone 160

CLARDY'S PRODUCTS

Raw and Pasteurized

MILK

Butter
Cream
Butter Milk
Ice Cream

Delivered to Your Home or At Your Grocer

PHONE
796

200-202 E. 5th

Gray Leona Mrs fount mgr Platt Drug Store h707 N Mai
Gray Louis E (Ethel E) h409 S Washington av
Gray Mary B Mrs mgr Roswell Hotel r same
Gray Mary J (wid L W) h300 W Deming
Gray Shirley chf clk N M Highway Dept r510 S Kentuck
Gray Timothy S (Grace) h1007 W Walnut
Gray Walter A (Mary B) r507 N Virginia av
Gray Waymon D (Hattie) janitor N M Highway Dept h31 E Hendricks
Gray Wm W (Gwendolyn) steamftr h207 N Ohio av
Gray Willis wrapper Holsum Baking Co r323 E 7th
Great Southern Life Ins Co D D Wimberly agt 209 S Lea a
Greaves C R "Eddie" (Elizabeth H) h206 W Tilden
Greaves Elizabeth H Mrs bkpr Davidson Sup Co h206 Tilden
Green see also Greene
Green Acea A (Lois) U S Army h510 W 19th
Green Arminda clk F W Woolworth Co r109½ S Main
Green Bay Co S H Marshall local mgr oil 509-10 J P Whi bldg
Green Benj R (Luella I) trucker h1104 S Virginia av
Green Buford L (Icey) lab h310 N Virginia av
Green C Joel (C Joel Green Convalescent & Nursing Hom h 1 Morningside pl
GREEN C JOEL CONVALESCENT & NURSING HOME (Joel Green) 1 Morningside pl, tel 1462
Green Cecil atdt Phillips Service Sta r113 W 10th
Green Chas D (Erma) store mgr Jackson Food Stores h1200 W 8th
Green Chas E (Cora M) truck drvr Sacra Bros h1821 N Mi souri av
Green Dorothy waitress Sunset Cafe r115 E Walnut
Green Dorothy Mrs waitress r700 N Union av
Green Douglas J (Lucille) U S Army r113 W 10th
Green Edw A (Joe) U S Army h909½ N Kentucky av
Green Ezra r310 N Virginia av
Green Frances W U S Army r113 W 10th
Green G Matt (Alma) stockmn h908 N Kentucky av
Green Geo (Mary) stockmn Camp Camino h314 E 7th
Green J H h505 W College blvd
Green J Harold (Jewell R) lino opr Roswell Daily Recor h703 S Kentucky av
Green Jack (Willie L) lab h301 E Albuquerque
Green Jack O dockmn Hill Lines Inc r113 W 10th
Green Jack W drvr Tucumcari Truck Lines r301 W Demir
Green Jas H (Ellena) h508 E Mc Gaffey
Green Jno E (Martha E) carp h1815 N Missouri av
Green Jno W r rear 608 N Virginia av
Green Lee E (Vera) agt Tucumcari Truck Lines h301 Deming
Green Martha L emp Beaty's Lndry r1815 N Missouri av
Green Mollie (wid J W) h rear 608 N Virginia av
Green Noel F (Mary) mech h113 W 10th

reen Ralph B taxi r1201 W 8th
reen Ray C (Ruth C) lieut U S Army h1002½ W Tilden
reen Roy E (Eunice) (Green's Auto Clinic) r Rt 1 Box 244
reen Ruby Jo mech r113 W 10th
reen Vera Mrs sten Tucumcari Truck Lines h301 W Deming
reen Vernon A (Dorothy) porter Sears. Roebuck & Co r115 E Walnut
reen's Auto Clinic (R E Green) 127 W 2d
reene see also Green
reene Bessie r 1815 N Missouri av
reene Geo (Pauline Y) U S Army h1520½ N Kentucky av
reenhaven Service Station Kent Baggett opr 612 E 2d
reenhaven Tourist Courts W J Van Wyck mgr 612 E 2d
reenhaw Wm H (Edith) U S Army r619 N Richardson av
reening Emil F (May) farmer h ss E Alameda 2 e Atkinson
reening Jean bkpr First Natl Bank r Rt 2 Box 38
reenleaf Abbot H (Margaret C) capt U S Army h505 S Richardson av
reenwade Bernard O (Willie L) slsmn h607 S Washington av
reenwade Biancia R clk r607 S Washington av
reenwade Mary F student r607 S Washington av
reenwood Magdalyn clk r109 S Union av
reenwood Rosa L Mrs r109 S Union av
reer Thos M (Emma C) staff sgt U S Army r206 E Bland
reeson Annis (wid O S) h302 W Alameda
regg Alene interior decorator Price & Co r109 N Atkinson av
REGG AUBREY B (Delia Ann) (Roswell Map & Blue Print Co) h1008 N Missouri av
regg Helen H Mrs office asst A A A h906 W 1st
regg J Dale (Helen H) pump opr U S Internment Camp h906 W 1st
regg Jacob H (Mary L) formn N M Highway Dept h101 N Atkinson av
regory Alvis A U S Marines r1413 W 2d
regory Dorsey (Louise) U S Army r204 E Alameda
regory Frank cook Aunt Kate's Cafe r122 E 2d
regory Lee (Lillian) auto mech h4, 610 N Virginia av
regory Marvin C U S Marines r1413 W 2d
regory Oscar (Floy) carp h708 W Hendricks
regory Philip W (B June) lieut U S Army h2, 504 S Pennsylvania av
regory Thos H (Cora B) r1413 W 2d
reiner David P h509 S Lea av
resham Henry ranchmn r608 S Main
rsesett Farrer F (L Mae) contr 800 N Main h212 E McGaffey
ressett Wm A (May) h810 N Washington av
reve Edw F (Tressie) agt Hill Lines Inc h204 S Kentucky av
riene Jas (Arminda) U S Army r109½ S Main
riego Ruth hskpr 805 S Main r same
RIER CHARLES W (Margaret O) (Cummins Garage) v-pres Chaves County Bldg & Loan Assn, h509 N Lea av, tel 485
riffin Esther I (Lois) inspr h639 E 6th
riffin Jno B plantmn Sunset Creamery r s of city

MERRITT'S SMART APPAREL FOR WOMEN

319 North Main — PHONE 482 —

108

Johnston Pump Co.

DISTRIBUTORS OF
Johnston Turbine Pumps
For New Mexico and West Texas

Domestic Pressure Systems

Electric Motors and Starters

108-110 S. Virginia Ave.

PHONE 70

Griffin Lonnie A (Florence) barber Sanitary Barber Shop 1009 W 8th
Griffin Pauline clk Clardy's Dairy r1009 W 8th
Griffis Gerry G tchr South Hill Sch r211 E Bland
Griffis Sally Dawson opr Yucca Beauty Service and Cosmet Shop r213 N Kentucky av
Griffith Dora r910 N Kentucky av
Griffith Jos S (Edith L) landmn Humble Oil & Ref Co h7(N Kansas av
Griffith Lucille tchr Roswell High Sch r307 N Kentucky av
Griffith Mattie M (wid R L) auto license distbtr h503 W T den
Grigsby Lucy F (wid J E) r1006 N Pennsylvania av
Grissom Cleve H drvr N M Transptn Co r110 N Richardson
Griswold G Wayne (Eunice) (Medical & Surgical Clinic) h7(N Kansas av
Griswold Marjorie M spcl rep U S Civil Service Com r12(Highland rd
Grizzell Earl N (Ione M) police h411 N Union av
Grizzle Alfred D ranchmn r104 N Delaware av
Grizzle Jas W r104 N Delaware av
Grizzle Lorena E sec R E Griffith Theatres r104 N Delawar
Gromer Wm J (Virginia) U S Army h311 W 1st
Groseclose A D (Ruby) (Groseclose Bros) h516 W McGaff
Groseclose A D Jr student r516 W McGaffey
Groseclose Bros (A D and Clyde) pntrs 800 N Main
Groseclose Clyde (Willie L) (Groseclose Bros) h407 S Uni
Groseclose Jno I (Vera) plstr h512 W McGaffey
Groseclose Myles E (Eva M) pntr h518 W McGaffey
Groseclose W Herman (Lota) pntr Daniel Paint & Glass Co 815 W 11th
Gross Abraham C (Margerie) grocer 706 N Main h724 same
Gross Amile H (Lottie) U S Army r318 E 7th
Gross Jacob U (Bertha R) rancher h112 N Michigan av
GROSS-MILLER GROCERY CO (Inc) Wesley Foster pre W M Foster v-pres, E M Foster sec, 119 W 4th, tel 444
Gross Norman R (Marjorie G) rancher h709 N Kansas av
Grossman Sherwood student r1104 N Lea av
Grounds Wm C (Dorothy) lieut U S Army h719 N Main
Groves Kenney K "Bud" (Ivena) h135 Pear
Groves Nellie (wid L L) dept mgr Sears, Roebuck & Co h10 N Lea av
Groves R Earl (Wilba M) U S Army r601 S Washington av
Grush Louis T (Annabel L) lieut U S Army h1009 S Penns vania av
Grzelachowski Celina C cash Price & Co h111 W 6th
Guess Harvey (Lula C) lab h207 S Kansas av
Guest Allie (wid Bart) nurse h710 W 11th
Guffey Alfred W (Maude) prntr Roswell Daily Record h5 E 3d
Guffey Asa M (Myrtle) servicemn water dept City h704 11th
Guinn Jas D h911 Mulberry

ELMER'S SERVICE STATION

ELMER LETCHER

We Employ EXPERIENCED Labor

600 No. Main St.,   Phone 102

Gulf Oil Corp R L Burrow distbtr 911 N Virginia av
Gulf Oil Corp H D Bedford landmn 506 J P White bldg
Gum Rudolph G (Marie) U S Army r326 E 6th
Gumm Cliff (Mildred) truck drvr Texas Co r907 W 9th
Gunderson Joel (Virginia) U S Army r1208 W 8th
Gunn Jack W (Margaret E) lieut U S Army h212 E Bland
Gunter Elizabeth Mrs h1112 N Kentucky av
Gurule Anna Mrs (Mint Cafe) h812 S Kentucky av
Gurule Marcelino h202 E Wildy
Guss Albert E (Elva) carp h809 W 12th
Guss Alvin E r809 W 12th
Guss W Howard r809 W 12th
Gustavason Jack (Nancy) lieut U S Army h F, 301 W Alameda
Gutierrez Dora Mrs grocer 505 E Albuquerque h same
Gutierrez Manuel (Dora) lab h505 E Albuquerque
Gutierrez Manuel lab r509 E Bland
Gutierrez Ramon (Annie) lab h505 E Tilden
Guy Helen Mrs waitress Busy Bee Cafe r408 W 8th
Guy Wm T (Viola S) phys 207 W 3d r 1 mi out N Washington

H

H & K Cash & Carry Grocery & Market (A W Hill) 500 W 2d
Haas Fred A (Fannie E) lab h404 S Montana av
Haas Josephine r404 S Montana av
Haas L Geo rancher r404 S Montana av
Haas Oliver Wm (Myrtle) baker Holsum Baking Co h ss Country Club rd 5 e N Main
Haas Paul (Ruth D) U S Army r909 N Richardson av
Hackett Walter W (Dolores) mech McNally-Hall Motor Co h502 S Holland
Hadder Jos R reprmn Falconi Elec Service r end E College blvd
Haddix Geo L (Claraline V) U S Army r506 S Missouri av
Haddock Emma (wid A E) r12 Riverside dr
Hadley Allie L (Minnie) barber r309 N Kentucky av
Haggard Allen (Elva L) h208 S Richardson av
Haggard Elva L Mrs sec A B Carpenter h208 S Richardson av
Haines see Hanes and Haynes
Haire see also Hare
Haire Robt D (Ethel G) U S Army r411 S Missouri av
Haire Wm L (Helen) U S Army r406 E 3d
Hairston Robt H U S Navy r 209 N Kentucky
Hairston Wm C (Velma) (Nehi-Royal Crown Bott Co) h209 N Kentucky av
Hairston Wm C Jr plant mgr Nehi-Royal Crown Bott Co r209 N Kentucky av
Hairston Worstell U S Navy r209 N Kentucky av
Halbert A A r502 S Virginia av
Haldeman Chester D (Betty Jo) sgt U S Army h411 S Lea av
Hale Hansford (Stella) h1606 N Missouri av

Hamilton Roofing Co.

GEO E. BALDEREE Mgr.

We Feature Old American Roofing Shingles Siding Etc.

Free Estimates

Industrial and Residential Roofing and Sheet Metal Contractors

Bonded and Insured

Easy Payment Plan

303 N. Railroad Ave.

Phone 460

ROSWELL FORD AUTO CO.

Open All Night — SALES AND SERVICE — One Stop Service Station
PHONES 189 and 190

PHONE 14

A Lumber Number Since 1897

BIG JO LUMBER CO.

800 North Main

PHONE 14

110

Hale Ivon Mrs clk Hill Lines Inc h309 N Richardson av
Hale Jas D (Ivon) U S Army h309 N Richardson av
Hale Margie clk N M Tranptn Co r612 S Kentucky av
Haley Ernest M (K Margurette) (Haley Gro & Mkt) h504 2d
Haley Grocery & Market (E M Haley) 504 E 2d
Haley Julia E (wid M L) r810 W Tilden
Hall Barney M (Josephine) h307 N Main
Hall Chas H (Louella) U S Navy r201 N Missouri av
Hall Claud A (Altha) foremn h105 W 10th
Hall Edw E (Frances) carp h ss Country Club rd 6 e N Mai
Hall Gertrude (wid Don) r1100 N Missouri av
Hall Jas P h510 S Missouri av
Hall Jas R (Bertha S) slsmn h111 W Deming
Hall Jno A U S Army r307 N Main
Hall Jno W (Lillian M) 1st v-pres McNally-Hall Motor C h202 S Missouri av
Hall Jos H r601 S Lea av
Hall Josephine Mrs (Erma's Beauty Shop) h307 N Main
Hall Pearl waitress Broadway Cafe r104 E Alameda
HALL-POORBAUGH PRESS (T J Hall, H A Poorbaugh commercial printing, binding, stationery and office equi ment, 210 N Richardson av, tel 999
Hall Thos J (Maude E) (Hall-Poorbaugh Press) h404 S Pen sylvania av
Hall Thos J Jr lieut U S Army r404 S Pennsylvania av
Hall True A (Lois) whsemn Hinkle Motor Co r1009 E McGa fey
Hall Wm student r202 S Missouri av
Hallenbeck Cleve (Juanita) meteorologist h10 Morningside
Ham Chas D h501 W 17th
Ham Edgar F (Bennie) carp h1704 N Missouri av
Ham Era Mrs marker Roswell Lndry & Dry Clnrs h606 N Vi ginia av
Ham J Lorine student r606 N Virginia av
Ham Jeff M US Army r501 W 17th
Ham Jno W (Era) (Ham's Fruit Stand) h606 N Virginia a
Ham Robt L (Viola) hlpr Arnold Trans & Sto h305 E 7th
Ham Thelma marker Roswell Lndry & Dry Clnrs r606 N Vi ginia av
Ham Viola Mrs presser Roswell Lndry & Dry Clnrs h305 E 7
Ham's Fruit Stand (J W Ham) 424 E 2d
Hambleton Sue V nurse r211 N Kentucky av
Hameed Salem F (Luma M) (The Vogue) h46 Riverside dr
Hamill Gary W student r rear 1201 S Main
Hamill Jos E (Lavanche) clk h319 E McGaffey
Hamill Newton Andrew U S Army Air Corps r rear 1201 Main
Hamill S E (Corda) (Hamill's Gro & Service Sta) h rear 12(S Main
Hamill S Elton (Aleene) clk Hamill's Gro & Service Sta h1 E Forest
Hamill's Grocery & Service Station (S E Hamill) 1201 S Ma

Flowers For All Occasions
**PHONE 275
405 W. ALAMEDA**
Member F. T. D, A.

111

amilton Ellen G (wid W G) r509 N Richardson av
amilton Geo C (Myrtle) pntr r320 E 6th
amilton Louise librarian Carnegie Library r 600 N Kentucky
amilton Martin S (Virginia B) owner Roswell Drug Co h 100 W 1st
AMILTON ROOFING CO, G E Balderee mgr, contractors roofing and sheet metal work, dealers Old American roofing, 303 N Railroad av (N Grand av) tel 460 (see right side lines)
amilton Sebe lab h1010 N Virginia av
amilton Wm greasemn Roswell Auto Co r306 W 2d
amilton Wm Irwin janitor First Natl Bank r116 W Bland
amilton Justrite Cleaners (Mrs Gladys Lutz) 408 N Main
amiter Marvin A Jr r1001 N Lea av
amlin Jas r1006 W College blvd
amm Chas E (Josephine M) mech r101 S Union av
ammer Elizabeth Aline opr W U Tel Co r200 S Lea av
ammerton Cecil L (Aledah) asst supt American Natl Ins Co h904 N Pennsylvania av
ammock Ernest R Rev (Oma L) h318 E 7th
ammon Lewis W (Beatrice W) h210 N Lea av
AMMOND HUGH D O (Virginia) sec-treas Roswell Ins & Surety Co and Roswell Bldg & Loan Assn, h112 N Washington av, tel 875-W
ammond Wilmer M Jr (Carolyn) lieut U S Army h631 E 6th
ammons Jack (Alma) U S Army r501 S Main
amner Clinton O (Lois L) carp h1208 W 1st
ampton Avilla Mrs waitress r711 S Main
ampton Harrison H (Edna) millwkr Roswell Cotton Oil Co h4, 604 N Virginia av
amrick Cora (wid W R) r L L Daugherty
anagan Hugh E U S Army r500 N Missouri av
anagan Patrick F U S Army r500 N Missouri av
anagan Wm F (Lucille R) oil opr h 500 N Missouri av
anagan Wm F Jr U S Army r500 N Missouri av
ancox Saml C (Vera B) U S Army r700 N Union av
andy Lee (Arline) U S Army r205 E 7th
anes see also Haynes
anes Alva H smstrs Price & Co r107 N Atkinson av
anes Augusta (wid C W) h211 N Kentucky av
anes Cyril D (Mabel) blksmith h517 E 5th
anes Maynard B (Helen) mgr hatchery Pecos Valley Trading Co & Hatchery r E 2d st bey city
anes Myrtle Mae bkpr Pecos Valley Coca-Cola Bott Co r517 E 5th
aney see also Haynie
aney Jno (Bertie) cook r rear 223 S Main
ankins Noble A (Debbie) atdt Fairview Service Station h ns E McGaffey 3 e S Atkinson av
anna Donald E (Sarah G) admin asst A A A h308 N Lea av
anna Mallie M Mrs r306 S Ohio av
anna Robt L (Cora) farmer h306 S Ohio av
annifin Betty M student r700 S Lea av
annifin M Etta (wid D L) r700 S Lea av

PAPER Products

WHOLESALE

GROCERIES | **JANITORS' SUPPLIES**

FEED

Roswell Trading Company

PHONE 126

STATE COLLECTION BUREAU, INC.

H. G. Parsons, Mgr.   H. R. Laurain, Pres.

BONDED - ESTABLISHED 1930

10 Bank of Commerce Bldg.   106 E. 4th   Phone 224

Hannifin Patrick J student r700 S Lea av
Hannifin Steven P (Beth) landmn Magnolia Pet Co h700 ⸺ Lea av
Hansen Allen F (Annette) U S Army h1212 W 7th
Hanson Ernest A (Beulah) supvr U S Geological Survey h51⸺ N Delaware av
Haralson Zella (wid Percy) waitress Bank Bar h715 N Lea a⸺
HARBAUGH EDWARD L (Thelma) mgr Merchants Credi⸺ Bureau, h608 N Richardson av, tel 1621-R
Harben Pauline Mrs h209 S Virginia
Harben Preston (Superior Shine Parlor) r209 S Virginia av
Hardage Louis (Mamie) electn Zumwalt & Danenberg h70⸺ N Lea av
Hardcastle Elbert E (Georgian) uphol 111 W Walnut h412 V⸺ 17th
Hardcastle Fern L sten r412 W 17th
Hardcastle Jas E (Effie) lab h1806 N Cambridge av
Hardcastle Martha E student r412 W 17th
Hardesty Hiram H (Mary L) U S Army h511 N Lea av
Hardiman Benj F (Gladys) lab h1213 E 2d
Hardwick Barbara Mrs sten r109 S Missouri av
Hardwick Robt E (Barbara) U S Army r109 S Missouri av
Hare see also Haire
Hare Jas M (Florence) lab h1803 N Kansas av
Hare Saml H (Martha E) h1602½ N Kentucky av
Hare Thos R (Katie) h1804 N Missouri av
Hargett Ivan S (Isabelle) clnr Hi Art Clnrs h1105 W 8th
Hargrave Robt L (Florence) major U S Army h1013 S Penr⸺ sylvania av
Hargrave Virginia tchr Mark Howell Sch r907 N Richardso⸺
Hargraves Wm F (Jewel) carp h900 N Union av
Harlan Margaret E student r809 N Kentucky av
Harlan Reed B (Vera O) (Purity Baking Co) h809 N Kentuck⸺
Harmeyer W Jas (Alice J) instr N M Military Inst h404a ⸺ Kentucky av
Harmon Florence Gonzalez cash Mrs Lee's Cafe
Harold Wm T lab street dept city
Harp Burdie Mrs h1306 W Albuquerque
Harp Ernest L (Jewel J) tchr Roswell High Sch h805 ⸺ Mathews
Harp Jewel J Mrs tchr Jr High Sch h805 W Mathews
Harp Jos Jr clk Jackson Food Store r1306 W Albuquerque
Harper Clarence C (Venita) U S Army h705 W 5th
Harper Homer E (Irene) sheet metal wkr h109 W 6th
Harper Irene Mrs sec Atwood & Malone h109 W 6th
Harper Morris T (Nina) farmer r202 W 8th
Harper Neal (Maude) carp h330 E 6th
Harper Nina Mrs clk Roswell Lndry & Dry Clnrs r202 W 8t⸺
Harper Pauline asst mgr Virginia Inn r406 N Richardson av
Harral Edgar F (Rosa J) farmer h ns E 19th 1 e AT&SF R⸺
Harrell Chas K (Byrdie) trader h900 N Pennsylvania av
Harrell Dorothy Mrs (Realistic Beauty & Barber Shop) h21⸺ E 4th

DRUGS

PECOS VALLEY DRUG CO.

The Rexall Store

FREE DELIVERY

312 N. MAIN

PHONE -1-

GESSERT-SANDERS ABSTRACT CO.
ABSTRACTS OF TITLE
109 E. Third St.   **Phone 493**

arrell Elza R (Jessie L) mech h205 W 5th
arrell Lillie M (wid W O) r500 E 5th
arrell Mack B (Dorothy) (Realistic Barber & Beauty Shop) h215 E 4th
arrell Wm (Mary) oiler h211 W 12th
arrington see also Herrington
arrington Fuller A (Hildegarde) U S Army r22 Riverside dr
arrington Wm E (Eva) whsemn J M Radford Gro Co h508 N Virginia av
rris A Bruce (Imogene) supvr Jackson Food Stores h208 W 7th
rris A Leonard (Lois M) bkpr h113 W Mathews
rris Alice E (wid B F) r1012 N Missouri av
rris Annie h300 W Mathews
rris Annie (wid Geo) r1204 N Ohio av
rris B L h305 E 5th
rris Benj F (Esther) baker Sally Ann Bakery h1012 N Missouri av
rris Cafe (Wm Van Winkle) 507 E 2d
rris Claud I (Mildred) acct Armstrong & Armstrong h113 S Pennsylvania av
rris Clyde hlpr Pecos Valley Coca-Cola Bott Co r124½ N Main
rris Gertrude emp Roswell Lndry & Dry Clnrs r508 N Virginia av
rris Grady L (Elsie) farmer h512 N Atkinson av
rris Henry drvr Sacra Bros r E 2d bey city
rris M E h124 Pear
rris Wm drvr Sacra Bros r E 2d bey city
rris Woodrow M (Leontene) mech h1102 S Virginia av
rrison Helen J clk F W Woolworth Co r703 S Atkinson av
rrison Jos K (Vera) h703 S Atkinson av
rrison Lilah r705 W 9th
rrison Mattie L Mrs clk Liberty Gro & Mkt h108 E McJaffey
rrison Thos A (Mollie E) ins 100 E 2d h 705 W 9th
rrison Thos B tchr r703 S Atkinson av
rrison Vera M clk F W Woolworth Co r703 N Atkinson av
RRISON WALTER (Cleo) sec-treas Kemp Lmbr Co, h110 Kentucky av, tel 1182-W
rt Doris B dockmn Tucumcari Truck Lines h1808 N Lea av
rt Henry (Irene) h407 E Deming
rt Irene maid Camp Camino h407 E Deming
rt Jno M Rev (Ila) pastor Assembly of God Ch h524 E 4th
rt Jos Jr clk Jackson Food Stores
rt Paul M clk Sears, Roebuck & Co r414 E 3d
rtley Annie T (wid A R) r504 S Kentucky av
rtley C Claude Rev (Alta L) pastor West Alameda Asembly of God Ch h1202 W Alameda
rtley Chas (Lois) r1204 W Alameda
rtley Gladys usherette R E Griffith Theatres r212 W Alameda
rtley W Edw (Lela A) eng water dept city h212 W Alameda

The Roswell Cotton Oil Co.

Mfrs. of Molasses Cubes and Cotton Seed Cake

301 E. 2d St.

PHONE 58

PANHANDLE LUMBER
COMPANY, INC.
"COMPLETE BUILDING SERVICE"
PLAN SERVICE — FINANCING
107-11 W. Alameda   Phone 5

PURE MILK

Clardy's Dairy

Since 1912

Producer and Distributor of Quality Dairy Products and Ice Cream

200-202 E. 5th

Phone 796

Hartley Walter E (Margaret) partsmn Hinkle Motor Co r3 S Washington av
Hartman Chas A (Ruby E) h206 N Kentucky av
Hartman Frank M (Naomi) drftsmn h629 E 6th
Hartzell Leslie F (Zeola) electn r La Salle Court
Harvey Daniel P (Maudie J) h702 E Mathews
Harvey Jos G (T Lou) aud N M Trnsptn Co h102 N Washington av
Harvey Jos H Rev (Delia) pastor St Andrews Episcopal Ch 503 N Pennsylvania av
Harwell Jas R (Georgia) photog r615 N Richardson av
Hassler Jno D (Pauline) carp h805 W 11th
Hasson Dorothy Mrs sten r405 N Lea av
Hasson Phyllis clk F W Woolworth Co r1012 S Lea av
Hastie Wm M (Lucy M) h109b S Kentucky av
Hasting Era r303 E Albuquerque
Hastings Edw (Myrtle F) h1812 N Lea av
Hastings Matthew J carp r104½ N Main
Hastings Myrtle F Mrs presser Roswell Lndry & Dry Clnrs 1812 N Lea av
Haston Catherine Mrs waitress Nickson Coffee Shop h208 4th
Haston Fred (Catherine) clk h208 E 4th
Hatch Perry (Ruth) carp r417 W College blvd
Haver Nannie Jo student r1209 W 2d
Haver Wm G (Ila B) mech SCS h1209 W 2d
Haver Wm K U S Army r1209 W 2d
Havins E Holt (Nancy P) welder h307 E 6th
Havins N Estelle Mrs mech r T R Black
Hawes Ivan I (Irene C) maj U S Army h1012 S Pennsylva
Hawk Preston M (Barbara) U S Army r200 N Michigan
Hawkins Delbert (Winnie M) mech h211 N Union av
Hawkins Georgenia sten r503 S Kentucky av
Hawkins J Truman (Oma M) slsmn Wilmot Hdw Co h503 Kentucky av
Hawkins Jos S U S Army r503 S Kentucky av
Hawkins Oma M Mrs mgr drapery dept Purdy's Furn Co h S Kentucky av
Hawkins P Oliver (Eunice) carp h1104 N Union av
Hawkins Winnie M Mrs clk F W Woolworth Co h211 N Un
Hawkinson Gordon D (Mary Jo) U S Army h803 N Pennvania av
Hawks Della (wid M B) h515 E 5th
Hawks Elizabeth Mrs clk Jackson Food Stores r505 N Pesylvania av
Hawks Herman (Elizabeth) U S Army r505 N Pennsylvania
Hay Bettie (wid D L) r202 W 8th
Hay Chas R U S Army r1105 W 1st
Hay Saml S (Sarah E) pntr 1105 W 1st h same
Hayden Enoch (Pearl) lab h ns W 2d 3 w Missouri av
Hayden Ernest E trucker h1008 W Walnut
Hayden Martha (wid Chas) r1008 W Walnut
Hayes see also Hays

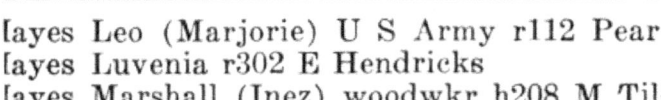

Wholesale
Retail

Hayes Leo (Marjorie) U S Army r112 Pear
Hayes Luvenia r302 E Hendricks
Hayes Marshall (Inez) woodwkr h208 M Tilden
Hayes Olivia maid 17 Riverside dr h rear same
Hayfield Margaret R clk S W Public Service Co r409½ S Kentucky av
Hayfield Ruth M Mrs h409½ S Kentucky av
Hayfield Walter R U S Army r409½ S Kentucky av
Haymaker Alice (wid R O) h601 E 5th
Haymaker R Baird gard r601 E 5th
Haynes see also Hanes
Haynes Amanda opr Lea's Old Mission Beauty Shop r521½ N Main
Haynes Emma Jo cash Sears, Roebuck & Co r112 S Pennsylvania av
Haynes Thos D (Amanda J) U S Army r521½ N Main
Haynie see also Haney
Haynie Elonzo J (Naomi) lab h1824 N Kentucky av
Hays see also Hayes
Hays Wm M (Maude) h207 W 6th
Hayslip Della (wid E F) r207 N Kentucky av
Hayslip Elizabeth prin South Hill Sch h207 N Kentucky av
Head Coy (Inis) drvr N M Transptn Co r510 S Virginia av
Head Elmer carp h905 E Alameda
Head Emma Mrs (Valley Potato Chip Co) h Rt 2 Box 40
Head Esther asst mgr Valley Potato Chip Co r Rt 2 Box 40
Head Jos hlpr Pecos Valley Trading Co & Hatchery h909 W 17th
Head Lee R (Emma) farmer h Rt 2 Box 40
Head Ray (Inez) U S Army r209 E 12th
Head Rue Otho designer Allison Floral Co r909 W 17th
Headley J Burton (Johanna) geologist Southern Pet Exp Inc 1212 N Pennsylvania av
Hearn Jas D (Merrie W) clk P O h204 W Alameda
Hearn Paul (Gertrude) (Main Drug Store) h208 S Lea av
Hearn W Glyn (Maurine) mgr Social Security Board h311½ N Pennsylvania av
Heath Carl W (Virginia) lieut U S Army r411 S Richardson
Heath Geo (Roswell Real Est Co) r Artesia N M
Heaton Ruby marker Roswell Lndry & Dry Clnrs r408 E 2d
Heaton Wm B (Thelma) slsmn A A Gilliland & Co h617 S Atkinson av
Hebison Jacob E (Mattie L) (Jake's Gro) h204 S Union av
Hedgcocke Earl J (Alice) lieut city fire dept h520 E 5th
Hedgecoxe Eugene F (Winifred B) h1013 N Lea av
Hedgecoxe Jno G musician h rear 406½ Shartelle
Hedgecoxe Winifred B Mrs bkpr McNally-Hall Motor Co h1013 N Lea av
Hedrick Fern T sten Equitable Bldg & Loan Assn r408 N Kentucky av
Hedrick Lavora tchr Missouri Av Sch r212 W 4th
Hedrick Mae Mrs phone opr Two-O-One Cab Co r808 N Pennsylvania av

SUNSET CREAMERY

STANDARD BRAND PULLORUM TESTED BABY CHICKS

Embryo fed chicks and **PURINA CHOWS**

FEED

Hay and Grain

C. F. & I. Dawson & **RATON**

Kindling

Pecos Valley Trading Co. & Hatchery

603 N. Virginia

PHONE 412

Hedrick Thos (Mae) bartndr Smoke House r808 N Pennsylvania av
Heese Geo jwlr Huff's Jwlry Store r W 2d ½ mi bey city limits
Heflin Willie L (wid Y D) r509 N Pennsylvania av
Hefner Harold S (Freda) formn Hill Lines Inc h1707 N L
Heine Elmer G (Margaret) U S Army r710 E 5th
Heinie B F (Gladys) v-pres Farmers Inc r East Grand Plai 10 mi se of city
Heinlein Oscar A (Mary) U S Army r112 N Kentucky av
Heizer J L (Eva) h1000 E Alameda
Hellensmith Margaret S cash McNally-Hall Motor Co r306 7th
Helmig Philip W (Annie L) slsmn Price & Co h306 N Lea
Helms Clifford W clk First Natl Bank r406 N Richardson
Helms Hester Mrs emp Snow White Lndry r113 E 12th
Helmstetler Geo r1104 N Kansas av
Helmstetler J Miles (Lillian) bus drvr h1817 N Lea av
Hem Jno D chemist Geological Survey U S Dept of Interi r208 N Kansas av
Henderson Jearldine tchr East Side Sch r605 S Main
Henderson Jennie M (wid S F) hsekpr 302 W Alameda r sai
Henderson Loren (Vera) slsmn D J Shrecengost Co h306 Albuquerque
Henderson Myron R (Neva) U S Marines r605 S Main
Henderson Neva Mrs opr Mt States Tel & Tel Co r605 Main
Henderson Otella P r605 S Main
Henderson Robt capt U S Army h102 S Kentucky av
Henderson Thos A (Annie) h rear 418 E 5th
Hendrick Faye (wid Frank) opr Erma's Beauty Shop h405 Richardson av
Hendricks Dan (Lettuce) nite guard city water plant h9 W 11th
Hendricks Esther asst Dr H V Fall r907 W 11th
Hendricks Florence E (wid W C) h410 E 4th
Hendricks Roy (Violet) bkpr Roswell Gin Co r500 N Richa son av
Hendrix J Murrel sgt U S Army r1211 S Main
Hendrix L Inez r1211 S Main
Hendrix Mary r1308 N Richardson av
Hendrix Nathan A U S Army r1211 S Main
Hendrix Robt L (Bessie E) farmer h1211 S Main
Hendrix Russell J "Rusty" (Frances S) eng h911 Hendri
Hendrix Wm E emp Auto Service Co r1211 S Main
Henegar Bill (Oolia) r700 N Missouri av
Hennessee Neal r406 N Richardson av
Hennessey Delwin r rear 405 N Kansas av
Hennessey Jno R (Josie) carp h rear 405 N Kansas av
Henrich Mattie lndrs h102 E Alameda
Henrichs Mae D (wid H J) h rear 504 S Kansas av
Henrichs W Lee (Bertha) lab r602 N Washington av

Henrichs Walter C (Olive) slsmn Sunset Creamery h111 W Matthews
Henry Cleveland (Minnie) pntr r413 E 3d
Henry Clifford C (Vella M) (Pueblo Court) h1501 W 2d
Henry Ernest U S Army r711 N Washington av
Henry Jas C U S Army r413 E 3d
Henry Jno N (Florene) truck drvr h e s Stanton 2 s Chisum
Henry Lee r711 N Washington av
Henry Saml r711 N Washington av
Henry Sarah (wid Thos) r711 N Washington av
Henry Thelma sten r413 E 3d
Henry Thos B (Virginia) h706 W 4th
Hensley Wampler H (Georgia) pntr h ns E 2d 10 e Atkinson
Henson Bus (Ann) r308 E Bland
Henson Cecil P (Jimmye) lieut U S Army h108 W 13th
Henson Ernest butcher hlpr Pecos Valley Pkg Co
Henson E Stelle r210 E Albuquerque
Henson Harry (Jennie) lab r104 W Alameda
Henson Jas lab r104 W Alameda
Henson Jennie r104 W Alameda
Henson Jimmye Mrs tchr Mark Howell Sch h108 W 13th
Henson Nan Lee waitress Katy's Cafe
Hepler Wayne whsemn Omar Leach & Co
Herbert Maurice B (Helen) electn Zumwalt & Danenberg r Rt 2, 3 mi e of city
Herbert Milton E (Bessie) plmbr Roswell Plmbg & Htg Co h 1210 W 7th
Herbert Thos J (Henrietta J) (Roswell Plumbing & Htg Co) r Rt 2 Box 35
Hereford see also Hurford
Hereford Billie student r409 S Missouri av
Herington Albert K (Alma L) U S Army h907 W Albuquerque
Hermann Jno R (Gertrude L) col U S Army h807 W Mathews
Hermann Mollie C (wid J C) nurse h411 W 2d
Hermanos Julian (Dolores) r103 W Tilden
Hernandez Angelita r724 E Tilden
Hernandez Francisco (Trinidad) h807 Alameda
Hernandez Jesus (Panfilo) lab h rear 504 E Tilden
Herrera Benj (Katie) bodymn Roswell Body & Fender Wks r126 E 7th
Herrera Gilbert (Deluvina) r206 E Hendricks
Herrera Guadalupe (Margarita) h1207 W Walnut
Herrera Ray r311 E Hendricks
Herring Cafeteria (Mrs Cora Herring) 118 W 4th
Herring Cora (wid E M) (Herring Cafeteria) r604 N Missouri av
Herring Edmond A (Mayme) farmer r311 N Union av
Herring Edw P (A A Gilliland & Co) h311 N Union av
Herring Edwin B (Alice) formn Hall-Poorbaugh Press h1002 N Kentucky av
Herring Frances clk Montgomery Ward & Co h1106 W 1st
Herring Jno I (Dorothy) U S Army r605 S Main
Herring Paul V U S Army r1103 N Delaware av

Johnson Lodewick

Refiners and Marketers of Petroleum Products

Distributors for Southeastern New Mexico of QUAKER STATE MOTOR OILS

New Mexico Distributors for Barnsdall Oil Co.

813 N. Virginia Ave.

Phone 164

R. O. ANDERSON President

DALE FISCHBECK General Supt.

Phone 23
"SKIDDO"

ARMOLD TRANSFER & STORAGE
STORAGE - CRATING - SHIPPING
"We Move Anything"   419 N. Virginia

CAR PARTS DEPOT INC.

Distributors

Automotive Supplies and Equipment

Welding Equipment and Supplies

PHONE **205**

401 N. Virginia Ave.

P. O. Box 1288

Herring Ralph H (Mary V) asst mgr Herring Cafeteria h30 W Deming
Herrington see also Harrington
Herrington Ima L opr Mt States Tel & Tel Co r215 W 8th
Herrington Nell Mrs nurse h215 W 8th
Herron Thos J (Madelle) capt U S Army h100 E 7th
HERVEY, DOW, HILL & HINKLE (J M Hervey, H M Dow, Curtis H Hill, Clarence E Hinkle) lawyers, 412 J P Whit bldg, tel 521
Hervey Jas M (Nettie) (Hervey Dow Hill & Hinkle) h Park rd
Hesse Geo O (Della) jwlr h ns W 2d 2 w Mississippi av
Hester Chas M (Pearl) farmer h es N Main 2 n Country Clu rd
Hester Ralph M (Ora) produce 1000 E 2d h same
Hetrick Melvin J U S Army h2, 302½ W 3d
Hewatt Andy R U S Army r417 W 17th
Hewatt Aubrey E (Sammy) U S Army h1018 E 2d
Hewatt Benj F (Lillie) carp h417 W 17th
Hewatt Oscar H (Cordelia) h912 N Pennsylvania av
Hi Art Cleaners (C W Shoemaker) 122 W 4th
Hibdon Lawrence C (Thelma) plmbr h rear 114 E 6th
Hicks see also Hix
HICKS CLAUDE M (Carrie) general insurance, fire and au real estate, rentals, farm and ranch lands, 404 N Main, t 233, h303 N Missouri av, tel 1663-J
Hicks Howard E (Evelyn J) hlpr Armold Trans & Sto h110 Lea av
Hicks Howard M r303 N Missouri av
Hicks Jas C carp r1101 W Walnut
Hicks Jos A (Sinnie) casingwkr Pecos Valley Pkg Co h7 E Alameda
Hicks Leonard J (Nellie N) carp h1101 W Walnut
Hicks Le Roy truck drvr r211½ S Main
Hicks Odell (Essie L) janitor h104 S Montana av
Hicks Saml L (Velma) wrapper Holsum Baking Co r11 W 2d
Hickson Chas L wrapper formn Holsum Baking Co r321 7th
Hickson Cloma (wid C E) h321 E 7th
Higdon Mildred r208 E Bland
Higgins Amos J (Johnnie A) truck drvr Johnson-Lodewi h1616 N Missouri av
Higgins Chas truck drvr Johnson-Lodewick r1616 N Missou
Higgins Fred r323 S Main
Higgins Joel A (Louisa) h1818 N Kansas av
Higgins Margaret (wid D L) r1810 N Kansas av
Higgins W B (Hope) chiropractor r202½ E 2d
Higgs Jas I (Nora) lab h310 S Missouri av
Highland School H P Garrett prin Hahn se cor Summit
Hightower Walter (Ella J) U S Army r805 W Walnut
Hill Alfred W (Mattie C) (H & K Cash & Carry Gro & Mk h205 S Lea av

| BIGELOW RUGS AND CARPETS DRAPERIES LINOLEUMS WASHING MACHINES |  Purdys' Furniture Company 321-25 N. MAIN PHONE 197 | KARPEN FURNITURE STOVES AND RANGES UPHOLSTERING VENETIAN BLINDS WINDOW SHADES |

ill Curtis H (Eloise S) (Hervey Dow Hill & Hinkle) r400 N Lea av

ill Dorothy r310 S Michigan av

ill Ernest M (Anna) trucker h1805 N Garden av

ill Frank U S Army r310 Elm

ill Frank W (Geneva) (Hill Plmbg & Htg Co) h703 N Kansas av

ill Gertie r124½ N Main

ill J Aubrey (Alma) mech Pecos Valley Coca-Cola Bott Co h711 S Michigan av

ill Jas E (Gertrude) h310 Elm

ill Jas M (Zella M) (Fourth St Sup Store) h508 N Washington av

ill Jos opr Lea's Old Mission Beauty Shop r207 E Bland

ILL LINES INC, E F Greve agt, daily bonded service to and from, El Paso, Albuquerque, Amarillo, Hobbs; connections to the West Coast and Eastern points, 123 E 3d, tel 718

ill Lowell U S Army r703 N Kansas av

ill Plumbing & Heating Co (F W Hill) 703 N Kansas av

ill Sue (wid J D) alterations Excelsior Clnrs & Dyers h310 S Michigan av

ill Walter (Julia) clk h601 N Kentucky av

illard Earl B (Ida M) lab h1518 N Michigan av

illard Kenneth atdt McNally-Hall Motor Co r1518 N Michigan av

illard Robt E (Deloris) U S Army r310 Elm

illger Edna r1400 N Kentucky av

ILLS BROS COFFEE, Arnold Transfer & Storage distributors, 419 N Virginia av, tel 23

INCH DONALD A (Virginia) asst mgr Foundation Invt Co h708 W 4th, tel 455

inch Virginia Mrs bkpr Lowry Auto Co h708 W 4th

inderliter Lawrence G (Helen) U S Army h301 N Kentucky

indman Clinton W (Florence) U S Army r521½ N Main

indman Florence clk F W Woolworth Co r Hotel Roswell

ines see also Hynes

ines Donald (Babe) sgt U S Army r114 E Albuquerque

ines W M Mrs dept mgr Sears, Roebuck & Co r404 E 5th

inesly Grover C (Mamie) contr 800 N Main Rt Box 149

ingst Reinhold A Rev (Irma) pastor Immanuel Evangelical Lutheran Ch h605 W 3d

nkle Chas E millwkr Roswell Cotton Oil Co r1303 S Main

nkle Clarence E (Lillian T) (Hervey Dow Hill & Hinkle) h407 N Washingon av

nkle Ida Mrs h1204 N Union av

nkle Irene hsekpr 1304 Highland rd r same

INKLE JAMES F (Lillian E) pres First Natl Bank of Roswell Roswell Bldg & Loan Assn, Pecos Valley Lmbr Co and Roswell Ins & Surety Co, v-pres Hinkle Motor Co, h400 N Missouri av, tel 68

Drink

Delicious and Refreshing

PECOS VALLEY Coca-Cola **Bottling Co.**

908-10 N. Main

PHONE

TAXI

201
Curtis Corn, Owner

201
3d and Richardson Ave.

Dr. R. S. Attaway D.V.M.

Chaves County's Only **Qualified** **(Graduate)** **Practicing** **Veterinarian**

Large and Small Animal Practice

PHONE
636

403 East 2d.

HINKLE MOTOR CO (Inc) R R Hinkle pres-mgr, J F Hinkle v-pres, Clarence E Hinkle sec, whol distbtrs garage and service station equipment, auto parts and equipment, 131 W 2 tel 12 (see right side lines)

HINKLE ROLLA R (Marian F) pres-mgr Hinkle Motor C h1 Park rd, tel 85

Hinkle Warren V (Sylvia) firemn h345 E 8th
Hinkle Wm B (Zula) eng Roswell Cotton Oil Co r403 E 4
Hitchcock Aileen sten Wilmot Hdw Co r312 N Union av
Hitchcock Cole M (Lucille) bartndr Sargent's Buckhorn Be Parlor h110 N Richardson av
Hitchcock Earl W (Adeline) farmer h ss E 19th 2 n AT&S Ry
Hitchcock Evelyn M clk Mt States Tel & Tel Co r312 N Unic
Hitchcock Frank trucker r724 N Main
Hitchcock Harold J (Ruth H) capt U S Army h304 E Blar
Hitchcock Raymond (Lillian) U S Army r312 N Union a
Hitchcock Virginia B r E W Hitchcock
Hitchcock Willie Mrs h312 N Union av
Hite Earl A (Helen) lab h813 W 11th
Hite L B (Willie B) mech Court House Garage h ss Count Club rd 1 e N Main
Hix see also Hicks
Hix Homer N (Stella B) auto mech r606a E 2d
Hix Fred O drvr Two-O-One Cab Co r109 N Richardson
Hoadley Pearl r424 E 3d
Hoag Roger (Marie L) U S Army r209 S Lea av
Hoagland Henry (Mamie) (Fairview Service Sta) h ns E M Gaffey 1 e S Atkinson av
Hobbs C E millwkr Roswell Cotton Oil Co
Hobbs Ellis (Orell) shoemkr McGuffin Shoe Service h421 5th
Hobbs Jeff D clo clnr r300 S Michigan av
Hobbs Lois C (wid Claude) h211 N Washington av
Hobson Clyde U S Army r912 W College blvd
Hobson Hazel bkpr Myers Co r204 S Pennsylvania av
Hobson Ira (Pearl) farmer h912 W College blvd
Hobson Rosa (wid H B) r512 N Atkinson av
Hobson Sarah W Mrs r204 S Pennsylvania av
Hocutt Bill I (Callie) carp h1509 N Michigan av
Hodge Jas H (Olivia) h112 E Alameda
Hodges Alfred (Wanda) mech h ss Country Club rd 10 e Main
Hodges Frank N (Anna B) whsemn A A Gilliland & Co h7 Sunset av
Hoffman see also Huffman
Hoffman Clarence W lieut U S Army r601 S Washington
Hoffman Dorothy M student r601 S Washington av
Hoffman Vernon P (Violet) bodymn Fisher Body Shop h12 W 1st
HOFFMAN WILLIAM A (Ollie O) (Hoffman & Clem) h601 Washington av, tel 654
Hoffman Wm A Jr U S Army r601 S Washington av

GESSERT-SANDERS ABSTRACT CO.
ABSTRACTS OF TITLE
109 E. Third St.   Phone 493

HOFFMAN & CLEM (Wm A Hoffman, Geo H Clem) plumbing and heating contractors, lawn sprinkling systems, gas fitting and appliances, 206 W 4th, tel 168 (see page 5)
Hogan Jas O (Ollie M) U S Army r207 W 5th
Hogue Jake B (Grace) r207 W 5th
Holbert Lee W r211½ S Virginia av
Holcomb Catherine (wid M J) slsldy Hunter & Son h502 W 1st
Holcomb Jno clnr hlpr Excelsior Clnrs & Dyers
Holder Elsie Mrs (Ozark Cafe) r112 E Walnut
Holder Jno (Naomi) U S Army r200 W Albuquerque
Holdman Wm (Clara M) constr formn h319 E 6th
Holland Carol L sten r400 S Lea av
Holland Jno J yd mgr Armstrong & Armstrong r802 N Kansas
Holland Saml slsmn Ball & White r505 N Kentucky av
Holland Wm C (Nell) sls mgr McNally-Hall Motor Co h400 S Lea av
Holley Dora V cash Platt Drug Store r213 N Kentucky av
Holley Harriet sten r505 E 3d
Holley Jno M (Margaret B) capt U S Army h1018 S Pennsylvania av
Hollifield Geo V (Edith) floor sander h1217 N Union av
Hollinghead Wm D clnr Walker Clnrs
Hollingsworth Sanford D (Alvera J) U S Army r207 S Pennsylvania av
Hollingsworth Wm E (Loretta) mech r511 N Kenucky av
Holloman Clifton U S Army r808 N Pennsylvania av
Holloman L O Jr U S Army r808 N Pennsylvania av
Holloman L Oscar (Willia I) h808 N Pennsylvania av
Holloway Roy (Ruth) U S Army r310 S Michigan av
Holman Forrest r118 W Alameda
Holmes Geo H (Elizabeth) capt U S Army h1007 S Pennsylvania av
Holmstead Ira L (Elizabeth) formn Mt States Tel & Tel Co h7 Morningside pl
Holster Sybil C Mrs r1726 N Missouri av
Holstun Courtney Glass Shop (C P Holstun Jr) 509 S Richardson av
Holstun Courtney P Jr (Lillie M) (Courtney Holstun Glass Shop) U S Army h509 S Richardson av
Holstun Elbert D r711 W 10th
Holstun Nettie E (wid C P) h711 W 10th
HOLSUM BAKING CO (L J Reischman, Gene Reischman) bakers of "Holsum" bread 723 N Main, tel 402
Holt Dovie J Mrs hlpr Shamrock Cafe h6, 610 N Virginia av
Holt Elizabeth Mrs sten r204 S Missouri av
Holt Helen waitress Katy's Cafe
Holt Jos M (Mildred L) lieut U S Army h1003 S Pennsylvania
Holt Macey (Elizabeth) carp r204 S Missouri av
Holt Roy L (Dovie J) mech h6, 606 N Virginia av
Holtzclaw Carrol T Rev (Gertrude M) pastor Calvary Baptist Ch h102 S Delaware av
Home Market & Grocery (W M Crow) 305 S Main

HINKLE MOTOR COMPANY
131 W. 2D ST.
WHOLESALE AUTOMOBILE PARTS AND EQUIPMENT
Serving New Mexico for 22 Years
Garage and Service Station Equipment
PHONE 12

EL PASO-PECOS VALLEY TRUCK LINES

J. L. NAYLOR, Owner   CARL A. LONG, Local Agt.

Daily, Dependable Service from and to EL PASO, LOS ANGELES and POINTS WEST

118 E. 4th St.   Phone 160

CLARDY'S PRODUCTS

Raw and Pasteurized

MILK

Butter
Cream
Butter Milk
Ice Cream

Delivered to Your Home or At Your Grocer

PHONE 796

200-202 E. 5th

Hood H Nolan (Mildred) h213 N Kentucky av
Hood Opal slsldy Price & Co r111 W 6th
Hood Oscar K (Sallie M) h1108 W College blvd
Hood Richard (Agnes M) r212 W McGaffey
Hoogstad Jan (Christine) in ch Salvation Army h424 E 3
Hooker Andrew W (Hazel) mach h605 S Michigan av
Hooper Guy H (Mabel E) h15 Riverside dr
Hooser May Mrs emp Beaty's Lndry h1205 W 13th
Hooser Ralph E (May) plantmn Sunset Creamery h1205 V 13th
Hooser S Winfield (Leatha) plantmn Sunset Creamery h Country Club rd 3 e N Main
Hoover Jas C (Dewey E) trucker h204 W Mathews
Hoover R T & Co A S Luttrell mgr cotton buyers 8 Bank c Commerce bldg
Hoover Thos O U S Navy r204 W Mathews
Hope Clarence L (May B) formn Pecos Valley Comp h302 V Deming
Hopkins Don (Bertie) lab r618 S Atkinson av
Hopper Chester A (Minnie) U S Army r211½ S Main
Hopper Hershel A (Pauline) timekpr h1804 N Kentucky a
Hopper Pauline Mrs ironer Roswell Lndry & Dry Clnrs h180 N Kentucky av
Horn Jas H h309 N Kentucky av
Horn Ruth soda clk Mitchell Drug Co r400 S Delaware av
Hornak Jno V (Lois A) U S Army r104 W Tilden
Horregon Vera clk Montgomery Ward & Co r309½ N Mai
Hortenstein Mamie E (wid C H) r300 W Deming
HORTENSTEIN WILL H (Lana A) agt New York Life Ins C member War Price & Rationing Board No 3, h1100 W 8t tel 619
HortonC Fred (Catherine) h208 E 4th
Horton Clarice Mrs (Bright Spot) h1000 N Main
Horton Felipe (Freddie) compresswkr r113 E Tilden
Horton Fred G (Lydia) (Horton Transfer) h210 W Alamed
Horton Geraldine M Mrs tchr Roswell High Sch r610 W Al meda
Horton Horace E (Geraldine M) lieut U S Army r610 W Al meda
Horton Jno C (Virginia) col U S Army h1005 S Main
Horton Ludell E (Ida R) r212 W Albuquerque
Horton Manuel (Margarita) h927 Jefferson
Horton Manuel A lab street dept City h608 N Missouri av
Horton Marvin A (Clarice) sgt U S Army (Father Bear's Der h1000 N Main
Horton Teresita r918 Jefferson
Horton Transfer (F G Horton) 122½ N Main
Horton Walter lab h918 Jefferson
HORWITZ ALEXANDER P (Harriet M) physician, speciali eye, ear, nose and throat, 202-3 J P White bldg, tel 960, h5(N Lea av, tel 415
Hosey Frank P (Ada M) inspr h D, 110 W Alameda
Hoskins Dorothy Mrs tchr Roswell High Sch r312 W Alamec

"Say it with Flowers" ALLISON FLORAL CO.
We Telegraph Them Anywhere   Expert Florists and Designers
Phone 408—Day or Night   707 S. Lea Ave.

oskins H Franklin (Cleo) U S Army r611 N Richardson av
OTEL NICKSON, Nickson Hotel Co owners and operators, Ned "Pickle" Nickson mgr, E 5th nw cor Virginia av, tel 800, 801, 802 and 803 (see page 6)
OTEL NORTON, Roy Norton owner, 200-08 W 3d, tel 900 and 901
ouchin Anna R (wid A F) h317 E 7th
ouchin Betty V r317 E 7th
ough Gerald D (Verna E) rancher h112 S Delaware av
oughland Ulysses S meat ctr A C Gross r724 N Main
ouk M Frank (Margaret) fire inspr h ns Country Club rd 2 e N Main
ouk Wm C (Willitta) mech h512 E 7th
ouse Olen L (Delpha M) mech h500 Sunset av
ouston Jno porter Bank Bar r211 S Virginia av
over Ted (Olive) maj U S Army h1008 S Pennsylvania av
oward Frank C (Aileen E) sgt U S Army r410 S Pennsylvania av
oward Jas D (Laura) lab h924 Jefferson
oward Jesse L (Anna M) porter Nickson Hotel r711 W Albuquerque
oward Jno T (Minnie) livestock h310 S Union av
oward Nolan A U S Army r924 Jefferson
oward Olan lab r924 Jefferson
oward Oneal (Virginia) bus drvr h924 Jefferson
oward Stella G (wid Thos) h1006 W College blvd
oward Thos P (Lillian) carp h604 E 5th
owden Frederick B Jr (Elizabeth) U S Army h202 E Summit
owe Alice (wid E B) r318 E 6th
owe Sallie K (wid Alfred) checker Roswell Lndry & Dry Clnrs h320 E 6th
owell Edith M Mrs opr Mt States Tel & Tel Co r112 W Mathews
owell Kathryne Mrs sec U S O h1016a E 2d
owell Mark School Frances Hurt prin 500 W College blvd
owell Olen (Vera M) U S Army r500 E College blvd
owell Roy (Emma) U S Army r1104 N Lea av
owell Wm L (Kathryne) distbtr Pepsi-Cola 7 Up and Nesbitt Orange h1016a E 2d
ower Geo r2401 N Main
oweth Eva tchr Misouri Av Sch r307 N Kentucky av
owser Bertie M (wid Claude) r305 W McGaffey
owser Katherine asst mgr Spring River Tourist Court r305 W McGaffey
ubbard Chas (Effie) slsmn Clardy's Dairy h109 E 12th
ubbard Jesse E (Beatrice) hlpr Clardy's Dairy h205 E 12th
ubbard Mary B Mrs opr Mt States Tel & Tel Co r205 E 12th
ubbard Saml E (Sterlyn) dept mgr Sears Roebuck & Co h412 W 3d
ubbard Wm J (Lillie M) r109 E 12th
uber Waldo O (Ida) capt U S Army h604 Pear
uber Wm B Jr (Lilyan) U S Army r501 Pear

Eat at **BUSY BEE CAFE**

JIM RALLES

"Roswell's Leading Cafe"

318 N. Main

PHONE 281

MERRITT'S SMART APPAREL FOR WOMEN

319 North Main —PHONE 482—

Johnston Pump Co.

DISTRIBUTORS OF
Johnston Turbine Pumps
For New Mexico and West Texas

Domestic Pressure Systems

Electric Motors and Starters

108-110 S. Virginia Ave.

PHONE 70

Huddleston Ira A (Sada) h1110 Highland rd
Huddleston Jack W (Bertha) mech h405 E Hendricks
Hudelson Helen r111½ S Pennsylvania av
Hudelson Ruth tchr Roswell High Sch h111½ S Pennsylvan
Hudson Albert (Margaret) supt bldgs N M Military Inst 1401 N Pennsylvania av
Hudson Florence J (wid A J) r210 S Ohio av
Hudson Marjorie H student r1401 N Pennsylvania av
Hudson Roland T (Mildred) h406 W 16th
Hudson Virginia sec city schools r1401 N Pennsylvania av
Hudson Wm E (Elinor G) U S Army r114 N Richardson av
HUDSPETH DIRECTORY CO. publishers Roswell City Dire tory, 749 First Natl Bank bldg, El Paso, Texas
Huff Fine Arts Studio (Mrs Janice Conner) 308 W 4th
Huff Hugh M (Belle L) (Huff's Jwlry Store) h307 N Mi souri av
Huff Hugh M Jr (June L) with Huff's Jwlry Store h301 Michigan av
Huff Jno city firemn
Huff Jos W (Ruth D) with Huff's Jwlry Store h1305 Hig land rd
HUFF'S JEWELRY STORE (H M Huff) 222 N Main, tel
Huffaker Evva F tchr Washington Av Sch r104 N Kentuck
Huffman see also Hoffman
Huffman Benj M (Bette G) U S Army r510 S Kentucky
Huffman Geo (Winnie) farmer h ns E College blvd 2 e Atkinson av
Huggins Cora E Mrs h213 E 12th
Huggins Edgar E U S Army r213 E 12th
Huggins Irene C (wid C L) r505 E 5th
Huggins Irma I r505 E 4th
Huggins Mary J sten r100 N Pennsylvania av
Huggins Zuma r505 E 4th
Hughes Ernest J U S Army r1300 N Delaware av
Hughes Frederick W (Jennie L) lieut U S Army h1002 Tilden
Hughes Georgia (wid J D) r1209 W 2d
Hughes H Duwain (Thelma) contr 206 W 12th h same
Hughes Hi chef Moseley's Coronado Tavern
Hughes Horace D appr Hall-Poorbaugh Press r206 W 12
Hughes Jas E (Bess B) lino opr h510 S Lea av
Hughes Ona (wid W E) h126 S Richardson av
Hughes Ruth Mrs slsldy Zink's h706 S Kentucky av
Hughes Seth (Eileen) r906 N Missouri av
Hughlett Edwin O (Lillie) trucker h111 W 10th
Hughlett Ferrel W U S Army r704 N Virginia av
Hughlett Irley A (Mary) trucker h109 W 10th
Hughlett Wm E (Carrie) carp h704 N Virginia av
Hulin Morris (Virginia) r501 N Richardson av
Hults Florence G sten r109 W 6th
Humble Jack truck drvr Pecos Valley Pkg Co r208 W Tild
Humble Oil & Refining Co J S Griffith landmn 403-5 J P Whi bldg

ELMER'S SERVICE STATION

ELMER LETCHER

600 No. Main St.,   Phone 102

We Employ EXPERIENCED Labor

umble Ollie sten r204½ S Pennsylvania av
ummer Leslie L (Nellie) (Fourth St Jewelry) r402 E 2d
unnicutt Edw E optician T E Boggs r103 W 11th
unsucker Roy M asst cash AT&SF r New Modern Hotel
unt Betty Jo typist r210 S Washington av
unt Fred E (Josayle) asst bandmstr N M Military Inst h210 S Washington av
unt Jean C msngr First Natl Bank r210 S Washington av
unt L Eugene r904 N Missouri av
unt Leonard E (Frances A) pntr h904 N Missouri av
unt Raymond F U S Army r904 N Missouri av
unter Beulah usherette R E Griffith Theatres r400 S Missouri av
unter Chester M (Elizabeth) r4 Hillcrest dr
unter Eulin V (Elizabeth) (Fred's Gro) r207 W Hendricks
unter H Thos (Effie J) (Hunter & Son) h120 W Walnut
unter Houston R (Wynogene) carrier P O h400 S Missouri
unter J Cephas (Lola) clk Jackson Food Stores r504 N Pennsylvania av
unter Jas bartndr r202½ E 2d
unter Joyce (The Barrel) h4 Hillcrest Drive
unter Kenneth student r4 Hillcrest dr
unter Logan A (Ruth A) (Hunter & Son) h406 W Tilden
unter Miller r4 Hillcrest dr
unter Thana cash R E Griffith Theatres r400 S Missouri av
unter Wm (Corliss) janitor J P White Bldg r rear 103 S Kansas av
unter & Son (H T and L A Hunter) dry goods 211 N Main
untly Catherine A r404 S Kansas av
untly Geo E U S Army r404 S Kansas av
untly Winfred W (Kotzre W) h404 S Kansas av
uppert Frank W (Inez A) sgt U S Army r1104 S Lea av
urd Harold (Lucy C K) lawyer 323 J P White bldg h1004 S Main
urford see also Hereford
urford Jno H (Elsie) mech Smith Machy Co h ss E College blvd 1 e N Atkinson av
urford Minnie Ruth opr Kiva Beauty Salon r508 N Pennsylvania av
urst Breeb (Dorothy) rancher h1113 N Lea av
urt Chas r I O O F Home
urt Frances prin Mark Howell Sch r907 N Richardson av
urt Emory (Edith M) custodian I O O F Home r same
uskey Arthur L (Clara) baker Sally Ann Bakery r707 N Washington av
utchens C Robt (Dorothy) U S Army r106 E Albuquerque
utchins Wm F (Jean) U S Army r627 E 6th
utchinson Jos (Artie M) carp h108 S Delaware av
utchinson Saml (Ruth) gas dept S W Public Service Co h 317 E 8th
utchinson Wm L (Ruby) plantmn Sunset Creamery h3, 604 N Virginia av

125

Hamilton Roofing Co.

GEO E. BALDEREE
Mgr.

We Feature Old American Roofing Shingles Siding Etc.

Free Estimates

Industrial and Residential Roofing and Sheet Metal Contractors

Bonded and Insured

Easy Payment Plan

303 N. Railroad Ave.

Phone 460

ROSWELL FORD AUTO CO.

Open All Night SALES AND SERVICE One Stop Service Station
PHONES 189 and 190

PHONE 14

A Lumber Number Since 1897

BIG JO LUMBER CO.

800 North Main

PHONE 14

Hyatt E Howard lieut U S Army r110 W Tilden
Hyatt Evan M (Mary L) slsmn Price & Co h110 W Tilden
Hyatt Gwendolyn r112 S Pennsylvania av
Hyatt Rosemary student r110 W Tilden
Hyatt Ruby Mrs slsldy Merritt's Ladies Store r112 S Pen
  sylvania av
Hyman Harry (Bertha) sgt U S Army h200 W 10th
Hynes see also Hines
Hynes Alvin W (Vivian) slsmn Western Auto Sup Co r2
  W 6th
Hynes Rosalie r1213½ N Union av
Hynes Wm H (Ethel) lab h1213½ N Union av
Hynes Wm H Jr U S Army r1213½ N Union av

I

I O O F Home ss E 2d 3d e Atkinson av
Iankes Albert H (Gladys) sec-treas Pecos Valley Comp r
  Riverside dr
Iankes Ruth tchr Mark Howell Sch r55 Riverside dr
Icke Arthur (Margaret) sgt U S Army h808 S Richardson
Ihrig Otto B cook Zeke's Cafe r Roswell Hotel
Ikard Floyd (La Posta) r500½ W 2d
Ilfeld Chas Co Raymond Jones sls rep whol liquors 211 E
Immanuel Evangelical Lutheran Church Rev R A Hing
  pastor 601 W 3d
Inderbitzen Sadie (wid Chas) r110 W 13th
Ingemann Wm M (Dorothy B) capt U S Army h1006 S Pen
  sylvania av
Ingalls Barbara S (wid H A) h1725 N Missouri av
Ingalls Madge tchr Washington Av Sch r1725 N Missouri
Ingalls Memorial Home 1009 N Richardson av
Ingalls Phineas H instr r1725 N Missouri av
Ingland Wm C (Evelyn) sgt U S Army r819 N Main
Ingles Edwin T (Carol) lieut U S Army h110 W 13th
Ingram Clementine B (wid Jno) h312 E 7th
Ingram Lois L Mrs slsldy The Vogue h302 N Missouri av
Ingram Paul (C Maud) (Camp Fuston) h1105 W 2d
Ingram Wm H (Lois L) carp h302 N Misosuri av
Inman Juanita Mrs clk F W Woolworth Co r614 S Union
Inman Leon (Juanita) sgt U S Army r614 S Union av
Irby Grace W (wid C W) h209 N Missouri av
Irick Clifton (Nadine) U S Army r209 S Pennsylvania av
Irish Allison G U S Army r100 N Kansas av
Irish Burdette W U S Army r100 N Kansas av
Irish Carrie A sten First Natl Bank r100 N Kansas av
Irish Clayton E U S Army r100 N Kansas av
Irish Earl E (Ethel) mgr Berkey Bowling Alleys h100 N Ka
  sas av
Irons Dixie I r408 W 6th
Irons Margaret (wid Wesley) r204 N Lea av
Irons Stanley E U S Army r408 W 6th

Flowers For All Occasions
**PHONE 275
405 W. ALAMEDA**
Member F. T. D, A.

rvin Clarence E (Agnes M) lab h217 E Wildy
rvine Thos E (Mary E) carp h ss E College blvd 2 e N Atkinson av
rwin see also Ervin and Erwin
rwin Bessie (wid C G) h510 N Richardson av
rwin Chuck (Marie) U S Army r814 N Main
rwin Clarence W (Clara) hlpr Valley Ref Co h502 E 4th
rwin Howard clk r510 N Richardson av
rwin M T (Wanda L) hlpr Valley Ref Co r521 E 5th
rwin Mary L sten r510 N Richardson av
rwin Roy M r510 N Richardson av
sabel Frances Mrs r604 N Missouri av
sler Jas R (Virgil) eng h610 W Mathews
sler Mary J sec U S Army Recruiting Sta r403 S Missouri av
sler Mildred clk Rationing Board r 4 mi se of city
vie E May Mrs cook r1208 W 1st

J

ackson Curtis S h1806 N Kansas av
ackson Cynthia maid 211 W 1st r203 E Alameda
ackson Elizabeth r907 E Bland
ACKSON FOOD STORES, LTD, A B Harris supvr, No 1, 601 N Main, tel 536; No 2, 401 S Main, tel 1813-J
ackson Fred F (P V Lunch) r319 S Main
ackson Lillie Mrs mgr Craig Hotel furn rooms 104 W Alameda h same
ackson Mary L r805 W Walnut
ackson Mazie dom 208 S Kentucky av r216 S Virginia av
ackson Thos J (Anna M) typist Etz Oil Co h907 E Bland
acobs Dan V (Lillie E) lab r720 Sunset av
acobson Alvin J (Catherine) lieut U S Army h602 N Ohio av
acobson Don R Capt spcl service officer First Provisional Training Wing
acobson Fanchon L Mrs clk Selective Service Bd h313 W Tilden
acobson Wm (Fanchon) U S Army h313 W Tilden
AFFA HARRY (Rose) adv mgr Roswell Morning Dispatch h123 S Richardson av, tel 9
affa Millie S (wid J J) h100 S Kentucky av
ake's Grocery (J E Hebison) 210 S Union av
ames Chas H (Mildred) 2d hand gds 117 E 2d h1104 Plum
ames Ellsworth T (Marguerite) h608 W 9th
ames Horace H (Nancy) sgt U S Army h411a S Kentucky av
ames Lester J (Margaret) h19 Riverside dr
ames Nancy Mrs sec Praetorian Life Ins Co h411a S Kentucky av
ames Sherman E (Alice) eng h310 N Union av
ansen Clarence (Frances) r808 N Washington av
aquello Louis (Helen) U S Army r100 N Richardson av
aramillo Faustino M (Andrea V) h808 E Bland
aramillo Jos L mach opr Navajo Weavers r104 W Alameda

PAPER Products

WHOLESALE

GROCERIES | **JANITORS' SUPPLIES**

FEED

Roswell Trading Company

PHONE 126

STATE COLLECTION BUREAU, INC.

H. G. Parsons, Mgr.   H. R. Laurain, Pres.

BONDED - ESTABLISHED 1930

10 Bank of Commerce Bldg.   106 E. 4th   Phone 224

DRUGS

PECOS VALLEY DRUG CO.

The Rexall Store

FREE DELIVERY

312 N. MAIN

PHONE -1-

Jaramillo Lucas (Victoria) lab h101 Ash av
Jarrell Alfred (Jewell) U S Army r913 N Missouri av
Jay Albert V (Viola Mae) ydmn Johnson-Lodewick h113 Montana av
Jay Harry (Bonnie) lieut U S Army r509 N Richardson av
Jaynes Jas H (Myrtle) restr 223 S Main r215 same
Jefferson Arthur (Rosemary) lieut U S Army h708 N Mai
Jefferson Thos A (Catharine) U S Army r803 N Main
Jeffery Artie B r1313 N Washington av
Jeffery Staeden (Bessie) h107 W 10th
Jeffrey Emma C (wid H Q) h610 S Pennsylvania av
Jeffries Wm H (M Ellen) barber G W Shoemaker h801 Atkinson av
Jehovah's Witnesses Kingdom Hall Rev Jesus Ramirez ministe 116 E 4th
Jenks Saml L (Gladys) sheetmetalwkr h1210b N Main
Jenks Harold F (Dorothea M) capt U S Army h1004 S Penr sylvania av
Jenks Jay M (Edith) U S Army r310 S Michigan av
Jenks V sgt U S Army Air Corps r202½ E 2d
Jennings Basil R (Thelma) rancher h111 N Ohio av
Jennings Edwin P (Martha) mech h518 E 6th
Jennings Georgia clk r107 N Kentucky av
Jennings Grocery (Nephus Jennings) 1622 N Missouri av
Jennings Henry (Leona) ice dept S W Public Service Co h r E Alameda 6 e Atkinson av
JENNINGS JAS T (Frances) lawyer, director Roswell Are Rent Office, 1-2 Bank of Commerce bldg, tel 1864, h113 Lea av, tel 1947-J
Jennings Jenny Mae clk Selective Service Bd r1620 N Missou
Jennings Le Roy F (Ella F) mgr Standard Stations of Tex; Service Station h117 E Forest av
Jennings Nephus (Lala) (Jennings Gro) h1620 N Missouri ;
Jennings Raymond P (Frances C) bldg contr 402 S Union ; h same
Jennings Thos W U S Army r1620 N Missouri av
Jennings V P (Lala) h1810 N Lea av
Jensen Heber M Rev missionary Church of Jesus Christ Latter Day Saints r202 S Richardson av
Jernigan Lottie sten r501 E 5th
Jernigan Roy A (Ruby M) h1307 N Washington av
Jester Edw r804 N Virginia av
Jeter Velma tchr Carver Sch r302 E Hendricks
Jewett Geo B (Effie S) billiards 119 W 3d h406 S Lea av
Jewett Helen T sten r406 S Lea av
Jewett Wm C U S Army r406 S Lea av
Jiggs Pig Stand (Peter Crist) 315 S Main
Jimenez Alberto S (Lola G) (Joe & Jake Barber Shop) h71(E Tilden
Jimenez Bartolo (Luz A) h621 E Albuquerque
Jimenez Frank U S Army r710a E Tilden
Jimenez Herlinda cook Central Grill h101 E Tilden
Jimenez Jesus (Soledad) h102 Elm av

menez Julian porter Union Bus Depot
menez Urbano (Elodia) h505 E Hendricks
ros Manuel (Servania) h206 E Hendricks
e & Jake Barber Shop (J M Varela Jacob Montano A S Jimenez) 205 S Main
hns Edna M r507 S Richardson av
hns Hazel dom h109 S Kansas av

HNS JAMES E (Ruth W) pres Pecos Valley Coca-Cola Bott Co, h512 N Lea av, tel 735

hns Jas E Jr U S Army r512 N Lea av
hns Jesse J wtchmn N M Highway Dept r109 S Kansas av
hns Mart B (Essie M) grader opr h507 S Richardson av

HNS RUTH W MRS, sec-treas Pecos Valley Coca-Cola Bott Co, h512 N Lea av, tel 735

hnson Alice M (wid R M) r118 W Alameda
hnson Allen E Rev (Jewell M) pastor Church of Christ h 202 W Deming
nson Alma maid 1402 N Kentucky av r rear 114 E Alameda
nson Alvin Z (Edith) r200 N Missouri av
nson Ann B (wid J W) h410 S Richardson av
nson Annie Lee ironer Roswell Lndry & Dry Clnrs r338 E 7th
nson Betty Ann student r Otto Johnson
nson C E lab W H Whatley r402 E 2d
nson Carl A (Molly G) used furn 121 E 2d h811 N Pennsylvania av
nson Carthelle tchr r115 W Mc Gaffey
nson Cecil shoe repr E T Amonett r111½ N Main
nson Chas (Willie) h402 E 2d
nson Charlie M (Ima Mae) supt American Natl Ins Co h 3½ Riverside dr
nson Douglas B drvr Two-O-One Cab Co r1413 W 2d
nson Duffy r1113 N Lea av
nson Edith B Mrs (Central Grill) h600 E 5th
nson Edw D (Ella) carp h208 S Washington av
nson Edw P (Elizabeth A) h606 S Missouri av
nson Elza Mrs clk Dinty Moore's Bar r 4 mi out W 2d
nson Emma Mrs sorter Roswell Lndry & Dry Clnrs r623 Richardson av
nson Eugene D (Gladys) clk Montgomery Ward & Co h903 Richardson av
nson Floyd (Alma) porter Sanitary Barber Shop r rear 14 E Alameda
nson Frank M (Lorene) mgr Camp Chavez r2406 N Main
nson Frank M slsmn Price & Co r1113 N Lea av
nson Frank W photo r410 S Pennsylvania av
nson Gladys Mrs clk Sears,Roebuck & Co h903 N Richardson av
nson Glen (Walter) drvr A A Gilliland & Co r101 N Pennsylvania av
nson Glen (Frances) U S Army r607 W Walnut

GESSERT-SANDERS ABSTRACT CO.
ABSTRACTS OF TITLE
109 E. Third St.   **Phone 493**

The Roswell Cotton Oil Co.

Mfrs. of Molasses Cubes and Cotton Seed Cake

301 E. 2d St.

PHONE 58

PANHANDLE LUMBER COMPANY, INC.
"COMPLETE BUILDING SERVICE"
PLAN SERVICE — FINANCING
107-11 W. Alameda   Phone 5!

130

PHONE 796
Clardy's DAIRY

PURE MILK

Clardy's Dairy
Since 1912
Producer and Distributor of Quality Dairy Products and Ice Cream
200-202 E. 5th
Phone 796

Johnson Glenn (Muriel) truck drvr h e s N Garden av 3 E 19th
Johnson Harvey W electn Purdy Elec Co r College blvd 2 mi ne of city
Johnson Helen C (wid E H) sten h506 S Missouri av
Johnson Henriette W (wid L L) h304 W Hendricks
Johnson Henry (Aljeva) lieut U S Army r201 E College bl
Johnson Henry D (Ida B) sec Elks Club h710 S Main
Johnson Hiram B (Wilda) U S Army r900 N Main
Johnson J C (Orie) carp h903 W 11th
Johnson J Miller (Elza) lab r 4 mi out W 2d
Johnson Jno K (Dovie B) atdt McNally-Hall Motor Co h1 W McGaffey
Johnson Jno W (Ollie F) stablemn h1728 N Missouri av
Johnson Joyce Mrs clk Firestone Stores r324½ N Main
Johnson Karl (Anna E) r209½ W Hendricks
Johnson Karl G (Bertha E) lieut U S Army h308 S Michig
Johnson Lionel W (Margaret) (Medical & Surgical Clin h411 W Walnut
JOHNSON-LODEWICK, R O Anderson pres, Dale Fischb(general superintendent, wholesale oils, 813 N Virginia av, 164 (see right side lines)
Johnson M Ann (wid J T) h514 E 7th
Johnson Marjorie M clk Pecos Valley Coca-Cola Bott C(Lovington N M
Johnson Marvin (Ethel) U S Army r1806 Cambridge av
Johnson Mildred clk r408 S Delaware av
Johnson O B Thos (Edna) clk h313 E 8th
Johnson Oliver ranchmn r115 W McGaffey
Johnson Otto (Hazel B) h ns E College blvd 7 e N Atkin
Johnson Roy D (Lola) U S Army r200 N Michigan
Johnson Royston L (Edith B) h600 E 5th
Johnson Saml A (Letha) eng wtchmn AT&SF h405 W 1
Johnson Susie A (wid C W) r410 S Pennsylvania av
Johnson Sylvester P (Frances G) (Johnson & Allison) v-] Equitable Bldg & Loan Assn and Equitable Invt & Ins h610 W 5th
Johnson Sylvester P Jr (Geraldine) rancher h508 N R ardson av
Johnson Vivian r212 N Pennsylvania av
Johnson Wm (Emma) lab r623 N Richardson av
Johnson Wm (Mada) U S Army r810 N Washington av
Johnson Wm H (Blue Top Cottages) r501 E 4th
Johnson Wm H (Eunice) ranchmn h310 N Kansas av
Johnson Wm J (Ethel) lab h1622 N Kentucky av
Johnson Wm L U S Army r405 W 17th
Johnson Wm W (Helen) U S Army r507 N Virginia av
Johnson & Allison (S P Johnson C P Allison) real est E 3d
Johnston E Bernard farmer r604 E College blvd
Johnston Emmett B (Birdie M) farmer h604 E College blv
Johnston Mary L sec Harold Hurd r705 W 8th

Wilmot Hardware Co. Wholesale Retail
ESTABLISHED 1911

JOHNSTON PUMP CO, L L Lane mgr, Johnston turbine centrifugal pumps, 108-10 S Virginia av, tel 70 (see left side lines)
Johnston Warren A asst mgr F W Woolworth Co r309½ N Main
Johnston Willard (Katie) firemn Roswell Lndry & Dry Clnrs h1702 N Delaware av
Joiola Johnnie shinner Navajo Weavers r407 E Hendricks
Jolley Wm S (Effie A) h711 N Pennsylvania av
Jolly I Melvin drvr Rapp Transfer r117 Mulberry
Jones A C Jr (Eva M) carp h406 E 3d
Jones Allen C (Etta L) dep county tax assessor h813 N Richardson av
Jones Allie (Ada) clk Gross-Miller Gro Co h329 E 7th
Jones Amos D (Ladye P) rancher h300 S Kentucky av
Jones Arthur M (Pearl) millmn Roswell Cotton Oil Co h403 E 3d
Jones Beatrice R Mrs h602 S Kentucky av
Jones Bertha waitress r608 N Garden
Jones Bonnie M sec S W Public Service Co r307 W 2d
Jones Brown S hlpr American Cafe
Jones Calvin A (Hattie) h905 W 11th
Jones Chas L (Carrie) bldg custodian Mt States Tel & Tel Co h709 W Albuquerque
Jones Clarence U S Army r1112 N Delaware av
Jones Delmar V (Leta) delmn Roswell Trading Co r414 N Missouri av
Jones Ermine Mrs bkpr Farmers Inc r J W Jones Jr
Jones Eva Mae Mrs opr Mt States Tel & Tel Co h406 E 3d
Jones Frank farmer r400 S Delaware av
Jones Frank L lab h1112 N Delaware av
Jones Gene mech U S Air Corps r109 E 9th
Jones Harvey shoe shiner r204 E Alameda
Jones Hazel C sten r602 S Kentucky av
Jones Helena C r602 S Kentucky av
Jones Hugh A (Mary) U S Army r218 E Hendricks
Jones J B Jr (Lois) carp r701 N Richardson
Jones J C prntr r1503 Highland rd
Jones J C (Mildred J) trucker h200 W Bland
JONES J E "TED" (Juanita) state and local mgr Yucca, Pecos and Chavez Theatres, office Yucca Theatre, 124 W 3d, tel 107, h16 Riverside dr, tel 1411
Jones Jas W Jr (Ermine) mgr Farmers Inc r n of Country Club
Jones Jesse B (Ola) cook Zeke's Cafe h801 N Lea av
Jones Jinks (Katie) whsemn Bond-Baker Co Ltd r 3 mi ne of city
Jones Jno C (Clara) ice dept S W Public Service Co h905 N Washington av
Jones Jno R (Roberta) jewelrymn r109 N Lea av
Jones Jno R (Lola M) plmbr h1808 Maryland av
Jones Jno W hlpr Clardy's Dairy r139 E 17th
Jones Jos millmn Roswell Cotton Oil Co r718½ E Alameda
Jones Juanita clk r106 N Kentucky av

KELVINATOR Electric Refrigerators

Maytag Washing Machines

Magic Chef Gas Ranges

Philco Radios Sales and Service

Samson Windmills

Engines

Fencing

Paint

Guns and Amunition

Sporting Goods

115-17 N. Main

PHONE 634

Price's Sunset Creamery

STANDARD BRAND PULLORUM TESTED BABY CHICKS

Embryo fed chicks and **PURINA CHOWS FEED**

Hay and Grain

C. F. & I.
Dawson &
RATON

Kindling

Pecos Valley Trading Co. & Hatchery

603 N. Virginia

PHONE 412

Jones Julia dom h103½ S Kansas av
Jones Katherine B Mrs waitress American Cafe
Jones Ladye D r300 S Kentucky av
Jones Leo (Savannah) h608 N Garden av
Jones Lucille maid Nickson Hotel
Jones Marcus (Helen) barber Old Mission Barber Shop h E 3d
Jones Mary E (wid J D) h407 E 5th
Jones Michael (Maudie) farmer h400 S Delaware av
Jones Norma L sten r602 S Kentucky av
Jones Norman U S Army r905 N Washington av
Jones Ray cook Arcade Cafe
Jones Raymond E (Dorothy) sls rep Chas Ilfeld & Co h W Mathews
Jones Ritchie L (Suzanne) U S Army r627 E 6th
Jones Robt L r407 E 5th
Jones Shirley Ann student r211 S Lea av
Jones Sylvia Mrs cook Dinty Moore's Bar r310 S Main
Jones Tamie Mrs cook r rear 905 E Alameda
Jones U Z (Vera) police r606 W 1st
Jones Vera Mrs sten Lever Bros r606 W 1st
Jones Vera D dom r109 E Tilden
JONES W A (Beatrice) taxidermist 1425 W 2d, tel 812-J, h S Kentucky av
Jople Harvey H (Jean) U S Army r112 N Kansas av
Joplin Jay T (Virginia S) truck drvr h300 W McGaffey
Jordan Clarence E (Lorena) store mgr Jackson Food Sto h408 S Pennsylvania av
Jordan Curtis (Sybil) r511 S Missouri av
Jordan Dolson (Juanita) ice cream mkr Clardy's Dairy h W Hendricks
Jordan Earl W (Edith) h118 Pear
Jordan Emma D typist r408 S Pennsylvania av
Jordan Jack r408 S Pennsylvania av
Jordan Juanita Mrs clk Clardy's Dairy h307 W Hendric
Jordan Lorena Mrs alterations mgr Merritt's Ladies St h408 S Pennsylvania av
Jordan Paul T mech Roswell Auto Co r207 W 5th
Jorges Lola clk F W Woolworth Co r1113 W 2d
Joseph Bertram C (Mildred B) lieut U S Army r300 S K tucky av
Joslin Mabel maid r604 S Michigan av
Joyce Frank W U S Army r106 W Tilden
Joyce Herbert P (Ruth) ranchmn r700 N Pennsylvania a
Joyce Jno A sgt U S Army r106 W Tilden
Joyce Ruth N (wid Frank) bkpr S W Public Service Co r W Tilden
Joyner Eva B (wid W T) county director N M Dept of Pub Welfare h612 N Pennsylvania av
Joyner Kathryn sten r612 N Pennsylvania av
Juarez Benj (Mary) mech r306 E Albuquerque
Juarez Rafaela Mrs h306 E Albuquerque
Juarez Santiago (Mariana) h115 E Tilden

...eneman Fred R (Rodney) U S Army h1313 N Pennsylvania
...ly J L (Jerry) lieut U S Army Air Corps r310 S Richardson av
...ly Jerry Mrs bkpr Clowe & Cowan Inc r310 S Richardson
...ior High School R L Villard prin 300 N Kentucky av
...gens W V mgr Don's Night Club r202 E Albuquerque
...tice I Mason (Violet) drvr Armold Trans & Sto r W McJaffey sw of city

K

...f C Hall 109 E Deming
...f P Building 116½ W 2d
...ezmarek Benj F (Sally) tech sgt U S Army r1308 S Richardson av
...IN ELWIN R, asst cash First Natl Bank of Roswell, r 1 Morningside pl, tel 1462
...liski Sidney R (Sophie) maj U S Army h107 S Washington
...mees David (Jessie) atdt McNally-Hall Motor Co h526 Stanton av
...mp Kelly (Mrs M I Kelly) 1208 W 2d
...mprath Irene waitress American Cafe
...nna Ann presser Excelsior Clnrs & Dyers h4, 306 W 3d
...panos Pete cook American Cafe
...rins L Foster (Naomi L) slsmn The Model h804 W Mathews
...RPEN FURNITURE, Purdy's Furinture Co, 321-25 N Main tel 197
...rr see also Carr
...rr Margaret supvr Mt States Tel & Tel Co r206 W Tilden
...rr Stephen W r206 W Tilden
...rros Wm C (Eleanor) U S Army r820 N Main
...sting Fred (Margaret) mech h1004 W Walnut
...TY'S CAFE, (Mr and Mrs J M Burrier) quality food at moderate prices, 118 N Main, tel 637
...y Gerrie r204 N Kentucky av
...ddie David artist R E Griffith Theatres r509 N Richardson av
...e Clarence (Louise) wrapper Purity Baking Co h419 E 5th
...eler Jno T lieut asst adj First Provisional Training Wing
...eling Geo W (Dolores) U S Army r406 N Virginia av
...eling Meda emp Beaty's Lndry r304 E 8th
...eling Noah L (Aline) hlpr Armold Trans & Sto h1, 604 N Virginia av
...eling Thos H (Leah J) meat ctr h112 W Mathews
...eling Wm W r200 E Alameda
...hler G A (Jene) U S Army r211 N Michigan av
...ith Aileen C Mrs chf clk Selective Service Bd r312 N Lea
...ith Chester drvr Two-O-One Cab Co r507 N Virginia av
...ith Gabriel C (Dora M) r rear 106 Sunset av
...ith Katherine Mrs supvr Mt States Tel &Tel Co h700 N Delaware av
...ith Langford (Aileen C) h312 N Lea av

Johnson Lodewick

Refiners and Marketers of Petroleum Products

Distributors for Southeastern New Mexico of **QUAKER STATE MOTOR OILS**

New Mexico Distributors for Barnsdall Oil Co.

813 N. Virginia Ave.

Phone 164

R. O. ANDERSON President

DALE FISCHBECK General Supt.

Phone 23 "SKIDDO"

ARMOLD TRANSFER & STORAGE
STORAGE - CRATING - SHIPPING
"We Move Anything"   419 N. Virgin

CAR PARTS DEPOT INC.

Distributors
Automotive
Supplies
and
Equipment

Welding
Equipment
and
Supplies

PHONE 205

401 N. Virginia Ave.

P. O. Box 1288

Keith Lula Mrs opr Mt States Tel & Tel Co r309 E 6th
Keith Margaret (wid J N) h105 N Atkinson av
Keith Ralph W (Katherine) barber Roswell Barber Shop 700 N Delaware av
Keithly Bert C (Margaret C) contr h801 N Richardson
Kellahin Genevieve Mrs tchr Jr High Sch h409 N Union
Kellahin Jason W (Genevieve) managing editor Roswell Morning Dispatch h409 N Union av
Kellahin Lily W J (wid Robt) h702 N Pennsylvania av
Keller Artie Mrs waitress Herring Cafeteria h118 E McGaf
Keller Carl C Jr U S Navy r118 E McGaffey
Keller Clyde E (Ruby) (Keller's Kash Gro) h1810 Maryla
Keller Edw R U S Navy r118 E McGaffey
Keller Frank (Dorothy) lab h203 W Summit
Keller Leland H (Ida) police h1205 W 8th
Keller Maud r1112 N Pennsylvania av
Keller Roy (Ida M) asst chf fire dept Roswell Army Fly Sch h112 S Missouri av
Keller's Kash Grocery (C E Keller) 1810 Maryland av
Kelley Marjorie L Mrs opr Mt States Tel & Tel Co r909½ Kentucky av
Kelly A Marshall Jr (Helen) testmn Mt States Tel & Tel h1108 N Lea av
Kelly Benj F (Clara) constn eng Armstrong & Armstrong 210 N Kansas av
Kelly C E (Liberty Gro & Mkt) r106 E Albuquerque
Kelly Clifford M (Selma A) (West Side Service Sta & G h202 N Montana av
Kelly Harold T (Myra) instr N M Military Inst h1508 N Wa ington av
Kelly Harriette clk Pecos Valley Coca-Cola Bott Co r1 W 2d
Kelly Jas D (Martha) U S Air Corps r801 Richardson av
Kelly Jas R (Irene) instr N M Military Inst h1311 N Penns vania av
Kelly M Gene sten Carl M Bird Acctg Service r1208 W
Kelly M Irene (wid H A) (Kamp Kelly) h1208 W 2d
Kelly Mary E slsldy Price & Co r207 W Summit
Kelly Mathew J bartndr r110 N Richardson av
Kelly Saml S (Anna M) brklyr h108 W Reed
Kelly Wm r122 E 2d
KELVINATOR ELECTRIC REFRIGERATORS, Wilmot H Co, 115-17 N Main, tel 634
KEMP LUMBER CO (Inc) F L Austin pres-gen mgr, W B ton (Ft Worth, Tex) chairman of board, Miers John (Carlsbad, N M) v-pres, Walter Harrison sec-treas, H Davenport local mgr, lumber, sash, doors, glass, ceme brick, sand, etc, 212 E 4th, tel 35 (see back bone)
Kendall Jas delmn O S Brown
Kendrick Achsah (wid E R) r306 E 7th
Kennedy Ethel R Mrs slsldy Roswell Typewriter Co h209 Deming
Kennedy Jos M (Ethel R) h209 E Deming

Purdys' Furniture Company

BIGELOW RUGS AND CARPETS · DRAPERIES · LINOLEUMS · WASHING MACHINES

321-25 N. MAIN   PHONE 197

KARPEN FURNITURE · STOVES AND RANGES · UPHOLSTERING · VENETIAN BLINDS · WINDOW SHADES

nnedy Saml D (Jessie) ginner Roswell Gin Co h521½ N Main
nnedy Silver h104 N Missouri av
nnedy Walter J (Ruth) U S Army r409 W Washington av
nnedy Wm B (Kennedy's Dairy) h same
nnedy's Dairy (W B Kennedy) ws N Main 3 n Country Club rd
nnett Ida (wid Walter) r112 W 12th
nney see also Kinney
nney Jennie H h408 N Michigan av
ohane Bernard M oil opr 419 J P White bldg r same
rby Chas (Hazel) U S Army r512 N Richardson av
rsey Jean student r309 W Alameda
rsey Luther R (Nora) slsmn Purdy's Furn Co h309 W Alameda
ryt Dolores tiemkr Navajo Weavers r112 W Tilden
ssel Julian mgr Kessel's Five & Ten Cent Store r111 S Richardson av
ssel N (Sadie) pres Kessel's Inc h404 S Washington av
ssel's Five & Ten Cent Store Julian Kessel mgr 223 N Main
ESSEL'S INC, N Kessel pres, "Where You Do Better", dry goods, clothing, ladies wear, shoes for the entire family, 201-3 N Main, tel 873-J
ssinger Paul (Jennilee) r411 S Missouri av
ester Donald E (Mattie L) teller First Natl Bank h807 W 2d
ey Alex S (Willie P) carp h111 S Lea av
ey H Lex sgt U S Army r111 S Lea av
ey Kova N r111 S Lea av
ey Malcolm G U S Army r111 S Lea av
ey Marguerite r122 E Hendricks
eyes Conrad G (Jody) eng h Highland rd
eyes F Grant (Amy Garst) oil opr 311 J P White bldg h 113 N Kansas av
eyes Marjorie L r113 N Kansas av
eyes Mary (wid C D) h608 N Kentucky av
eyes Robt G U S Army r113 N Kansas av
idd C Louis sheet mtl wkr Claude Matthews Co r Rt 1 Box 33
ieffer Robt J (Hilda M) U S Army h4. McPherson Apts
ieffer Sidney (Edwina) sgt U S Army r1010 E 2d
ieffer Wm B Lieut Col exec officer First Prov Training Wing W C A A F T C
ilgo Lera opr Yucca Beauty Service & Cosmetic Shop r202½ E 2d
ilgore Benj P (Alice) r414 N Missouri av
ilgore Jess B (Eva M) farmer h900 N Atkinson av
ilgore Robt H (Noma) lab h1005 E Walnut
imbal Raymond J (Marna) U S Army r405 N Kansas av
imbro Geneva r rear 104 W Alameda
imbrough Dorothy clk r100 N Kentucky av
imbrough J Cleveland (Mary B) firemn h1309 N Washington
imes Clara r1202 N Delaware av
imes Clyde r1202 N Delaware av

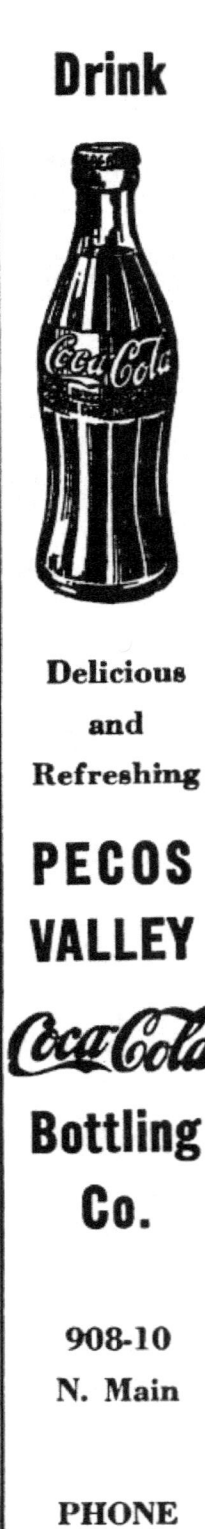

Drink Coca-Cola · Delicious and Refreshing · PECOS VALLEY Coca-Cola Bottling Co. · 908-10 N. Main · PHONE 771

TAXI

201
Curtis Corn, Owner

201
3d and Richardson Av

136

Dr. R. S. Attaway D.V.M.

Chaves County's Only **Qualified (Graduate) Practicing Veterinarian**

Large and Small Animal Practice

PHONE 636

403 East 2d.

Kimes Curtis (Nellie) farmer h1202 N Delaware av
Kimes Elton G (Dad & Son Radiator & Welding Shop) r2 Shartelle
Kimes Grant C (Dad & Son Radiator & Welding Shop) h2 Shartelle
Kincaid Thos B (Rena A) firemn P O h109a S Kentucky
Kindell Jas A (Allie) porter h1010 N Kansas av
Kindsfather Ina clk F W Woolworth Co r E College blvd 1 mi fr city
King Albert S (Bertha D) lab h110 S Lea av
King Andrew J (Thelma E) carp h ns E 24th 2d w N Garden av
King Aubrey (Lura) drvr Johnson-Lodewick h523 E 8th
King Bernice r110 S Lea av
King Bertha D Mrs mgr Easy Way Lndry h110 S Lea av
King Betty J student r109 N Richardson av
King Cletis E (Muriel) mech h201 E Bland
King Eunice Mrs nurse 500 S Lea av r same
King Grace (wid Marion) r1305 W 13th
King Herbert U S Army r110 S Lea av
King Jos L (Wilma I) h509 S Lea av
King Leland P (Nelda) mgr Smoke House, sec-treas Standard Liquor Stores h902 N Richardson av
King M T (Marjorie) U S Army r213 N Kentucky av
King Mace (Nancy) U S Army r110 S Lea av
King Myrtilla C (wid T W) h700 E 5th
King Newton G (Henrietta A) h312 West College blvd
King Roy E (Ann P) collr Montgomery Ward & Co h109 Richardson av
King Roy V (Page N) real est h507 N Washington av
King Turner (Eunice) U S Army r500 S Lea av
King Walter H lab r104½ N Main
Kingston J Roulston (June) U S Army r305 N Kentucky a
Kinney see also Kenney
Kinney Earl (Jean) h606 S Lea av
Kinney Eldridge D (Louella) carp h208 N Kansas av
Kinney Hal E U S Army r208 N Kansas av
Kinney Jean Mrs slsldy Central Hdw Co h606 S Lea av
Kinney Wm C U S Army r208 N Kansas av
Kintz Jos L (Marie) h611 W 4th
Kintz Jos M bkpr Hoffman & Clem r611 W 4th
KIPLING'S CONFECTIONERY, R A Dakens prop, confectionery, candy and ice cream mfrs, 214 N Main, tel 385
Kirk Jos L (Lucy E) fountmgr Owl Drug Co h507 S Kansa
Kirk Melvin W (N Martha) sgt U S Army h302 W Wildy
Kirkland Quentin D (Mary I) U S Army r701 N Richardso
Kirkland W R h ss E College blvd 3 e N Atkinson av
Kirkwood Robt drvr Pecos Valley Pkg Co
Kisselburg G Robt clnr Hamilton's Justrite Clnrs r803 W 10th
Kisselburg Willis (Lee) lab h803 W 10th
Kissner Rosa M (wid W S) hsekpr 700 S Delaware av r130 W 2d

GESSERT-SANDERS ABSTRACT CO.
ABSTRACTS OF TITLE
09 E. Third St.   **Phone 493**

te Elzie R (Viola) sheep shearer h711 E Alameda
te Jas F lab r711 E Alameda
va Apartments 504-6 W 2d
va Beauty Salon (Mrs J C Callahan) 309 N Main
eeman Jno P (Elizabeth) U S Army h303 N Michigan av
eiber Paul J (Dorothy) lieut U S Army r707 S Michigan av
ein Minnie Mrs h w s Stanton 5 s Chisum
ofanda Frank M slsmn r408 S Union av
yng Adolph C (Mary M) h312 E 8th
adle Leonard C (A Rose) mgr F W Woolworth Co h107 W Hendricks
app Geo P (Mavis) capt U S Army h601 E 6th
app Vernon (Constance) instr N M Military Inst h1404 N Pennsylvania av
ight Bertha F Mrs fnshr Roswell Lndry & Dry Clnrs h602 N Garden av
ight Clarence E (Bertha F) barber 319½ N Main h602 N Garden av
ight Ralph L (Frances) clk U S Geological Survey h1620 N Kansas av
ight Russell (Vercie) U S Army r 13 Riverside dr
NIGHT WM D (Ella M) comcl mgr S W Public Service Co h1201 N Lea av, tel 1279-R
ight Wm D Jr student r1201 N Lea av
ight Wm M (Emma) farmer h700 E 9th
of Leo (Beatrice) firemn h ss Country Club rd 12 e N Main
ott Harry P Rev r410 S Delaware av
ott Le Roy U S Army r410 S Delaware av
ott Louis N (Mary) carp h410 S Delaware av
ox Gerald E (Janice) U S Army h1, 302½ W 3d
ox Helen Day student r308 S Union av
ox Maribeth tchr Mark Howell Sch r109 W 5th
ox Melvin W (Aline) plant opr S W Public Service Co h 304 S Union av
ox Ray D (Margie B) mech h308 S Union av
ox Therylle B (Winnie) rancher h401 N Lea av
ox Therylene student r401 N Lea av
nudson Gunella tchr East Side Sch r510 N Richardson av
nupp Harvey W (Mary) r400 N Michigan av
ocher Michael h1808 N Kansas av
oeing Karl (Nancy) sgt U S Army r607 S Kentucky av
ollenborn Clarence R dep collr U S Internal Revenue Office
once Aubrey firemn r414 E 4th
opanos Matilda Mrs (El Dorado Drive In Cafe) r906 N Virginia
opanos Peter (Matilda) r906 N Virginia av
opp Sixtus Rev chaplain St Mary's Hospital r same
oprian Jos (Sylvia L) carp h310 W Wildy
osinski Norbert A (Hazel J) sgt U S Army h406 W Hendricks
ost Jno C (Dorothy) instr N M Military Inst h1308 N Richardson av

---

HINKLE MOTOR COMPANY
131 W. 2D ST.
WHOLESALE AUTOMOBILE PARTS AND EQUIPMENT
Serving New Mexico for 22 Years
Garage and Service Station Equipment
PHONE 12

EL PASO-PECOS VALLEY TRUCK LINES

J. L. NAYLOR, Owner CARL A. LONG, Local Ag

Daily, Dependable Service from and to EL PASO, LOS ANGELES and POINTS WEST

118 E. 4th St. Phone 16

CLARDY'S PRODUCTS

Raw and Pasteurized

MILK

Butter
Cream
Butter Milk
Ice Cream

Delivered to Your Home or At Your Grocer

PHONE 796

200-202 E. 5th

Kottwitz Ellen emp Roswell Lndry & Dry Clnrs r411 S Missouri av
Koy Eugene (Mabel L) U S Army r108 W Mathews
Koy Mabel L Mrs bkpr Texas Co r108 W Mathews
Kozar Leland U S Army r910 N Kentucky av
Kranz Anna M (wid H J) h1008 S Lea av
Kranz Leo P (Roswell Planing Mill) r1008 S Lea av
Kuhns Jas B (Maryon) U S Army h309 W 1st
Kuykendall Leland (Bertha) U S Navy r1711 Maryland
Kuykendall Wm A Rev (Lillian B) h305 W McGaffey
Kuzara Stanley A (Pauline) asst director Amer Red Cross 621 S Atkinson av
Kyle Evelyn E Mrs sten r108 W Tilden
Kyser David (Esta Lee) U S Army r411 N Missouri av
Kyte Cecil H oil opr h500 N Washington av

L

Lacer A Cliff (Florence) (La Hondo Courts) h1005 E 2d
Lacey Dollie L Mrs opr Mt States Tel & Tel Co h209 E 4
Lacey Elmer P (Dollie L) instr h209 E 4th
Lacey Leola presser Roswell Lndry & Dry Clnrs
La Cima Tourist Court E W Overman mgr 2401 N Main
Lacy A P plantmn Sunset Creamery r East Grand Plains
Lacy Cary B (Anna M) lab street dept City r201 S Virgin
Lacy Jas msngr r808 (803) W Summit
Lacy R Elva (Verna L) firemn h808 (803) W Summit
Lacy Taylor carp r808 (803) W Summit
Ladd Omer (Dovie) U S Army r1116 E Bland
La Hondo Courts (A C Lacer) 1007-11 E 2d
Lair Jack H (Emma) (Palace Clnrs) hE 2d 2 mi from city
Lair Ruby Mrs slsldy E T Amonett h700 S Delaware av
Lair Walter E (Ruby) shoe repr E T Amonett h700 S Delaware av
Lambert Leroy (Berta) clk Sears, Roebuck & Co r501 E 4
Lambert Lloyd (Sylvia) guard r615 N Richardson av
Lambert Sylvia Mrs sten r615 N Richardson av
Lambeth Dorothy sten J P White Co r n of city
Lambirth Mary N tchr East Side Sch r802 N Richardson
Lamer Cyrus R (Bonnie) mech r209 W 8th
Lamer Robt M (Pearl E) plmbr h209 W 8th
Lamkin Chas (Lois) mech h913 W 13th
Lamontine Elijah E (Annie) h415 E 5th
Lamoraux Lowell (Ethel) instr r R T Bivens
Lampert Loretta J clk U S Geological Survey r208 N Lea
Lancaster Henry T (Alma S) h708 W 11th
Land Claude E (Louise) U S Army r200 S Lea av
Landers Jas (Cora) cook h303 E 8th
Landers Jas S U S Army r303 E 8th
Landess Catherine student r922 E 2d
Landess Lilyan clk F W Wolworth Co r922 E 2d
Landess Reed (Alma) mech h922 E 2d

"Say it with Flowers" ALLISON FLORAL CO.
We Telegraph Them Anywhere   Expert Florists and Designers
Phone 408—Day or Night   707 S. Lea Ave.

...e Geo mech h104 W 8th
...e Haskell (Mary) U S Army r1302 N Kentucky av
...e Jos J (Nora) ranchmn h312 N Missouri av
...NE L L (Gertrude) mgr Johnston Pump Co, distributor Johnston Turbine pumps and Waukesha engines, 108-10 S Virginia av, tel 70, h208 W Walnut, tel 1084
...e Lila clk r208 N Pennsylvania av
...e Maurine waitress Katy's Cafe
...e Mary r5, 718 N Main
...ng Claud (Johnnie) roofer h802 N Virginia av
...nge Gordon L instr N M Military Inst r same
...ngley C Kenneth U S Army r1203 N Washington av
...ngley Dorothy Mrs clk Sally Ann Bakery h1203 N Michigan
...ngley Falba C (wid S E) h1203 N Washington av
...ngley G Edsel U S Navy r1203 N Washington av
...ngley Jas H (Bonnell) agt American Natl Ins Co h702 N Ohio av
...ngley Lawrence L (Dorothy) ranchmn h1203 N Michigan
...ngley Luther H U S Navy r1203 N Washington av
...ngwell Walter emp Farmers Inc r Country Club rd
...nham Billie sten r106 N Kentucky av
...nier Glenn A (Helen) U S Army r600 N Richardson av
...nkford Everett C (Opal N) eng h106 S Ohio av
...nnom Etta slsldy Price & Co r405 N Pennsylvania av
...nnom Evelyn Mrs adv dept Roswell Morning Dispatch r 411 N Pennsylvania av
...nnom Jas P (Evelyn) U S Army r411 N Pennsylvania av
...nnom Ralph (Renalee V) (Lannom's Gulf Service Sta) h 9 Riverside dr
...nnom's Gulf Service Station (Ralph Lannom) 521-25 N Main
...Porte Robt U S Army r801 N Main
...Posta (Floyd Ikard) restr 500½-2 W 2d
...ra Abelina lab r200 E Hendricks
...ra Atilano (Petra) lab h806 E Walnut
...ra Gustavo lab r806 E Walnut
...ra Ismael r601 E Bland
...ra Jose (Anita) lab h601 E Bland
...ra Martha Mrs h200 E Hendricks
...ra Ramon (Hortensia) r600 E Albuquerque
...ra Tomas (Josephine) h301 E Hendricks
...rge E L student r513 N Grand av
...rge Kenneth R U S Army r513 N Grand av
...rge Ralph L U S Army r513 N Grand av
...rge Wm M (Iva) h513 N Grand av
...ARGE & SMALL ANIMAL HOSPITAL (Dr J H Crowder) complete veterinary service, registered puppies for sale 318 E Alameda, tel 1577 (see page 6)
...a Riva Agustin (Antonia) h717 E Alameda
...a Riva Antonio (Genoveva) lab h109 W Albuquerque
...a Riva Lucy Mrs r715 E Alameda
...arkam Mary F (wid J C) r308 W 3d
...arkam Paul E (Larkam Studio) h308 W 3d

Eat at

BUSY BEE CAFE

JIM RALLES

"Roswell's Leading Cafe"

318 N. Main

PHONE 281

MERRITT'S SMART APPAREL FOR WOMEN

319 North Main —PHONE 482—

Johnston Pump Co.

DISTRIBUTORS OF
Johnston Turbine Pumps
For New Mexico and West Texas

Domestic Pressure Systems

Electric Motors and Starters

108-110 S. Virginia Ave.

PHONE 70

LARKAM STUDIO (Paul E Larkam) photographers, 308 3d, tel 1308
Larner Edw L (Arlene) U S Army r507 N Ohio av
Larson L S (Lorene) U S Army Air Corps pres Ace Auto h405 E 2d
Larson Lorene Mrs v-pres Ace Auto Co h405 E 2d
La Salle Court (H B Salee) 2303 N Main
La Salle Grocery & Service Station M J Durham mgr 2? N Main
Lassiter Ada M Mrs nurse h417 E 5th
Lassiter Basil B (Mamie) meat ctr Camp Camino h807 Richardson av
Lassiter Henry E taxi h4, 504 S Pennsylvania av
Lathrop Cliff E (Juanita) sta agt Continental Air Lines r108 Pennsylvania av
Latimer Audie sten r501 N Richardson av
Latimer Lena Mrs dept mgr Sears, Roebuck & Co h401 Richardson av
Latimer Thos E (Lena) steamftr h401 S Richardson av
Latimer Wanda student r401 S Richardson av
Lauchlen Freeman C barber Old Mission Barber Shop r907 Hendricks
Laughlin Myrle tchr Mark Howell Sch r307 N Kentucky
LAURAIN HERB R (Esther M) pres State Collection Bure Inc, office 10 Bank of Commerce bldg, 106 E 4th, tel 224, 505 N Kentucky av
La Vone Beauty Shoppe (Mrs Mercedes Miranda) 213 W
Lawrence Jerome (Velma) mech r210 E Albuquerque
Lawrence Mermond D (Mazie) h216 S Virginia av
Lawrence Wm C dist agt New York Life Ins Co r305 N Pen sylvania av
Lawson Earl S (Marie) h411 S Ohio av
Lawson Peter (Mabel) sgt U S Army r509 N Richardson
Laymon Clinton A (Pauline H) mech h903 E Alameda
Layman Jno P hlpr Clardy's Dairy r1007 W 8th
Lea see also Lee
Lea Ethel Lanham Mrs (Lea's Old Mission Beauty Shop) 106 N Kentucky av
Lea Lucy r205 N Missouri av
Lea Wm M (Ethel) mech h106 N Kentucky av
LEA'S OLD MISSION BEAUTY SHOP (Mrs Ethel Lanha Lea) we specialize in all lines of beauty work, 219 N Ma tel 174
Leach Jesse T (Thelma A) (Uncle Tom's Cabins) h1502 W
Leach Omar (Elizabeth) (Omar Leach & Co) h416 N Richar son av
LEACH OMAR & CO (Omar Leach) wholesale grocers, 107 Virginia av, tel 79
Leakou Jno M (Nona) (Dinty Moore's Bar) h113 E Blan
Leakou Pete student r113 E Bland
Leaton Ignacio (Maria A) U S Army h904 E Mathews
Leaton Luz h114 Mulberry av

ELMER'S SERVICE STATION
ELMER LETCHER

We Employ EXPERIENCED Labor

600 No. Main St.,   Phone 102

Leavelle Geo D (Nancy) (Leavelle's Gro & Sta; Roswell Elec Co) h1113 S Main
Leavelle's Grocery & Station (G D Leavelle) 1113 S Main
Lebsch Kenneth (Lola) capt U S Army r806 N Richardson av
Lechonich Paul U S Army r408 N Richardson av
Ledbetter G Fay Mrs opr Lea's Old Mission Beauty Shop h 204½ S Pennsylvania av
Ledbetter Marion L (G Fay) U S Army h204½ S Pennsylvania av
Lee see also Lea
Lee Ava Mrs r523 E 8th
Lee Belle r218 S Virginia av
Lee Chas R (Jeffie M) U S Army h ss W 2d 8 W Mississippi
Lee Dock Y (Meda) timekpr h115 E 12th
Lee Fay W (wid A J) h211 E 4th
Lee Floyd A r425 E 5th
Lee Glenn (Aline) slsmn Sunset Creamery r329 E 7th
Lee Henry O (Willie B) pntr h200 S Union av
LEE JAMES A (Harriet K) mgr Big Jo Lmbr Co, 800 N Main tel 14, h1613 N Kansas av, tel 1749-R
Lee Jas E (Louise) line formn S W Public Service Co h300 E Chisum
Lee Jessie M sten r211 E 4th
Lee Jos R (Mildred) trucker h1606 N Michigan av
Lee Josephine r1210 N Washington av
Lee Lucy waitress Mint Cafe r400 E Hendricks
Lee Marcella L bkpr Mrs Lee's Cafe r206 W 1st
Lee Mattie h603 N Kentucky av
Lee Maurice emp Roswell Lndry & Dry Clnrs r327 E 6th
Lee Nellie H Mrs (Mrs Lee's Cafe) r206 W 1st
Lee Robt (Flora) h304 S Ohio av
Lee Robt E stockmn J C Penney Co r w of city
Lee Robt E (Bessie) (Lee's Camp) h1112 W 2d
Lee Roy H (Opal D) carp h1511b N Missouri av
Lee Roy L chf supvr A A A r Rt 2 Box 234
Lee Roy L (Myrtus E) farmer h702 E McGaffey
Lee Sarah E (wid Wm) marker Roswell Lndry & Dry Clnrs h327 E 6th
Lee Shirley B tchr Washington Av Sch r112 N Missouri av
Lee's Camp (R B Lee) 1112 W 2d
Lee's Mrs Cafe (Mrs N H Lee) 303 N Main
Lefevers Chas J (Roxie) h212 W Walnut
Lefevers Edw D (Doris H) taxi r222 W McGaffey
Leggett Glenn O (Maxine M) U S Army r606 W 1st
Lehman Daniel (Leona) mgr N M Mercantile Co r407 S Kansas av
Leiby Thos E (Madeline M) sgt U S Army h207½ W Hendricks
Leigh Omar K (Juanita L) sgt U S Army r104 W Tilden
Lemmons Porter W (Ora) truck drvr h412 E 4th
Lemp Nellie Mrs h202 S Washington av
Lenox Eunice sten First Natl Bank r504 N Lea av
Lenox Nancy (wid W F) h504 N Lea av

Hamilton Roofing Co.

GEO E. BALDEREE Mgr.

We Feature Old American Roofing Shingles Siding Etc.

Free Estimates

Industrial and Residential Roofing and Sheet Metal Contractors

Bonded and Insured

Easy Payment Plan

303 N. Railroad Ave.

Phone 460

ROSWELL FORD AUTO CO.

Open All Night — SALES AND SERVICE PHONES 189 and 190 — One Stop Service Station

BIG JO LUMBER CO.

PHONE 14

A Lumber Number Since 1897

800 North Main

PHONE 14

142

Lente Alfred (Mary) spinner Navajo Weavers r222 S \ ginia av
Lente Tillie Mrs tiemkr Navajo Weavers r104 W Alam
Lentner Paul (Lois) metermn S W Public Service Co h51 Richardson av
LEONARD HARRY (Mabel F) pres Leonard Oil Co, treas N Mexico Oil & Gas Assn, 409 J P White bldg, tel 404, r 4 ne of city, tel 284
Leonard Jean usherette R E Griffith Theatres r707 S \ ginia av
Leonard Murl W (Estelle) electn h621 E 6th
Leonard Oil Co (Inc) Harry Leonard pres 409 J P Wh bldg
Leonard R J student N M M I r Harry Leonard
Leonard Vada (wid B F) r707 S Virginia av
Le Pell Frank E (Ina) embalmer Talmage Mortuary h W 3d
Leslie Clem J (Ethel) (Roswell Monument Co) h604 S Ri ardson av
Leslie Flora r200 N Washington av
LETCHER ELMER E (Amnie) (Elmer's Service Station) (N Main, tel 102, h1210 N Richardson av, tel 1903-M
Letchner Aubrey C (Lottie) farmer h ss Country Club 2 e N Main
Le Velle Harry checker Jackson Food Stores r506 N Kentuc
Levers Bros (F E Levers O C Dale) whol liquors 209 E 2d
Levers Forest E (Myrtle L) (Levers Bros) h713 N Main
Levers Grace L (wid R E) h601 N Richardson av
Levers Jos U S Army r713 N Main
Levers Maxine r713 N Main
Levy Robt (Phyllis) U S Army r1012 S Lea av
Lewelling Isaac H (Cora F) lab h1007 E McGaffey
Lewelling L Ray lab r1007 E McGaffey
Lewis Allen (Winona) U S Army r905 N Washington av
Lewis B T (Kay) col U S Army r305 N Washington av
Lewis Catton h208 S Missouri av
Lewis Chas mech r409 S Missouri av
Lewis Clara electn r1405 N Kansas av
Lewis Dorothy usherette R E Griffith Theatres r510 S Uni
Lewis Edd F (Laura) h1405 N Kansas av
Lewis Floyd W (Oma) mech Wilmot Hdw Co h1309 N Mc tana av
Lewis Herschel L (Lillian) lab h1819 N Washington av
Lewis Kathryn clk F W Woolwrth Co r510 S Union av
LEWIS L T (Nellie T) v-pres Pecos Valley Pkg Co, sec-m Roswell Cotton Oil Co, h511 W Tilden, tel 724
Lewis Margaret maid Nickson Hotel
Lewis Mary F sten r212 W 4th
Lewis Raymond E (Villa M) carp h510 S Union av
Lewis Robt K (Mabel) county supvr U S Dept of Agril F S h206 W 8th
Lewis Ruth student r1405 N Kansas av

Flowers For All Occasions
PHONE 275
405 W. ALAMEDA
Member F. T. D, A.

wis Virgil H (Florence) soda clk Kipling's Confy h514 W 6th
wis Walter mech r111½ N Main
wis Wm E (Viola) eng S W Public Service Co r706 S Richardson av
wis Wm R (Tennie C) poultry dlr r Elm Court
yva Estanislado (Adela) lab h511 E Albuquerque
berty Grocery & Market (C E Kelly) 1109 S Main
eja Cosme lab r509 E Bland
en Jas O (Winnifred M) capt U S Army h1000 S Pennsylvania av
Heureux Clifford L slsmn Everybody's Cash Store r1008 N Missouri av
le Walter L (Olive M) aud Levers Bros h400 S Union av
les Carl L (Dorothy B) major U S Army h511 S Lea av
lly Jos (Juanita) (Lilly's Bar) h214 S Virginia av
lly's Bar (Jos Lilly) 104 E Alameda
lly Raymond J (Jeanette M) U S Army r205 W 5th
nard Hazel chiropodist 209½ W 4th r509 N Richardson av
nares Jesus (Audelia) lab r718 E Tilden
nch see also Lynch
nch Ralph E (B Gean) h2 Riverside dr
NCOLN-ZEPHYR CARS, Roswell Auto Co, 120-32 W 2d, tel 189
ndenmeyer Jno H (Rosine) U S Army h505 N Montana av
ink Mage (Iva M) meat ctr O S Brown h ss W 2d 7 w Mississippi av
inman Leland wrapper Purity Baking Co r404 S Union av
inman Oscar N (Rhoda) formn Purity Baking Co h404 S Union av
ippincott Richard L (Cecilia G) U S Army h808 W Deming
iston G Henry (Mary E) h1100 N Missouri av
ISTON JEFF G (Margaret) county tax assessor, 1st fl Court House, tel 892, h700 N Atkinson av
iston Margaret Mrs mgr Mode O'Day h700 N Atkinson av
iston Vera N r700 N Atkinson av
ittell Leafie (wid J M) nurse h507a W 7th
ittell Paul M (Carol) h507 W 7th
ittle Callie B (wid O E) h100 S Lea av
ittle Harvey W (Cornelia) plmbr h201 E College blvd
ittle Hubert (Arline) U S Army r1104 N Lea av
ittle Jack L (Minnie) cook r104½ N Main
ittle Reginald D (Helen V) mgr The Acceptance Agency h 701 S Kansas av
ittle Woodrow J (Betty) h704 W 4th
itwa Jno P (Madeline) U S Army h1107 W 2d
ively Louis L (Louise) slsmn B V Ellzey h705 S Kansas av
loyd Burton E (Maude) whsemn Bond-Baker Co h702 S Kansas av
loyd Herman S (Ella) wtchmn S W Public Service Co h1706 N Maryland av
loyd Olivia r702 S Kansas av
oades Henry P (Mary L) lieut U S Army h501c S Lea av

143

PAPER Products

WHOLESALE

GROCERIES | JANITORS' SUPPLIES

FEED

Roswell Trading Company

PHONE 126

STATE COLLECTION BUREAU, INC

H. G. Parsons, Mgr.   H. R. Laurain, Pres.

BONDED - ESTABLISHED 1930

10 Bank of Commerce Bldg.   106 E. 4th   Phone 2

Lobred Stanley V (Marylou) U S Army h611 N Richardson
Lock Burkley r301 E 3d
Lock Thos A (Leeon) h301 E 3d
Locke Alvin ydmn McCracken Sup House r408 S Ohio av
Locke Duward B (Juanita) shopmn McCracken Sup Hou r408 S Ohio av
Locke E Deolen (Polly) carp h709 S Main
Locke Elvin T (Mittie) hlpr McCracken Supply House h7 S Main
Locke Jesse J drvr Pecos Valley Trading Co h911 W 17th
Lockhart Arthur (Nora) h ns E 23d 4 e Main
Lockhart Leo E (Bernice) U S Army h1604 N Kentucky
Lodewick Cora Mrs r506 N Kentucky av
Lodewick Stanley W (Laura B) h305 N Missouri av
Loeffler Kenneth D (Helen) capt U S Army r709 N Kans
Logan Nina M Mrs h207 S Kentucky av
Loggaihs Allison A (wid W W) r300 N Lea av
Loker Geo A (Rosa A) lieut U S Army h704 S Washington
Lollar Luther C (Donnie) slsmn Kessel's Inc r204 S Union
Lollar Luther C Jr taxi r204 S Union av
LO MARR BEAUTY NOOK (Mrs Margie W Baker, Mrs Le Davis) "Roswell's newest shop" complete beauty servi 203 W 3d, tel 234
London Jno J (Jessie M) mech h809½ W 8th
London Robt (Gertrude) U S Army r 3 Morningside pl
Long Carey E (Estella) prntr h813 N Garden av
LONG CARL A (Frances C) local agt El Paso-Pecos Vall Truck Lines 118 E 4th, tel 160, h106 E 10th, tel 160
Long Clary Mrs maid 110 N Washington av r same
Long Clifford J (Reba) h2, 606 N Virginia av
Long Clyde L U S Army r1301 W 13th
Long Fannie (wid T B) r212 W Bland
LONG FRANCES C MRS, office mgr El Paso-Pecos Valk Truck Lines, 118 E 4th, tel 160, h106 E 10th, tel 160
Long Herbert M (Clara A) U S Army r805 W Walnut
Long Hiram A (Josie) h1203 W 13th
Long Jas W (Aldena C) sgt U S Army r100 S Ohio av
Long Joel (Viola) h205 E 7th
Long Lorene office mgr Central Hdw Inc r408 N Kentucky a
Long Mary F r111½ S Main
Long Merritt L (Madge) clk Roswell Seed Co h n s E Colleg blvd 5 e Atkinson av
Long Otto r1203 W 13th
Long Ralph prntr Roswell Morning Dispatch r Rt 2
Long Ray E r205 E 7th
Long Ross W (Helen) shop supt N M Highway Dept h713 Pennsylvania av
Long Roy H (Fannie M) ydmn Valley Ref Co h1301 W 13t
Long Saml T (Artie) lab h1205 N Michigan av
Loper Benj W (Lorene) h1108 W 2d
Lopez Cenaida Mrs h303 Elm
Lopez Jose (Cenaida) h117 Elm
Lopez Jose (Pilar) lab h303 E Summit

DRUGS

PECOS VALLEY DRUG CO.

The Rexall Store

FREE DELIVERY

312 N. MAIN

PHONE -1-

GESSERT-SANDERS ABSTRACT CO.
ABSTRACTS OF TITLE

09 E. Third St.   Phone 493

...ez Josephine hlpr Moseley's Coronado Tavern
...ez Juan (Guadalupe) h205 Elm
...ez Pedro (Antonia) h109 Elm av
...ez Petra (wid R L) h107 Mulberry av
...ez Rosie maid 300 N Michigan av r205 Elm av
...our Ava Mrs h4, 606 N Virginia av
...enzo Beatrice r312 E Albuquerque
...raine Apts 303 N Pennsylvania av
...ton Jos W (Birdie) h311 E 8th
...oya Jose (Anita) r1206 N Missouri av
...oya Julian (Clarita) h1206 N Missouri av
...oya Pedro (Leandra) lab h1407 N Kansas av
...t J Leonard (Bonnie) h ss E 19th 3 e N Garden av
...t Roy E (L Ava) h1211 W 8th
...t Theo hlpr Fisher Body Shop r E 23d bey city
...idermilk Ray (Norine) garbage collr city h1303 S Main
...ighborough Jane K (wid S F) h1112 N Pennsylvania av
...issena Pete (Vienne M) rancher r405 S Washington av
...e Jas A (Gertrude) cook h107 N Kansas av
...e Jas W (Nellie) firemn h803 S Atkinson av
...e Leonard (Dena) truck drvr r803 S Atkinson av
...e Raymond lab r603 E Alameda
...e Wm carwshr Lowrey Auto Co
...we Jno D (Sinnie) supt of mails P O h504 N Missouri av
...we Richard I (Pearl M) firemn h312 S Main
...we Richard I Jr student r312 S Main
...wery Mary E Mrs h502 S Ohio
...wrey A Lawson (Oma) mech r1520 N Missouri av
...wrey Auto Co (Inc) H A Lowrey v-pres B W Lowrey sec-treas 202-4 W 2d
...wrey Byron W sec-treas Lowrey Auto Co h609 W 1st
...wrey Herbert A (Kate) v-pres Lowrey Auto Co h905 N Lea av
...wrey Herbert F U S Army r905 N Lea av
...wrey Randall (Matilda A) carp h518 E 7th
...wry Jas (Juanita) h509 S Ohio av
...cas Ellen Mrs r619 W 13th
...cas Jos R (Lorene) sgt U S Army h403 W 2d
...cas La Dora office sec Bert Aston 321 J P White bldg
...cas Lorene B Mrs opr Mt States Tel & Tel Co r403 W 2d
...cero Alfonso lab r401 E Hendricks
...cero Andres (Patsy) weaver Navajo Weavers r222 S Virginia av
...cero D B Mrs r407 S Grand av
...cero Eleuteria maid Plaza Hotel r407 S Grand
...cero Elfego (Helen) bartndr Smoke House h610 E Bland
...cero Guadalupe Mrs h814 S Kentucky av
...cero Jesusita r610 E Albuquerque
...cero Maria Mrs r rear 605 E Mathews
...cero Micaela Mrs r814 S Kentucky av
...cero Patsy Mrs tiemkr Navajo Weavers r222 S Virginia av
...cero Ray O (Mary G) h708 E Alameda
...cero Saml r1207 N Ohio av

The Roswell Cotton Oil Co.

Mfrs. of Molasses Cubes and Cotton Seed Cake

301 E. 2d St.

PHONE 58

PANHANDLE LUMBER
COMPANY, INC.
"COMPLETE BUILDING SERVICE"
PLAN SERVICE — FINANCING
107-11 W. Alameda   Phone

PURE MILK

Clardy's Dairy
Since 1912
Producer and Distributor of Quality Dairy Products and Ice Cream
200-202 E. 5th
Phone 796

Luck Homer A (Ruby) U S Army r111½ N Main
Luck Grady T (Virginia) U S Army r505 W 18th
Luck Pink H (Maggie) r407 N Virginia av
Lujan Abel (Tony) h207 E Albuquerque
Lujan Florencio (Mary) U S Army h708 E Tilden
Lujan Geo (Bennie) pkr Pecos Valley Pkg Co h701 E Math(
Lujan Martin (Tillie) ranchmn h313 E Hendricks
Lukens Paul M (Rowetiah) drvr Two-O-One Cab Co h307 McGaffey
Lukens Rowetiah Mrs office asst A A A h307 E McGaffey
Luker Jas (Katherine) mech r1020 S Lea av
Lum Wm B (Lola L) plmbr h811 W 4th
Lumadue Jno (Jackie) mech r103 W 11th
Luna Tomas (Filemina) h704 E Mathews
Lund Eunice M r511 W 4th
Lund Luther B hlpr Holsum Baking Co r511 W 4th
Lund Robt E r511 W 4th
Lund Robt R (Eunice M) supt gas dept S W Public Serv Co h511 W 4th
Lundgren Amanda J chf opr Mt States Tel & Tel Co r209 Pennsylvania av
Lundgren Dora (wid D C) bkpr Roswell Trading Co r709 Michigan av
Lundry Jesse D (Lena) carp h303 W McGaffey
Lunn A B Vifle r407 N Pennsylvania av
Luoma Elvi (wid A H) r909 N Missouri av
Lusk Belle (wid J M) r510 S Missouri av
Lusk Chas S (Mollie) ranchmn h408 N Pennsylvania av
Lusk Earl J (Ellen N) mech h501 N Richardson av
Lusk Ewing L (Zoe) prin high sch N M Military Inst h204 College blvd
Lusk Faye G (wid S J) h312 N Washington av
Lusk Jas K r312 N Washington av
Lusk June G student r312 N Washington av
Lustig Chas H (Bertha) U S Army r324½ N Main
Luton Jas M (Ruth) whsemn J M Radford Gro Co h415 E
Luttrell Albert S (Frankie) mgr R T Hoover & Co h1302 Lea av
Luttrell Frankie Mrs bkpr R T Hoover & Co h1302 N Lea
Lutz Gladys (wid C H) (Hamilton's Justrite Clnrs) r711 Pennsylvania av
Lutz Mary r711 N Pennsylvania av
Lutz Nancy r711 N Pennsylvania av
Lykins Kirby S (Mollie) confr h802 W Hendricks
Lynch see also Linch
Lynch Beulah B (wid J O) h100 N Richardson av
Lynch Novella tchr Washington Av Sch r408 N Kentucky
Lynn Jas T (Margaret) ranchmn r1100 N Missouri av
Lyon Altice D (June) U S Army h905½ N Pennsylvania
Lyon Ethel clk Sears, Roebuck & Co r500 N Richardson
Lyons Alfred J (Margaret M) U S Army h3, McPherson A
Lystig Bertha clk F W Woolworth Co r324½ N Main

Wholesale
Retail

M

be J Newton (Naomi) slsmn Kessel's Inc h111 N Missouri
be Wm lab r111 N Missouri av
bry Wayne (F Alma) carp h1802 Maryland av
ce Jack (Marian) U S Army h401 W Tilden
ce Marian Mrs opr Yucca Beauty Service & Cosmetic Shop 401 W Tilden
ck Frank J (Mabel) h206 W 13th
ck Rosa M r700 N Union av
ck Wm L (Geraldine H) coach clnr N M Transptn Co h 07 S Michigan av
ckey Cenaida Mrs h716 E Tilden
cNutt Alex (C Kathryn) lieut U S Army r104 S Lea av
ddox Wm D (Polly) lieut U S Army h520 E 4th
ddux T B (Fannie) monuments 615 E 2d h same
deira Jno R (Mildred L) U S Army r109 N Kentucky av
DISON AURELIUS F (Nell) mgr **Sunset Creamery,** r101 ; Pennsylvania av, tel 828
dison Wm F (Elizabeth A) capt U S Army r103 S Kentucky
drid Alfonso (Guillerma) lab r rear 910 E Alameda
dsen Sophus (Bessie) feed yd foremn Pecos Valley Pkg Co ns E 19th 1 e Garden av
dsen Soren lab Pecos Valley Pkg Co r Sophus Madsen
es Hope dom 409 N Pennsylvania av r same
ez Ernest (Mabel) h601 E Albuquerque
gby Leacie Mrs h410 S Ohio av
GNOLIA PETROLEUM CO, Reed Mulkey agt, 300 E Alameda, tel 638; dealer, Main and 7th, tel 80
gnolia Petroleum Co S P Hannifin landmn 316 J P White ldg
GNOLIA SERVICE STATION NO 244, Harry Mulroy mgr as, oil, tires, tubes, accessories, Willard batteries, expert vashing and lubrication, Main at 7th, tel 80
GNUS PRODUCTS, Johnston Pump Co distbtrs, engine and utomotive cleaners, 108-10 S Virginia av, tel 70
han Leonard (Christine) U S Army r209 E 12th
han Mary r1413 W 2d
her Jno U S Army r408 W 16th
hieu Arthur P (Etta M) carp r402 S Michigan av
in Drug Store (Paul Hearn) 100 S Main
in Hotel Jewel Mills mgr 111½ S Main
jors Jos (Marie) sgt U S Army h913½ N Richardson av
jors Marie Mrs sec Boy Scouts of America h913½ N Richardson av
kin's Dry Goods Store Leon Tarlowe mgr 109 N Main
larney Joan sten r410 S Richardson av
ldonado Felix (Lola) candymkr Kipling's Confy h1000 S ea av
lone Audie B (Effie) slsmn Roswell Trading Co h504 S Michigan av

KELVINATOR
Electric
Refrigerators

Maytag
Washing
Machines

Magic Chef
Gas Ranges

Philco
Radios
Sales and
Service

Samson
Windmills

Engines

Fencing

Paint

Guns and
Amunition

Sporting
Goods

115-17
N. Main

PHONE
634

STANDARD BRAND PULLORUM TESTED BABY CHICKS

Embryo fed chicks and
PURINA CHOWS
FEED
Hay and Grain

**C. F. & I.
Dawson &
RATON
Kindling**

Pecos Valley Trading Co. & Hatchery

603
N. Virginia

**PHONE
412**

Malone Baynard W U S Army r513 N Pennsylvania av
Malone Chas F student r513 N Pennsylvania av
Malone Earl L (Anna) U S Army r513 N Pennsylvania av
Malone Edna A r513 N Pennsylvania av
Malone Ross L (Edna) office 100 E 2d h513 N Pennsylvania
Malone Ross L Jr (Elizabeth) lieut U S Navy (Atwood Malone) h305 N Washington av
Malsberger Adrian (Barbara) lieut U S Army h208 W 5th
Mandovill Ruby nurse r312 W Alameda av
Mangum Jesse (Reesie) drvr A A Gilliland & Co h908 N Virginia av
Manire Katherine sten r107 N Washington av
Manis Jos routemn Roswell Lndry & Dry Clnrs r206 E buquerque
Manley Archie B (Pearlena) cook h207 S Michigan av
Manley Robt E (Dosia) h104 N Pennsylvania av
Mann Dalton D (Eva) truck drvr r La Salle Court
Mann Leroy (Lucille) U S Army r301 N Missouri av
Mann Thos T (Allene) eng U S Army h610 W Hendricks
Manning Jas A (Berta) rancher h408 S Richardson av
Manning Jno T (Edwina M) lessee Continental Service No 1 h1308 N Lea av
Mansell Ray atndt Philips Service Sta r215 S Main
Mapes Forest U S Army r710 E 5th
Mapes Melvin A h710 E 5th
Mapes Susie (wid R S) r710 E 5th
Maples Delia (wid J T) h207 E 12th
Maples Jno T (Katie M) grocer 300 E 7th h same
Marable Aubrey (Thelma F) r607 N Lea av
Marable Nellie Mrs h412 N Lea av
Marable Thelma F Mrs opr Mt States Tel & Tel Co h607 Lea av
Marble Cora r711 N Richardson av
Marble Cora (wid Frank) r415 N Missouri av
Marchbanks Alfred (Lorene) mech Whitcamp's Garage r P Box 155 E
Marchbanks Weeden D (Fishia) ranchmn h1109 W 1st
Marchbanks Wm O (Marie L) auto repr 102 E 1st h910 Pennsylvania av
Mareneck Evelyn sten r509 N Richardson av
Marijo Toribio h1205 N Washington av
Markham Hugh H (Marguerite) carp r617 S 6th
Markham M D (Arcade Cafe)
Markl Frank W (Alcey B) mgr Mt States Tel & Tel Co h W 8th
Markl Jas A U S Army r200 W 8th
Marksbury E Blayn clk S C S r111 W 5th
Markus Isador A (Ruth) (Markus Shoes) h104 S Missouri
Markus Shoes (I A Markus) 127 N Main
Markwell Lewis F r508 N Virginia av
Marler J Herman (Bessie) h1800 N Missouri av
Marley Cort A (May) h102 N Kentucky av
Marley S Clyde (Minnie) ranchmn h1304 Highland rd

Price's Sunset Creamery

rlow Leila B (wid J E) r414 N Lea av
rquez Anastacia h115 Mulberry av
rquez Frank (Pauline) lab h806 E Bland
rquez Manuel (Anita) lab h718 E Alameda
rquez Sotero (Raquel) lab h608 E Mathews
rr H A Grocery Co E R Spradling mgr 211 E Walnut
rr Wm H truck drvr r109 N Richardson av
rsh E L lieut U S Army r2401 N Main
rsh J Freeman (Constance R) slsmn Wilmot Hdw Co h301 W Tilden
rsh Jas I U S Army r301 W Tilden
rsh Robt U S Army r301 W Tilden
rshall Alice Pruit waitress McClure's Cafe
rshall Carl (Maxine) r501 E 4th
rshall G Ernest (Gussie) eng water dept City h1106 N Missouri av
RSHALL IRA J (Violet) physician and surgeon, 215 W 3d, tel 30, h L, 301 W Alameda, tel 580
RSHALL JAS Q (Virginia C) asst cash First Natl Bank of Roswell h411 N Kansas av, tel 1269
rshall Mary V Mrs h711 W 7th
rshall Neal (Gean) lieut U S Army r104 S Lea av
rshall S H (Edith) local mgr Marshall & Winston Inc and Green Bay Co r Berendo 5 mi e of city
rshall Virginia C Mrs sten Equitable Bldg & Loan Assn h 411 N Kansas
rshall & Winston Inc S H Marshall local mgr oil oprs 509-10 P White bldg
rtens Jno C (Ruth) sec-treas Court House Garage h408 W Hendricks
rtens Jno C Jr student r408 W Hendricks
rtin Arthur L (Cindia) pipeftr h 1301 W College blvd
rtin Carl F (Edna) U S Army r605 E 6th
rtin Chas P (Olivia) U S Army r802 N Kentucky av
rtin Chester (Florene) lab h911 E Alameda
rtin Clive (Pauline) bartndr Dinty Moore's Bar r 9 mi se of city
rtin Curtis L (Laura E) h400 S Montana av
rtin Doris Mrs slsldy Price & Co r206 E 4th
rtin Elizabeth Mrs (Elizabeth's) r608 W 3d
rtin H Ray (Ruth) drvr Johnson-Lodewick r Rt 2 Box 47
rtin Hugh Jr (Doris) U S Army r206 E 4th
RTIN INSURANCE AGENCY (Mrs Lillian R Russell, Robt S Bacon) General Insurance, 206 W 3d, tel 507
rtin Ira S r406 N Richardson av
rtin J W (Nannie) h ss W 2d 6 w Mississippi av
rtin Jas Jr (June) r602 N Kentucky av
rtin Jessie L opr Mt States Tel & Tel Co r514 E 7th
rtin Jno F (Annie) U S Army Air Corps r202½ E 2d
rtin Katherine M Mrs h203 W Tilden
rtin Lottie (wid C C) h 414 W Alameda
rtin Olivia Mrs sec Geo L Reese r802 N Kentucky av
rtin Paul A (Elizabeth) U S Army h608 W 3d

Johnson Lodewick

Refiners and Marketers of Petroleum Products

Distributors for Southeastern New Mexico of QUAKER STATE MOTOR OILS

New Mexico Distributors for Barnsdall Oil Co.

813 N. Virginia Ave.

Phone 164

R. O. ANDERSON President

DALE FISCHBECK General Supt.

Phone 23 "SKIDDO"

ARNOLD TRANSFER & STORAGE
STORAGE - CRATING - SHIPPING
"We Move Anything"   419 N. Virginia

CAR PARTS DEPOT INC.

Distributors
Automotive
Supplies
and
Equipment

Welding
Equipment
and
Supplies

PHONE 205

401 N. Virginia Ave.

P. O. Box 1288

Martin Raymond (Stella) U S Army r524 E 5th
Martin Victor atdt Magnolia Service Sta r106 S Kentucky
Martin Wilbur (Mamie) r rear 209 W Hendricks
Martin Wm J eng water dept city r407 W Walnut
Martin Willie M clk r203 W Tilden
Martinez Anastacio (Aurelia) h1000 N Union av
Martinez Benito (Guadalupe) h201 Elm
Martinez Daniel (Bonnie) lab h613 E Deming
Martinez Edwin lab r604 E Mathews
Martinez Elisio (Daria) h112 Elm
Martinez Emma maid 1520 N Missouri av r1600 N Michigan
Martinez Francisco r101½ E Tilden
Martinez Frank delmn Consumer's Food Mkt r613 E Bland
Martinez Frank C (Agnes) U S Army r504 E Tilden
Martinez Jose h rear 104 W Alameda
Martinez Jose T (Catherine) U S Army r505 E Bland
Martinez Juanita r203 Elm
Martinez Margaret r507 N Virginia av
Martinez Maria r113 E Tilden
Martinez Mauricio (Gabina) lab h206 Ash av
Martinez Paulina Mrs h604 E Mathews
Martinez Severino (Vicenta) r1200 S Missouri av
Martinez Simon (Andrea) h102 S Virginia av
Mask Annie (wid Frank) h512 E 6th
Mask Howard (Ruby) farmer h ws Orchard av 1 W Pea
Mask Jack C (Stella) mgr Nickson Cocktail Lounge h1009 7th
Mask Leland bartndr Nickson Cocktail Lounge r512 E 6th
MASON CHARLES E (Conie B) editor Roswell Daily Rec 424 N Main, tel 11, h805 N Richardson av, tel 214
Mason Chester J (Ella B) electn h ss E 19th 1 n AT&SF
Mason Conie B Mrs class adv mgr Roswell Daily Record h N Richardson av
Mason L L floor sander r702 N Virginia av
Mason Nelle G sten 25 First Natl Bank bldg r210 N Pennsylvania av
Mason Robt taxi r702 N Virginia av
Mason Roy R (Nina A) farmer h1105 E Hendricks
Masonic Temple 400 N Pennsylvania av
Massengale Martha r115 S Richardson av
Massengale Nell librarian r115 S Richardson av
Massey Albert H (Frances) mech h417 W College blvd
Massey Allen (Pauline) eng h415 W 17th
Massey Arthur C (M Imogene) clk h820 N Main
Massey Aubrey L (Billie F) mech h1103½ W 8th
Massey Chas W U S Navy r820 N Main
Massey Grocery & Market (W C Massey) 103 N Main
Massey Jos W (Leola B) h304 S Washington av
Massey Wm C (Mary A) (Massey Gro & Mkt) h507 E 3d
Massingale Debbie checker Excelsior Clnrs & Dyers r1201 8th
Massingale Geo W r1201 W 8th
Massingale I Frank (Annie) janitor h1201 W 8th

| BIGELOW RUGS AND CARPETS DRAPERIES LINOLEUMS WASHING MACHINES |  Purdys' Furniture Company 321-25 N. MAIN   PHONE 197 | KARPEN FURNITURE STOVES AND RANGES UPHOLSTERING VENETIAN BLINDS WINDOW SHADES |

ssingale Irene A r1201 W 8th
ita Eloisa V Mrs h900 E Alameda
ita Frank Rev (Asencion) pastor Assembly of God Church r120 Ash av
ita Jno r900 E Alameda
ita Mary r900 E Alameda
tchen Doss (Juanita) (El Rancho Cafe) r114 N Richardson
this Stanley H (Geraldine) office mgr Valley Ref Co h209 W 1st
tlock Bruce K (Bonnie) asst landmn Gulf Oil Corp r Rt 2 Box 27 X
tteo Wm J (Viola) U S Army h304 W 3d
tthews Annie L (wid W C) h325 E 6th
tthews Carl L student r206 S Washington av
tthews Chas C (Jewell M) teller First Natl Bank h405 W Albuquerque
tthews Chas W student h206 S Washington av
tthews Chas W (Janet) capt U S Army r106 N Atkinson av
ATTHEWS CLAUDE CO (Claude H Matthews) sheet metal products, heating, air conditioning, 106 N Virginia, tel 437
tthews Claude H (Lenna) (Claude Matthews Co) h206 S Washington av
tthews L Coleman capt U S Army r325 E 6th
tthews Marie student r206 S Washington av
tthews Orvel L (Sallie) bartndr h116 E 6th
ttingly Rex M (Laura) U S Army r40 Riverside dr
aturo Patrick M (Jean) lieut U S Army h1617 N Kansas av
axwell Jos (Betty) U S Army r rear 415 E 5th
axwell Tim (Arvella Mae) (Mid-West Auto Supply) r125 N Main
ay E F "Buck" h1308a N Kentucky av
ayer Abe Jr (Juanita) (Roswell Wool & Mohair Co) rep Draper & Co h711 N Kansas av
ayer Hazel Mrs bkpr Huff's Jwlry Store r605 S Missouri
ayer Susie M (wid Wm) slsldy Hunter & Son h206 S Pennsylvania av
ayer Will M (Hazel) mgr Safeway Stores r605 S Missouri av
ayes Arthur L (Dovie) U S Army h910 N Missouri av
AYES CHESTER R (Virginia) (Mayes Lmbr Co) h Artesia N M
ayes Joe R (Marie) h207 W 5th
AYES LUMBER CO (C R and R P Mayes) 115 S Virginia av, tel 315, P O Box 255 (see back cover)
AYES RIDGE P (Hattie) (Mayes Lmbr Co) h103 S Kentucky av, tel 1615
ays Edith r207 S Virginia av
ays Norris A (Lucile D) porter r207 S Michigan av
aynard Blanche E Mrs h510 S Lea av
cAfee Jas H drvr Armold Trans & Sto r519 E 3d
cAfee Larry lab r610 N Garden av
cAfee Saml W (Ora) hlpr Armold Trans & Sto h610 N Garden av
cAuliffe Garth (Pearl) U S Army r213 W 8th

151

Drink

Delicious and Refreshing

PECOS VALLEY Coca-Cola Bottling Co.

908-10 N. Main

PHONE 771

TAXI

201
Curtis Corn, Owner

201
3d and Richardson Av

Dr. R. S. Attaway D. V. M.

Chaves County's Only **Qualified (Graduate) Practicing Veterinarian**

Large and Small Animal Practice

PHONE
636

403 East 2d.

McBoyle Jno A (Margaret A) comcl mgr Radio Sta KGFL h109 W Hendricks
McBride Chas (Agnes) U S Army r820 N Main
McBride Gerald (Nadine) trav slsmn Heinz Co h809 W 3d
McCabe Nadine sten r K, 301 W Alameda
McCall Faye emp Beaty's Lndry r1105 W 8th
McCall Novie D (Gladys) farmer h ns E 24th 1 w N Garden
McCamant Alex S (Lula M) rancher h105 N Washington
McCarter Alma J sten First Natl Bank r408 E 4th
McCarter E Frank (Effie) farmer h408 E 4th
McCarter Eunice clk r624 N Main
McCarter Henry B (Corrine) clk PO h1300 N Lea av
McCarter Palmer (Evelyn) r408 E 4th
McCarter Ruth clk O S Brown r408 E 4th
McCarter Vera clk O S Brown r408 E 4th
McCarty Farris H h es N Garden av 2 n E 19th
McCarty Nora (wid H J) r F H McCarty
McCarty Rosie (wid E W) h1211 W 13th
McClain Austin (Marie A) plantmn Pecos Valley Coca-Cola Bott Co h1205 N Kansas av
McClain Belle Mrs hsekpr h813½ W 11th
McClain Eugene (Estelle) U S Army r809 N Richardson av
McClane Jean E (Anna B) phys h313 N Washington av
McClendon Chas (Sallie M) cook r104 E Alameda
McClendon Mack lab r1602 N Kentucky av
McClendon Sallie M cook r104 E Alameda
McClendon Sophronia (wid J T) r511 N Missouri av
McClenny Annie B student r610½ N Pennsylvania av
McClenny Jennie J (wid R J) h610½ N Pennsylvania av
McCleod Jack A (Ruth A) city firemn h1211 W Alameda
McCleskey Arvel B (Katie) linemn h1802 Cambridge av
McCloud Mabel Mrs pres Security Benefit Assn h610 N Virginia av
McCloud Wm A (Mabel) h610 N Virginia av
McClung Bertha checker Roswell Lndry & Dry Clnrs r606 2d
McClung Dee police r606 E 2d
McClure Effie Mrs (McClure's Cafe) r508 N Virginia av
McClure H B (Effie) r508 N Virginia av
McClure Jno (Caroline) instr N M Military Inst h1312 Pennsylvania av
McClure Mary F (wid J T) h210 N Pennsylvania av
McClure Wm H (Edwilda) U S Army h615 E 5th
McClure's Cafe (Mrs Effie McClure) 416½ N Main
McColl Melvin C mech r111½ N Main
McCollum Ernest L (Ruth E) lieut U S Army h635 E 6th
McCombs Barbara sten r100 N Kentucky av
McCombs W Benton Jr (Louise) bkpr First Natl Bank h802 Mathews
McCommis Wayne (Burle) U S Army r112 N Washington
McConnell Nancy V (wid W D R) r612 N Main
McCook Ernest W (Ruby) h933 Jefferson

GESSERT-SANDERS ABSTRACT CO.
ABSTRACTS OF TITLE
.09 E. Third St.   **Phone 493**

:Cook Mary L r933 Jefferson
:Cook Maxlee student r933 Jefferson
:Cord Marmion E (Pauline) bkpr E T Amonett h411 Orchard
:Cormack R Saml (Billie) U S Army r302 N Pennsylvania
:Cormack Robt sgt U S Army h202½ S Pennsylvania av
:CORMICK-DEERING IMPLEMENTS & FARMALL TRACTORS, The Myers Co, distributors, 106-10 S Main, tel 360
:Cormick Margie sten Smith Mach Co r1019 E 2d
:Cormick Rowena opr Farmers Drug & Beauty Shop r1019 E 2d
:Coy Barney (Arcade Billiard Parlor) r Court House
:Coy Blanche sten r308 W 1st
:Coy Chas A (Dora) h1522 N Kentucky av
:Coy Edw L (Mary) U S Army r115 E Bland
:Coy Elonzo cattlemn r Nickson Hotel
:Coy Homer C (Opal E) U S Army h207 W 5th
:Coy Nora r308 W 1st
:Coy Rene waitress Herring Cafeteria
:Coy Susie L (wid Floyd) nurse h308 W 1st
:Coy Wm B (Grace) h411½ S Lea av
cCracken Geo W (Mattie) emp McCracken Sup House h ws Stanton 2 s Chisum
cCRACKEN M O (Mabel) (McCracken Supply House) 116 E Walnut, tel 1372-M, h107 E Albuquerque, tel 964
cCracken May L office sec Pecos Valley Coca-Cola Bott Co r200 W Alameda
cCracken Mildred H student r200 W Alameda
cCracken Millard A (Irene L) barber 200 W Alameda h same
cCracken Ruby student r107 E Albuquerque
cCRACKEN SUPPLY HOUSE (M O McCracken) structural steel, building materials, scrap material, welding, 116 E Walnut, tel 1372-M (see page 10)
cCrary Eloise S cash Montgomery Ward & Co r206 W Alameda
cCrary Leona student r608 S Atkinson av
cCraw Jesse E (Gypsy L) farmer h1515 S Grand
cCraw Minnie (wid J L) r606a E 2d
cCray Homer clk r111½ N Main
cCrite Harry F (Mary) mech h405 S Kentucky av
cCulley Jno r209 W 6th
cCullough Dean W (Ruby) barber h802½ N Missouri av
cCULLOUGH MARY (wid Wm H) postmaster of Roswell, r606 N Missouri av, tel 765
cCUNE ROBERT H (Harriett) v-pres-mgr Roswell Bldg & Loan Assn and Roswell Ins & Surety Co, h804 N Pennsylvania av, tel 590
cCune Wm G r804 N Pennsylvania av
cCutchen Helen L bkpr First Natl Bank r104 S Washington
cCutchen Logie (Ada) formn h104 S Washington av
cCutchen Margaret actg sec-treas N M Transptn Co r104 S Washington av

---

HINKLE MOTOR COMPANY
131 W. 2D ST.
WHOLESALE AUTOMOBILE PARTS AND EQUIPMENT
Serving New Mexico for 22 Years
Garage and Service Station Equipment
PHONE 12

EL PASO-PECOS VALLEY TRUCK LINES

J. L. NAYLOR, Owner CARL A. LONG, Local Ag

Daily, Dependable Service from and to EL PASO, LOS ANGELES and POINTS WEST

118 E. 4th St. Phone 16

CLARDY'S PRODUCTS

Raw and Pasteurized

MILK

Butter
Cream
Butter Milk
Ice Cream

Delivered to Your Home or At Your Grocer

PHONE 796

200-202 E. 5th

McCutchen Paul (Josephine) pres-mgr N M Transptn Co h1 N Washington av
McCutchen Raymond D supt transptn N M Transptn Co r1 S Washington av
McDaniel Gay r906 N Michigan av
McDaniel E J Mrs binder Hall-Poorbaugh Press r 1 mi n city
McDaniel Frank B (Glee) drvr Two-O-One Cab Co h211 Tilden av
McDaniel Jodie A (Margaret) carp h623 S Atkinson av
McDaniel Sallie B Mrs r906 N Michigan av
McDonald Irene r213 N Kentucky av
McDonald Rice M r Mage Link
McDonald Thos P (Marie A) geologist 508 J P White bldg 1506 N Missouri av
McDougal Aleene waitress Shamrock Cafe r204½ W 10th
McDougal Porter Rev (Docia) pastor Tabernacle Bapt Church h1516 N Kentucky av
McDowell Amilee (wid W A) r807 W 3d
McDowell Earl (Gertrude) gard h501 Pear
McDowell Jas H (Effie J) h807 W 3d
McDowell Richart T (Jessie) U S Army h905 S Lea av
McElroy Jack M (Velma) mech h ss Country Club rd 4 e Main
McEndree Wm G (Lorraine) U S Army h109 N Union av
McEVOY MAURICE (Hazel) v-pres-co-pubr Roswell Mornin Dispatch Inc 110 N Main, tel 303, h509 W 5th
McEVOY PAUL (Zelma) pres-co-pubr Roswell Morning D patch Inc, 110 N Main, tel 303, h201 N Michigan av, tel 13
McEVOY POYNTER (Katharine) sec-treas-co-pubr Roswe Morning Dispatch Inc, 110 N Main, tel 303, h913 N Ric ardson av, tel 1328
McFadden Geo C (Dorothy B) broker 108 S Missouri av same
McFarland Robt E (Lola) ranchmn r110 N Montana av
McFeely Edgar C (Maurine) U S Army r101 N Lea av
McFeely Maurine Mrs sten Gessert-Sanders Abst Co r101 Lea av
McGee Horace H (Zoa) (Amason White & McGee) pres Pec Valley Comp h706 N Kentucky av
McGHEE JAMES B, judge Fifth Judicial Dist Court, 2d Court House, tel 525, h804 N Kentucky av, tel 1209
McGhee Juniata r804 N Kentucky av
McGill Paul lieut U S Army h N, 301 W Alameda
McGlasson Dean (Madine) U S Army r413 W College blvd
McGranahan Archie (Willie M) U S Army r1020 S Lea av
McGranahan Willie M Mrs ironer Roswell Lndry & Dry Cln r1020 S Lea av
McGuffin Chas C (Amanda) (McGuffin Shoe Service) h3 E 6th
McGuffin Lewis W (Edith) shoe repr McGuffin Shoe Servi h203 W 12th
McGuffin Shoe Service (C C McGuffin) 414 N Main

"Say it with Flowers" ALLISON FLORAL CO.

We Telegraph Them Anywhere   Expert Florists and Designers

Phone 408—Day or Night   707 S. Lea Ave.

McGuire Hugh R (Rilla) mech r303 N Pennsylvania av
McGuire Jno H (Lucille) h711 N Grand av
McGuire Ilene Mrs sec Roff & Son h706 N Washington av
McGuire Rilla Mrs (Permanent Wave Shop) r303 N Pennsylvania
McGuire Wm G (Ilene) batterymn McNally-Hall Motor Co h 706 N Washington av
McInnes Wm J (Clara S) h406 N Kentucky av
McKain J B Co J B McKain pres Mrs M E McKain sec-treas oil well sups ns E 2d 7 e Atkinson av
McKain Jos B (Mazella E) pres J B McKain Co h ns E 2d 8 e Atkinson av
McKain Mazella E Mrs sec-treas J B McKain Co h J B McKain
McKay Donald A supt Roswell Sand & Gravel Co r2½ mi sw of city
McKay Margaret B Mrs h1504 N Washington av
McKay Wm M (Mikeworth) U S Army h302 W 3d
McKee Lela Cookson Mrs waitress Mrs Lee's Cafe
McKeg Chas E (Ruth) h105 W Tilden
McKenzie Don (Helen) U S Army r202 W 10th
McKenzie Geo (Quinney) cook h6, 111 S Virginia av
McKenzie Lenard R (Katherine) mech h1800 Maryland av
McKinley Homer R r507 N Virginia av
McKinney Mollie E (wid R B) r117 W Bland
McKinney Opal h200 E Alameda, tel 1044
McKinney Wm W (Willie M) lab h408 E Hendricks
McKnight Bessie beauty opr r218 S Virginia av
McKnight Florence C r410 N Lea av
McKnight Florence C (wid J M) h410 N Lea av
McKnight Frank W (Mary L) carp h117 W Bland
McKnight Gladys tchr South Hill Sch r410 N Lea av
McKnight Jas (Mary) rancher h308 S Missouri av
McKnight Jos W r406 N Lea av
McKnight M Joyce student r406 N Lea av
McKnight Judd P (Beulah M) rancher h205 N Pennsylvania av
McKnight Otis (Bessie M) porter Old Mission Barber Shop r218 S Virginia av
McKnight T Judd (Nannie) rancher h406 N Lea av
McKnight Wade B U S Army r406 N Lea av
McKnight Wilbur (Pauline) rancher r1520 N Missouri av
McLain Bert (Faye) carp h906 W College blvd
McLain Emma L (wid G W) h904 W College blvd
McLellan Geo E (Mary) carp h1812 Maryland av
McLellan Harold E U S Army r1812 Maryland av
McLellan Novel Jeff U S Army r1812 Maryland av
McLeod Jack A (Ruth) r1211 W Alameda av
McLish Corinne Estate of 104 W 1st
McMahan Edw E (Anna F) sheetmetal wkr h205 S Montana av
McMains Amel R (Pauline) sgt U S Army h207 W Hendricks
McMains B Juanita Mrs opr Mt States Tel & Tel Co r202½ E 2d

Eat at BUSY BEE CAFE

JIM RALLES

"Roswell's Leading Cafe"

318 N. Main

PHONE 281

MERRITT'S SMART APPAREL FOR WOMEN

319 North Main — PHONE 482 —

Johnston Pump Co.

DISTRIBUTORS OF
Johnston Turbine Pumps
For New Mexico and West Texas

Domestic Pressure Systems

Electric Motors and Starters

108-110 S. Virginia Ave.

PHONE **70**

McMaster R K instr N M Military Inst r same
McMillen Lloyd W (Bertha) mech Cummins Garage h1200 11th
McMillen Reuben L (Lilly R) drvr Two-O-One Cab Co r107 Lea av
McMillen Wm J (Pearl) formn Cummins Garage h107 S Lea
McMullen Louis A (Alice) ydmn Valley Ref Co h609 W 17
McMurtry Glenn (Ellen) U S Army r412 N Lea av
McNally Carl R (Margaret H) pres McNally-Hall Motor Co 512 N Pennsylvania av
McNally Carl R Jr r512 N Pennsylvania av
McNally Dwight T (Iris) 2d v-pres McNally-Hall Motor Co 106 N Missouri av
McNally Esther (Norton Beauty Shop) r612 N Kentucky
McNALLY-HALL MOTOR CO (Inc) Carl R McNally pre John W Hall 1st v-pres, D T McNally 2d v-pres, H D Burdet sec-treas, Buick and Chevrolet sales and service, automobi accessories, Goodyear tires and tubes, Goodyear batterie storage and repairing, Duco refinishing, drive in fillir station, Main and 6th, tel 104 and 103
McNeal Jas W h es New 1 n E 23d
McNeil Wayne H (Nannie) U S Army h603 W 6th
McPherson Apartments ss W 2d 1 w Mississippi av
McPherson Jobe (Mildred) h ss W 2d 3 w Mississippi av
McPherson Jobie A (Frances B) servicemn Ginsberg Music C r709 N Main
McPherson Jno C r1602 N Missouri av
McPherson Julia F (wid J H) h413 W College blvd
McPherson Leslie A (Ruth) clk Cobean Staty Co r507 Richardson
McPherson Mary Mrs (The Drive Inn) h1604 N Missouri av
McPherson Mildred Mrs ironer Roswell Lndry & Dry Clnrs Jobe McPherson
McPherson Oma presser Roswell Lndry & Dry Clnrs r404 5th
McPherson Pauline Mrs h811 W Albuquerque
McPherson Richard R (Mary) carp h1604 N Missouri av
McPherson Riley mgr Norton Bar r413 W College blvd
McPherson Vadis I (Pauline) slsmn Safeway Stores h811 Albuquerque
McPherson Virginia waitress The Drive Inn r1604 N Missou
McPHERSON WALTER D, D D S (Carol) dentist, 207 W 3 tel 240, h Sunset Heights, tel 1461
McShan Dorman B U S Army r1618 N Missouri av
McShan Fowler B (Dovie) carp h1618 N Missouri av
McShan Fowler B Jr drvr Johnson-Lodewick r1618 N Mi souri av
McTighe Helen Mrs custodian Missouri Av Sch r same
McTighe Martha Mrs h1509 N Kansas av
McVay A Cecil (Barbara) U S Army h309 W Albuquerque
McVicar Chas C (Vida) grocer 601 S Main h same
McVicar Lois r601 S Main
McVicker Ethelyn sten r206 N Michigan av

ELMER'S SERVICE STATION
ELMER LETCHER

We Employ EXPERIENCED Labor

600 No. Main St.,   Phone 102

ead A B mattress mkr White's Mattress Fctry r604 E 2d
ead Artie A mattress mkr White's Mattress Fctry r604 E 2d
eador Orva (Cora) mech h524 E 5th
eador Wilbur O (Letress) clk h802 N Missouri av
eadows Arch L (Clara) eng h611 W Walnut
eadows Clara Mrs waitress The Barrel h611 W Walnut
eadows Geo carp r111 S Richardson av
eadows Lee (Lavota) trucker h1200 N Richardson av
eadows Ruth (The Barrel) r611 W Walnut
eadows Wm M (Willile) r111 S Richardson av
eairs Clayton (Lila) tchr Jr High Sch h1003 N Lea av
eairs Lila Mrs nurse h1003 N Lea av
eans Lavon (Ruth) U S Navy h210 E McGaffey
EDICAL & SURGICAL CLINIC (J P Williams physician and surgeon; W N Worthington physician and surgeon; G W Griswold, eye, ear, nose and throat; L W Johnson physician and surgeon; B P Conner dentist) 211 W 3d, tel 600
edina Albino (Sixta) h103 Elm av
edina Felix lab r1509 N Kansas av
edina Juan lab N M Highway Dept
edrano Francisco (Mary) plstr h106½ W Alameda
eeks Jack (Z Marie) mech Smith Machy Co h503 Holland
ehlhop Jno A (Josephine) capt U S Army r108 N Pennsylvania av
elendez E Moises U S Army r608 E Tilden
elendez Eduardo R (Urbana) lab P O h608 E Tilden
elendez Ismael F lieut U S Army r608 E Tilden
elendez Francisca (wid Manuel) r606 E Tilden
elendez Ismael lieut U S Army r608 E Tilden
elendez Job student r608 E Tilden
elendez Juan (Maria) lab street dept city h606 E Tilden
elendez Refugio (Ursula) r108 Mulberry av
elendez Tomas student r606 E Tilden
ellen Laura r109 N Kentucky av
elleney Herbert C capt adj First Provisional Training Wing
elson see also Nelson
elson Geo S (Agnes L) aircraft mech h1115 S Lea av
elson Jno E (Leota) inspr h108 Pear
elton Almus D (Ann E) pastor Seventh Day Adventist Ch r105 S Lea av
elton Ann E Mrs prin Seventh Day Adventist Sch r105 S Lea av
elton C Dewey (Floy) h520 E 6th
elton G Harril (Eva) slsmn Wilmot Hdw Co h400 S Kansas
elton O E (Venia) farmer r105 S Lea av
endiola Guadalupe student r413½ E Bland
endiola Manuel (Clara) carp h413½ E Bland
endiola Octavio r413½ E Bland
endoza Antonio (Refugio) lab h810 E Bland
endoza Bonifacio B (Reyes) lab AT&SF h302 E 9th
endoza Eusabia Mrs h718 E Tilden
endoza Eva r302 E 9th
endoza Francisco (Longina) ranchmn h314 E Albuquerque

Hamilton Roofing Co.

GEO E. BALDEREE Mgr.

We Feature Old American Roofing Shingles Siding Etc.

Free Estimates

Industrial and Residential Roofing and Sheet Metal Contractors

Bonded and Insured

Easy Payment Plan

303 N. Railroad Ave.

Phone 460

ROSWELL FORD AUTO CO.

Open All Night — SALES AND SERVICE PHONES 189 and 190 — One Stop Service Station

BIG JO LUMBER CO.

PHONE **14**

A Lumber Number Since 1897

800 North Main

PHONE **14**

Mendoza Geo lab r314 E Albuquerque
Mendoza Juan (Amelia) h808 E Bland
Menis Theo (Opal S) h701 E 5th
Menkis Pauline waitress Moseley's Coronado Tavern
Mennecke Louis (Christina) rancher h300 N Washington av
Mercer Geo r rear 111 W Albuquerque
Mercer Jesse J r812 W College blvd
Mercer M Katherine (wid G W) r rear 111 W Albuquerque
Mercer Maurine ironer Roswell Lndry & Dry Clnrs r812 College blvd
Mercer Melvin P (Scotty) firemn h rear 111 W Albuquerq
Mercer Pauline r812 W College blvd
Mercer Walter h812 W College blvd
Mercer Wm U S Army r812 W College blvd
Merchant Marie r212 W 4th
MERCHANTS CREDIT BUREAU, Edward L Harbaugh m; consumer credit reports—Business Service, 106 E 4th, tel and 26, P O Box 831
MERCURY CARS, Roswell Auto Co, 120-32 W 2d, tel 189
Meredith Dee F (Nora M) h208 S Ohio av
Meredith Estelle clk F W Woolworth Co r1102 N Lea av
Meredith Ira M (Lou) mech city h1609 N Michigan
Meredith Opal clk F W Woolworth Co r Box 463
Meredith Roy V (Estelle) refrigeration mech h1102 N Lea
Meredith Roy V Jr doormn R E Griffith Theatres r1102 Lea av
Merkord Edwin (Lavelle) sgt U S Army r1308 N Virginia
Merrell see also Murrell
Merrell Jay R mech r407 W 1st
Merrell Wilma M Mrs opr Mt States Tel & Tel Co r407 W 1
Merrick Grant B (Lennie P) r712 N Kansas av
Merritt Eloise sten r305 W Tilden
Merritt Jas F (Ella J) rancher h305 W Tilden
MERRITT LULABEL MRS, bayer Merritt's Ladies Store, 3: N Main, tel 482, h206 N Washington av
MERRITT W W (Lulabel) (Merritt's Ladies Store) 319 Main, tel 482, h206 N Washington av
MERRITT'S LADIES STORE (W W Merritt) ladies ready-t wear and accessories, 319 N Main, tel 482 (see left top line
MERRITT'S SHOE DEPARTMENT, David Wolf prop, Ra mond E Richmond slsmn, Paris Fashion, Connie, Natur Poise Arch, Jacqueline and Andrew Geller shoes, 319 Main, tel 482
Mertig A B lab r406 N Richardson av
Mesa Antonio (Simona) h118 Mulberry av
Messenger Henry H (Cecile M) mech h600 S Washington
Messer Guy dish wshr Katy's Cafe
Messersmith Velda dept mgr Sears, Roebuck & Co r911 Kentucky av
Messing Roswell Jr (Wilma J) capt U S Army h1002 S Pen sylvania av
Methvin Beatrice Mrs alterations Walker Clnrs h311 E Blar
Methvin Harmon R (Beatrice) carp h311 E Bland

Flowers For All Occasions

PHONE 275
405 W. ALAMEDA
Member F. T. D. A.

Mexican Baptist Church Rev Donaciano Bejarano pastor 403 E Albuquerque
Mexican Calvary Baptist Church Rev Jose G Sanchez pastor 500 E Tilden
Mexican Methodist Church Rev Evaristo Picazo pastor 213 E Albuquerque
Meyer see also Myers
Meyer Albert slsmn Pecos Valley Pkg Co r519 E 5th
Meyers Adolph U S Army r104 E 1st
Meyers Lee (Lynn) U S Army h515 E Chisum
Meyners Conrad M (Sylva V) U S Army h 1006 N Missouri av
Meyners Sylva V Mrs bkpr Valley Ref Co h1006 N Missouri av
Mezzetti Leon J (Marie) lieut U S Army r707 S Main
Midget Photo Shop (W R Edwards) A A Boyle mgr 418 N Main
Midkiff Kenneth A (Annamay) U S Army h206½ N Michigan av
Mid-West Auto Supply (Tim Maxwell) 125 N Main
Mid West Investment Co (Inc) B C Mossman Jr pres 7 First Natl Bank bldg
MIKESELL JOHN L, real estate, rentals, farms and ranches, insurance of all kinds, real estate loans. 404 N Main, tel 233
Milburn Lucy Mrs r201 E Bland
Miles Cafe (H K Miles) 504 N Main
Miles Edgar (Raye) clk h rear 1002 E 2d
Miles Fred A (Gladys) mech McNally-Hall Motor Co h813 W 4th
Miles Heze K (May M) (Miles Cafe) h7, 610 N Virginia av
Miles Leta P waitress Miles Cafe r7, 610 N Virginia av
Miles Marie waitress Miles Cafe r7, 610 N Virginia av
Miles Marjorie Mrs waitress Miles Cafe r7, 610 N Virginia av
Miley Jesse W (Bessie) mgr Roswell Tractor & Imp Co h201 N Kansas av
Miller A Wilson well driller r610 W 18th
Miller Adam B (Annie R) cattle inspr h107 S Kentucky av
Miller Andrew (Mary) janitor 301 W Alameda h607 E Bland
Miller Austin L (Marian) capt U S Army h206 W 5th
Miller Betty J sten r813 N Pennsylvania av
Miller Billie R clk F W Woolworth Co r208 E Albuquerque
Miller Chas A (Grace) whsemn Mitchell Seed & Grain Co h 1800 N Kentucky av
Miller Chester A custodian Mark Howell Sch r same
Miller Clarence T U S Army r1818 N Lea av
Miller Clayton R (Etta) ice dept S W Public Service Co h913 N Washington
Miller David D (Mariam) U S Army h813 N Pennsylvania av
Miller Delilah Mrs h600 N Richmond av
Miller Edw (Edna) h618 W 13th
Miller Elsie M opr Mt States Tel & Tel Co r505 N Missouri
Miller Erwin E (Clara) mech r414 N Missouri av
Miller Filiberto (Antonia) r801 W 11th
Miller Flora Mrs r200 E Albuquerque
Miller Flora H Mrs bkpr Purdy's Furn Co h804 W 5th

PAPER Products
WHOLESALE
GROCERIES | **JANITORS' SUPPLIES**
FEED
Roswell Trading Company
PHONE 126

STATE COLLECTION BUREAU, INC

H. G. Parsons, Mgr.   H. R. Laurain, Pres.

BONDED - ESTABLISHED 1930

10 Bank of Commerce Bldg.   106 E. 4th   Phone 22

Miller Geo mech r611 W 4th
Miller Geo (Frances J) r113 S Michigan av
Miller Geo W (Flora H) U S Army h804 W 5th
Miller Hamilton E (Erma B) h101 N Washington av
Miller Harold (Nina) slsmn h1805 N Lea av
Miller Harry M (Anna M) farmer h E 19th ne cor N Atkins
Miller Helen usherette R E Griffith Theatres r313 N Kentuc
Miller Henry J h1811 N Kansas av
Miller Ira R (Irene M) farmer h604 Sunset av
Miller Jack U S Navy r913 N Washington av
Miller Jane clk r510 N Richardson av
Miller Jerome F (Vitues) storekpr h208 E Albuquerque
Miller Jerome T clk Montgomery Ward & Co r500 E 5th
Miller Juanita r601 E Bland
Miller Kenneth L (Wanda L) sgt U S Army r115 S Richar
son av
Miller Lawrence E (Mollie) clk h1818 N Lea av
Miller Lillie r209 N Pennsylvania av
Miller Lloyd O r1818 N Lea av
Miller Lonnie M carp h711 W 11th
Miller Louise h805 W Walnut
Miller Manuelita r601 E Bland
Miller Mary Louise sten r801½ N Pennsylvania av
Miller R H (Janet) lieut U S Army h H, 301 W Alameda
Miller Reba M r913 N Washington av
Miller Robt (Ruby) trucker h1213 N Virginia av
Miller Robt G r1213 N Virginia av
Miller Rosamond R (wid B J) h801½ N Pennsylvania av
Miller Silverio Romero cook Mrs Lee's Cafe
Miller Walcott H (Marjorie) U S Navy r7, 610 N Virginia
Millican Clarence N U S Army r422 E 4th
Millican J Frank U S Army r422 E 4th
Millican Rosa (wid J A) h422 E 4th
Mills Artie A sten r407 S Richardson av
Mills Barbara M Mrs waitress h207 E 5th
Mills Eva collr h407 S Richardson av
Mills Jas A U S Army r500 E 5th
Mills Jewel mgr Main Hotel r111½ S Main
Mills Jno O (Allie M) storekpr h100 Pear
Mills Lucy C (wid J J) h500 E 5th
Mills Marvin K (Doris) lieut U S Army h1313 N Richards
Mills Saml O (Olga) (Roswell Cycle Shop) h609 S Monta
Mills Seth L r302 N Pennsylvania av
Mills Thos L police r 9 Riverside dr
Mills Wm S U S Army r500 E 5th
Millsap Chester U S Army r1106 N Richardson av
Milner Willis H (Millicent) storekpr h811 W 9th
Mimms Edw (Rosetta) r121 E 10th
Mince Loreta Mrs hlpr Sally Ann Bakery r rear 106 Suns
Mint Cafe (Jas Gonzalez Annie Gurule) 119 E 2d
Minton Elmer G (Maude E) v-pres Equitable Bldg & Lo
Assn and Equitable Invt & Ins Co h310 W Alameda

DRUGS

PECOS VALLEY DRUG CO.

The Rexall Store

FREE DELIVERY

312 N. MAIN

PHONE -1-

GESSERT-SANDERS ABSTRACT CO.
ABSTRACTS OF TITLE

09 E. Third St.   Phone 493

...ton Elmer G Jr (Helen L) artesian well supvr bsmt Court House h307 W Tilden
...ton Jno W (Lois) treas-asst sec Equitable Bldg & Loan Assn and Equitable Invt & Ins Co h812 W 3d
...ton Wm L U S Army r310 W Alameda av
...ute Toastery (J P Papworth) 314 N Virginia av
...anda Jose M (Amanda) carp h rear 910 E Alameda
...anda Maximiano (Josefina) farmer h607 E Deming
...anda Mercedes Mrs (La Vone Beauty Shoppe) h207 S Union av
...anda Rafael (Amalia) lab h513 E Albuquerque
...anda Ralph Jr student r608 E Bland
...ssouri Avenue School Burr Powell prin 700 S Missouri av
...chell Chas R (Alice) U S Army r808 N Washington av
...chell Chas R (Ola) yeoman 3d cl U S Navy Recruiting Sta h405 N Atkinson av
...chell Claude (Mildred) h410 W 16th
...chell David I student r700 S Kentucky av
...TCHELL DRUG CO (R W Mitchell) prescriptions, toilet articles, fountain service, news dealers, free delivery, 320 N Main, tel 416
...chell Earl E delmn W H Whatley r201½ W Bland
...chell Edwin (Johnnie) U S Army r122 E 2d
...chell Franklin B U S Army r700 S Kentucky av
...chell Geo C (Della M) (Joe Mitchell & Sons; Mitchell Implement Co) h210 E Bland
...chell Harue porter Cantina Bar r104 E Alameda
...chell Implement Co (J M, J T, G C and W E Mitchell) 120 E Walnut
...chell Irvin W (Ida H) electn Purdy Elec Co h1101 E Bland
...chell Joe & Sons (J M, J T, G C and W E Mitchell) livestock 120 E Walnut
...chell Jos M (Georgia) (Joe Mitchell & Sons; Mitchell Implement Co) h603 S Missouri av
...chell Jos T (Ollidean) (Joe Mitchell & Sons; Mitchell Implement Co) r Berrendo 3 mi n of city
...chell Katie cook r201 S Virginia av
...chell Labon A (Lona) (Phillips Service Sta) h201½ W Bland
...chell Mary L B (wid E W) h700 S Kentucky av
...chell Matt (Evelyn L) custodian Washington Av Sch h 312 N Missouri av
...chell Modena Mrs slsldy Wilmot Hdw Co r109½ S Main
...chell Park ws S Washington av bet Deming and Mathews
...chell Patricia P sten Selective Service Bd r700 S Kentucky
...chell Robt W (Louise C (Mitchell Drug Co) h305 S Lea av
...chell Saml porter Jackson Food Stores
...TCHELL SEED & GRAIN CO N S L, 601 N Virginia av tel 65
...chell Stephen McK student r700 S Kentucky av
...chell Theresa A Mrs waitress Katy's Cafe r210 W Tilden
...chell Wm B (Theresa A) U S Army r210 W Tilden

The Roswell Cotton Oil Co.

Mfrs. of

Molasses Cubes

and

Cotton Seed Cake

301 E. 2d St.

PHONE 58

PANHANDLE LUMBER COMPANY, INC.
"COMPLETE BUILDING SERVICE"
PLAN SERVICE — FINANCING
107-11 W. Alameda   Phone

Clardy's Dairy
PHONE 796
PURE MILK
Clardy's Dairy
Since 1912
Producer and Distributor of Quality Dairy Products and Ice Cream
200-202 E. 5th
Phone 796

Mitchell Wm E (Lyndell) (Joe Mitchell & Sons; Mitchell plement Co) h1011 N Lea av
Mitzen Robt lieut U S Army r2401 N Main
Moberly Geo A U S Army r513 N Kentucky av
MOBERLY HARRY G (Elizabeth M) v-pres Roswell Auto h513 N Kentucky av, tel 814
Moberly Hayden M student r513 N Kentucky av
Mobley Jas L (May) plmbr h1000 N Washington av
Mock Emaiel (Florene) U S Army h1301 E 2d
Mode O'Day Mrs Margaret L Liston mgr ladies wear 209 Main
MODEL THE (Ed J Williams) men's wear, 216 N Main, tel
Modern Food Market (W F Standifer) 225 S Main
Moffatt Alice r206 N Michigan av
Molett Fridge (Ruth) cook r312 E Hendricks
Molina Benita r1200 E Tilden
Molina Dee (Jovita) lab r904 E Mathews
Molina Eliseo (Maria) farmer h1200 E Tilden
Molina Eliseo Jr lab r1200 E Tilden
Molina Elizario (Maria) lab r901 E Alameda
Molina Eustacio (Purcella) h101 Elm
Monical Robt E bus drvr r310 N Virginia av
Monk Amos H (Helen) (Monk Boot & Shoe Hospital) h1 N Pennsylvania av
Monk Boot & Shoe Hospital (A H Monk) 102 E 2d
Monk Eugene r1201 N Pennsylvania av
Monk Louella Mrs sten Hoffman & Clem r422 E 4th
Monk Manley (Louella) U S Army r422 E 4th
Monk Margarette J Mrs clk h108 W Wildy
Monroe Arthe V sten r110 N Washington av
Monroe Geneva E Mrs waitress Herring Cafeteria r1111 Ha
Monroe Reginald (Jocie) U S Marines r1205 N Virgina av
Monroe Robt D (Geneva E) U S Army r1111 Hahn
Monroe Sallie A (wid V L) h1108 N Delaware av
Monroe Wm B (Arthe) capt U S Air Corps h110 N Washi ton av
Montano Andrew r302 S Virginia av
Montano Flora r413 E Bland
Montano Isaura Mrs baker Purity Baking Co h203 Van Bu
Montano Jacob (Mary N) (Joe & Jake Barber Shop) h S Virginia av
Montano Romaldo (Isaura) U S Army h203 Van Buren
Montez Carlota Mrs dishwshr Valdez Cafe r103½ E Tild
Montgomery Billie M student r715 N Lea av
Montgomery Chas M (Vera) lab h1206 N Washington av
Montgomery Elizabeth A r102 S Lea av
Montgomery Jas R (Lilly M) mech h610 W 19th
Montgomery Vester (Virginia) instr N M Military Inst h1 N Pennsylvania av
Montgomery W Harry atdt Roswell Service Sta r201 S M
MONTGOMERY W O (Helen) real estate loans, insuran 221½ N Main (Ramona bldg, rooms 6-8) tel 422, h1402 Hi land rd, tel 949-R

Wholesale Retail

MONTGOMERY WARD & CO, FA Zodrow mgr, department store, 200-4 N Main, tel 433
Montgomery Wm H (I Fern) h509 S Union av
Montgomery Wm H Jr student r509 S Union av
Montoya Amada (wid Fred) h212 E Summit
Montoya Estella r1109 W 11th
Montoya Felipe (Inez) r113 E Tilden
Montoya Filemon (Manuelita) trucker h210 E Reed
Montoya Francisco (Bessie) h910 W 11th
Montoya Frank (Adelia) plmbr h302 Van Buren
Montoya Fred clk Playmoore Roller Rink r212 E Summitt
Montoya Gilbert (Maria) rancher r816 S Kentucky av
Montoya Inez r113 E Tilden
Montoya Josefita (wid Manuel) h408 E Albuquerque
Montoya Margaret lab r212 E Summit
Montreal Steve (Helen) (American Cafe) h111 W Tilden
Moody Perry r507 N Virginia av
Moon R C lab street dept City
Mooney Granville L (Geraldine L) atdt Commercial Service Sta h1105 W Walnut
Mooney Loyd E Jr (Ilene) electn r1212 W 8th
Moor June waitress r204½ W 10th
Moore Alice nurse r309 W McGaffey
Moore Alvin O (Wilhelmine S) h201 W Deming
Moore Anderson (Mary) boner Pecos Valley Pkg Co h302 S Michigan av
Moore Andrew J (Bettie R) carp h208 W Alameda
Moore Annie W Mrs (Bray-Moore Shop) h408 N Kentucky av
Moore B Earl (Iva) (Moore's Gro) r403 E 5th
Moore Beatrice C Mrs claims clk Social Security Bd h208½ W 4th
Moore Earnest A (Minnie) mech h1016 E 2d
Moore Florence V (wid C W) r108 W 7th
Moore Harry C (Emma) whesmn Roswell Trading Co h306 W Mathews
Moore Hubert C U S Army r306 W Mathews
Moore Isaac (Rada) (West First Street Laundry; Playmoore Roller Rink) h1205 W 1st
MOORE J E (Lottie L) v-pres First Natl Bank of Roswell h707 N Pennsylvania av, tel 924
Moore Jas C appr Stewart's r306 W Mathews
Moore Jas F (Erin) trav slsmn h609 N Pennsylvania av
Moore Jas T (Peggy) lieut U S Army h211 S Washington av
Moore Lawrence A (Loretta) mgr Zink's h1206½ N Lea av
Moore Leslie C r208½a W 4th
Moore Loretta Mrs sec O M Sparks & Co h1206½ N Lea av
Moore M A Mrs hsekpr 210 S Richardson av r rear same
Moore Robt (Lillian) carp r512 E 7th
Moore Stafford slsmn Sunset Creamery r1000 E Alameda
Moore Wm B (Marguerite) slsmn Pecos Valley Coca-Cola Bott Co h104 W 9th
Moore's Grocery (Mrs B E Moore) 403 E 5th
Moorehead Earnest (Ella) farmer h ss E 2d 11 e Atkinson

KELVINATOR
Electric
Refrigerators

Maytag
Washing
Machines

Magic Chef
Gas Ranges

Philco
Radios
Sales and
Service

Samson
Windmills

Engines

Fencing

Paint

Guns and
Amunition

Sporting
Goods

115-17
N. Main

PHONE
634

SUNSET CREAMERY

STANDARD BRAND PULLORUM TESTED BABY CHICKS

Embryo fed chicks and **PURINA CHOWS**

FEED

Hay and Grain

C. F. & I.
Dawson &
RATON

Kindling

Pecos Valley Trading Co. & Hatchery

6 0 3
N. Virginia

PHONE
412

Mooring J T butcher Pecos Valley Pkg Co r same
Moran Clem A (Goldye) clk N M Transptn Co h108 W Mat ews
Moran Goldie I clk Mt States Tel & Tel Co r108 W Mathe
Morehead J B (Gracie) sheep shearer r rear 901 E Alame
Moreland Albertus (Ferrell) U S Army r405 N Atkinson
Morey Frank G (Esther J) grocer 513 W 5th h503 N M souri av
Morey Russell W U S Army r503 N Missouri av
Morgan Alpha (wid W L) h e s Munroe 1 s Chisum
Morgan Ella (wid T G) h6, 604 N Virginia av
Morgan Elton r813 N Richardson av
Morgan Esther tchr Roswell High Sch r201 S Lea av
Morgan Frank H (Inez) carp h1107 W 8th
Morgan Grady E (Rae) r414 N Missouri av
Morgan H B (Jennie) slsmn h1004a E 2d
Morgan Harold L (Henryetta) baker Snelson's Bakery h1 S Missouri av
Morgan Jessie M (wid H B) h201 S Lea av
Morgan Josia clk F W Woolworth Co r813 N Richardson
Moring Aileen sten h B, 301 W Alameda
Moritzky Guy B r205 E 5th
Moritzky Jno A (Lucille) guard r618 S Atkinson av
Morningstar Everett L (Frances) U S Army h 5, 610 N V ginia av
Morrell Foster dep supvr U S Geological Survey r101 S M souri av
Morris Albert H (Lula L) chiropractor 1006 E 2d h same
Morris E L county chmn Agricultural Adj Admin r Rt Box 93
Morris Florence Mrs (Old Church Studio) h212 W 4th
Morris Geo R (Laura) sgt U S Army h305 W Hendricks
Morris J R (Cleo) firemn r107 E 8th
Morris Marion A (Mildred I) hlpr Clardy's Dairy h207 Bland
Morris Oliver K (Patricia) lieut U S Army h615 E 6th
Morris Richard E (Florence) h212 W 4th
Morris Vernon J (Cassie) mech h w s Sherman av 4 s Chisu
Morris Wm J (Sarah T) r205 N Lea av
Morrison Chas A (Frankie L) asst mgr Hinkle Motor Co h2 W Deming
Morrison Edna J clk r905 W Tilden
Morrison Geo S (Betsy D) phys 308 W 2d h305 S Michig
Morrison Grace A (wid Harry) (Morrison Jwlry Store) h3 S Lea av
Morrison Jas E (Mary) tinner Burnworth-Coll Sheet Mtl Sh r Country Club rd 2 mi fr limits
Morrison Jean sten Arline Gibbany r905 W Tilden
Morrison Jewelry Store (Mrs Grace A and P H Morrison) 2 N Main
Morrison Park H (Morrison Jwlry Store) r310 S Lea av
Morrow Ottie Mrs h1811 N Washington av

ORTGAGE LOANS INC, Clarence E Hinkle pres, F W Blocksom v-pres, Floyd Childress sec-treas, 224-26 N Main, tel 44

orton W Q "Ted" (Cora) carp h406 Shartelle

oseley Lucille Mrs mgr Moseley's Coronado Tavern h419 E 2d

oseley Manuel (Lucille) U S Army (Moseley's Coronado Tavern) h419 E 2d

oseley's Coronado Tavern (Manuel Moseley) 419 E 2d

osier Floyd W (Louise) U S Army r810 W 2d

osley Anna M Mrs opr Mt States Tel & Tel Co h106 N Kansas av

osley Frank (Anna M) U S Air Corps h106 N Kansas av

oss Garland C Sgt (Dorothy) in ch U S Army Recruiting Sta 225 Federal bldg

ossman Burton C (Ruth S) pres Diamond A Cattle Co h311 W 7th

ossman Edgar R (Eugenia) whse supt h108 W 9th

ote Frank (Madge J) carp h303 S Richardson av

otel Lelma U S Army r208 E 6th

otsenbocker W M (Bobbie) bartender Smoke House r309½ N Main

otsinger Wm H (Dorothy) electn r108 E Bland

ott Thos J (Pauline M) slsmn h403 S Pennsylvania av

ount Atrell Mrs waitress Central Grill r309½ N Main

ount Campbell Paul (Mary) instr N M Military Inst h1502 N Missouri av

OUNTAIN STATES TELEPHONE & TELEGRAPH CO. F W Markl mgr, 311 N Richardson av, tel, business office, 1800

oya Jesus (Rea) r1520 N Missouri av

UELLER EDW H (Ethel N) mgr Sears-Roebuck & Co, 116-18 W 3d, tel 181, h511 W 6th, tel 1889-J

ulkey Jean Mrs r122 E Hendricks

ULKEY REED (Frances) agt Magnolia Petroleum Co, 300 E Alameda, tel 638, h412 W 7th, tel 278

ullen Lawrence T (Lorene U) sgt U S Army h405 S Lea av

ullins Doc S (Joe E) carp r710 W 11th

ULLIS JOHN H (Bertie W) state senator, v-pres-gen mgr Pecos Valley Lmbr Co, h201 S Kentucky av, tel 326

ullis Mary D sten r201 S Kentucky av

ulroy Anna Mrs (Mulroy Apartments) h305 N Kentucky av

ulroy Apartments (Mrs Anna Mulroy) 305 N Kentucky av

ULROY HARRY C (Evelyn) mgr Magnolia Service Station Main at 7th, tel 80, h1311 Highland rd, tel 1205-J

ulroy Inga Mrs h701 N Richardson av

unicipal Air Port R D Callens mgr end W College blvd

unicipal Golf Course Mrs H Cowan mgr Cahoon Park

unn Lucy A (wid K G) typist r404 S Delaware av

urchison Ted R (Nellie) pntr h1810 N Kentucky av

urchison Weldon O (Catherine) U S Air Corps h5 Riverside dr

urphey Jno K (Mildred A) farmer h706 S Michigan av

urphy Ethel Mrs r306 N Pennsylvania av

Johnson Lodewick

Refiners and Marketers of Petroleum Products

Distributors for Southeastern New Mexico of QUAKER STATE MOTOR OILS

New Mexico Distributors for Barnsdall Oil Co.

813 N. Virginia Ave.

Phone 164

R. O. ANDERSON President

DALE FISCHBECK General Supt.

Phone 23 "SKIDDO"

FURNITURE AND PIANO MOVERS — PACKING-SHIPPING — WE DO ALL OF THAT!

ARMOLD TRANSFER & STORAGE
STORAGE - CRATING - SHIPPING
"We Move Anything"   419 N. Virginia

CAR PARTS DEPOT INC.

Distributors

Automotive Supplies and Equipment

Welding Equipment and Supplies

PHONE **205**

401 N. Virginia Ave.

P. O. Box 1288

Murphy Glen (Aneita) U S Army r111 W 6th
Murphy Henry (Ruby) lab r312 E Hendricks
Murphy Jos H (Elvira B) mgr J M Radford Gro Co h704 Kentucky av
Murphy Lee E (Edna J) h609 N Kentucky av
Murphy Margie r200 E Alameda
Murphy Mary E clk r704 S Kentucky av
Murphy Mary E Mrs tchr Missouri Av Sch r606 S Lea av
Murphy Matt (Mary E) sgt U S Army r606 S Lea av
Murphy Robt E (Katheryn L) capt U S Army h702 S Lea
Murray J Leroy (Florence) mgr Stewart's Soda & Drug Sh h617 N Main
Murrell see also Merrell
Murrell Henry H (Naomi) sheet metal wkr h322 E 7th
Murrell Jas popcorn clk R E Griffith Theatres r322 E 7th
Murrell Lula (wid W S) music tchr 112 E Albuquerque h sar
Murrell Willma tchr r112 E Albuquerque
Muscato Rocco (Janie) eng dept h409 N Washington av
Muse Chas A h1904 N Washington av
Muse Jesse B r1904 N Washington av
Musso Santo (Frances) U S Army r202 W 6th
MUTUAL LIFE INS CO OF NEW YORK, Willis Ford agt, 3 N Richardson av, tel 93
Myatt O D (Vone) asst mgr R E Griffith Theatres h210 W 4
Myers see also Meyer
Myers Agnes Mrs prsr Walker Clnrs h1311 N Montana av
Myers Carl C (Ella) carp h515 W Reed
Myers Chas drvr Radford Gro Co r508 N Washington av
MYERS CO THE, Archie Campbell mgr, wholesale and reta hardware, implements and tractors, distributors of McCo mick-Deering farm equipment and International industri power units, 106-10 S Main, tel 360 (see inside front cove
Myers Daisy M (wid H O) r511 W Reed
Myers Edna Mrs r511 W Reed
Myers Geo (Agnes) carp h1311 N Montana av
Myers Ivan (Anna L) contr h805 N Washington av
Myers J E (Eleanor) r126 S Richardson av
Myers Margie sten r100 N Kentucky av
Myers Melvin U S Army r515 W Reed
Myers Ramona cash American Natl Ins Co r805 N Washingto
Myler Geo millwkr Roswell Cotton Oil Co
Myner Adolph U S Army r408 N Richardson av

N

Nace Jno A (Ovie) clk Montgomery Ward & Co r La Sal Courts
Nachand Geo E (Bertha E) h708 W 3d
Nail Mary T Mrs (Snow White Lndry) r108 W Deming
Najar Antonio (Ramona) h503 E Mathews
Najar Espiridion G (Rosa) U S Army h816 S Kentucky
Najar Estanislado (Susana) lab h116 Ash av

| BIGELOW RUGS AND CARPETS DRAPERIES LINOLEUMS WASHING MACHINES | **Purdys' Furniture Company** 321-25 N. MAIN   PHONE 197 | KARPEN FURNITURE STOVES AND RANGES UPHOLSTERING VENETIAN BLINDS WINDOW SHADES |

jar Francisco (Concepcion) h808 E Alameda
jar Gabriel r1200 E Tilden
jar Ignacio (Anita) h111 Elm av
jar Jesusita Mrs r116 Ash av
jar Juan (Dolores) lab h105 Ash av
jera Raul V h222 S Virginia
nce A Odell (Dora B) tile setter h511 E 4th
nce Marilyn student r300 W Hendricks
nce Walter L pntr h300 W Hendricks
pier Earl U (Barbara M) carp h209 W 5th
pier Lee W truck drvr r209 W 5th
pp Dawson B (Frances) sign pntr r J H Napp
pp Jno H (Ida) (Napp Trailer Camp) h ss E 2d 13 e Atkinson av
pp Trailer Camp (J H Napp) ss E 2d 15 e Atkinson av
ramore Cecil T (Marie) agt Continental Oil Co h814 N Main
ramore Jno (Bessie L) concrete fnshr h720 Sunset av
ramore Joyce r814 N Main
ramore Marie Mrs office mgr Continental Oil Co h814 N Main
ron Orbie J (Lola) servicemn S W Public Service Co h507 S Union av
sh Buford A (Stella) h111a S Kentucky av
sh Buford A Jr sgt U S Army r111a S Kentucky av
sh Myrtle Mrs slsldy J C Penney Co h111a S Kentucky av
va Aurelio pntr r109 E Tilden
vajo Weavers (E R and E R Blake Jr) 106-8 E 1st
varette Jos (Rosa) h512 E Hendricks
varette Juanita Mrs h116 Mulberry av
varette Mary r113 E Tilden
AYLOR J L, owner El Paso-Pecos Valley Truck Lines, 118 E 4th, tel 160
al Brewer (Frances) carp h1205 W 7th
al Helen r324½ N Main
blett Colin judge U S Dist Court r Albuquerque N M
elis Gail N (Bessie B) U S Army h ss Country Club rd 7 e N Main
ely Jno millwkr Roswell Cotton Oil Co
ely Jno A janitor r1204 N Union av
ely Thos W U S Army r1204 N Union av
ely Willis T (Eula) (Dr W T Neely's Drugless Clinic) chiropractor 911 E 2d h202 S Lea av
EELY'S W T DR DRUGLESS CLINIC (Dr W D Neely, D C) Dr De Loss Pickett D C, associate, 911 E 2d, tel 314
EHI-ROYAL CROWN BOTTLING CO (Wm C Hairston) bottlers of Royal Crown Cola, Nehi and Par-T-Pak beverages 602 N Virginia av, tel 508
ighbors Bettie R student r1108 W 11th
ighbors Jas E (Nellie) lab h1108 W 11th
ighbors L B U S Army r1108 W 11th
jeras Andres (Antonia) h713 E Tilden
jeras Paz U S Army r713 E Tilden
jeras Ramon (Maxine) lab r713 E Tilden

167

Drink

Delicious and Refreshing

PECOS VALLEY Coca-Cola **Bottling Co.**

908-10 N. Main

PHONE **771**

TAXI

201 Curtis Corn, Owner
201 3d and Richardson Av

Dr. R. S. Attaway D.V.M.

Chaves County's Only **Qualified (Graduate) Practicing Veterinarian**

Large and Small Animal Practice

PHONE 636

403 East 2d.

Nekula Jos atdt Magnolia Service Sta r106 N Kentucky av
Nellis H June mech r907 W Alameda av
Nellis Nellie D (wid O W) r907 W Alameda
Nelson see also Nilsen and Melson
Nelson A Peter (Edna) pres Pecos Valley Adv Co h111 Washington av
Nelson Bruce J clk r313 N Missouri av
Nelson Clara (wid W R) h313 N Missouri av
Nelson Edna Mrs v-pres Pecos Valley Adv Co h111 N Wa ington av
Nelson Howard L (Emma) firemn r420 N Richardson
Nelson Jno A (Ola A) cook Zeke's Cafe h911 W 10th
Nelson Jno F lieut aide-de-camp First Provisional Train Wing r810 S Michigan av
Nelson Lucy Mrs h304 E Deming
Nelson Lynn E waiter Zeke's Cafe r911 W 10th
Nelson Roy T (Ethel) plmbr Hill Plmbg & Htg Co h1513b Missouri
Nelson Russell W Rev (Margaret E) pastor Seventh Day A ventist Ch h403 E Deming
Neria Consuelo dom 510 S Pennsylvania av r306 E Hendric
Neria Jose lab r306 E Hendricks
Neria Marcelino (Paulita) casingmkr Pecos Valley Pkg C 306 E Hendricks
Nesbett Annetti r801 N Richardson av
Nesbitt Patricia r801 N Richardson av
Neuber Milton F (Gladys) U S Army r400 S Washington a
Neve Edward (Helen) constr formn r920 E 2d
New Mexico Cattle Sanitary Board Harry Thorne inspr 3d Federal bldg
New Mexico Department of Public Welfare Eva B Joyr county director 108 W 11th
New Mexico Highway Department J P Church dist eng E 2d
New Mexico Mercantile Co Daniel Lehman mgr notions 208 4th
NEW MEXICO MILITARY INSTITUTE, high school a junior college units, fully accredited by U S War De Col D C Pearson supt, N Main nw cor College blvd, tel 2
New Mexico National Guard Armory 110 W 5th
New Mexico Oil & Gas Assn C J Dexter (Artesia N M) p Harry Leonard treas Hugh L Sawyers sec 313 J P Wh bldg
New Mexico Osage Royalty Co 1-2 Ramona bldg
New Mexico State Guard Ned Revelle com Roswell unit mory 110 W 5th
New Mexico State Officials see Micellaneous Directory
New Mexico State Police R L Scroggins sgt in ch 1st fl C Hall
NEW MEXICO TRANSPORTATION CO (Inc) Paul McCut en pres-mgr, 119-21 S Main, tel 222
New Modern Hotel W R Thomason mgr 309½ N Main

New York Life Ins Co W C Lawrence dist agt 212 J P White bldg
Newberry Donald student r404 S Delaware av
Newberry Grover (Willie) lab h404 S Delaware av
Newby Claude (Mabel) U S Army r310 S Main
Newland Wm B (Ruby) sgt U S Army r509 E 4th
Newman Alfred U S Army r931 Jefferson
Newman Jacob E (Katie R) exec Boy Scouts of America h307 W 8th
Newman Vernon U S Army r931 Jefferson
Newman Wm T (Dovie) h931 Jefferson
Newsham Robt (Ruth) lieut U S Army h909 S Washington av
Newsom Wm clnr Bailey's Clng Works
Newton Alvin G (Mary) police h206 W 10th
Newton Dorothy county health nurse r210 S Kentucky av
Newton Fleeta Mrs typist State Collection Bureau r1006 W College blvd
Newton Harold D (Nina) service mgr McNally-Hall Motor Co h502 E 5th
Newton Nina Mrs mgr Yucca Beauty Service & Cosmetic Shop h502 E 5th
Newton Nevada maid 812 N Kansas av h912 N Union av
Nicholas Ada A (wid W A) h112 N Missouri av
Nicholas Eleanor clk W U Tel Co r112 N Missouri av
Nicholas Jos R r112 N Missouri av
Nicholas Walter A (Mildred) 1st v-pres Dominion Oil & Gas Co r112 N Missouri av
Nichols Wm H h900 N Richardson av
Nicholson Robt (Katherine) sgt U S Army h820 N Main
Nickel Eula (wid F E) sec-treas Ace Auto Co h205 N Lea av
Nickson Barber Shop (A T Shelton) 125 E 5th
Nickson Cocktail Lounge (G W Nickson) Jack Mask mgr 123 E 5th
Nickson Coffee Shop (G W Nickson) 127 E 5th
NICKSON GUY W (Lora) (Nickson Cocktail Lounge) pres Nickson Hotel Co, h Nickson Hotel, tel 564
NICKSON HOTEL, Nickson Hotel Co owners and operators, Ned "Pickle" Nickson mgr, E 5th nw cor Virginia av, tel 800, 801, 802 and 803 (see page 6)
NICKSON HOTEL CO INC, Guy W Nickson pres, Mrs Lora Nickson v-pres, Ned Nickson sec-treas, owners and operators Nickson Hotel, E 5th nw cor Virginia av, tel 800, 801, 802 and 803
NICKSON NED (Martha Jane) sec-treas Nickson Hotel Co r Nickson Hotel, tel 1391
Nieto Estela (wid Edw) h rear 408 E Albuquerque
Nieto Jose (Carolina) farmer h405 W Reed
Nihart Anna hsekpr 406 N Kentucky av r same
Nilsen see also Nelson
Nilsen Earl (Juanita) pntr h114 E Albuquerque
Ninborn Geo O asst mgr J C Penney Co r207 N Lea av
Nix Grocery & Market (Guy Mix) 912 E 2d
Nix Guy (Essie) (Nix Gro & Mkt) h912 E 2d

EL PASO-PECOS VALLEY TRUCK LINES

J. L. NAYLOR, Owner CARL A. LONG, Local Ag
Daily, Dependable Service from and to EL PASO, LOS ANGELES and POINTS WEST
118 E. 4th St. Phone 16

170

CLARDY'S PRODUCTS

Raw and Pasteurized

MILK

Butter
Cream
Butter Milk
Ice Cream

Delivered to Your Home or At Your Grocer

PHONE 796

200-202 E. 5th

Nixon Milton prsr Bailey's Clng Wks
No Delay Shine Parlor (Clarence Arnold, I V Ross) 314½ Main
Nolen Frankie waitress r809½ W 8th
Norris Chas C (Laurel) farmer h609 E 9th
Norris Evelyn S r609 E 9th
Norris Jas A oil mill wkr r300 E 7th
Norris Leon (Zenith) h110 E 6th
Norris Lester (Gertrude) U S Army r1014 N Missouri av
Norris Millicent r609 E 9th
Norris Raymond (Ruby) emp Roswell Lndry & Dry Clnrs 707 N Grand av
Norris Velma L waitress J H Jaynes r300 E 7th
Norris Zenith Mrs emp Rsowell Lndry & Dry Clnrs h110 6th
Norsworthy B B (Archie) U S Army r210 N Pennsylvania
North Hill Mission Church Rev Jennie Evans pastor 619 17th
Norton Anderson H (Audrey) lieut col U S Army h G, 301 Alameda
Norton Audrey Mrs mgr Alameda apts h G, 301 W Alamed
Norton Bar Riley McPherson mgr 206 W 3d
Norton Beauty Shop (Esther McNally) 208 W 3d
Norton Hassell Lee student r G, 301 W Alameda
NORTON HOTEL, Roy Norton owner, 200-8 W 3d, tel 900 a 901
Norton Irene Mrs r406 N Richardson av
NORTON M L (Dorothy) spcl agt Aetna Life Ins Co, dist m Farmers Auto Inter Ins Exch and Truck Ins Exch, offi Norton Hotel, 200-4 W 3d, tel 900, h802 N Richardson a tel 237 (see page 6)
Norton Merrill L student r802 N Richardson av
Norton Robt (Gerrie) U S Army r305 W Deming
Norton Roy (Marian) owner Hotel Norton h700 N Pennsy vania av
Norton Suzanne student r G, 301 W Alameda
Norvell Hazel (wid M H) waitress r600 N Richardson
Novotny Frank (Florence) r501 E 4th
Nowak Harold D (Margaret) ship clk Pecos Valley Pkg C r503 E 5th
Nowell Ardie (Irene) pharm Platt Drug Store r409 N Lea
Nowell Geo C (Etta) farmer h918 E 2d
Noyes Ross (Irene) sgt U S Army r202 S Richardson av
Nudson Clarence A (Laura) maj U S Army h115 E Bland
Nudson Helen A r115 E Bland
Nunez Agustin (Sofia) lab h706 E Mathews
Nunez Carlota clnr r113 E Tilden
Nunez Guillermo (Fransita) h1600 N Michigan av
Nunez Jose I (Refugio) h710 E Walnut
Nunez Otilia Mrs h803 W College blvd
Nunez Roman C (Lucinda) rancher h1203 W 8th
Nutleycombe Wm M (Gloria) U S Army h515 W College blv

O

O K Rubber Welding (H O Conner) 408 E 2d
Oakes Howard G (Aileen L) U S Army h1206 N Kentucky av
Oakley Ernest L (Isla) slsmn h1206 W 7th
Oatman Neville B (May) h409a N Grand av
Oberkampf Jane tchr Missouri Av Sch r112 S Pennsylvania av
Oberkampf Mabel C Mrs r112 S Pennsylvania av
O'Briant O C mach r111½ N Main
Ochampaugh Sophie C (wid L L) sec C R Brice r210 S Kentucky av
Odd Fellows Home see I O O F Home
Odell Paul (Emma) truck drvr h517 E 8th
Odell Sarah G (wid W W) h1010 W Walnut
Odle Van A (Opal) U S Army h1103 N Lea av
Odle Wm (Linnie) in ch U S Navy Recruiting Sta r601 N Kentucky av
Odom Scott P (Clara) farmer h1814 N Missouri av
Office of Civilian Defense H E Samson com Mrs R F Entrop office sec 302 J P White bldg
Office of Price Administration Area Rent Director J T Jennings 1-3 Bank of Commerce bldg
Ogden Gertena Mrs (Victory Cafe; White Rock Cafe) r111 N Main
Ogg O Rudolph (Beatrice) night formn Hill Lines Inc h1005 W 8th
Ogilvie Wm F (Mary) r506 E 4th
Ogles Floyd B (Marybelle) h311 N Pennsylvania av
O'Kelly Willie E (wid E M) r911 W Hendricks
Oheler Lewis T (Jeannie) U S Army h807 N Kentucky av
OLD AMERICAN ROOFING, Hamilton Roofing Co, 303 N Railroad av, (N Grand av) tel 460
Old Church Studio (Mrs Florence Morris) 212 W 4th
Old Mill Cafe (Mrs Nora Butler) 1119 E 2d
OLD MISSION BARBER SHOP, Herbert T Taylor mgr, 217 N Main
Oldaker Elizabeth (wid J D) r402 (406) S Montana av
Oldaker Geo D (Elizabeth) brklyr h602 S Montana av
Oldaker Geo D Jr mech r602 S Montana av
Oldaker Wm R h402 (406) S Montana av
Olds Archie (Fern) U S Army r627 N Richardson av
Olds Fern Mrs smstrs Excelsior Clnrs & Dyers r627 N Richardson
O'Leary Marjorie M slsldy Price & Co r709 W 8th
Olguin Anastacia Mrs r200 E Hendricks
Olguin Petra r200 E Hendricks
Olivarez Porfirio (Santos) lab h603 E Alameda
Oliver Fierce (Mozella) janitor R E Griffith Theatres h113 S Michigan av
Oliver Mozella dom 207 S Washington av h113 S Michigan av
Oliver Nathaniel porter r113 S Michigan av

MERRITT'S SMART APPAREL FOR WOMEN

319 North Main — PHONE 482 —

Johnston Pump Co.

DISTRIBUTORS OF
Johnston Turbine Pumps
For New Mexico and West Texas

Domestic Pressure Systems

Electric Motors and Starters

108-110 S. Virginia Ave.

PHONE 70

Oliver Nola r911 N Pennsylvania av
Oliver Oscar W (Maglin) U S Army h202 S Michigan av
Oliver W Roland (Julia) h911 N Pennsylvania av
Olson Lucinda (wid Jno) r600 N Richardson av
Olson Clarence E (Helen) dist conservationist S C S h210 Lea av
Olson Helen Mrs waitress American Cafe h210 S Lea av
Olson Hugo L student r103 E 8th
Olson Wm G (Elizabeth A) sheet mtl wkr Claude Mathews h 307 S Kansas av
Olsson Dolah R r1207 W 8th
Olsson Lena (wid W Y) h1207 W 8th
Olsson Orbie L (Mabel) lab h304 S Delaware av
O'Meara Chas J (Minnie) carrier P O h4 Morningside pl
O'Meara Paul A (Elva E) elev opr P O h206 E Bland
O'Meara Paul A Jr U S Navy r206 E Bland
O'Neal Aaron R (Viola) routemn Rsowell Lndry & Dry Cl h909 W 9th
O'Neal Burl O U S Army r411 E 4th
O'Neal Earl S student r909 W 9th
O'Neal Eula Mrs bkpr Roswell Lndry & Dry Clnrs h411 E
O'Neal Frank M (Eula) sta firemn h411 E 4th
O'Neal Ira A (Syble) whsemn Roswell Trading Co h511 Ohio av
O'Neal Jno B U S Army r411 E 4th
O'Neal Julius E (Dorothy T) lieut U S Army h605 N Ohio
O'Neal Mack L (Mae) plmbr r415 W 16th
O'NEILL S PATRICK (Dora L) U S Commissioner, she Chaves County, 1st fl Court House, tel 52, h500 S Kansas tel 1404
Open Front Second Hand Store (C E Thomas) 211 S Mai
Oracion Manuel M (Clara E) h1014 S Lea av
Oracion Marcos r1014 S Lea av
Ornelas Jose (Francisca) farmer h ss W 2d 10 w Mississippi
Orona Catarino (Natividad) h701 E Deming
Orr Elmo student r1000 N Missouri av
Orr Walter W (Emma L) (Sally Ann Bakery) h1000 N M souri av
Orr Wilson L student r1000 N Missouri av
Ortega Agustin M (Maria) clk G B Jewett h711 S Missouri
Ortega Dick (Mary) mech r323 S Main
Ortega Guadalupe (Dora) plmbr h508 E Deming
Ortega Ladislado r509 E Bland
Ortega Manuel (Mary) mech h605 E Tilden
Ortega Victor (Mary) U S Army r605 E Tilden
Orthcutt Gloria r202 S Richardson av
Osborne Alva D (Lucile) h15 Morningside pl
Osborne Clarence (Nettie) U S Army r310 N Virginia av
Osborne Lucile Mrs slsldy Everybody's Cash Store h15 Mo ingside pl
OSUNA PHILIP (Elizabeth M) sec-treas Pecos Valley Dr Co, h207 N Washington av, tel 1124-W

ELMER'S SERVICE STATION

We Employ EXPERIENCED Labor

ELMER LETCHER

600 No. Main St., Phone 102

...wald Franklin (Dixie) U S Army r313 N Missouri av
...ero Catarino ranchmn r401 E Albuquerque
...ero Eligio U S Army r401 E Albuquerque
...ero Lloyd (Sallie) truck drvr r401 E Albuquerque
...ero Manuel (Irene) pntr r401 E Albuquerque
...ero Remigia (wid Bruno) h401 E Albuquerque
...erman Edw W (Beulah) mgr La Cima Court h2401 N Main
...erton Wm C (Laura) h505 E 4th
...en Bertha D (wid P L) opr Mt States Tel & Tel Co h809 S Washington av
...en C Anita opr Mt States Tel & Tel Co r809 S Washington
...en Elbert E U S Army r1303 W 2d
...en Jerry L bkpr Roswell Cotton Oil Co r809 S Washington
...en Jessie N sten r809 S Washington av
...en Lillard C (Bessie) drvr Two-O-One Cab Co h908½ N Virginia av
...en Lloyd H U S Army r1303 W 2d
...en Minnie E (wid R L) r1012 N Washington av
...en Omer F (Sue C) carp h1303 W 2d
...en Omer S (Ruth) (Eveready Garage) h1211 W 2d
...en Robt J brkmn r809 S Washington av
...enby Rayford J (Dorothy) sgt U S Army r312 S Main
...vens Francis W (Biddy) rancher h206 E Deming
...vens Geo B (Myrtle R) slsmn h312 W Albuquerque
...vens Ilene r909 N Kentucky av
...vens Lula M r909 N Kentucky av
...vens Melvin B (Beth) U S Army h2, 506 W 2d
...vens Myrtle R Mrs tchr h312 W Albuquerque
WL DRUG CO, The Walgreen Agency, R M Tigner mgr, M Cleary asst mgr, 220 N Main, tel 41
...vl Sign Co (H C Brown) 122 E 4th
...ark Cafe (Isa Everett Elsie Holder) 203 S Main

P

...V Lunch (F F Jackson) 319 S Main
...ce Gwendolyn (wid D H) tchr Jr High Sch h1006 N Pennsylvania av
...ce Verdine A (Ethel) h410 S Pennsylvania av
...checo Ismael (Vicenta) r807 S Lea av
...checo Leopoldo (Pauline) rancher h910 W 2d
...ck Prentice H (Blanche) farmer h501 N Atkinson av
...ck Stella Mrs hsekpr 600 N Lea av h1114 N Kansas av
...ck Zeke lab r rear 608 N Virginia av
...ckenham Chas G (Elsie L) gard h909 E 2d
...ckenham Earl S (Latoyah) checker Pecos Valley Comp h1107 N Lea av
...dilla Manuel S (Aurora) h1209 N Delaware av
...dilla Ralph r rear 110 E Alameda
...dilla Sostenes (Eloisa) lab r710a E Tilden
...ge Ralph (Bertie) carrier P O h409 W College blvd

Hamilton Roofing Co.

GEO E. BALDEREE Mgr.

We Feature Old American Roofing Shingles Siding Etc.

Free Estimates

Industrial and Residential Roofing and Sheet Metal Contractors

Bonded and Insured

Easy Payment Plan

303 N. Railroad Ave.

Phone 460

ROSWELL FORD AUTO CO.

Open All Night — SALES AND SERVICE — One Stop Service Station
PHONES 189 and 190

PHONE 14

A Lumber Number Since 1897

BIG JO LUMBER CO.

800 North Main

PHONE 14

Palace Cleaners (Jack H Lair) 209 W 4th
PALACE MACHINE SHOP (W H Cole) we repair anyth[ing] but a broken heart, 413 E 2d, res tel 1569-W
Palace Transfer (Geo Yarborough & Son) 221 E 2d
Palmer Gladys tchr Jr High Sch r405 S Washington av
Palmer Jos C (Delcie M) h13 Riverside dr
Palmer Luther (Gertrude) porter Bank Bar h rear 103 Kansas av
Palmer Mary I (wid N A) (Bon Ton Shop) h405 S Washing[ton]
Palmer Myra E r108 W 7th
Palmer Neva tchr Jr High Sch r405 S Washington av
Palmer Robt T (Geraldine) pharm Mitchell Drug Co h410 College blvd
PANHANDLE LUMBER CO INC, R B Wakefield mgr, "co[m]plete building service" Sherwin-Williams paints, plan se[rv]ice, financing, 107-11 W Alameda, tel 59 (see left top lin[e])
Panick Arthur A grocer 312 W Mathews r same
Pankey Barney B (Evelyn M) barber h309 E Bland
Pannell Audrey opr Permanent Wave Shop r508 N Penns[yl]vania av
Papworth J P (Faye) (Minute Toastery) h1800 N Lea av
Pardue Jas A (Jo) U S Army h117½ E Forest
Parish Grace W Mrs checker Shaw's Gro & Mkt h201 W Summit
Parish Luther L (Grace W) mech h201 W Summit
Park Jas C Jr (Blanche) pharm Roswell Drug Co h1016d 2d
Park Pearl (wid E L) h rear 112 E 6th
Parker Agnes (wid Arch) h801 N Pennsylvania av
Parker Albert C (Frances) U S Army r607 N Washington
Parker Angie Mrs alterations J C Penney Co h104 N Delawa[re]
Parker Daisy (wid W R) h207 S Virginia
Parker Frank carp r111 S Richardson av
Parker Gayle W (Bee) wire chf Mt States Tel & Tel Co b12 N Lea av
Parker Iva Mrs smstrs Excelsior Clnrs & Dyers h1803 Garden
Parker Jas A (Mary) carp h1211 N Washington av
Parker Jas B (Minnie L) dockmn Hill Lines Inc r307 N Gra[nd]
Parker Jno B r412 S Delaware av
Parker Jos P (Claribel) sgt U S Army h201 Orchard av
Parker Levern (Maggie) mech h1801 N Garden av
Parker Mary Mrs slsldy J C Penney Co r e of city
Parker Maurice (Margery) capt U S Army h806 N Richards[on]
Parker Owen H pntr h412 S Delaware av
Parker Thos E (Angie) h104 N Delaware av
Parker Wm C (Irene) lab h307 N Grand av
Parker Wm L (Esther L) U S Air Corps r1208 N Main
Parkersburg Rig & Reel Co G A Threlkeld statutory agt First Natl Bank bldg
Parkhill Jas M Jr (Blanche) airplane mech h405½ S Richar[d]son av
Parks Home Laundry (Mrs Laura Parks) 709 W 13th

Flowers For All Occasions
PHONE 275
405 W. ALAMEDA
Member F. T. D, A.

rks Jno P ranchmn r1112 N Richardson av
rks Laura (wid J F) (Parks Home Lndry) h709 W 13th
rks Nellie Mrs slsldy Everybody's Cash Store h1302 N Richardson av
rks Troy L (Nellie) whsemn Mitchell Seed & Grain Co h 1302 N Richardson av
rks Wade mech r1106 W 8th
rks Wm D (Virginia J) h110 Elm
rnell Selvin J (Fern) sausagemkr Pecos Valley Pkg Co h 310 E 7th
rnell Wm W (Lela M) msngr P O h906 N Pennsylvania av
rr Claude (O Dell) patrolmn r 4 mi w of city
rr Thos (Minnie) r309 N Kentucky av
rr Wm T (Elizabeth) storekpr W P A r 2 mi w of city
rra Belen r900 E Mathews
rra Catarino (Luisa) lab h900 E Mathews
rra Magdalena r900 E Mathews
rrish W R Jr (Carrie L) meatctr Jackson Food Stores r501 E 4th
rrott Geo L (Clara J) carp h208 N Montana av
rsons H G U S Army r1112 N Kentucky av
RSONS HAROLD G, mgr State Collection Bureau Inc, office 10 Bank of Commerce bldg, 106 E 4th, tel 224, r1112 N Ketucky av, tel 1158-W
rsons Robt H (Katie B) h903 N Pennsylvania av
rtridge R Edwin (Lizzie L) pntr r1112 S Main
schal Wm H (Jane C) capt U S Army h1020 S Pennsylvania av
ssmore Giles D (Louise) sgt U S Army r109½ S Main
ssmore Louise Mrs bkpr R T Hoover Co r109½ S Main
te Shirley (Louella) r510 N Virginia av
trick Jno baker Snelson's Bakery
trick Marguerite R (wid N S) r212 E McGaffey
trick Mason C (Nona) U S Army r100 N Richardson av
tterson Albert S (Alta) cotton buyer h511 N Missouri av
tterson Bud (Dora) lab h915 Jefferson
tterson Calvin R U S Army r915 Jefferson
tterson Cora r411 S Main
tterson Curtis R (Cleo D) carp h206 W Wildy
tterson Dale M (Delilah) emp Roswell Lndry & Dry Clnrs h708 N Virginia
tterson Delilah Mrs checker Roswell Lndry & Dry Clnrs h708 N Virginia
tterson Dorris M r600 West College blvd
tterson E Dalton flr sander r1009 E Hendricks
tterson Earl E (Frankie C) h107 N Michigan av
tterson Emmett K teller First Natl Bank r Rt 2
tterson Geo E (Maude M) plmbr h1107 W Tilden
tterson Geo R r110 S Union av
tterson Harry C U S Army r1009 E Hendricks
tterson Jas E (Bertha) mgr Western Auto Sup Co h202 W Albuquerque

175

PAPER Products

WHOLESALE

GROCERIES | **JANITORS' SUPPLIES**

FEED

Roswell Trading Company

PHONE **126**

STATE COLLECTION BUREAU, INC.

H. G. Parsons, Mgr.   H. R. Laurain, Pres.

BONDED - ESTABLISHED 1930

10 Bank of Commerce Bldg.   106 E. 4th   Phone 22

Patterson Joe E (Bessie M) (West College Market) h600 College blvd
Patterson Jos P (Amy) cement fnshr r200 Ash av
Patterson Jos W (Catherine L) bartndr Nickson Cockt: Lounge h321½ E 6th
Patterson Lillard B (Opal) h200 Ash av
Patterson Lola B Mrs asst flmgr F W Woolworth Co r110 Union av
Patterson Murrell L (Fedelina) plstr h211 E Mathews
Patterson Ora A (Bessie M) servicemn water dept city h3 S Delaware av
Patterson Robt C (Lou) r411 S Main
Patterson Ted L U S Army r915 Jefferson
Patterson Victor H U S Army r600 W College blvd
Patterson Virgil E (Beatrice) meat ctr Modern Food Mkt 411 S Main
Patterson Walter L U S Army r1009 E Hendricks
Patterson Walter W (Drucilla) lab h1009 E Hendricks
Patterson Zina (wid J W) r110 S Union av
Patton Lorene L opr Mt States Tel & Tel Co r801 N Richar son av
Paul Billie Mrs r324½ N Main
Paul Saml E (Clarks) h17 Riverside dr
Paul Willie M (wid Elza) r1108 N Delaware av
Paulk Ena Mrs h5, 606 N Virginia av
PAYNE DANIEL J (Rubinelle) cash Roswell Cotton Oil (h1107 N Pennsylvania av, tel 1623-W
Payne Ernest S (Faye) farm wkr h1817 N Union av
Payne Henry B (Zona) U S Army r917 N Main
Payne Jos P (Louise) clk U S Geological Survey h204 Michigan av
Payne Thos (Betty) h K, 301 W Alameda
Payne Wm C (Lillian) lieut U S Army h905 N Richardson
Pearce see also Pierce
Pearce Nellie C (wid F H) h414 N Missouri av
Pearson Al (Imogene) mech r rear 415 E 5th
Pearson D Cecil Col (Senah) supt N M Military Inst r Camp
Pearson Florence Mrs clk Dinty Moore's Bar r920 E 2d
Pearson Mayo (Lillian) U S Army r800 N Virginia av
Pearson Robbie nurse r103 N Pennsylvania av
Pease Robt C (Margery) lieut U S Army r200 N Michig
Peck Chas L (Phyllis J) h706 W Mathews
Peck E Roosevelt (Sadie) grocer 220 E Hendricks h304 sar
Peck Ethel Mrs r304 E Hendricks
PECK JNO C (Lydia A) county and dist clk 1st fl Court Hou tel 125, h714 N Pennsylvania av, tel 745
Peck Laurena clk N M Military Inst r714 N Pennsylvania
Pecos Court Service Station & Grocery (L P Russell) ns 2d 5 W Mississippi av
Pecos Theatre J E Jones mgr 305 N Main
Pecos Valley Advertising Co (Inc) A P Nelson pres Mrs Ed Nelson v-pres 610 W 2d

GESSERT-SANDERS ABSTRACT CO.
ABSTRACTS OF TITLE
09 E. Third St. **Phone 493**

:os Valley Artesian Conservancy District M C Steele supt well plugging bsmt Court House
COS VALLEY COCA-COLA BOTTLING CO (Inc) J E ohns pres, Mrs Ruth W Johns sec-treas, 908-10 N Main, tel '71 (see right side lines)
:os Valley Compress (Inc) H H McGee pres Jno Tweedy -pres, A H Iankes sec-treas 1000 S Atkinson av
COS VALLEY DRUG CO (Inc) H Williams pres, Philip)suna sec-treas "The Rexall Store" quality, accuracy, service, prescriptions a specialty, free delivery, 312 N Main, el 1 (see left side lines)
COS VALLEY LUMBER CO (Inc) J F Hinkle pres, J H Mullis v-pres-gen mgr, Frank L Smith sec-treas, everything or the builder, decorator and painter, 200 S Main, tel 175 see front cover)
:os Valley Nursery (D E Carpenter) 1001 Plum
COS VALLEY PACKING CO (Inc) G G Armstrong pres, . T Lewis and J P White Jr v-prests, W E Bondurant treas, I A Crawford mgr, 1000 blk N Garden av, tel 369 (see age 7)
COS VALLEY TRADING CO & HATCHERY (Inc) Geo Forbes pres, Mrs Faye E DeShurley v-pres, H O DeShurley sec-treas-mgr, hay, grain, Purina Chows, coal, wood, aby chicks and hatchery supplies, 603 N Virginia av, tel 12 (see left side lines)
d Dred L (Willie) trucker h807 W Albuquerque
d Sybil typist F S A r807 W Albuquerque
lum Lela Mrs r411 Ash av
ry see also Perry
ry Louise clk r1312 N Kentucky av
nado Juan hlpr American Cafe
.a Elvira tiemkr Navajo Weavers r1210 N Missouri av
.a Jose (Rita) h1210 N Missouri av
.a Saml (Anna M) brklyr h608 E Bland
.ce Jno J (Dolores) U S Army r801 N Richardson av
.dergrass Cecil (Clemmie) trucker h1003 W 8th
.dergrass J Benj (Jessie) real est h1109 W 8th
NNEY J C CO, W C Taylor mgr, department store, 313-15 Main, tel 772
.nington Herman L (Mary R) truck drvr r604 S Kansas av
.nington Jas (Anna M) sgt U S Army r500 S Virginia av
.nock Leroy W (Gertie) U S Army h620 N Main
se Margaret A r303 W Tilden
se Tolbert L (Margaret A) U S Army r303 W Tilden
.tecostal Church Rev Mack D Abbott pastor 1212 N Washington av
ples Service Station (Curtiss Putt) 1300 E 2d
pers Lavert truck drvr r1721 N Michigan av
pers Lenn O (Maggie G) mgr Barnett Oil Co h1721 N Michigan av
due Raymond drvr Sinclair Ref Co
ella Jos R (Mary) U S Air Corps r612 N Virginia av
ez Dionicio (Sofia) lab h305 E Summit

The Roswell Cotton Oil Co.

Mfrs. of Molasses Cubes and Cotton Seed Cake

301 E. 2d St.

PHONE 58

PANHANDLE LUMBER COMPANY, INC.
"COMPLETE BUILDING SERVICE"
PLAN SERVICE — FINANCING
107-11 W. Alameda   Phone

Perez Domingo (Sabina) h108 Mulberry av
Perez Epifania r712 E Walnut
Perez Katherine Mrs r407 E Hendricks
Perez Maria Mrs r407 E Hendricks
Perez Pauline clk R E Peck r407 E Hendricks
Perez Rudolph lab r407 E Hendricks
Perez Teresa Mrs h716 E Walnut
Perkins Andrew N (Dorris) U S Army r500 E 5th
Perkins Dock R h1520 N Missouri av
Perkins Raymond (Ruby C) hlpr Valley Ref Co h109 S Un
Perkins Sybal lab W H Whatley r104½ N Main
PERMANENT WAVE SHOP (Mrs Rilla McGuire) "Ev
   beauty service for the particular woman" a complete
   of cosmetics, expert operators, 108 E 4th, tel 254
Permenter Grady (Esther) drvr Roswell Cotton Oil Co h40
   Shartelle
Perrin Alvin mech r702 N Virginia av
Perrin Cecil U S Army r702 N Virginia av
Perrin Fred (Mary) h702 N Virginia av
Perrin Jos F (Madean) mech h1111 W 1st
Perrine Edith drftsmn r514 E 5th
Perron Lloyd T (Bettie) lieut U S Army r604 N Missouri
Perry see also Peery
Perry Corrine dental tech Dr W D McPherson r 2 mi r
   city
Perry F M janitor Purity Baking Co r 2 mi n of city
Perry Loreta clk Sears, Roebuck & Co r Rt 1 Box 258K
Perry Vida dental asst Dr W D McPherson r 2 mi n of
Perry Wilbur J (Dorothy E) lino opr Roswell Morning
   patch r202 W 6th
Perry Wm L (Floy) carp h1116 Hahn
Persinger Ardith Mrs waitress Steve's Cafe r210 W Alam
Persinger Jno S (Mildred A) clk h1, 500 S Pennsylvania
Person Agnes (wid Olof) h505 N Pennsylvania av
Peschka Jerome A (Lucille) U S Army h5 Morningside
Peters Edgar (Kate) h1700 N Kansas av
Peters Garner R (Helen) U S Army r335 E 6th
Peterson Woodrow A (Vera) U S Army r207 E 19th
Petross Randell (Jimmie) U S Army r310 N Virginia av
Petross Jimmy Mrs clk Mitchell Drug Co r310 N Richard
Pettis Chas tkt agt Union Bus Depot r110 N Richardson
Petty Bill F (Lorene) mech h1104 N Union av
Petty Shirley tchr Washington Av Sch r400 N Kentucky
Peyton Jas L (Marian) U S Army h706 W 2d
Pfeiffer C Gilbert (Lena) h903 W 4th
Pfeiffer Chas A (Carmie) carp h402 N Kansas av
Phaup Leon W (Geraldine) sgt U S Army h613 W Math
Phelps Jack D (Frances L) asst mgr Jackson Food Store
   E 4th
Phillips E Howard (Elizabeth L) wtchmkr Bullock's J
   Store r104 N Lea av
Phillips Eliza T (wid J P) h1602 N Missouri av

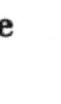

Wilmot Hardware Co.
ESTABLISHED 1911

Wholesale
Retail

illips Jas B (Margaret) U S Army r 9 Morningside pl
illips Jos E (Margaret E) r907 W Hendricks
illips King D (Mary) sgt U S Army h426 N Richardson av
illips Mattie (wid W F) r504 E 5th
illips Minnie (wid C W) h106 N Delaware av
ILLIPS OWEN & CO (Owen W Phillips) wholesale drugs
   nd sundries, grocery specialties, toiletries, notions and
   chool supplies, 504 E 5th, tel 1662-R, P O Box 36
illips Owen W (Bonnie B) (Owen Phillips & Co) h504 E
   th
ILLIPS PETROLEUM CO, J S Powers agt, warehouse N
   .0th and Virginia av, tel 666
illips Roy C (Ruby L) plstr h706 W 11th
illips Service Station (L A Mitchell) 912 N Main
illips Wm W (Bess L) phys 215 W 3d h606 N Kentucky
illips Wm W Jr (Emma L) U S Army r606 N Kentucky av
lpott Barton A Rev (Rosa L) h706 W 9th
lpott Dora R clk Kessel's Five & Ten Cent Store r706
   W 9th
lpott Garage (S C Philpott) 1011 E McGaffey
lpott Jno A (Lois L) mech h809 E McGaffey
lpott S Cecil (Gladys L) (Philpott Garage) h1009 E Mc-
   affey
nizy Jno A (Joyce) capt U S Army r410 S Richardson av
azo Evaristo Rev (Dolores) pastor Mexican Methodist Ch
   211 E Albuquerque
kens Albert (Doris) porter Roswell Auto Co h213½ S Vir-
   inia av
kens Earl E (Alberta) U S Army h303 E Albuquerque
kering Glen F (Nona) drvr Robt Porter & Sons h1813 N
   Kansas av
kering Jas T (Cleo) mech Cummins Garage h321 E 6th
kett De Loss (Helen) assoc chiropractor Dr W T Neely's
   Drugless Clinic h204 Orchard av
kle Howard C (Jessie) slsmn Rancher's Sup Co h516 E
   th
dock Bernard (Mary) sgt U S Army r602 S Virginia av
rce see also Pearce
rce Blanche Mrs presser Roswell Lndry & Dry Clnrs r608
   I Virginia av
rce Ernest R (Blanche) lab h917 N Main
rce Milton S (Goldwyn) U S Army r114 N Richardson av
rce Wilma M Mrs opr Mt States Tel & Tel Co r412 W 3d
rson Yolanda (Farmers Drug & Beauty Shop) h1019 E 2d
ch Harriett M (wid B) h1513a N Missouri av
eda Margarita Mrs r rear 408 E Albuquerque
eda Ruben (Emma) lab r507 E Tilden
kard David porter Nickson Hotel
kston Walter L (Rosa L) U S Army h100 S Ohio av
pen Fay waitress Te Pee Cafe r309½ N Main
kle Chas (Opal) r1007 W 7th
kle Pearl (wid W E) h1007 W 7th
tle Marion mech h207 S Montana av

SUNSET CREAMERY

STANDARD BRAND PULLORUM TESTED BABY CHICKS

Embryo fed chicks and **PURINA CHOWS FEED** Hay and Grain

C. F. & I. Dawson & RATON

Kindling

Pecos Valley Trading Co. & Hatchery

603 N. Virginia

PHONE **412**

Pitcock Myrtle Mrs r1711 Maryland av
Pittman Chas W (Ann L) U S Army r301b E 8th
Pitts Frank G (Lorraine N) U S Army r800 W Mathews
Pitts Luther P (Viola) h rear 206 W 8th
Plant Wayne T (Bettie) U S Army r414 N Lea av
PLATT DRUG STORE (Ray W Platt) "In Business for Y Health" 317 **N Main**, tel 447 and 448
Platt Helen office asst A A A r509 N Missouri av
Platt Ray W (June) (Platt Drug Store) h1300 Highland
Platt W E (Helen) (Conoco Service Station No 2) h509 Missouri av
Playmoore Roller Rink (Ike Moore Bogg Robinson) 618 Virginia av
Plaza Hotel (Mrs J B Edwards) 119½ W 3d
Plumlee Roy O interviewier U S Employment Service r40 Kansas av
Plunkett Rodney (Aline) mech h416 W 16th
Plyler Thalbert L (Thelma) pharm Owl Drug Co h104 E 1
Plymate Farrel E (Bertha) dep county treas h612 S Washington av
Plymate Robt service mgr Firestone Stores r612 S Washington av
Poe Leamon M (Audra) formn Pecos Valley Coca-Cola I Co h207 W 9th
PLYMOUTH MOTOR CARS, Cummins Garage, 209 **N R**ardson av, tel 344
Poeling Elmer V (Pauline) carp h612 W 19th
Poindexter Caroline r300 W Mathews
Polson J E (Nora L) mech h1003 N Missouri av
Pomeroy Geo H (Isabel) grocer 1211 E Bland h same
Ponce Ambrosio (Domitila T) lab h405 E Albuquerque
Ponce Jose (Elizabeth) hlpr Hamilton's Justrite Clnrs r40 Hendricks
Ponce Paulito (Clara) lab h402 E Bland
Pond Clifford H (Mary A) sgt U S Army h209 W Den
Pond Mary A Mrs atdt Firestone Stores h209 W Deming
PONTIAC SALES & SERVICE, Court House Garage Inc, E 4th, tel 720
Pool Robt S (Barbara A) h101 S Montana av
Poorbaugh Bruce B (Mary M) (Berkey Bowling Alleys) Army h610 S Washington av
Poorbaugh Harvey A (Mary) (Hall-Poorbaugh Press) 1 N Washington av
Poorbaugh Mary M Mrs mgr Berkey Bowling Alleys h61 Washington av
Poorbaugh Pauline H Mrs sten r400 S Lea av
Pope Arlie T (Modell) dockmn Hill Lines Inc r104½ N M
Pope Delmar N (Minerva) farmer h ss Pear 1 e N Atkinson
Pope Eta E r ss W 2d beyond city
Pope Gladys Mrs alterations Royal Clnrs r510 N Virginia
Pope Jennie L (wid W W) h1006 W 8th
Pope Josie R r1006 W 8th

e Lois dockmn Hill Lines Inc r510 N Virginia av
e Miller (Ruth C) sgt U S Army h119 S Richardson av
pe H W instr N M Military Inst r same

PULAR DRY GOODS STORE, Samuel Stolaroff prop, dry oods, ladies, men's and children's clothing, furnishings and hoes, 107 N Main, tel 661

ter Bea H Mrs clk r608 W Alameda
ter Chas A (D Neil) real est h105 S Kentucky av
ter Genevieve Mrs presser Palace Clnrs h415 W 2d
ter Leslie M (Opal) h1808 N Missouri av
ter Lizzie Mrs (Roswell Beauty Shop) h207 N Lea av
ter Newel E (Genevieve) clnr Palace Clnrs h415 W 2d
ter Oliver L (Lizzie) rancher h207 N Lea av
ter Oliver L Jr U S Army r207 N Lea av
ter Robt & Sons Inc W B Dailey mgr whol liquors 210 E th
ter Sarah L Mrs h907 W 9th
ter Wm B (Rissie J) city jailer and sanitary inspr 214 E d h907 W Hendricks
cari A P (Natalie) U S Army h103 E Tilden
s Jos R (Virginia R) lab h402 S Delaware av

ST OFFICE, Mrs Mary McCullough postmaster, N Richardson av, se cor W 4th

telle Thos E (Cynthia) drvr WPA h1009 E Walnut
eet Frank M (Eula) pntr Roswell Auto Co h405 W 18th
eet Ira F (Lillian) mech r E F Harral
eet Leera A Mrs h308 E Bland
eet Mack (Nadine) h302 N Pennsylvania av
eet R C (Ann) mgr Variety Liquor Store r104 S Main
ter Beatress Mrs alterations Merritt's Ladies Store h304 Lea av
ter Clarence A (Lucile) sgt U S Army r113 N Kentucky av
ter Dana A (Mayme) branch mgr Fire Co's Adj Bureau h 306 N Pennsylvania av
ter Lucile Mrs receptionist Dr Geo S Morrison r113 N entucky av
ter M M (M M Potter Real Estate Brokerage Co) h204 N Iissouri av

TTER M M REAL ESTATE BROKERAGE CO (M M Potter, D C Steele) homes, farms, ranches, J P White bldg, tel 4

ter Roberta R opr Mt States Tel & Tel Co r1306 N Pennylvania av
ts Tolitha Mrs h407 W Reed
vin Arthur R (Helen) lieut U S Army h611 E 6th
los Virgie Mrs sten Central Hdw Co r405 N Lea av
well Ava M opr Mt States Tel & Tel Co r803 N Main
well Burr prin Missouri Av Sch h101 S Missouri av
well Chas W (Della B) mech Myers Co h323 E 6th
well Ellen W Mrs r712 N Union av
well Herbert mech N M Transptn Co
well W Dean student r323 E 6th

181

Johnson Lodewick

Refiners and Marketers of Petroleum Products

Distributors for Southeastern New Mexico of QUAKER STATE MOTOR OILS

New Mexico Distributors for Barnsdall Oil Co.

813 N. Virginia Ave.

Phone 164

R. O. ANDERSON
President

DALE FISCHBECK
General Supt.

Phone 23 "SKIDDO"

ARMOLD TRANSFER & STORAGE
STORAGE - CRATING - SHIPPING
"We Move Anything"   419 N. Virgir

CAR PARTS DEPOT INC.

Distributors
Automotive
Supplies
and
Equipment

Welding
Equipment
and
Supplies

PHONE 205

401 N. Virginia Ave.

P. O. Box 1288

Powers Hazel V r1004 N Kentucky av
Powers Jno F student r1004 N Kentucky av
Powers Jno S (Hazel K) agt Phillips Pet Co h1004 N Kentuc
Powers Jno W student r1004 N Kentucky av
Powers Oscar M h112 S Pennsylvania av
Praetorian Life Ins Co J B Savage state mgr 205 J P Wh bldg
PRAGER LOUIS M (Rosalie) v-pres Price & Co, U S Ar h513 N Missouri av, tel 1488
PRAGER SIDNEY (Anna G) pres Price & Co, h102 S Richa son av, tel 120-W
Prater Jas L lab h705 N Grand av
Prater Ruby cash Moseley's Coronado Tavern
Prather Jno E (Irene) h102 Mulberry av
Pratt Donald R (Jewel) U S Army h126 E 7th
Pratt Dorothy waitress r126 E 7th
Pratt Edwin G pdlr h102 N Montana av
Pratt Jerry cash R E Griffith Theatres r Nickson Hotel
Pratt Odelle (wid E A E) r106 S Washington av
Preston Francis S (Anna E) h504 S Pennsylvania av
Prestridge Jos (Marie) h3, 718 N Main
Price Elwood r1822 N Kansas av
Price Evelyn r509 N Grand av
Price Hazel maid Nickson Hotel
Price Helen Mrs county agricul extension sec r 2 mi out E
Price Jas (Nona) lab h ss Country Club rd 8 e N Main
PRICE JOHN (Jeannette) asst supt Southwestern Public S vice Co, h406 N Missouri av, tel 1405
Price Jno T Jr student r406 N Missouri av
Price Jno W (Annie) h1817 N Washington av
Price Lee (Mildred) mech r411 S Missouri av
Price Marion emp Beaty's Lndry r1701 N Washington
Price Mildred Mrs emp Roswell Lndry & Dry Clnrs r S Missouri av
Price Olive Mrs beauty opr h509 N Grand av
Price Parton P (Ella) librarian N M Military Inst h120 N Kentucky av
Price Reuben L plantmn Sunset Creamery r1822 N Kan
Price Roy O (Pauline) carp h1822 N Kansas av
Price Temple V (Frances) instr N M Military Inst h1308 Pennsylvania av
PRICE & CO (Inc) Sidney Prager pres, L M Prager v-p: Anna G Prager sec-treas, dry goods, ladies' ready-to-w millinery, clothing, men's furnishings, shoes, hats, tru and traveling goods, floor coverings, 308-10 N Main, tel and 33 (see page 3)
PRICE'S CREAMERIES INC, A F Madison mgr, pasteuri milk products, butter, ice cream mfrs, 209 W 2d, tel 215
PRICE'S SUNSET CREAMERY, A F Madison mgr, paste ized milk products, butter, ice cream mfrs, 209 W 2d, 215 (see left and right top lines)
Prichard Norma bartndr Moseley's Coronado Tavern
Prince Jas M (Thelma G) U S Army r Camp Chavez

BIGELOW RUGS AND CARPETS — DRAPERIES — LINOLEUMS — WASHING MACHINES

PURDYS' FURNITURE COMPANY — 321-25 N. MAIN — PHONE 197

KARPEN FURNITURE — STOVES AND RANGES — UPHOLSTERING — VENETIAN BLINDS — WINDOW SHADES

ince Lonnie (Estine) farmer r D N Pope
itchard Calvin L (Nellie R) carp h906 N Missouri av
itchard Eula M clk F W Woolworth Co r906 N Missouri av
itchard Roy L U S Army r906 N Missouri av
itchard Stuart M U S Army r706 S Lea av
itchard Winifred M (wid C C) h706 S Lea av
offit Clarence H (Lillie M) porter Nickson Hotel h711 W Albuquerque
offit Doris emp Sunset Cafe r211½ S Virginia av
offitt David (Maudie) carwshr Cummins Garage h204 E Hendricks
offitt Eva (wid S L) r708 W 9th
offitt Isaac (Pearl) barbecue h202 E Hendricks
ofitt Carrie M maid 105 N Michigan av h211½ S Virginia
ofitt Jas (Carrie M) h211½ S Virginia av
uit Drew (Swap Shop) r210 W 7th
uit Hannah student r407 W 5th
uit Mary Stilwell (wid R B) slsldy Bullock's Jwlry Store h407 W 5th
uit Polly E (wid A) h210 W 7th
uitt Abraham r1503 Highland rd
unty Nettie C Mrs (Callaway House) h509 N Richardson av
yor Nell h303 E 6th
yor Ruth student r303 E 6th
ickett Hester Mrs smstrs h408 W 3d
ickett Hugh lab formn h209 E 12th
ickett Jos (Beatrice) truck drvr r410 S Ohio av
ickett Marcielle A Mrs sten Diamond A Cattle Co r609 W Walnut
ickett Raymond L (Susie) lab h3, 610 N Virginia av
ickett Robt U S Army r408 W 3d
eblo Court (C C Henry C M Eiffert) 1501 W 2d
igh E H (Clara) carp h1520 N Kentucky av
illey W Roy (Inza) U S Navy r618 S Atkinson av
illiam Claudia maid r rear 103 S Kansas av
illiam Jas H (Claudia) porter r107 N Kansas av
ircell Chas M (Alice R) asst mgr Clowe & Cowan Inc h110 E McGaffey
ircell Jesse B U S Army r109 N Kentucky av
ircella Agnes J Mrs h504 S Montana av
ircella Andrew N (Reyes) h209 E Albuquerque
ircella Betty (wid L G) h1205 N Virginia av
ircella Clotilde (wid A W) r207 E Albuquerque
ircella Lou Mrs h402 S Michigan av
irdy Archie B (Beatrice) (Purdy Elec Co) h1212 W 8th
JRDY EDW (Marion A) (Purdy's Furn Co) lieut col U S Army, tel 197, r406 S Lea av, tel 858
JRDY ELECTRIC CO, (A B Purdy A M Balderson) contractors and dealers, 215 N Main, tel 188
irdy Richard L U S Army r1212 W 8th
JRDY WILL (Cora) (Purdy's Furn Co) 321-25 N Main, tel 197, r E College blvd 2 mi e of city, tel 012-J1

Drink — Delicious and Refreshing — **PECOS VALLEY Coca-Cola Bottling Co.** — 908-10 N. Main — PHONE 771

TAXI

201 Curtis Corn, Owner — 3d and Richardson Av

Dr. R. S. Attaway D. V. M.

Chaves County's Only **Qualified (Graduate) Practicing Veterinarian**

Large and Small Animal Practice

PHONE 636

403 East 2d.

PURDY WM (Purdy's Furn Co) 321-25 N Main, tel 197, r W Purdy, tel 012-J1
PURDY'S FURNITURE CO (Will, Edw and Wm "Bil Purdy) "Best goods, lowest prices, easiest terms" 321 N Main, tel 197 (see right top lines)
Purity Baking Co (R B Harlan) 216 W 2d
PURYEAR HARRY (Mamye) justice of peace precinct 1 fl Court House, tel 52, h105 N Atkinson av, tel 950-J
Putt Curtiss (Emma) (Peoples Service Sta) h1300 E 2d
Puzzo Betty Mrs h303 E Bland
Pye Harmon T (Frances O) mach h309 W McGaffey
Pyeatt T Floyd (Bertha A) h704 Sunset av
Pyeatt Thos F Jr (Billie) drvr Two-O-One Cab Co r302 Pennsylvania av
PYROIL HEAT PROOF LUBRICATION PROCESS, Johnst Pump Co distbtrs, 108-10 S Virginia av, tel 70

Q

Quality Liquor Store (H L Rives) 410 N Main
Qualls Henry W (Lorraine L) bartndr h810 W Albuquerq
Quantius Leland M (Marie) (Frazier & Quantius) Ensign U Navy h1402 Highland rd
Quick Nadine clk Montgomery Ward & Co r209 S Pennsy vania av
Quickway Truck Line (H E Zeeveld) 419 N Virginia av
Quigley Clyde Q h202 E Albuquerque
Quillin Leon C (Lucille) slsmn Purity Baking Co h101 Pennsylvania av
Quillin O Chas (Eva M) woodwkr h316 E 7th
Quinlin Jno W U S Army r408 N Richardson av
Quint Mary L Mrs clk Roswell Lndry & Dry Clnrs r210 W Al meda
Quint Ralph (Mary L) sgt U S Army r210 W Alameda
Quintana Abraham h1608 N Michigan av
Quintero Refugio F (Andrea) h723 E Tilden

R

Rabb Florrie tchr East Side Sch r101 N Kentucky av
Rabb Laura J (wid T M) h101 N Kentucky av
Raby Leonard W r606 W 19th
Raby Melvin appr Taylor The Welder r606 W 19th
Raby Saml H (Elba) h606 W 19th
Radenz Stanley T (Mary L) lieut U S Army h810 N Pennsy vania av
Rader Glenn drvr N M Transptn Co
RADFORD J M GROCERY CO, J H Murphy mgr, wholesa grocers, 222 E 3d, cor AT&SF Ry, tel 853
RADIO STATION K G F L, W E Whitmore mgr, 310 N Ric ardson av, tel 288

eder Mary L tech Dr C F Beeson r 3 mi n of city
gland Inez janitor Lilly's Bar
gsdale Blanche (wid F B) h1208 W 8th
gsdale Charlotte (wid W P) h1304 S Richardson av
gsdale Ezell (Violet) janitor h106 S Montana av
gsdale Frances sten r1304 S Richardson av
gsdale Isaac (Mary) janitor h108 S Montana av
gsdale Mary A opr Mt States Tel & Tel Co r1208 W 8th
ilway Express Agency E G Roach agt E 5th n w cor Grand
iner Hezekiah (Mollie V) carp h303 E McGaffey
iney Mayme (wid Lewis) h803½ N Pennsylvania av
ins Virgil B Rev (Evelyn M) h500 S Michigan av
kebrand Arno J (Elizabeth) r La Salle Court

ALLES JAMES (Mary) (Busy Bee Cafe) h1303 Highland rd, tel 1104-J

mer Gertrude V Mrs asst sec Chavez County Bldg & Loan Assn h912 W 5th
mer Wm (Gertrude V) switchbdmn Mt States Tel & Tel Co h912 W 5th
mirez Genovevo R (Jesusita B) h617 E Albuquerque
mirez Henry porter Price & Co r617 E Albuquerque
mirez Ildefonso r107 E Tilden
mirez Jesus Rev (Maria) minister Jehovah's Witnesses h 705 E Alameda
mirez Manuel (Soledad) lab r218 E Hendricks
mirez Mercedes r107 Ash av
mirez Santiago (Alvina) h1104 W 11th
mirez Susie Mrs dishwshr Valdez Cafe r1110 S Virginia av
mirez Vicente (Cleofas) lab h107 Ash av
mona Building 221½ N Main
msden P H (Mary) maj U S Army r410 N Kentucky av
msey Eleanor Mrs sec Boy Scouts of America r408 W 3d
msey Russell L (Eleanor) combinationmn Mt States Tel & Tel Co r408 W 3d

ANCHERS' SUPPLY CO (Fay B Goodwin) ranch supplies, Globe vaccines, mineral salt etc, 306 E 4th, tel 17 (see page 10)

ndle Brink (Nellie) rancher h1711 N Washington av
ndle Brink Jr rancher r1711 N Washington av
ndle Jack R U S Army r1711 N Washington av
ndle Jno T U S Army r1711 N Washington av
ndle Wm rancher r1711 N Washington av
ndle Willie h126 E 1st
nkin Sally r202½ E 2d
app Amos (Ruth) (Rapp's Transfer) h806 S Richardson av
app Eileen sten Johnston Pump Co r806 S Richardson av

APP'S TRANSFER (Amos Rapp) moving? we're prepared, are you? dependable service, reasonable too, try us, pianos a specialty, 116 E 3d, tel 272, res tel 1905-J

app W Wayne (Juanita) mech Cummins Garage r W Alameda 1 mi w of city
asmus Buena B (wid B P) h407 N Kentucky av

GESSERT-SANDERS ABSTRACT CO.
ABSTRACTS OF TITLE
109 E. Third St.   Phone 493

HINKLE MOTOR COMPANY
131 W. 2D ST.
WHOLESALE AUTOMOBILE PARTS AND EQUIPMENT
Serving New Mexico for 22 Years
Garage and Service Station Equipment
PHONE 12

EL PASO-PECOS VALLEY TRUCK LINES

J. L. NAYLOR, Owner
CARL A. LONG, Local Ag(ent)
Daily, Dependable Service from and to EL PASO, LOS ANGELES and POINTS WEST
118 E. 4th St.
Phone 16

CLARDY'S PRODUCTS

Raw and Pasteurized

MILK

Butter
Cream
Butter Milk
Ice Cream

Delivered to Your Home or At Your Grocer

PHONE 796

200-202 E. 5th

Rasmus Nancy E bkpr Pecos Valley Lmbr Co r407 N Kentucky av
Rasty Wanda r124 N Main
Ratcliff Chas M (Jessie W) janitor h1804 Cambridge av
Ratcliff Chas R (Dorothy) U S Army r611 N Richardson
Ratcliff Marie sten r207 N Missouri av
Rationing Board see War Price & Rationing Board
Rausher Jno R (Joyce) lieut U S Army r117 W Bland
Ravis Ethel Mrs h711 N Washington av
Rawdon Juanita slsldy r703 N Richardson av
Rawls Ernest H (Willie M) U S Army h105½ W Tilden
Rawson Le Ella S (wid I G) h1207 Highland rd
Ray see also Rea and Rhea
Ray Hilton H (Nannie) sec-treas Ball & White h1307 Highland rd
Ray Joy C r111½ N Main
Ray Ellen (wid G R) h204 S Pennsylvania av
Ray Lela h603 S Michigan av
Ray Wesley E U S Army r111½ N Main
Ray Wilbur trucker r R T Bivens
Rayburn R O (Ora) slsmn h1200b W 8th
Raydon Gail sten r309 N Michigan av
Raydon Helen clk r309 N Michigan av
Rayford Dorothy h110½ E Alameda
Raymond Edwin S (Vera) bodymn E T Amonett h1110 Richardson av
Rayner Gus (Maxine) sgt U S Army r201 Orchard av
Rayner Maxine Mrs clk r201 Orchard av
Raynes Jas C (Irene S) h911 S Lea av
Rayns Ollie E (Minnie B) storekpr h e s Stanton 4 s Chisu(m)
Rea see also Ray and Rhea
Rea Jesse E (Ethel) civil service h405 S Pennsylvania
Rea Kenneth R (Betty B) lieut U S Army h604 S Pennsylvania av
Rea W Ted (Stella) mech h1818 Cambridge av
Read see also Reed and Reid
Read Thos D (Irene D) lieut U S Army h309 W Bland
Reagor Wm janitor J P White bldg
Realistic Beauty & Barber Shop (M B and Mrs Dorothy Harell) 111 W 4th
Reall Mary A Mrs nurse h111 S Pennsylvania av
Reall Raymond T (Mary A) pharm h111 S Pennsylvania
Ream Madeline Mrs clk Sallee's Gro & Mkt r308 E 8th
Ream Robt F (Madeline) police r308 E 8th
Reasor Mary E h508 N Pennsylvania av
Reaves see also Reeves
Reaves Gus T Rev (Claudia) pastor First Christian Ch h30(0) N Pennsylvania av
Reaves Jane cash R E Griffith Theatres r307 N Pennsylvan(ia)
Reavis Ethel L Mrs h711 N Washington av
Recker Eunice waitress J S Carrillo r Orchard Camp
Rector Chas W (Delia E) r521½ N Main
Red Cross see American Red Cross

"Say it with Flowers" **ALLISON FLORAL CO.**

We Telegraph Them Anywhere   Expert Florists and Designers

Phone 408—Day or Night   707 S. Lea Ave.

Reddoch Frank L (Alpha O) lab h1309 E 2d
Reddoch Gondel T (Eva) electn h1305 E 2d
Reddoch Gordon B (Faye) U S Army r1309 E 2d
Reddoch Oland (Lillie B) U S Army r1309 E 2d
Reddoch Roland U S Army r1309 E 2d
Reddoch Wm W U S Army r1309 E 2d
Redfield Georgia B Mrs society editor Roswell Morning Dispatch h705 E College blvd
Redfield Sidney C r705 E College blvd
Redfield Sidney I (Georgia B) farmer h705 E College blvd
Redmon Joy A opr Mt States Tel & Tel Co r207 S Washington
Redmon Leon A (Susan I) photo Ball Studios h207 S Washington av
Reed see also Read and Reid
Reed Emory W (Almeda) carp h1209 W Walnut
Reed Lucille Mrs (Aunt Kate's Cafe) r122 E 2d
Reed Raymond Jr (Alma) slsmn Firestone Stores r910 S Main
Reed S Earl (Ruth) junk buyer h503 Ash av
Reese Annette student r712 W Alameda av
Reese Clara C dom 606 W Hendricks h103 S Kansas av
REESE GEORGE L SR (Jim P) lawyer, 424 J P White bldg tel 874, h712 W Alameda, tel 835
Reese Mable r208 E 4th
Reese Wm (Clara C) lab h103 S Kansas av
Reeves see also Reaves
Reeves Austin county comn Dist No 3
Reeves Earl W (Dixie) mech h911 W 13th
Reeves Geo A (Sylvia) h411 W 18th
Reeves Lee (Mildred) fire fighter h ns E 2d 10 E Atkinson
Reid see also Read and Reed
REID-MURDOCK GROCERY CO "Monarch Brands" Armold Transfer & Storage distributors, 419 N Virginia av, tel 23
Reid Tom (Mary Jo) county agrl agt bsmt Court House r 4 mi se of city
Reid Wm F (Lee) millwkr Roswell Cotton Oil Co h308 N Virginia av
Reider Bernice r600 E 5th
Reiland Louis J (Ouida B) r307 W Alameda
Reimers Mildred clk F W Woolworth Co r114 N Richardson
Reischman Alice M tchr Washington Av Sch r19 Riverside dr
Reischman Gene (Sue) (Holsum Baking Co) h707 W 8th
Reischman Lester J (Ruth) (Holsum Baking Co) r19 Riverside dr
Reischman Roy J (Lonie) shop supt Holsum Baking Co h211 W 8th
Remley Frank M (Ruby) r410 N Lea av
Remmetter Paul E (Eloise) lieut U S Army h501e S Lea av
Rench Margaret E waitress Mrs Lee's Cafe
Renfro J D (Ruth) lab h912 W 11th
Renfro Leonard L (Mary) barber Central Barber Shop h205 E 5th
Renfro Pearl opr Mt States Tel & Tel Co r305 N Pennsylvania

Eat at **BUSY BEE CAFE**

JIM RALLES

"Roswell's Leading Cafe"

318 N. Main

PHONE 281

MERRITT'S SMART APPAREL FOR WOMEN

319 North Main —PHONE 482—

Johnston Pump Co.

DISTRIBUTORS OF
Johnston Turbine Pumps
For New Mexico and West Texas

Domestic Pressure Systems

Electric Motors and Starters

108-110 S. Virginia Ave.

PHONE 70

Rennie David (Lola) lieut U S Army r615 E 6th
Rent Control Office see Office Price Admin
Revard Evart A (Peble C) meterdr S W Public Service Co 606 W 1st
Revelle Ned (Netty Lynn) (Ned Revelle Co) h45 Riverside
REVELLE NED CO (Ned Revelle) wholesale and retail U tires, Exide batteries, accessories, vulcanizing, 125 E 2d, t 353
Reyes Fernando (Elisa) lab h510 E Albuquerque
Reyes Octaviano (Guadalupe) lab h509 E Bland
Reynolds Doyle drvr Levers Bros
REYNOLDS J PAUL (Ina) (Roswell Osteopathic Hospital osteopathic physician and surgeon, 216 N Richardson a tel 420, h804 N Richardson av, tel 1208
Reynolds Jas T (Catherine) (Reynolds Laboratory) h810 5th
Reynolds Jos R (Ida) farm wkr h1807 N Union av
Reynolds Laboratory (J T Reynolds) bsmt Court House
Reynolds Lon A (Ray) lab h1709 Maryland av
Reynolds Onus F (Blanche) police h809 W 9th
Reynolds Otis (Blanche) U S Army r500 S Washington av
Reynolds Pearl h202 S Richardson av
Rhea see also Ray and Rea
Rhea Jno W U S Army r802 N Kentucky av
Rhea Veronica r802 N Kentucky av
Rhea Winfield cash A A Gilliland & Co r802 N Kentucky a
Rhea Winnie L (wid John) h802 N Kentucky av
Rheinboldt Frank (Pansy) h510 N Washington av
Rhine Bonnie Mrs clk White House Gro & Mkt r1017 W 2
Rhoades Carl G (Dorothy) office mgr Levers Bros h106 McGaffey
Rhodes Bertis C (Lalla L) woodwkr h301 E McGaffey
Rhodes Verna Mrs r402 E 2d
Rhodes Wm H (Iona A) h401 S Kentucky av
Rice Calvin delmn r304 E 8th
Rice Elizabeth Mrs h304 E 8th
Rice Marvin farmer h304 E 8th
Rice Royal J flight instr Municipal Air Port r same
Rice W Lawrence (Zelpha) police h608 N Virginia av
Rice Wayne F (Anna) inspr Bureau of Entomology & Plan Quarantine r509 N Richardson av
Rich Aubrey (Lois) lab street dept City h401 S Ohio av
Rich Hubert M drvr Rapp Transfer r1210 W 1st
Rich Jessie r1210 W 1st
Rich Kenneth W lab r406 N Richardson av
Rich Lois clk F W Woolworth Co r401 S Ohio av
Rich R F lab street dept City
Rich Robt J (Lenore) plmbr h315 E 8th
Rich Robt T tmstr r1210 W 1st
Rich Zora (wid R A) h1210 W 1st
Richard Allan (Gussie) U S Army r203 S Kansas av
Richard Wm B (Bonnie) U S Army r814 N Main
Richards Creighton H (Myra E) rancher h111 N Michigan a

ELMER'S SERVICE STATION

ELMER LETCHER

600 No. Main St.,   Phone 102

We Employ EXPERIENCED Labor

Richards Jno C (Virginia M) lieut U S Army h308 W Alameda
Richards Lillie Mae prsr Excelsior Clnrs & Dyers
Richardson Carl M truck drvr r1210 S Lea av
Richardson Chas A (Mary F) U S Army h109 N Kentucky av
Richardson Earl (Lee) sgt U S Army h308 W Albuquerque
RICHARDSON GEO K (Mizelle) v-pres-mgr Foundation Invt Co, 214 N Richardson av, tel 1045, h712 N Pennsylvania av, tel 1262
Richardson Geo S U S Army r712 N Pennsylvania av
Richardson Jas P (Aline) truck drvr Arnold Trans & Sto h 311 W McGaffey
Richardson Jno (Annie) janitor h204 E Summit
Richardson Mary F Mrs clk Yucca Confy r109 N Kentucky
Richardson Polly L typist r1210 S Lea av
Richardson Rolland P (Thelma L) sgt U S Army r611 S Kentucky av
Richardson T J r101 S Missouri av
Richardson Wm F (Lettie) auto wrecker 107 S Virginia av h 1210 S Lea av
Richart Louis P (Alberta) pres Court House Garage h1207 Highland rd
Richerson Arthur S (Evelyn) mgr silk fnsh dept Excelsior Clnrs & Dyers h305 S Missouri av
Richerson Evelyn Mrs fnshr Excelsior Clnrs & Dyers h305 S Missouri av
Richmond Catherine H supvr Mt States Tel & Tel Co r408 N Richardson av
Richmond Catherine H (wid E C) bdg hse 408 N Richardson av h same
Richmond Gladys M r408 N Richardson av
Richmond Mary Mrs r200 E Mathews
Richmond Raymond E (Alea) slsmn Merritt's Shoe Dept h 110 W 5th
Riddle Leroy lab r523 E 8th
Riddle Lewis L (Beulah) lab r523 E 8th
Rideout Olen (Bessie) U S Army r1815 N Missouri av
Ridgill Bernard H (Malotta) lab h1805 N Kansas av
Ridgway Byrdie L clk Nix Gro & Mkt r912 E 2d
Ridgway Eula r506 W 19th
Ridgway Edw A U S Navy r211 W 4th
Ridgway Roy L U S Army r211 W 4th
Ridgway Thos (Gladys) h211 W 4th
Ridgway Thos N U S Army r211 W 4th
Rieger Henry millwkr Roswell Cotton Oil Co
Riemen Elmer H (Lucille) sec Masonic Orders h108 N Michigan av
Riggins Jno R (Maude) h304 N Pennsylvania av
Rigsby Lowry A (O Delores) firemn h407 S Ohio av
Rigsby Thos E (Dama) firemn r1208 W 2d
Riley Helen P Mrs dist clk Fifth Judicial Dist Court h801 N Kentucky av
Riley Max (Helen P) constrwkr h801 N Kentucky av
Rind Bonnie Mrs clk White House Gro

Hamilton Roofing Co.

GEO E. BALDEREE Mgr.

We Feature Old American Roofing Shingles Siding Etc.

Free Estimates

Industrial and Residential Roofing and Sheet Metal Contractors

Bonded and Insured

Easy Payment Plan

303 N. Railroad Ave.

Phone 460

ROSWELL FORD AUTO CO.

Open All Night — SALES AND SERVICE — **One Stop Service Station**

PHONES 189 and 190

190

PHONE 14

A Lumber Number Since 1897

BIG JO LUMBER CO.

800 North Main

PHONE 14

Ripley Dave (Maxine) U S Army r104 W Alameda
Riseley Jas P (Mary M) U S Marines r311 W 7th
Risenhoover R Jean Mrs r200 S Union av
Ritchey Richard W (Vessie) U S Army r500 N Richardson
Rivera Florentino r716 E Alameda
Rivera Rafael (Alversa) lab h715 E Tilden
Rivers Betty student r606 S Kentucky av
Rivers Mack W student r606 S Kentucky av
RIVERS NORMAN F (Josephine M) mgr Car Parts Depot I: h606 S Kentucky av, tel 1397-R
Rives Chas J student r101 N Michigan av
Rives Harold L (Helen J) prop Quality Liquor Store h101 Michigan av
Rives Harold L Jr student r101 N Michigan av
Roach Edw G (Marguerite L) agt Railway Exp Agcy h406 Walnut
Roach Gilbert P (Zelma V) electn h5, 504 S Pennsylvania
Roach Jno V r419 E 4th
Roach Marguerite Mrs slsldy Wilmot Hdw Co h406 W Waln
Roach Walter B (Rosalie D) capt U S Army h1019 S Pen sylvania av
Roark Martin (Coba) r114 N Richardson av
Robbins Billie Mrs opr Norton Beauty Shop r1213 N Lea
Roberson see also Robertson and Robinson
Roberson Clarence (Myrtle) lab h1713 Maryland av
Roberson Elizabeth emp Beaty's Lndry r106 N Richardso
Roberson Shed H (Merle) h311 W Tilden
Roberts Allie C (Myrtle A) h600 E McGaffey
Roberts Arlie sten r1203 N Union av
Roberts Bessie Mrs hlpr Bright Spot r803 N Main
Roberts Clarence (Lorene) insulator h1706 N Missouri av
Roberts Clyde (Dock's Place) h704 N Montana av
Roberts Elsie Mrs r609 S Pennsylvania av
Roberts Eva (wid J N) h1203 N Union av
Roberts Hugh C (Katherine) clk AT&SF h607 N Ohio av
Roberts Iva L student r1706 N Missouri av
Roberts Jake (Alyne) h1816 N Lea av
Roberts Lawrence M (Jessie R) barber Old Mission Barb Shop h1007 W Tilden
Roberts Margaret Mrs r602 Sunset av
Roberts Myrtle A Mrs presser Roswell Lndry & Dry Cln h600 E McGaffey
Roberts T Clyde (Hallie L) h1208 W Walnut
Roberts Ted (Dorothy) slsmn Robt Porter & Sons h1309 High land rd
Roberts Theo r600 E McGaffey
Roberts Wm L mech r4, 504 S Pennsylvania av
Robertson see also Roberson and Robinson
Robertson Chas T (Pearl) bkpr Arnold Trans & Stor h308 Hendricks
Robertson Geo M (Kathleen E) capt U S Army h1010 S Pen sylvania av
Robertson Helen L student r508 W 1st

Flowers For All Occasions
PHONE 275
405 W. ALAMEDA
Member F. T. D, A.

Robertson Jos F (Miriam) dist aud S W Public Service Co h901 N Lea av
Robertson Lee (Lucia) rancher h508 W 1st
Robertson Marjorie P clk F W Woolworth Co r308 W Hendricks
Robertson Vernon W (Harriet) bkpr First Natl Bank r509 N Washington av
Robertson Wm J (Gladys) emp Farmers Inc r913 S Atkinson
Robinson see also Roberson and Robertson
Robinson Barney J (Ella B) mech r515 E 5th
Robinson Betty Jane Mrs slsldy Merritt's Ladies Store 319 N Main
Robinson Bogy (Myrtle) (West First Street Lndry; Playmoore Roller Rink) h1207 W 1st
Robinson Carl M (A Mae) h209 W Tilden
Robinson Cora A (wid W L) r107 S Ohio av
Robinson D Dow (Ruedell) whsemn Johnson-Lodewick h805 W 8th
Robinson Donnie P Mrs marker Roswell Lndry & Dry Clnrs h107 S Ohio av
Robinson Ella Belle Mrs opr Norton Beauty Shop r515 E 5th
Robinson Elsie (wid Edw) h110 E Albuquerque
Robinson Harold T (M Pearl) mech h104 S Lea av
Robinson Jno R (Margaret) acct Bassett Acctg Office h425 E 5th
Robinson Kenneth hlpr Katy's Cafe
Robinson Luke O (Allie M) clnr hlpr Excelsior Clnrs & Dyers h1004b E 2d
Robinson Macy D (Anna B) servicemn Johnston Pump Co h203 S Richardson av
Robinson Oscar F (Maggie) farmer h301b E 8th
Robinson Roy V (Willie) meter rdr City r309 W 5th
Robinson S B carp r111½ N Main
Robinson Selma Mrs hlpr El Rancho Cafe
Robinson Vernon (Jerry) U S Army r309 W 5th
Robinson Will (May) editor h309 W 5th
Robinson Wm L (Crystal) sgt U S Army h1511a N Missouri
Robinson Wylie G student r104 S Lea av
Robirds Dola (wid W S) h602 Sunset av
Robirds Richard W student r602 Sunset av
Robison Hattie (wid W F) h1210 N Washington av
Robison Jack B lab r rear 601 E Tilden
Robison Jewel E (Lottie) ydmn McCracken Sup House h404 Lincoln
Robles Emilio (Isabel) h411 E Hendricks
Robles Margarita waitress J S Carrillo r208 E Hendricks
Robles Marguerite r411 E Hendricks
Robles Nieves (Maria) lab h413 E Bland
Robson Arthur L (Ruth) plantmn Sunset Creamery r500 S Virginia av
Rocco Marjorie Mrs clk F W Woolworth Co r615 N Richardson av
Rocco Vito S (Marjorie) photog r615 N Richardson av

PAPER Products

WHOLESALE

GROCERIES | **JANITORS' SUPPLIES**

FEED

Roswell Trading Company

PHONE 126

STATE COLLECTION BUREAU, INC

H. G. Parsons, Mgr.   H. R. Laurain, Pres.

BONDED - ESTABLISHED 1930

10 Bank of Commerce Bldg.   106 E. 4th   Phone 22

Rochelle Clara Mrs nurse N M Military Inst h same
Rochelle Helen clk F W Woolworth Co r207 N Lea av
Rochester Floyd waiter Shamrock Cafe r124½ N Main
Rock Inn Cafe (Evelyn Westover) 1016 E 2d
Rodden Roberta (wid J J) (Rodden's Studio) r209 W Waln
Rodden Woodrow J (Lois) photo Rodden's Studio h1307 Lea av
RODDEN'S STUDIO (Mrs Roberta Rodden) photographe 213 N Main, tel 1342-J
Roehm Orva K Mrs clk h508 W 6th
Rodgers see also Rogers
Rodgers Milburn r908 S Washington av
Rodman E Elton (Kathleen) U S Army r207 N Pennsylvan
Rodrick Jas E r504 S Kansas av
Rodrick Robt B (M Ona) office eng h504 S Kansas av
Rodrick Robt C student r504 S Kansas av
Rodriguez Eleana Mrs r701 E Deming
Rodriguez Felix (Carmen) rancher h401 Ash av
Rodriguez Jose (Dionicia) h923 Jefferson
Rodriguez Lola Mrs h401 E Hendricks
Rodriguez Margarito (Rosa) nightmn Pecos Valley Pkg (h510 E Deming
Rodriguez Selso r122 E 1st
Roff Don D (Kathryn L) (Roff & Son) area rent examn inspr Roswell Area Rent Office h703 W 5th
Roff Thos A (Estelle D) (Roff & Son) h513 N Lea av
ROFF & SON (Thomas A Roff, Don D Roff) quick loans, $ to $300, general insurance, 404 N Main, tel 233
Rogers see also Rodgers
Rogers A Porter (Lodean) servicemn Ginsberg Music Co h8 N Delaware av
Rogers Clark L (Lalla) leather wkr E T Amonett r624 N Ma
Rogers Cleo R clk Montgomery Ward & Co r1003 W 8th
Rogers David P (Maggie M) carp h511 E Reed
Rogers Gordon F (Marguerite E) mech h307 W Deming
Rogers Jas C (Katie) (Supreme Radio Service) h1209 N L
Rogers Lewis H (Mildred) lab h1704 N Michigan av
Rogers Roland E (Margaret S) sgt U S Army r109 N Richar son av
Rogers Thelma Mrs clk Sears, Roebuck & Co h606 W Tilde
Rogers Thos D (Thelma) leatherwkr Welter Saddlery Co h6(W Tilden
Rogers Thos H (Gladys) U S Army Air Corps h1001 W 8
Rogge J O r111½ S Main
Rohr Carl J (Josephine B) asst steward N M Military Inst 208 W College blvd
Roland Willis (Ima J) U S Army r908 N Kentucky av
Rolhvitz Gerhard S (Marcella) pntr h116 S Richardson a
Rollins Alvin millwkr Roswell Cotton Oil Co r1110 Plum
Rollins Asa M (Annie) drvr Dabbs Furn Co h1110 Plum
Rollins Elmer chauf Yellow Cab Co r1304 W Albuquerque
Rollins Jas B slsmn Dabbs Furn Co r1110 Plum
Romero Albert electn r607 E Tilden

DRUGS

PECOS VALLEY DRUG CO.

The Rexall Store

FREE DELIVERY

312 N. MAIN

PHONE -1-

GESSERT-SANDERS ABSTRACT CO.
ABSTRACTS OF TITLE

09 E. Third St.   **Phone 493**

193

nero Albert (Petra) U S Army h307 E Summit
nero Antonio (Regina) h705 E Tilden
nero Carolina r311 E Hendricks
nero Carolina B Mrs hlpr Nickson Coffee Shop r rear 106 V Alameda
nero Clifford (Blanche) stockmn Kessel's Five & Ten Cent tore h505 W Deming
nero Cone (Armida) h405 Sherman av
nero David r208 Hendricks
nero Demetrio h811 E Mathews
nero Guadalupe (Trinidad) h725 E Tilden
nero Guadalupe Mrs h1213 N Union av
nero J T atdt Lowrey Auto Co
nero Juan (Perfida) drvr Levers Bros h410 E Albuquerque
nero Leonides Mrs h308 E Albuquerque
nero Luis r208 E Hendricks
nero Pablo custodian South Hill Sch
nero Petra Mrs h307 E Summit
nero Refugio (Cecelia) pntr h511 E Tilden
nero S tyer Pecos Valley Comp
nero Tercero A Jr (Sofia) r612 E Albuquerque
nero Tercero C (Merce) lab h607 E Tilden
nero Trinidad (Magdalena) lab h700 E Deming
nine Claudie (Lillie) farmer h936 Jefferson
nine Everett (Beulah) lab h934 Jefferson
no Crescencio h912 S Lea av
no Jose L (Barbara) drftsmn Roswell Map & Blue Print o h914 S Lea av
no Petra dom 211 S Lea av r912 same
ley Byrl C (Marion) h809 N Pennsylvania av
ley Marion Mrs sec Hervey Dow Hill & Hinkle h809 N ennsylvania av
ley Wirt R student r809 N Pennsylvania av
d Hugh (Mary) U S Army r200 N Michigan av
ks Leroy R (Mary) h614 S Union av
e Benj F (Charlotte L) agt AT&SF h511 W 7th
e Benj F (Ruth) U S Army r407 W 1st
e Betty supvr r1308 N Richardson av
e Cecil L r104½ N Main
e Chas W (Joyce) lieut U S Army r110 Pear
e I B U S Army county surveyor 1st fl Court House r909 Kentucky av
e Jewel Mrs nurse Roswell Osteopathic Hospital r1303 7 2d
e Jno W (Mary L) eng water dept City h500 S Lea av
e Laura Mrs r311 N Grand av
e Loyd D (Annie) line dept S W Public Service Co h304 Chisum
e Mary L Mrs supvr Mt States Tel & Tel Co h500 S Lea
e Mona D (wid H L) h700 N Virginia av
e Tommie D (wid J M) h909 N Kentucky av
e Wm Jennings whsemn J M Radford Gro Co r rear 503 2d

The Roswell Cotton Oil Co.

Mfrs. of Molasses Cubes and Cotton Seed Cake

301 E. 2d St.

PHONE 58

PANHANDLE LUMBER
COMPANY, INC.
"COMPLETE BUILDING SERVICE"
PLAN SERVICE — FINANCING
107-11 W. Alameda   Phone

PURE MILK

Clardy's Dairy

Since 1912

Producer and Distributor of Quality Dairy Products and Ice Cream

200-202 E. 5th

Phone 796

Rosenberg Lillie (wid Louise) r114 S Missouri av
Rosenfeld Jack C (Pearl) U S Army h704a S Pennsylva
Rosenman Bernard M (Burt A) atty h403 W Tilden
Rosenthal Seymour G (Selma Z) lieut U S Army h A, 110 Alameda
Rosier Lillie M (wid Wm) r505 N Pennsyvania av
Rosin Klaudina r623 E 6th
Ross Chas (Ethel) h503 W 17th
Ross Early (Emma) r211½ S Virginia av
Ross Frank h204 S Missouri av
Ross I V (Mozelle) (No Delay Shine Parlor) h213 S Virg
Ross Jos V (Eleanore) lieut U S Army h106 N Washing
Ross Lura Mrs nurse 406 S Kentucky av r same
Ross Sylvester E (Laura E) rancher h824 N Main
Ross Wayne L (Floretta) brkmn AT&SF Ry r202½ E 2d
Rossillian Clarence janitor St Mary's Hospital r same
Roswell Air Port end W 8th
Roswell Area Rent Office J T Jennings director 1-2 Bank Commerce bldg
Roswell Army Flying School Col Jno C Horton com 4 n of city
Roswell Auto Building 111-13 N Richardson av
Roswell Auto Club 400 N Main
ROSWELL AUTO CO THE (Inc) C M Farnsworth pres, Moberly v-pres, A L Farnsworth sec-treas, L M Dudley treas, Ford, Mercury and Lincoln-Zephyr cars and F trucks, general repairs, accessories, service station 120-32 2d, tel 189 and 190 (see left top lines)
Roswell Barber Shop (Taylor Curtiss, Leo Cowan) 301 N M
Roswell Bath Institute (Mrs Chas Smartt) 505 N Main
ROSWELL BEAUTY SHOP (Mrs Lizzie Porter, Mrs R Porter Wolf) "noted for individual beauty service" 30 N Main, tel 69, res tel 467
ROSWELL BODY & FENDER WORKS (C E Allan) " wreck 'em, we fix 'em" motor repairing, complete ser from bumper to bumper, authorized DuPont paint sta 204 E 2d, tel 1542-M (extension, body shop)
ROSWELL BUILDING & LOAN ASSOCIATION (Inc) Hinkle pres, R H McCune v-pres-mgr, H D O Hammond treas, 117 W 3d, tel 613 (see inside front cover)
ROSWELL BUSINESS COLLEGE, F A Witham mgr, comp instruction in all usual commercial subjects, 124½ E 4t
Roswell-Carrizozo Stages (Geo Harkness, Carrizozo N M) 21 S Main
Roswell Cash Wholesale Grocery J W Archer mgr 111-1 Main
ROSWELL CHAMBER OF COMMERCE, see Chamber of C merce
ROSWELL CITY DIRECTORY, Hudspeth Directory Co lishers, 749 First Natl Bank bldg, El Paso, Tex

ROSWELL CITY OF—Thos J Hall mayor, Ross L Malone Jr city attorney, J H Dekker city clerk and treas, Lea Rowland city eng and water supt, Dr C R Covington meat and milk inspr and sanitary officer; H L Eller chief of police, Rue Chrisman chief fire dept; R L Ballard police judge, City Hall W 5th, se cor N Richardson av, phones: clk's office 12, police 140, water dept (office) 612; (plant) 449; fire station 108 W 1st, phone 380; garage and work shop (street dept) 225 N Virginia, phone 511

ROSWELL COTTON OIL CO THE (Inc) L T Lewis sec-mgr, D J Payne cash, R W Gorman supt, mfrs cotton seed products, 301 E 2d, tel 58 (see right side lines)

Roswell Country Club R R Hinkle pres J Walden Bassett sec 2 mi ne of City, downtown office 212 J P White bldg

ROSWELL CREDIT BUREAU, Herb R Laurain mgr, credit, loyalty, character reports, collections, Bank of Commerce bldg, tel 26, P O Box 831

Roswell Cycle Shop (S O Mills) 120 E 4th

ROSWELL DAILY RECORD, Record Publishing Co, Thomas F Summers, publisher, C E Mason, editor, 424 N Main, tel 11 and 55 (see page 9)

Roswell Drainage District J W Bassett treas 212 J P White bldg

ROSWELL DRUG CO, M S Hamilton owner, drugs, sundries, fountain service, office supplies, 126 N Main, tel 36 and 37

Roswell Electric Co (Geo Leavelle) 209½ S Main

Roswell Fire Department Rue Chrisman chf 108 W 1st

ROSWELL FLORAL CO, S S Santheson prop, fresh cut flowers and floral designs for all occasions, 507 N Atkinson av, tel 196

Roswell Furniture Shop (Carlos de Fernandez) 212 E 5th

Roswell Gin Co (Inc) J P White Jr pres, G L White (Littlefield Tex) v-pres H H McGee sec-treas 600 E 2d

Roswell High School P H Deaton prin 500 S Richardson av

Roswell Hotel Mrs M B Gray mgr 507 N Virginia av

ROSWELL INSURANCE & SURETY CO (Inc) J F Hinkle pres, R H McCune v-pres-mgr, H D O Hammond sec-treas, general insurance, 117 W 3d, tel 613 (see inside front cover)

ROSWELL LAUNDRY & DRY CLEANERS (I W Woolsey) launderers, dry cleaners, hatters, rug cleaners, fur storage, 15-17 N Virginia av, tel 15 and 16

Roswell Machine & Welding Shop R L Cole mgr 222 S Main

ROSWELL MAP & BLUE PRINT CO (Aubrey B Gregg) maps, surveying, drafting, blue printing and photostating, 108½ N Main, tel 230 (see page 11)

Roswell Mattress Co R O Ward lessee 402 S Main

Roswell Monument Co (C J Leslie) 600 S Main

ROSWELL MORNING DISPATCH INC Paul McEvoy pres, co pubr, Maurice McEvoy v-pres, co-pubr, Poynter McEvoy sec-treas-co pubr, 110 N Main, tel 303 (see page 10)

Roswell Motor Supply (E C Blackwell) 204-6 N Virginia av

Roswell Museum Mrs Bertha Rose director 104 W 11th

Wilmot Hardware Co.
ESTABLISHED 1911

Wholesale / Retail

KELVINATOR Electric Refrigerators

Maytag Washing Machines

Magic Chef Gas Ranges

Philco Radios Sales and Service

Samson Windmills

Engines

Fencing

Paint

Guns and Amunition

Sporting Goods

115-17 N. Main

PHONE 634

STANDARD BRAND PULLORUM TESTED BABY CHICKS

Embryo fed chicks and
PURINA CHOWS
FEED
Hay and Grain

C. F. & I.
Dawson &
RATON

Kindling

Pecos Valley Trading Co. & Hatchery

603
N. Virginia

PHONE
412

Roswell Osteopathic Hospital (J P Reynolds, H S Rouse, Barbour) 216 N Richardson av
Roswell Package Store (J G Dawson) 121 W 2d
Roswell Planing Mill (L P Kranz) 201 E McGaffey
ROSWELL PLUMBING & HEATING CO (T J Herbert) plu ing and heating contracting and supplies, 128 E 3d, tel
Roswell Production Credit Assn T H Boswell Jr sec-tr 15-16 First Natl Bank bldg
Roswell Real Estate Co (Glenn N Venrick Geo Heath) First Natl Bank bldg
ROSWELL SAND & GRAVEL CO, A F Drury owner, sand gravel, shippers in car load lots, serving South Eastern N Mexico, land leveling, earthen tanks, and dams, 104 S Kan av, tel 1548 (see page 7)
ROSWELL SEED CO, Ivan J, Verdi F and Walter Lee operators, wholesale and retail alfalfa seed, garden, field flower seeds, bee supplies, poultry supplies, 115-17 S M tel 92 (see page 11)
ROSWELL SERVICE STATION, Mrs Hazel M Wallace p Sinclair products, washing, lubrication, tire repairs, Offi Tire Inspection Station, 101 S Main, tel 903
Roswell Tractor & Implement Co (Inc) J W Miley mgr 1 S Main
ROSWELL TRADING CO (Inc) H B Smyrl pres, Judson G art sec-treas, wholesale paper, groceries, janitors' supp E 2d sw cor Grand av, tel 126 (see right side lines)
ROSWELL TYPEWRITER CO (C L Schnedar) L C Sm and Corona Typewriters, adding machines, scales and registers, 215 N Main, tel 675 (see page 11)
Roswell Wool & Mohair Co (Abe Mayer Jr) rear 211 E 2d
Rothblatt Lewis (Lea) h1608 N Missouri av
Rothwell Jas A (Pauline) U S Army r205 E 5th
Roudebush Wm C (Opal) instr N M Military Inst h715 N M
Rouhier Robt N (Eileen L) U S Army h305 W Deming
Rounds C Haddon (Pearl) cash AT&SF h611 N Ohio av
ROUSE H SEAMAN (Sally B) (Roswell Osteopathic Hospi osteopathic physician and surgeon, 216 N Richardson tel 420, h505 S Missouri av, tel 747
Row Lydia A (wid W A) r rear 500 S Main
Row Wm C (Esther) plant opr S W Public Service Co h S Richardson av
Rowan Wilma clk F W Woolworth Co r402 E 2d
Rowdon Juanita Mrs slsldy J C Penney Co r703 N Richard
Rowe Elsie r1208 N Missouri av
Rowell Fred G (Bette A) capt U S Army h102½ S Kentucky
Rowen Betty sten RE Griffith Theatres r Camp Fuston
Rowin Marvin (Charlotte) clk h ns W 2d 4 w Missouri av
Rowland Lea (Fay) city eng water supt 301 E Alameda h N Michigan av
ROYAL CLEANERS (Estate of Corinne McLish) clear hatters, tailors, we deliver, 104 W 1st, tel 4

Price's SUNSET CREAMERY

ROYAL CROWN BOTTLING CO (Wm C Hairston) bottlers of Royal Crown Cola, Nehi and Par-T-Pak beverages, 602 N Virginia, tel 508

..er Leo J (Dorothy) solr Roswell Ins & Surety Co h1617 Kansas av
..ell Jno h513 E 8th
..io Emeterio (Aurora) h220 E Reed
..io Epitacio (Severiana) civil service h1012 S Grand av
..io Guadalupe Mrs dom 400 S Lea av h313 S Main
..ker Allyne r335 E 8th
..ker Baxter A (I Elaine) clk h308 S Delaware av
..ker Jno P (Maggie) firemn h335 E 8th
.. Elizabeth (wid A H) housekpr 1100 N Pennsylvania av 1108 N Kentucky av
.. Wm B (Margaret) firemn h932 Jefferson
..bush Edw L lab r Leo Knof
..bush Ruby J Mrs dental hygienist r503 W Tilden
..l Jos A (Edith R) routemn Roswell Lndry & Dry Clnrs h 11 S Missouri av
..er Richard E (Dollie) U S Army r6, 604 N Virginia av
..hton Raymond C gard r700 E 5th
..s Melba O Mrs slsldy Boellner's r500 S Kansas av
..s W Howell (Melba O) U S Army r500 S Kansas av
..sell Allen (Charlotte) r200 N Michigan
..sell Buck (Emma) (Buck Russell Plmbg Co) h712 N Main

..SSELL BUCK PLUMBING CO (Buck Russell) plumbing, heating, contracting, repairs, prompt service, call us, 105 W Walnut, tel 1166

..sell Cora V (wid Henry) h212 N Lea av
..sell Dale (Lee) bartndr h102 Pear
..sell Everett W (Evelyn) gard h410 E College blvd
..sell Jack (Coca) welder h618 S Atkinson av
..sell Jessie r112 S Pennsylvania av
..sell Katherine r415 N Missouri av
..sell Lemos P (Dessie B) (Pecos Court Service Sta & Gro) same
..sell Lillian R Mrs (Martin Ins Agcy) h604 N Missouri av
..sell Mary E sten r212 N Lea av
..sell Otho H (Edith E) taxi r510 S Virginia av
..sell Paul h423 E 4th
..sell Paul student r400 E College blvd
..sell Pauline r400 E College blvd
..sell Reuben N (Mary) gard h400 E College blvd
..sell Robt L h415 N Missouri av
..sell Walter S (Virginia) lieut U S Army h110 Pear
..sell Willie r415 N Missouri av
..herford Virginia E h603 Sunset av
..ledge Betty J r207 E Bland
..ledge H W carp r323 S Main
..ledge Laura G r207 E Bland
..ledge Lee R (Anna J) U S Army r207 E Bland
..ledge Ross R (Fornia L) h207 E Bland
..ledge Thos clk Jackson Food Store r604 N Richardson av

Johnson-Lodewick

Refiners and Marketers of Petroleum Products

Distributors for Southeastern New Mexico of **QUAKER STATE MOTOR OILS**

New Mexico Distributors for Barnsdall Oil Co.

813 N. Virginia Ave.

Phone 164

R. O. ANDERSON
President

DALE FISCHBECK
General Supt.

Phone 23 "SKIDDO" — ARMOLD TRANSFER & STORAGE — STORAGE - CRATING - SHIPPING — "We Move Anything" — 419 N. Virginia

Ryde Rendall instr N M Military Inst r same
Ryder Wm E (Nola L) r407 S Pennsylvania av
Ryron Edwin F (Elaine) capt h518 E 5th

S

Saavedra Emilio delmn Pecos Valley Drug Co r1208 N Ohio
Saavedra Marcelo (Lela) h721 E Alameda
Saavedra Silvestre (Elsie) r719½ E Alameda
SACRA BROS (G M and Thos A Sacra Jr) distbtrs Butane & Propane gas and equipment, 1306 E 2d, tel 582
Sacra Glaze M (Marteal) (Sacra Bros) r45 mi n of Roswell
Sacra Thos A (Inez) rancher h312 S Lea av
Sacra Thos A Jr (Dorothy) (Sacra Bros) h1010 N Pennsylvania av
Safeway Stores W M Mayer mgr 303 N Virginia av
Sain Bobbie Mrs waitress Central Grill r rear 206 W 8th
Sain Harold (Bobbie) mining r rear 206 W 8th
St Andrew's Episcopal Church Rev Jos H Harvey pastor W 5th
St Clair Hollis C (Nona) mkt mgr Jackson Food Stores h W Summit
St John Anne (wid B F) (St John Candy Co) h104 S Pennsylvania av
St John Candy Co (Mrs Anne St John) 104 S Pennsylvania
St John Charlotte sec r414 W Alameda
St John Maude Mrs clk County Treas r105 N Atkinson av
St John Richard F (Dorothy) slsmn Sunset Creamery h S Richardson av
St John Virginia Mrs nurse's asst Dr Geo S Morrison r10? Pennsylvania av
St John Wm H Jr (Virginia) slsmn Sunset Creamery r10? Pennsylvania av
St John's Catholic School Rev Lambert Brockman prin Lincoln av nw cor Albuquerque
St John's Spanish American Catholic Church Rev Lambert Brockman O F M pastor 318 E Hendricks
ST MARY'S HOSPITAL, Sisters of the Sorrowful Mother charge, Sister Mary Salesia superior, s end S Main cor Sum, tel 185 (see page 8)
ST PETER'S CATHOLIC CHURCH, Rev Christian Studer O F M rector, 801 S Main, tel 501
St Peter's Parochial School conducted by Sisters of St Casimir 108 E Deming
Salas Gregorio (Delfida) lab h507 E Tilden
Salas Oralia dishwshr r507 E Tilden
Salas Velia r507 E Tilden
Salazar Cornelia (wid Roger) r1200 E Tilden
Salazar Genoveva Mrs r904 S Kentucky av
Salazar Israel (Vidal) lab h103 Ash av
Sale Malcolm (Alice) h1308½ N Kentucky av

CAR PARTS DEPOT INC.

Distributors
Automotive Supplies and Equipment

Welding Equipment and Supplies

PHONE **205**

401 N. Virginia Ave.

P. O. Box 1288

| BIGELOW RUGS AND CARPETS DRAPERIES LINOLEUMS WASHING MACHINES | **Purdys' Furniture Company** 321-25 N. MAIN PHONE 197 | KARPEN FURNITURE STOVES AND RANGES UPHOLSTERING VENETIAN BLINDS WINDOW SHADES |

...ee Homer B (Nancy L) (La Salle Court) h123 E 23d
...ga Chas A (Mary) eng r504 N Pennsylvania av
...inas Ramona (wid L S) h109 Ash av
...inas Victor (Epifania) lab h716 E Alameda
...lee G Roy (Sallee's Gro & Mkt) h210 E 5th
...lee Martha E (wid A L) r317 E 7th
...lee Theo L U S Army r210 E 5th
...LLEE'S GROCERY & MARKET (G Roy Sallee) 208-10 E 5th, tel 1212
...ly Ann Bakery (W W Orr) 607 W 2d
...sman E Darius (Josephine) carp h409 E 4th
...ter Robt P (Addie) wool buyer h700 N Ohio av
...vation Army Hall 406-8-10 S Main
...nario Florentino (Consuelo) lab h500 E Albuquerque
...MSON HENRY E (Mildred) dist mgr Southwestern Public Service Co, h405 N Lea av, tel 321
...nson Mary L student r405 N Lea av
...nuel J W (Mary M) U S Army h720 E Alameda
...nchez A Daniel (Evelyn) U S Army h705 E Bland
...nchez Albert tiremn Dollahon Tire Shop r506 E Tilden
...nchez Angelita Mrs r728 E Tilden
...nchez Antonio (Lucia) lab h712 E Mathews
...nchez Calixto lab h728 E Tilden
...nchez Carlota hsekpr r506 E Tilden
...nchez Celestino (Hazel) lab h713 E Walnut
...nchez David (Isidora) h1010 W College blvd
...nchez Estella Mrs r102 S Virginia av
...nchez Fidel (Emma) janitor h404 E Albuquerque
...nchez Flora r1012 N Union av
...nchez Herminio (Delicia) h703 E Bland
...nchez Isador R (Elandera) lab h701 E Alameda
...nchez Jno B (Josephine) welder O H White Blacksmith & Welding r rear 310 E Hendricks
...nchez Jose (Ninfa) h807 N Delaware av
...nchez Jose G Rev (Andrea R) pastor Mex Calvary Baptist Ch h810 N Michigan av
...nchez Lionicio (Tita) lab h708 E Mathews
...nchez Lola Mrs r208 E Hendricks
...nchez Luz P h503 E Hendricks
...nchez Luz P Mrs h503 E Hendricks
...nchez Mabel r812 N Michigan av
...nchez Manuel r906 N Union av
...nchez Marcial (Mary) h506 E Tilden
...nchez Max U S Army r906 N Union av
...nchez Nestor lab r728 E Tilden
...nchez Nora dom r110 S Kansas av
...nchez Pauline Mrs h104 Mulberry av
...nchez Refugio r724 E Tilden
...nchez Ruben (Mary M) h1402 N Kansas av
...nchez Sabina (wid I) h110 S Kansas av
...nchez Sabino (Blasa) h rear 513 E Tilden
...nchez Sotero r122 E 1st
...nchez Sotero janitor r110 S Kansas av

Drink

Delicious and Refreshing

PECOS VALLEY Coca-Cola **Bottling Co.**

908-10 N. Main

PHONE **771**

 # TAXI

201
Curtis Corn, Owner

201
3d and Richardson Av

Dr. R. S. Attaway D.V.M.

Chaves County's Only **Qualified (Graduate) Practicing Veterinarian**

Large and Small Animal Practice

PHONE 636

403 East 2d.

Sanchez Termer h 1012 N Union av
Sanchez Virginia Mrs h906 N Union av
Sanders see also Saunders
Sanders Arch E (Olga M) formn Pecos Valley Pkg Co h912 Hendricks
Sanders Beatty E (Dosia) h111 W Albuquerque
Sanders Bessie emp Sunset Creamery r rear 523 E 8th
Sanders Birdie r912 W Alameda av
Sanders Carrol F Jr service sta atdt Roswell Auto Co r705 Washington av
Sanders Harry H firemn r111 W Albuquerque
Sanders Henry W (Beatrice) cook r201 S Virginia av
Sanders Jas B (Ruth) r108 N Kentucky av
Sanders Jas E (Vashti) U S Army r309 N Washington av
Sanders Lela (wid Luther) h rear 523 E 8th
SANDERS LYMAN A (Lois V) sec-treas Gessert-Sanders Abstract Co, h507 W 4th, tel 645
Sanders Lyman A Jr U S Army r507 W 4th
Sanders Saml (Cynthia) r201 S Virginia av
Sanders Stella B clk F W Woolworth Co r111 W Albuquerq
Sanders W Eli (Mary) h1809 Maryland av
Sanders Willie wid R B) h101 S Union av
Sanderson Elizabeth (wid A D) h522 E 7th
Sandfer J T (Mary) clk r Mrs Alpha Morgan
Sandoval Darline student r109½ W Tilden
Sandoval Georgia (wid E M) h109 W Tilden
Sandoval Jose G (Caroline) U S Army r505 E Bland
Sandoval Louis G (Marie) tiremn McNally-Hall Motor Co 109½ W Tilden
Sandoval Marie Mrs class adv mgr Roswell Daily Record 109½ W Tilden
Sandoval Paul R (Trina) mech h714 E Alameda
Sandry Charlotte Mrs sten Valley Ref Co r109 N Kentucky
Sandry Wm (Charlotte) U S Army r109 N Kentucky av
Sanitary Barber Shop (B H Brown) 113 W 3d
Santa Cruz Liberato (Maria) h508 E Albuquerque
Santefort Al (Esther) r501 E 4th
Santheson Frans O florist Roswell Floral Co h802 E 5th
SANTHESON STIG S (Bernice M) prop Roswell Floral (507 N Atkinson av, h509 same, tel 196
Sapien Tomas (Timotea) lab h202 Ash av
Sargent Dot (Pauline) (Sargent's Billiard Parlor; Sargen Buckhorn Beer Parlor) h515 E 3d
Sargent Grover C (Macie) dairywkr h406 W 17th
Sargent's Billiard Parlor (Dot Sargent) 120 N Main
Sargent's Buckhorn Beer Parlor (Dot Sargent) 120 N Main
Sauers Jno Paul (Laura E) U S Army r202½ E 2d
Saunders see also Sanders
Saunders Guy C (Ola) h201 N Missouri av
Saunders Harwood P h200 E Deming
Saunders Howard P Jr commandant N M Military Inst r sa
Savage Bros Electric (D L and E N Savage) 409 E 2d

Savage Drew L (Dora) (Savage Bros Elec) h908 S Washington
Savage Edgar N (Cleo) (Savage Bros Elec) h910 W Washington av
SAVAGE JOHN B (Clara V) state mgr Praetorian Life Ins Co, suite 205 J P White bldg, tel 56, h304 N Michigan av, tel 789
Savage Jno N (Dorrace) (Savage & Co) spcl rep Praetorian Life Ins Co, U S Army, r304 N Michigan av
Savage Margaret (wid D C) h1312 N Kentucky av
Savage Sue E tchr East Side Sch r304 N Michigan av
Savage & Co (J N Savage) ins 205 J P White bldg
Sawey Chas M (Charlotte) clk P O h405 W 2d
Sawyer Damon F (Eula) slsmn Continental Oil Co h1524 N Michigan av
Sawyers Alice L tchr Highland Sch r308 W College blvd
Sawyers Hugh L (Sarah) sec N M Oil & Gas Assn h308 W College blvd
Saxman Melvin V (Louise) lieut U S Army h712 S Michigan av
Scanlon Martin F brig gen commanding Provisional Training Wing WCAAF
Scarborough Margaret clk r110 S Pennsylvania av
Scarborough Louella opr Roswell Beauty Shop r510 N Richardson av
Scargona Casimiro (Margaret) lab h305 E Albuquerque
SCARRITT EDW L, city editor Roswell Daily Record, r805 N Richardson av, tel 214
Schack Magdalena (wid H O) r1021 S Pennsylvania av
Schaefer see also Shafer
Schaefer Agnes bkpr Roswell Plmbg & Htg Co r208 E Bland
Schaefer Roland T Rev (Esther) pastor Trinity Methodist Church h308 W 5th
Schaefer Peter (Mary J) h208 E Bland
Schaefer Ruth L student r308 W 5th
Schaubel Esther V (wid L H) nurse city schools h1315 N Kentucky av
Schmid see also Smith
Schmid Mary waitress Minute Toastery r Rt 1 Box 214
Schnaible Nora C Mrs opr Mt States Tel & Tel Co r500 S Richardson av
SCHNEDAR CHRIS L (Angela) (Roswell Typewriter Co) 215 N Main, tel 674, h1100 E College blvd, tel 1160-R
School Stadium 1001-13 N Pennsylvania av
Schorn Frances Mrs nurse h704 N Delaware av
Schorn Leo H (Frances) clk P O h704 N Delaware av
Schram Lysetta (wid C F) h rear 210 S Richardson av
Schrieder Arthur U S Army r910 N Kentucky av
Schrimsher Beulah G (wid J E) drsmkr 110 W 4th h same
Schrimsher Cecil W (Margaret) asst mgr-eng Smith Machy Co h404 S Kansas av
Schrimsher Grace E bkpr First Natl Bank r702 N Richardson
Schrimsher J Virginia r702 N Richardson av
Schrimsher Jno G clk South Side Gro & Mkt r702 N Richardson av
Schrimsher Susan P (wid E V) h702 N Richardson av

EL PASO-PECOS VALLEY TRUCK LINES

J. L. NAYLOR, Owner CARL A. LONG, Local Agt
Daily, Dependable Service from and to EL PASO, LOS ANGELES and POINTS WEST
118 E. 4th St. Phone 16(

202

CLARDY'S PRODUCTS
Raw and Pasteurized
MILK
Butter
Cream
Butter Milk
Ice Cream
Delivered to Your Home or At Your Grocer
PHONE 796
200-202 E. 5th

Schueneman Frederick W (Winifred P) r506 S Union av
Schueneman Theo W chf mech city r506 S Union av
Schuler Elbert K (Helen W) service mgr Zink's h1210 Highland rd
Schuler Harmon (Gertrude) lab r1520 N Michigan av
Schuler Helen W Mrs sten Roswell Prodn Credit Assn h12: Highland rd
Schultz see also Shults
Schultz Fern (wid P G) h406 S Kentucky av
Schultz Raymond P (Gertrude) U S Army h301 N Missouri :
Schulz Iva Mrs slsldy Mode O'Day r RAFS
Schuster Theo M (Vilma) mgr U S Employment Service h9(N Missouri av
Schwab Mary P (wid C E) mgr Bungalow Courts h501f Lea av
Schwab Roscoe C (Katherine) treater Valley Ref Co h102 Kansas av
Schwartz Leland (June) U S Army h1 rear 801 N Main
Schwenoha Vince (Helen F) U S Army h606 S Lea av
Scissons Earl T (Viola) lab h1, 606 N Virginia av
Scoggins Walter G (Delia) atdt Ned Revelle Co h ws Sherma av 5 s Chisum
Scott Benj I (Lillian) mech h313 E Bland
Scott Chas student r204 E Albuquerque
Scott Drucilla asst bkpr Excelsior Clnrs & Dyers r702 Delaware av
Scott Gilley (Mary) porter Smoke House h201 S Virginia :
Scott Jas r204 E Albuquerque
Scott Jas r111½ S Main
Scott Jas L (Cora) powdermn h1817 Maryland av
Scott Lawrence W (Rosa) lab h1813 Maryland av
Scott Melbourne C (Billye) slsmn Central Hdw Inc h1103 \ 8th
Scott Minnie (wid W E) r204 E Albuquerque
Scott Robt J (Margaret) slsmn r202 W 6th
Scroggins Robt L (Ruth) sgt in ch N M State Police h903 Michigan av
Seale Raymond L (Inez) bkpr Wilmot Hdw Co h1311 N Lea :
Searcy Felix h600 W McGaffey
Searcy Jas D (Carolyn) U S Army r1302 N Kentucky av
Sears Frank M (Daisy O) h1202 N Washington av
Sears Ivan L (Fairy) cond AT&SF h rear 105 N Lea av
Sears Jo (wid M M) sten h710½ N Main
Sears Justine sten r710½ N Main
SEARS-ROEBUCK & CO, E H Mueller mgr, department stor dry goods, clothing, furniture, hardware, implements, tire radios, plumbing supplies, dairy and poultry supplies, U: Sears Easy Pay Plan, 116-18 W 3d, tel 181
Sebree Chas P cowboy r111½ N Main
Second Baptist Church Rev O F Dixon pastor 1081½ S Kans:
SECURITY BENEFIT ASS'N, Mrs Mabel McCloud pres, M: Viola Burnett dist mgr-fin sec, meets 1st and 3d Frida nights at K of P Hall, financier's office 402 N Main, tel 39

"Say it with Flowers" ALLISON FLORAL CO.
We Telegraph Them Anywhere   Expert Florists and Designers
Phone 408—Day or Night   707 S. Lea Ave.

Security Finance Co (J R and R E Daughtry) 222-23 JP White bldg
edillo Estella cook r122 E 1st
edillo Eusebio lab r311 E Hendricks
edillo Francisco (Nell B) h723½ E Alameda
edillo Margarito (Cenaida) lab h902 E Mathews
edillo Martin (Porfiria) h1202 N Ohio av
edillo Romualdo (Isabel) h1314 N Kansas av
edillo Viola A r1209 N Ohio av
eele Geo (Connie) h109 W McGaffey
eiling Mamie R Mrs bkpr Roswell Auto Co h601 N Ohio av
eiling Otto E (Mamie R) h601 N Ohio av
elective Service Board see Chaves County Selective Service Bd
ena Faby janitor r212 E Reed
ena Juan (Julia) truck drvr h212 E Reed
ena Lena r913 N Pennsylvania av
erini Amelia opr Mt States Tel & Tel Co r110 S Kentucky av
erna Francisca Mrs h306 Van Buren
ERVICE GARAGE, C F Downs prop, general repairing and service station, acetylene welding, dependable service, reasonable rates, 1417 W 2d, tel 812-R (see page 3)
eventh Day Adventist Church Rev A D Melton pastor 105 S Lea av
eventh Day Adventist Church (colored) Rev W R Nelson pastor 104 S Michigan av
eventh Day Adventist School Mrs A E Melton prin 105 S Lea
eventh Street Laundry (Mrs Odessa Booher) 105 E 7th
exe Kenneth slsmn Western Auto Sup Co r n of air base
exton Bernice r313 W Mathews
eymore Robt r2401 N Main
eymour Geo S (Doris E M) sgt U S Army r608 S Lea av
hafer see also Schaefer
hafer Chas L (Miriam) maj U S Army h1206 N Lea av
hafer Lenore supvr music city schools r208 N Michigan av
haffer Frances Mrs r111½ S Main
hamis Jos (Flora) (Consumer's Food Mkt) h710 S Kentucky
hamrock Cafe (W L Weier) 122 N Main
hank Anita r400 E Albuquerque
hank R Clifford Jr (Elsie) delmn Ranchers' Sup Co h407 S Grand av
hank Robt C (Ruth) lab h400 E Albuquerque
hankles Jas C (Ruth N) carp h200 N Missouri av
hannon J D (Nettie P) U S Army r211½ S Main
hannon Lena Mrs housekpr Nickson Hotel h200 S Lea av
harp Jas E (Catherine) U S Army r210 N Lea av
haver Buford D (Belle) ginner Farmers Inc h ws New 3 n E 23d
haver Buford D Jr atdt Castleberry's Phillips Serv Sta r B D Shaver
haver Clyde eng Farmers Inc
haver Edgar P (Fannie) carp h1301 S Main

Eat at BUSY BEE CAFE

JIM RALLES

"Roswell's Leading Cafe"

318 N. Main

PHONE 281

MERRITT'S SMART APPAREL FOR WOMEN

319 North Main — PHONE 482 —

Johnston Pump Co.

DISTRIBUTORS OF
Johnston Turbine Pumps
For New Mexico and West Texas

Domestic Pressure Systems

Electric Motors and Starters

108-110 S. Virginia Ave.

PHONE 70

Shaw Albert T (Georgia) truck drvr r309 E 8th
Shaw Barber Shop (W S Shaw) 418½ N Main
Shaw Dude T (Edna) cement fnshr h508 E 5th
Shaw Elgie E (wid H P) r311 W Alameda
Shaw Fern emp Roswell Lndry & Dry Clnrs r206 W 10th
SHAW GROCERY & MARKET (L U Shaw) staple and fancy groceries, fresh vegetables, meats, ice cream and sandwiches we deliver, 406 W 2d, tel 350 and 351
Shaw Irene waitress Arcade Cafe r508 E 5th
Shaw Jas (Janey) lieut U S Army h206 Richardson av
Shaw Jno (Rose A) mech h1300 N Richardson av
Shaw Jos A (Stella) porter Elks Club r109 E Tilden
Shaw Lawrence U (Ruth) (Shaw's Gro & Mkt) h907 S Washington av
Shaw Lawrence U Jr student r907 S Washington av
Shaw Pearl Mrs nurse r105 N Pennsylvania av
Shaw Stella dom 200 S Pennsylvania av r109 E Tilden
SHAW WILL (Willie M) bkpr Bond-Baker Co Ltd, h401 Missouri av, tel 1102-M
Shaw Willis S (Ida) (Shaw Barber Shop) h305 W 3d
Shaw's Cafe (L U Shaw) 408 W 2d
Shaw's Grocery & Market (L U Shaw) 406 W 2d
Shearer Fannie parachute mech r903 N Pennsylvania av
Sheehan Martha E Mrs r100 S Missouri av
Sheehan Wm A r124½ N Main
Sheffield Wm T (Virginia) U S Army r109½ S Main
Shelby Bettye clk F W Woolworth Co r1012 S Lea av
Shelby Jos (Bettye) U S Army r1012 S Lea av
Shellabarger Vernon (Helen) U S Army r500 N Lea av
Shelnutt Bernice credit mgr Sears, Roebuck & Co r911 E Bland
Shelnutt Theo A (Myra B) ins h911 E Bland
Shelton Andrew T (Myrtle) (Nickson Barber Shop) h ns Alameda 1 e Atkinson av
Shelton Dealous W r1817 N Lea av
Shelton Neva Mrs waitress r102 Mulberry av
Shelton Ralph mech Roswell Auto Co r200 S Lea av
Shelton Wilbur service sta atdt Roswell Auto Co r705 N Washington av
Shelton Wm J (Eulalia C) U S Army r1208 W 1st
Shelton Winona sec Medical & Surgical Clinic r304 N Michigan
Shepherd Jno B (Ella) firemn h1006 W Walnut
Shepherd Jno H r S O Shepherd
Shepherd Mildred sten Roswell Trading Co r307 W 2d
Shepherd Sam'l O (Mary) firemn h es Stanton 3 S Chisum
Sherard Mary D asst cash F W Woolworth Co r306 W 2d
Sherman Bessie L Mrs slsldy Ginsberg Music Co r E 19th mi fr city
Sherman Frank W (Ida M) claim agt AT&SF h601 E College blvd
Sherrell Albert F (Frances) nightmn McNally-Hall Motor Co h1015 W 8th
Sherrell Jno W (Ethel) h e s n Garden av 1 n E 19th
Sherrell Ruby clk Roswell Lndry & Dry Clnrs r701 E 2d

ELMER'S SERVICE STATION

ELMER LETCHER

We Employ EXPERIENCED Labor

600 No. Main St.,   Phone 102

HERWIN-WILLIAMS PAINTS & VARNISHES, Panhandle Lumber Co Inc, 107-11 W Alameda, tel 59
hields Talitha L (wid Robt) h ss W 2d 4 w Mississippi av
hinkle Jas D (Fannie F) supt city schools h1100 N Pennsylvania av
hinn Sarah tchr Jr High Sch r600 N Kentucky av
hinn Wm A (M Del) formn h706 W 3d
hipley Ethrick C (La Verne) U S Army Air Corps r509 N Richardson av
hipley La Verne Mrs office sec M M Potter Real Est Brokerage Co r509 N Richardson av
hoemaker Chas W (Pauline) (Hi Art Clnrs) h405 N Union av
hoemaker Geo W (Shoemaker Grocery) h907 W 2d
hoemaker Geo W (Aleatha) barber 104 E 2d h812 W Albuquerque
hoemaker Geo W Jr service sta atdt Roswell Auto Co r812 W Albuquerque
hoemaker Grocery (G W Shoemaker) 907 W 2d
hook Roy (Beulah) firemn h1717 Maryland av
hort J Wm lieut U S Army r709 N Richardson av
hort Jas C (I Virginia) h106 S Missouri av
hort Jas D mech r709 N Richardson av
hort Matilda L sten r709 N Richardson av
hort Pious J student r709 N Richardson av
hort R Vernon (Alice) bkpr Smith Machy Co h709 N Richardson av
hort Rodney V Jr atdt McNally-Hall Motor Co r709 N Richardson av
hort Rose (wid J W) r903 N Richardson av
hortridge Lacy A (Marjorie) office eng N M Highway Dept r 10 mi n of city
hotts Kermit E (Virginia L) U S Army r411 W 7th
houp Jas L (Vida) lab h1207 N Virginia av
hrecengost D J (Louise M) (D J Shrecengost Co) h100 S Missouri av
HRECENGOST D J CO (D J Shrecengost) manufacturer's sales agents, wholesale and commission building materials 204 W 3d, tel 146, res tel 624
hrecengost Donald J student r100 S Missouri av
chrecengost Wm G student r100 S Missouri av
huler Harmon R (Gertrude) lab r917 N Main
hults see also Schultz
hults Damon L (Vera) firemn S W Public Service Co h1108 N Richardson av
human Herman S (Tommie) (Commercial Service Sta) h1309 N Richardson av
human Maggie Mrs opr Yucca Beauty Service & Cosmetic Shop h9 Morningside pl
human Omus K caretkr N M Military Inst h326 E 6th
human Thos M (Maggie) auto mech h9 Morningside pl
humway Frances Mrs tchr Missouri Av Sch r506 S Kentucky
humway Stuart E (Frances) U S Army r506 S Kentucky av

Hamilton Roofing Co.

GEO E. BALDEREE
Mgr.

We Feature Old American Roofing Shingles Siding Etc.

Free Estimates

Industrial and Residential Roofing and Sheet Metal Contractors

Bonded and Insured

Easy Payment Plan

303 N. Railroad Ave.

Phone 460

ROSWELL FORD AUTO CO.

Open All Night — SALES AND SERVICE PHONES 189 and 190 — One Stop Service Station

PHONE 14

A Lumber Number Since 1897

BIG JO LUMBER CO.

800 North Main

PHONE 14

Shupert Lucille waitress r612 N Virginia av
Shupert W Walter (Nettie) carp r612 N Virginia av
Siaz Antonio h311½ E Summit
Sibley Reginald C (Florence) firemn S W Public Service Co h305 E Bland
Sideboard Bernice cook 311 W 7th r rear same
Sidensol Robt V (Pearl) U S Army r913 N Pennsylvania
Siegel Julius U (Gertrude) U S Army h106 E Albuquerque
Sierk Peter A (Elsie M) h310 S Kentucky av
Sierk Raymond C U S Army r310 S Kentucky av
Sigala Lorenzo (Juanita) h601 E Deming
Sigala Piedad (wid Rafael) h122 E 1st
Sigler J Donaldson U S Army r604 S Kansas av
Sigler Jno J U S Army r604 S Kansas av
Sigler S Robt J (KatherineA) U S Navy h809 W Albuquerque
Sigler Stanley R (Martha) carp h604 S Kansas av
Sikes Jas H (Olympia) capt U S Army h411 N Lea av
Sikes Jas K student r411 N Lea av
Silas Veronica r408 E Albuquerque
Sillwent Lewis W (Flora) lab r1104 N Kansas av
Silva Jose (Eduwiges) lab h600 (608) E Deming
Simmons Eileen L Mrs opr Norton Beauty Shop r700 Sunset
Simmons Geo F (Hazel I) sgt U S Army h1016b E 2d
Simmons Gladys waitress McClure's Cafe
Simmons Hazel E tchr Missouri Av Sch r100 S Pennsylvania
Simmons Jas W (Eileen L) U S Army r700 Sunset av
Simmons Lee W (Marcelle) dep game warden h109 E Mathews
Simmons Luke L (Ada B) h725 E Alameda
Simmons Minnie V (wid G W) h100 S Pennsylvania av
Simmons Neva M r100 S Pennsylvania av
Simmons Thos W Jr (Katherine) U S Army r505 N Lea av
Simms Mary R (wid A J) h210 W Walnut
Simon Jack A (Dorothy R) mdse mgr Price & Co h114 S Missouri av
Simpkins Lemuel (Christine) h203 E Alameda
Simpson C Lorraine (wid H N) waitress Bright Spot h803 Main
SIMPSON CLAUDE (Edith T) sec Chamber of Commerce, 304 W Alameda, tel 471
Simpson Elsie R Mrs slsldy Roswell Drug Co r309½ N Main
Simpson Mary E (wid M K) clk Liberty Gro & Mkt h110 W 1st
Simpson Porter (Elsie) U S Army Air Corps r309½ N Main
Simpson Wm R lieut U S Army r304 W Alameda
Sinclair Lillian Mrs r114 N Richardson av
SINCLAIR REFINING CO, Mrs Hazel M Wallace agt, 214 Alameda, tel 903, res tel 617 (see page 11)
Sinclair Service Station (Fred Anglada) 412 W 2d
Sindeldecker Chas W r405 N Kentucky av
Sindeldecker Ona (wid S W) h405 N Kentucky av
Singer Sewing Machine Co N S Cavendor mgr 422 N Main
Sinor Sallen J (Maybelle) steel wkr r La Salle Court

Flowers For All Occasions
PHONE 275
405 W. ALAMEDA
Member F. T. D, A.

sley Arthur L (Vera) servicemn S W Public Service Co h 335 E 6th
sneros see Cisneros
sters of St Casimir Sister M Josephine superioress 105 E Mathews
sters of the Sorrowful Mother Sister Mary Salesia superior in charge St Mary's Hospital S Main se cor Chisum
kein Richard E Rev missionary Church of Jesus Christ Latter Day Saints r202 S Richardson av
kief Isaiah (Rosa M) lab h114 Ash av
kiles Theo r310 E Albuquerque
killman Carrie tchr h409 N Lea av
killman Pattye r409 N Lea av
kinner Geneva emp Beaty's Lndry r508 N Virginia av
kinner Gertrude ironer Roswell Lndry & Dry Clnrs r508 N Virginia av
kinner Herbert M mech Sacra Bros
KINNER JULIUS (Juanita) county treasurer, 1st fl Court House, tel 542, h102 N Lea av, tel 697-W
kinner Mary emp Roswell Lndry & Dry Clnrs r508 N Virginia av
kipper Eula r805 N Montana av
kipper Wm C (Lorena) firemn h805 N Montana av
kipper Wm C Jr atdt Standard Stas Inc r805 N Montana
kipworth Crutch (Madie) mgr Court House Cafe h402 N Main
kipworth Madie Mrs (Court House Cafe) r402 N Main
latton Jas S (Annie P) agt American Natl Ins Co h415 Pear
laughter Allie D (wid G M) h400 N Lea av
laughter Don W student r602 N Pennsylvania av
laughter Geo M (Janice) W) rancher h602 N Pennsylvania
laughter Geo M Jr student r602 N Pennsylvania av
laughter Jno A (Carolyn C) lieut U S Army h508 S Missouri av
laughter Sam (Mary A) lieut U S Army r1104 S Main
laughter Thos V student r602 N Pennsylvania av
lay Carroll Jas wrapper Holsum Baking Co r411 N Grand
lay Maude Mrs hlpr Sally Ann Bakery h411 N Grand av
lay Wm H (Maude) h411 N Grand av
leizer Arthur A (Hilda) chf clk Geological Survey U S Dept of Interior h405 W Tilden
loan Dorcas cash Hill Lines Inc h116½ S Richardson av
lofle Robt F lieut U S Army h609 N Ohio av
loop Andrew J (Gertrude) whsemn Armold Trans & Sto h 520 E 3d
loop Jas R (Tina H) truck drvr Quickway Truck Line h 1011 S Lea av
martt Chas Mrs (Roswell Bath Institute) h505 N Main
mead Jas J r407 W Summit
mead Thos F (Laura) U S Army h407 W Summit
mead Thos F Jr mech r407 W Summit
mith see also Schmid
mith Aaron cook r104 E Alameda
mith Addie W Mrs dishwshr Victory Cafe

PAPER Products
WHOLESALE
GROCERIES | **JANITORS' SUPPLIES**
FEED
Roswell Trading Company
PHONE **126**

STATE COLLECTION BUREAU, INC

H. G. Parsons, Mgr.   H. R. Laurain, Pres.

BONDED - ESTABLISHED 1930

10 Bank of Commerce Bldg.   106 E. 4th   Phone 22

DRUGS

PECOS VALLEY DRUG CO.

The Rexall Store

FREE DELIVERY

312 N. MAIN

PHONE - 1 -

Smith Adela (wid Andres) h410 E Hendricks
Smith Amos E (Louise K) carp h511 S Kentucky av
Smith Barney r rear 905 E Alameda
Smith Bettie G student r407 W 2d
Smith Betty L electn r1303 N Richardson av
Smith Birl (Ruby) (Broadway Cafe) h104 E Alameda
Smith Buster E (Gladys) U S Navy h504 S Ohio av
Smith Chas B (Mildred) sgt U S Army h206 E 7th
Smith Chas D (Louise) saddlemkr McGuffin Shoe Service 109 N Lea av
Smith Chas E U S Navy r1403 W 2d
Smith Chas N (May) (Club Cafe) r824 N Main
Smith Claude (Mozelle) h1811 Maryland av
Smith Claude (Maurine) mech r111 S Richardson av
SMITH CLIFFORD G (Della) owner Smith Machinery Co, 5: E 2d, tel 171, h407 W 2d, tel 988
Smith David V (Margaret) U S Army h508 W 12th
Smith Donald plantmn Pecos Valley Coca-Cola Bott Co
Smith Donald A student r912 N Kentucky av
Smith Dulcie M (wid E M) charwmn P O h306 E 7th
Smith Elbert farmer h n s E 2d 9 e Atkinson av
Smith Elmer (Lois) wtchmn Farmers Inc h ns E 24th 4 w Garden av
Smith Epifanio (Tony) slsmn Jay Duvall's Men's Wear r4: E Hendricks
Smith Eugene F (Pauline) dep sheriff h1403 W 2d
SMITH FRANK L (Evelyn M) sec-treas Pecos Valley Lml Co, h210 S Richardson av, tel 807
Smith G Raymond (Wanette) (Smith Motor Co) h1307 Kentucky av
Smith Geo P (Jessie) h601 S Michigan av
Smith H R (Marilyn) sgt U S Air Corps h409½ W 8th
Smith Harold B (Claribel) auto repr 118 E 2d h509 S Kentuck
Smith I V (Marion) mech h1209 N Michigan av
Smith Ivan L (Hursie D) U S Army h1116 E Bland
Smith J C lab r1111 W Hendricks
Smith J D (Jane) bkpr h1203 N Lea av
Smith J Mort (Birdie) rancher r1204 W Alameda
Smith Jas Y electn r608 S Atkinson av
Smith Jarrett M (Bertha E) carp h109 S Ohio av
Smith Jasper C (Della O) h512 E McGaffey
Smith Jno B r517 E 8th
Smith Jno E (Ruth F) instr N M Military Inst h912 N Ker tucky av
Smith Jos J (Clara) h1014 N Missouri av
Smith Jos L cook r104 E Alameda
Smith Jos W (Harriett) h700 N Union av
Smith L Avis Mrs waitress Victory Cafe h315 E 7th
Smith Leo E (Helen) firemn h1303 N Richardson av
Smith Lester L (Marie) mgr Cantina Bar h2, 718 N Main
Smith Louis (Pappy) U S Army r211½ S Main
Smith Louis S porter Nickson Hotel
Smith M Evan (Aileen) drvr N M Transptn Co r804 S Mair

ḢESSERT-SANDERS ABSTRACT CO.
ABSTRACTS OF TITLE
)9 E. Third St.   **Phone 493**

[TH MACHINERY CO, Clifford G Smith owner, Allis-halmers power units, tractors, farm equipment, Peerless eep Well Turbine Pumps, U S electric motors, 512 E 2d, l 171 (see page 12)
th Marie Mrs clk Cantina Bar r718 N Main
th Marshall (Norene) h1001 S Lea av
th Mary car hop The Barrel r1017 W 2d
th Maureen smstrs Excelsior Clnrs & Dyers r1017 W 2d
th May (wid Hatton) (West Second Feed Store) h11 mi s city
th Milton C (Margaret R) h1209 S Virginia av
th Minda Mrs r104 W Alameda
th Minter B (Marie E) weigher Pecos Valley Comp h608 7 Hendricks
[TH MOTOR CO (Raymond Smith) De Soto and Plymouth, uthorized sales, service and parts, 118 E 2d, tel 3
th Mozell Mrs emp Snow White Lndry h1811 Maryland av
th Nazario (Martha) tiremn h506 E Hendricks
th Oda r114½ E Walnut
th Oliver R (Fannie) truck drvr H A Marr Gro Co r104 ' Alameda
th Pauline M Mrs clk Montgomery Ward & Co h510 S ansas av
th Perry H (Billie M) h8, 111 S Virginia av
th Pinkham (Cornelia) U S Army h607 N Montana av
th Rebecca G Mrs opr Kiva Beauty Salon r515 E 3d
th Robt ship clk J M Radford Gro Co r1209 S Virginia av
th Robt R (Becky) h809 N Michigan av
th Robt S U S Coast Guard r809 N Michigan av
th Rosie hand lndry 116 E Alameda h same
th Ruby cash Broadway Cafe r104 E Alameda
th Ruel D (Ruby) mech h1304 N Richardson av
th Russell (Pauline M) sgt U S Army h510 S Kansas av
th Seabron C (Mary) h701 W 9th
:h Seretha J Mrs h510 S Virginia av
th Sherman (Beatrice) trucker h ws New 2 n E 23d
th Stella waitress Tank's Cafe r W I Whitcamp
th Susie waitress r410 E Hendricks
th Thelma clk F W Woolworth Co r Rt 1 Box 278e
:h Thornton H (Catherine) drvr N M Transptn Co h804 Main
:h Vera sten r509 N Richardson av
h W Thos (Altie) carp h306 E 8th
:h Walter B U S Army r1815 N Washington av
th Wm U S Army r809 N Michigan av
th Wm L (Cecile K) mech U S Army r306 W McGaffey
th Wm W (Ruth) storekpr S W Public Service Co h406 Union av
:h's Chapel 206 S Michigan av
)KE HOUSE, L P King mgr, beverages, cigars and tobac-s, newsdealers, 124 N Main, tel 440
rl Frances K sten r708 N Pennsylvania av

The Roswell Cotton Oil Co.

Mfrs. of

Molasses

Cubes

and

Cotton

Seed

Cake

301 E. 2d St.

PHONE 58

PANHANDLE LUMBER
COMPANY, INC.
"COMPLETE BUILDING SERVICE"
PLAN SERVICE — FINANCING
107-11 W. Alameda   Phone

PHONE 796
Clardy's DAIRY

PURE MILK

Clardy's Dairy
Since 1912
Producer and Distributor of Quality Dairy Products and Ice Cream
200-202 E. 5th
Phone 796

SMYRL HERBERT B (Fannie) pres Roswell Trading Co 708 N Pennsylvania av, tel 583
Smith Marie Mrs h910 N Kentucky av
Snedegar Aubrey (Eva K) shovel opr N M Highway Dep 408 W 6th
Snedegar Eva K Mrs emp Snow White Lndry h408 W 6th
Snell Wm H shop formn Davidson Sup Co r813 N Kentucky
Snelson Imalee r100 S Montana av
Snelson Jas W h100 S Montana av
Snelson Marie E r100 S Montana av
Snelson Paul (Lila) drvr Roswell Sand & Gravel Co r10 Montana av
Snelson Wm C (Dorthea) (Snelson's Bakery), h406 W 9t
Snelson's Bakery (W C Snelson) 308 N Richardson av
Snider E R farmer r104½ N Main
Snipes Frank (Helen G) real est h502 S Virginia av
Snipes Jos H (Gwendolyn) acct Bassett Acctg Office E Albuquerque
Snodgrass Manford O (Ida) U S Army r508 N Pennsylvania
Snorf Annie Laurie sten AT&SF h205½ N Kentucky av
Snow Chas D (Frances) U S Army r212 S Richardson av
Snow Frances Mrs sec E E Young r212 S Richardson av
Snow Jno F (Mary E) carp h212 S Richardson av
Snow M Jane student r212 S Richardson av
Snow Morris H sgt U S Army r212 S Richardson av
Snow White Laundry (Mrs M T Nail) 212 W 3d
SNYDER CHET L (Roberta) dentist, 208 W 3d, tel 274, W 1st, tel 810
Snyder Henry C (Vienne) sr observer U S Weather Bur h610 S Kentucky av
Snyder Mary G student r610 W 1st
SOCIAL SECURITY BOARD, W Glyn Hearn mgr, 1st fl Hall, tel 97
Solga Chas (Mary) eng SCS r504 N Pennsylvania av
Solomon Elizabeth ironer Roswell Lndry & Dry Clnrs r W 2d
Solomon F Eugene (Dessie) lab h814 W 11th
Solomon Jas barber r310 N Virginia av
Solomon Robt O (Mollie E) h1405 W 2d
Solomon Ruth r605 S Missouri av
Somers Audie Mrs nurse h807 N Washington av
Somers Chester F (Audie) mech h807 N Washington av
Sorensen Leslie N (Lorena R) mgr State Finance Co S Missouri av
Sorensen Lorena R Mrs sten Roswell Bldg & Loan Assn S Missouri av
Sorensen Walter A carp r610 S Union av
Sorrells Henry C (Versa) delmn Purdy's Furn Co h208 N
Sorrells June student r208 N Lea av
South Hill School Elizabeth Hayslip prin E Bland se Stanton
South Kentucky Grocery & Market (C A Swayze) 305 S tucky av

uth Park Cemetery S Main 2 mi s of city
uth Side Grocery & Market (J F Conley) 610 S Main
utherland Ruth nurse 711 S Michigan av r same
utherland Pearl (wid Jas) rancher h2. 500 S Pennsylvania
uthern Petroleum Exploration Inc J B Headley geologist 116 J P White bldg
UTHWESTERN PUBLIC SERVICE CO (Inc) H E Samson dist mgr, H S Williams dist supt, electric and gas office 300-2 N Main, tel 186, ice plant 10th and Virginia av, tel 183 (see back cover)
uthworth C Grady (Ethel) teller First Natl Bank h108 W Albuquerque
angler Perry I (Clyda) firemn h1804 Maryland av
arkman Harvey dockmn Hill Lines Inc
arkman Pauline county home extension agt bsmt Court House r718 N Main
arkman Ollie H (Alta H) U S Army h102 W McGaffey
arks Apartments 109½ S Main
arks Elizabeth typist r611 W Walnut
arks Florence r1202 N Kentucky av
arks Jas H U S Army r1202 N Kentucky av
arks Luther D (Mae) carp h901 Jefferson
arks Luther D Jr U S Army r901 Jefferson
arks O M (Thressa) (O M Sparks & Co) h1202 N Kentucky
ARKS O M & CO (O M Sparks) insurance and loans, 18-19 First Natl Bank bldg, tel 228
arks Odie L U S Army r1202 N Kentucky av
arks Ray (Clara) U S Army r710 W Hendricks
ear Wayne B (Louise) U S Army h1, McPherson apts
ed Ella (wid W L) r205 W 11th
ight Jack W (Juanita) r608 E 2d
encer Baxter C (Edith) h1515a N Missouri av
encer Carl E waiter r1515a N Missouri av
encer Gerald I (Peggy) clk r1014 N Missouri av
encer Jack H taxi r1604 N Missouri av
encer Jewel M r1515a N Missouri av
encer Myra (wid F P) h409 S Kentucky av
encer Myra J r409 S Kentucky av
encer Richard L U S Army r1515a N Missouri av
erber Bernard (Corine) U S Army r609 W 9th
erry Glade F (Patricia) U S Army r302 N Missouri av
adling Elmer R (Ina) mgr H A Marr Gro Co h200 W Albuquerque
adling Ina Mrs office mgr H A Marr Gro Co h200 W Albuquerque
RING RIVER COURT, O B Boggs mgr, air cooled and air eated, 1013 N Main, tel 377
inger Chas H (Mary E) whse formn A A Gilliland & Co r 07 W Walnut
rlock Edith r1300 N Pennsylvania av
rlock Jas S (Pearl) firemn h339 E 8th
rlock Jas S Jr (Aileen) combinationmn Mt States Tel & Tel Co h409 E 3d

KELVINATOR
Electric Refrigerators

Maytag Washing Machines

Magic Chef Gas Ranges

Philco Radios Sales and Service

Samson Windmills

Engines

Fencing

Paint

Guns and Amunition

Sporting Goods

115-17 N. Main

PHONE
634

STANDARD BRAND PULLORUM TESTED BABY CHICKS  **Embryo fed chicks and PURINA CHOWS FEED** Hay and Grain  C. F. & I. Dawson & RATON — Kindling **Pecos Valley Trading Co. & Hatchery** 603 N. Virginia PHONE **412**	Spurlock Louis P (May B) (Yucca Confy) h1300 N Pennsvania Squire Sidney L (Lucile A) h1009 S Lea av Stacey Frank A (Jessie) trucker h ss E 19th 2 e N Garden Stacey Jno r F A Stacey Staeden Altha M waitress r107 W 10th Staeden Chas W (Sarah) asst mgr Roswell Typewriter Co 516 E 6th Staeden Lawrence U S Army r107 W 10th Staeden Steven J (Frances) meat ctr Safeway Stores h109 12th Stafford O Moore (Mary V) formn r1000 E Alameda Staggs Hubert I (Lucy E) trucker h909 S Lea av Stahl Sol (Bessie) mgr California Stores h300 S Lea av Standard Liquor Stores (Inc) R E Levers (Rocky Ford Co pres, Oran C Dale v-pres, L P King sec-treas, props Cant Bar and Smoke House 124 N Main Standard Oil Co of Texas P D Wilson agt 801 N Virginia Standard Stations L F Jennings mgr 501 N Main Standard Stations Inc F N Waxler opr 201 N Virginia av Standhardt Frank M (Edith) (Vorhees & Standhardt) h60' Union av Standifer Wm F (Dovie) (Modern Food Mkt) h406 S Richardosn av Standridge Haskell J (Mildred) pharm Roswell Drug Co h S Pennsylvania av Standridge Ted J (Marrietta) pharm Roswell Drug Co h20 Pennsylvania av Stanford Jas G (Janie) farmer h406 E 5th Stanford Janie Mrs fnshr Roswell Lndry & Dry Clnrs h E 5th Stanford Jos F (Geraldine) U S Army r305 N Kentucky a Stanger E Calvin (Effie) h900 Jefferson Stapleton Corine maid 308 N Missouri av r same Stapleton Jos cook Mrs Lee's Cafe r106 E Alameda Stapleton Maxie (Alice) cook Nickson Coffee Shop r603 Kentucky av Stapleton Robt Quincy cook Mrs Lee's Cafe r106 E Alam Star Bar (Jas Gonzalez) 309 S Main Star Camp (J P Van Winkle) 1413 W 2d Stargrant Fred (Alice) U S Army r507 W Deming Stark A Riley clk R M Hester r1000 E 2d Starkey Jesse lab r104½ N Main Starr Dwight H instr N M Military Inst h1207 N Richardson Startzman Amelia M Mrs sec Southern Pet Exp Inc h501 Washington av Startzman Everett E (Amelia M) police h501 N Washington **STATE COLLECTION BUREAU INC**, H G Parsons mgr, F Laurain pres, bonded-established 1930, 10 Bank of Comme bldg, 106 E 4th, tel 224 (see left top lines) **STATE FINANCE CO**, Leslie N Sorenson mgr, personal salary loans, 206-7 J P White bldg, tel 571 State Highway Department see New Mexico Highway Dep

earman Fate (Elizabeth) farmer h ns E Alameda 4 e Atkinson av
eele Arnold (Nancy) h909 E Alameda
eele David C (Amelia) (M M Potter Real Estate Brokerage Co) h719 N Main
eele Etta Mrs h1807 N Kansas av
eele Martin C supt well plugging Pecos Valley Artesian Cons Dist h104 N Lea av
eele Thomps U S Navy r719 N Main
ephens see also Stevens
ephens Anna opr Mt States Tel & Tel Co h110 N Missouri av
ephens Arthur J (Grace) carp h1302 N Kentucky av
ephens Don Z (Jewel) slsmn Holsum Baking Co h331 E 8th
ephens Geo E U S Navy r1302 N Kentucky av
ephens Jno W (Ollie) r301½ E 8th
ephens Lee Roy (Florene) carp r507 Orchard av
ephens R Blackwell (Mary) U S Army h1011 W 8th
ephens Second Hand Store (W H Stephens) 116 E 2d
ephens Wm H (Lavinia) (Stephens Second Hand Store) r 410 S Pennsylvania
erling Dale H (Billie) lieut U S Army h507 N Kentucky av
erling I Swain (Wanda) whsemn Omar Leach & Co h1102 Plum
errett Nellie Mrs r104 W Alameda
eve's Cafe (S T Williams) 120 S Main
evens see also Stephens
evens Alfred U S Army r505 W College blvd
evens Cecil C (Helen S) mgr gro dept Modern Food Mkt h 102 N Delaware
evens Geo B (Jennie) clk Sargent's Billiard Parlor h100 N Delaware av
evens June clk Modern Food Mkt r100 N Delaware av
evens Leonard cook r202 E Hendricks
evens Orland D (Dorothy) carp h1300 W College blvd
evens Orville K (Louise) h102 S Ohio av
evens T Frank carp r100 N Delaware av
evenson Elizabeth J (wid Melvin) (East Side Gro & Mkt) h 512 E 5th
ewart Aithur (Mary J) U S Army r305 N Kentucky av
ewart Deam P (Evelyn) h519 E 5th
ewart Edna E Mrs sten Mansfield Tweedy r210 W Walnut
ewart Irwin L (Martha A) mech r615 N Richardson
ewart Hendrick L (Virginia) U S Army h810½ N Pennsylvania av
ewart Lyman L (Frances) blrmkr h707½ S Main
ewart Margaret fnshr Excelsior Clnrs & Dyers
ewart Martha A Mrs clk F W Woolworth Co r615 N Richardson av
ewart Monroe G (Evelyn) (Stewart Shine Parlor) h307 S Union av
ewart Murlene C (Margaret) U S Army r109½ S Main
ewart Ross (Edna E) slsmn Ball & White r210 W Walnut
ewart Shine Parlor (M G Stewart) 120 W 4th

213

Johnson Lodewick

Refiners and Marketers of Petroleum Products

Distributors for Southeastern New Mexico of QUAKER STATE MOTOR OILS

New Mexico Distributors for Barnsdall Oil Co.

813 N. Virginia Ave.

Phone 164

R. O. ANDERSON President

DALE FISCHBECK General Supt.

Phone 23 "SKIDDO"

ARMOLD TRANSFER & STORAGE
STORAGE - CRATING - SHIPPING
"We Move Anything"   419 N. Virginia

214

CAR PARTS DEPOT INC.

Distributors
Automotive Supplies and Equipment

Welding Equipment and Supplies

PHONE
205

401 N. Virginia Ave.

P. O. Box 1288

STEWART'S (Roy V Tyner) acetylene and electric welding blacksmithing, trailer building our specialty, portable equipment, 423 E 2d, tel 72, night tel 1686-M (see page 8)
Stewart's Soda & Drug Shop J L Murray mgr 121 E 5th
Stice Annie H (wid C E) mech r413½ E 5th
Stice Paul canwshr Clardy's Dairy r413½ E 5th
Stieger Betty J clk F W Woolworth Co r2005 W Hendricks
Stieger Marjorie Mrs cosmetic dept Platt Drug Store h205 Hendricks
Stieger Ruby checker Roswell Lndry & Dry Clnrs r327 E 6
Stiles Chas C (Juanita) contr 1212 N Lea av h same
Stilwell Laura K (wid C J) bkpr Kemp Lmbr Co h400 Michigan av
Stilwell Wilbur K delmn Pecos Valley Drug Co r400 Michigan av
Stimson Wayne mech N M Highway Dept r Rt 1 Box 300
Stirman see also Sturman
Stirman Sarah C (wid G B) h524 E 3d
Stirman Melvin drvr N M Transptn Co r524 E 3d
Stirman Wm L (Clara) drvr Two-O-One Cab Co r524 E 3d
Stitt Chas Y (Agnes G) sls-servicemn Nehi-Royal Crown B Co h402 W Hendricks
Stock Enos F (Anna V) U S Army r710 W Hendricks
Stockard Burt U S Army r900 S Atkinson av
Stockard Elmo U S Army r900 S Atkinson av
Stockard J Wes (Gillie) trucker h900 S Atkinson av
Stockard Jay (Ethel) trucker h1012 E Bland
Stockard Mary Mrs hsekpr 2061½ W Alameda r same
Stockley Albert L (Ruby) slsmn h705 W 8th
Stockley Chester W (Velma) slsmn Court House Garage h13 N Lea av
Stockmen's Well Supply (R M Davis) 314 E 4th
Stockton Alice A office clk J M Radford Gro Co r112 S Lea
Stockton Ernest S (Olivia) emp Farmers Inc h511 S Monta
Stockton Ernestine Mrs tchr h509 S Missouri av
Stockton Imogene student r112 S Lea av
Stockton Ollis L (Ernestine) meat ctr Camp Camino h509 Missouri av
Stockton Oscar S (Nellie) (Stockton's Gro) h503 E 2d
Stockton Thelma H Mrs sten Roswell Bldg & Loan Assn h1 S Lea av
Stockton's Grocery (O S Stockton) 503 E 2d
Stoes Marguerite (wid P E) r404 N Lea av
Stokes Kathleen marker Roswell Lndry & Dry Clnrs r509 Pennsylvania av
Stolaroff Leonard U S Army r107 S Pennsylvania av
Stolaroff Milton student r107 S Pennsylvania av
Stolaroff Myron J elec eng r107 S Pennsylvania av
Stolaroff Saml (Sonia) prop Popular Dry Goods Store h1 S Pennsylvania av
Stone Benj (Rose) U S Army r600 S Kentucky av
Stone Benton J r210 W 5th

BIGELOW RUGS AND CARPETS • DRAPERIES • LINOLEUMS • WASHING MACHINES

Purdys' Furniture Company
321-25 N. MAIN   PHONE 197

KARPEN FURNITURE • STOVES AND RANGES • UPHOLSTERING • VENETIAN BLINDS • WINDOW SHADES

215

…ne Chas T (Velma M) mgr F R Stone Mach Shop r1102 N
 Ohio av
…ONE F R MACHINE SHOP (Floyd R Stone) Chas T Stone
 mgr, machinists, electric and acetylene welding, black-
 smithing and general repairs, 214 N Virginia av, tel 124, res
 tel 1245 (see page 12)
…ne Floyd R (Alice) (F R Stone Machine Shop) h1102 N
 Ohio av
…ne Irwin A (Reba S) lino opr Hall-Poorbaugh Press r1200
 E Bland
…ne J Wm dispr Yellow Cab Co h707 N Washington av
…ne Jno W (Essie I) carp h707 N Washington av
…ne Nan (wid J T) r308 N Washington av
…ne Reba S Mrs supvr Mt States Tel & Tel Co r1200 E Bland
…ne Wally (wid B J) (Art Gift Shop) h210 W 5th
…ne Wilbourne U S Marines r707 N Washington av
…ner Clifford J (Anna M) U S Army h331 E 6th
…rie Chas Jr (Vernalie) slsmn Ball & White h203 W 11th
…rm Clark E (Virginia) instr N M Military Inst h1318 N
 Richardson av
…rthz Herbert (Charlotte) U S Army r1010 E 2d
…vall Saml ydmn h511 N Grand av
…vall Vega r511 N Grand av
…awn Irene sten U S Geological Survey r204½ W 3d
…eet Henry (Winnie L) presser Adams Clnrs r100 N Lea av
…eet Leona Mrs starcher Roswell Lndry & Dry Clnrs r319
 E 6th
…eet Winnie L Mrs opr States Tel & Tel Co r100 N Lea av
…ickland Austin (Margie) U S Army r501 N Richardson av
…ickland Georgia (wid Frank) h108 S Lea av
…ickland Lamar E (Opal) inspr-examn Area Rent Director
 h709 N Pennsylvania av
…ickland Patrick (Maudie) h309 E 7th
…ickler Floyd O (Leanna) mech r414 N Missouri av
…ide Etta J (wid N J) r rear 209½ W Hendricks
…ohley Walter (Carmen) U S Army h808 W Albuquerque
…omquist Helmuth E (Mary M) lieut U S Army h501 S
 Richardson av
…ong Chester E (Wanda D) U S Army h108 W 8th
…ong Jas A sec-treas Pecos Valley Adv Co r111 N Washing-
 ton av
…oud Chas W mech Roswell Auto Co r706 W 9th
…oud Ruth emp Roswell Lndry & Dry Clnrs r709 W 9th
…ruthers Adeline L tchr Missouri Av Sch h709 S Michigan av
…ubblefield Robt cook r507 N Virginia av
…ibbs Albert A (Nell T) h203 S Missouri av
…ibbs Albert A Jr student r203 S Missouri av
…ibbs Nell T Mrs office sec Artesian Well supvr h203 S Mis-
 souri av
…uddard Buck (Neta) carp h rear 905 E Alameda
…UDENER CHRISTIAN REV O F M, rector St Peter's Ca-
 tholic Church, h805 S Main, tel 501

Drink

Delicious and Refreshing

PECOS VALLEY Coca-Cola **Bottling Co.**

908-10 N. Main

PHONE **771**

TAXI

201 Curtis Corn, Owner — 3d and Richardson Av

Dr. R. S. Attaway D. V. M.

Chaves County's Only **Qualified (Graduate) Practicing Veterinarian**

Large and Small Animal Practice

PHONE 636

403 East 2d.

Stump Dwight L (Vivian) eng h902 N Pennsylvania av
Sturman see also Stirman
Sturman Fred L (Frieda F) rancher h302 S Washington
Stutters Buck h1003 E Walnut
Suggs Bailey (Margaret) U S Army h401 E Mathews
Sullins Flem I (Kitty) contr 100 N Washington av h same
Sullivan G Oscar (Faye E) barbecue h1008 W Albuquerc
Sullivan Helen L clk N M Transptn Co r101 N Kentucky
Sullivan Laura (wid E L) clk h 215 Pear
Sullivan Sid A (Edna) contr 101 N Kentucky av r same
Summers Barney U S Navy h909 W Hendricks
Summers Clara M Mrs h402 Lincoln
Summers Claribel Mrs sten Dr I J Marshall r307 S Misso
Summers Daniel J (Virgie F) aircraft mech h310 S Main
Summers Homer L delmn Pecos Valley Drug Co r909 W Hei ricks
Summers Jack D clnr Walker Clnrs r213 N Kentucky av
Summers Jas M (Mattie) h1301 N Richardson av
Summers Marie Mrs bkpr Roswell Daily Record h805 W 4
SUMMERS THOMAS G (Marie) publisher Roswell Da Record, 424 N Main, tel 11 and 55, h805 W 4th, tel 1906-
Summers W Frank (Ada L) honey dealer h1810 N Missouri
Summersgill Jas C ice creamkr Clardy's Dairy r Jno Summe gill
Summersgill Jno (Fearn) E) pntr h W 19th nw cor Monta
Summersgill Jno R U S Army r Jno Summersgill
Summersgill Ray R (Betty J) sgt U S Army r Jno Summe gill
Summersgill Steven J U S Army r Jno Summersgill
Sumner Bettie student r1101 Hahn
Sumner Thos D (Mildred L) brklyr h1101 Hahn
Sumrall Frank (Sumrall Garage) r201 S Main
Sumrall Garage (Frank Sumrall) 201 S Main
Sundquist Victor E (Elenor) firemn h ns E College blvd N Atkinson av
Sunset Cafe (Roxie Brown) 115 E Walnut
SUNSET CREAMERY, A F Madison mgr, pasteurized m products, butter. ice cream mfrs, 209 W 2d, tel 215 (see l and right top lines)
Sunset Service Station & Grocery (L E Tankersley) 1 W 2d
Supercinski Frank M (Ann) U S Army r411 W 2d
Superior Shine Parlor (Preston Harben) lobby First N Bank bldg
Supreme Radio Service (J C Rogers) 129 W 2d
Sutherland Farrell rancher r2, 500 S Pennsylvania av
Sutton Earl (Eleanor) U S Army r323 S Main
Sutton Evelyn waitress r110 N Richardson av
Sutton Jos (Lucille) h724 E Alameda
Sutton Vivian tchr Roswell High Sch r212 W 4th
Swain Claude D (Ruby) contr 800 N Main
Swain Frank J wtchmkr Morrison Jwlry Store h202½ Albuquerque

GESSERT-SANDERS ABSTRACT CO.

ABSTRACTS OF TITLE

109 E. Third St.   Phone 493

Wain Philip (Lola) whsemn A A Gilliland & Co r202½ E Albuquerque
Walley Elizabeth Mrs slsldy Price & Co h303 S Missouri av
Walley W Wayne (Elizabeth) meat ctr Safeway Stores h303 S Missouri av
Wallows Eva Mrs h420 N Richardson av
Wan Evelyn Mrs h113½ E Bland
Wan H Ava Mrs nurse h702 Sunset av
Wan Lester U S Army r408 N Richardson av
Wan Sterlin A (Ava) U S Army h702 Sunset av
Wann Irene supvr art city schools r101 S Missouri av
Wap Shop (Drew Pruit) 321 S Main
Wayze Chas A (Orba G) (South Ky Gro & Mkt) h302 W Alameda
Wearingin David D Jr student r410 W Walnut
Wearingin Stella B (wid D D) h410 W Walnut
Weatt Wendall (Annie M) prin Carver Sch h505 S Michigan
Wink J E U S Army r701 N Richardson av
Wisher Jack E student r303 W Tilden
Wisher Paul D (Vennie) washmn Roswell Lndry & Dry Clnrs h303 W Tilden
Wisher Richard L Jr student r107 S Delaware av
Wisher Roy L (Martha W) firemn h107 S Delaware av

T

Aack Nell clk F W Woolworth Co r508 N Virginia av
Abarez Francisco (Juanita) ranchmn h310 E Albuquerque
Abernacle Baptist Church Rev Porter McDougal pastor 107 W 11th
Ackett Arthur r901 E Alameda
Ackett Bessie L Mrs h901 E Alameda
Ackett Clifford A lab r901 E Alameda
Ackett Jeanelle tchr Mark Howell Sch r212 W 4th
Afoya Antonio r rear 506 E Tilden
Afoya Carlota r709 E Alameda
Afoya Isabel Mrs r709 E Alameda
Afoya Manuel h rear 506 E Tilden
Afoya Manuel R farmer h709 E Alameda
Albert Jas (Ernestine) lieut U S Army r1010 E 2d
Almage Dayton M (Veta) embalmer Talmage Mortuary h506 N Pennsylvania av
ALMAGE FRANK JR (Josephine) (Talmage Mortuary) h 414 N Pennsylvania av, tel 442
Almage Mills (Hilda M) embalmer Talmage Mortuary h411 N Pennsylvania av
ALMAGE MORTUARY (Frank Talmage Jr) funeral directors, 414 N Pennsylvania av, tel 28
Ank's Cafe (L C Tankersley) 208 W 2d
Ancred Clinton (Opal) projectionist R E Griffith Theatres r414 N Missouri av

---

HINKLE MOTOR COMPANY

131 W. 2D ST.

WHOLESALE AUTOMOBILE PARTS AND EQUIPMENT

Serving New Mexico for 22 Years

Garage and Service Station Equipment

PHONE 12

EL PASO-PECOS VALLEY TRUCK LINES

J. L. NAYLOR, Owner CARL A. LONG, Local Agt
Daily, Dependable Service from and to EL PASO, LOS ANGELES and POINTS WEST
118 E. 4th St. Phone 16(

CLARDY'S PRODUCTS
Raw and Pasteurized

MILK

Butter
Cream
Butter Milk
Ice Cream

Delivered to Your Home or At Your Grocer

PHONE 796

200-202 E. 5th

Tankersley Clara V Mrs sec First Baptist Church h510 N Ke tucky av
Tankersley Earl E (Clara V) police h510 N Kentucky av
Tankersley Helen Mrs slsldy Kessel's Inc h1008 E Bland
Tankersley J Herman (Helen) waiter Tank's Cafe h1008 Bland
Tankersley Lee E (Martha L) (Sunset Service Station Grocery) h108 N Montana av
Tankersley Luther C (Frances) (Tank's Cafe) h407 N Uni(
Tankersley Syl F (Julia) prsr Excelsior Clnrs & Dyers h4: N Michigan av
Tankinow Melton (Beatrice) U S Army r303 E Bland
Tanner Apartments 718 N Main
Tanner Estelle Mrs presser Palace Clnrs h614 E Bland
Tanner Gladys hlpr F W Woolworth Co r910 S Main
Tanner Van (Estelle) h614 E Bland
Taplin Glen W (Colleen) lieut U S Army h204 E 8th
Tapp Aileen sten r1001 N Lea av
Tapp B Fred U S Navy r1201 N Delaware av
Tapp Ira E (Allie) h1001 N Lea av
Tapp Jos B (Lennie) asst Large & Small Animal Hosp h12(N Delaware av
Tapp Jos W (Nora) gas dept S W Public Serice Co h906 ` Albuquerque
Tarin Lenore Mrs h609 E Albuquerque
Tarlow Luba slsldy Popular D G Store r114 N Richardson &
Tarlow Solomon (Audra) asst mgr Popular D G Store h6: N Richardson av
Tarlowe Leon (Anna D) mgr Makin's D G Store h108 S Pen sylvania av
Tarlton Newton (Anna P) U S Army r606a E 2d
Tarvin Jas (Tomer L) lab h405 S Montana av
Tarwater W V (Gladys) ydmn Valley Ref Co r509 N Grar
Tassa Maxine Mrs waitress American Cafe r301 N Kentuck
Tate Shirley millwkr Roswell Cotton Oil Co
Taube Leona Mrs r111½ S Main
Tayley Wallace R (Louise) truck drvr h rear 116 E 6th
Taylor A Caleb (Mary) janitor h809 W 10th
Taylor A Caleb Jr r809 W 10th
Taylor Andrew R (Ione) truck drvr r402 S Michigan av
Taylor Autry H (Gladys) carp h1104 N Kansas av
Taylor Cecil R U S Marines r505 Orchard av
Taylor Corsie J (wid Zachary) h800 N Virginia av
Taylor Edw metalwkr Claude Matthews Co r Rt 1 Box 2:
Taylor Elvia O r1108 N Missouri av
Taylor Evelyn r809 W 10th
Taylor Fay cash Arcade Billiard Parlor r501 N Richardsc
Taylor Gladys tchr Roswell High Sch r403 S Missouri av
Taylor H Orville (Mary L linemn h1812 N Kentucky av
Taylor Herbert T (Leona) mgr Old Mission Barber Shop 1304 N Lea av
Taylor Ira U S Army r809 W 10th
Taylor Jack (Bettie) U S Army r200 N Washington av

"Say it with Flowers" ALLISON FLORAL CO.

We Telegraph Them Anywhere   Expert Florists and Designers

Phone 408—Day or Night   707 S. Lea Ave.

...ylor Jno r122 E 2d
...ylor La Vonne Mrs sten Roswell Auto Co h101 N Delaware
...ylor Lester L (Suean) woodwkr h505 Orchard av
...ylor Lloyd (La Vonne) h101 N Delaware av
...ylor Mary Lou sausagemkr Pecos Valley Pkg Co r501 N Richardson av
...ylor Melba bkpr Omar Leach & Co r Rt 2 Box 64
...ylor Merritt R (Lois) h1312 N Lea av
...ylor Mollie (wid J W) h1108 N Missouri av
...ylor Preston D (Edith) (Taylor The Welder) h308 N Grand av
...ylor The Welder (P D Taylor) 1016½ E 2d
...ylor Viola Mrs sec Magnolia Pet Co h710 S Michigan av
...ylor Warren D (Lena B) inspr h1210a N Main
...ylor Violet bkpr Omar Leach & Co r Rt 2 Box 64
...ylor Wm C (Lela G) mgr J C Penney Co h103 N Washington av
...ylor Wm F (Norma E) carp h310 S Ohio av
...ylor Wm J U S Navy r809 W 10th
...ylor Zachary A millwkr Roswell Cotton Oil Co r800 N Virginia av
...ys Jack C (Virginia A) lab street dept City h306 S Montana av
...ys Jas (Frances) firemn h803 N Montana av
...ys Maude L (wid M D) h1802 N Lea av
...ys Stanley r1802 N Lea av
...ys Wm G r306 S Montana av
...ys Wm S (Addie P) ice dept S W Public Service Co h113 S Ohio av
...ague Alyce C sten r212 W 4th
...ague Carl (Bertha) hlpr Valley Ref Co h1816 N Kentucky
...ague J Silas r1816 N Kentucky av
...ague Jno S (Fixit Shop) r408½ E 2d
...ague Rosie Mrs h215 N Virginia av
...ague Willie E (wid Frank) clk P O h601 S Lea av
...bbetts Mary C (wid J E) slsldy J C Penney Co h501 E 5th
...le Wm (Katherine) slsmn r112 N Kansas av
...lford Harold G (Edna C) capt U S Army r1010 E 2d
...lles Frank (Lela) bartndr Star Bar r320 S Main
...mple Claude H (Velma) plant opr S W Public Service Co h306 S Delaware av
...mple Donna M waitress r402 E 2d
...mple Jas F (Zettie) wtchmn S W Public Service Co h rear 500 S Main
...nnon Walter (Oneal) wtchmn h110 E Alameda
...Pee Cafe (T P Thompson) 106 E 2d
...rry Lewis mech hlpr N M Highway Dept r507 N Virginia
...rry Roy A (Lois I) carp h610 S Union av
...rry Sarah J (wid Jas) r215 N Virginia av
...tts C C prsmn Roswell Daily Record
...EXACO PETROLEUM PRODUCTS, Elmer's Service Station, 600 N Main, tel 102 (see right top lines)

Eat at **BUSY BEE CAFE**

JIM RALLES

"Roswell's Leading Cafe"

318 N. Main

PHONE 281

MERRITT'S SMART APPAREL FOR WOMEN

319 North Main — PHONE 482 —

Johnston Pump Co.

DISTRIBUTORS OF
Johnston Turbine Pumps For New Mexico and West Texas

Domestic Pressure Systems

Electric Motors and Starters

108-110 S. Virginia Ave.

PHONE 70

220

TEXAS COMPANY THE, E Y Chambers consignee, wholes petroleum and its products, S Virginia av ne cor E Tilc tel 144
Texas Rooms (Mrs Ella Burke) 111½ N Main
Thimios Chas J (Lucille) (American Cafe) r207 N Lea
Thoma Edw C (Shirley) cash Railway Exp Agcy h1010 N l
Thoma Paul (Una) ranchmn h110 N Michigan av
Thoma Paulyne r110 N Michigan av
Thomas Bide (Elsie) sec lab AT&SF h316 E 6th
Thomas Bryan E (Adeline) carp h605 S Atkinson av
Thomas Chas S r604 W Tilden
Thomas Clarence E (May) (Open Front Second Hand Sto: h211 S Main
Thomas Claude B (Mary F) h1708 N Missouri av
Thomas Elsie Mrs clk Gross-Miller Gro Co h316 E 6th
Thomas Frank (Gladys) h7, 718 N Main
Thomas Jos bodymn Roswell Auto Co r406 E 5th
Thomas Lucy A tchr h604 W Tilden
Thomas Luke R (Louise) gas dept S W Public Service Cc 406 E 5th
Thomas Luther J (Mabel) U S Army r203 S Kansas av
Thomas Reuben (Bernice) sgt U S Air Corps h5, 504 W
Thomas Reuben E (Samantha) blksmith O H White Blac smithing & Welding h204 E Bland
Thomas Robt H (Emma) plmbr Buck Russell Plmbg Co rear 406 E 5th
Thomas Will C (Virginia) staff adj Fire Co's Adj Bure h615 S Michigan av
Thompson Alta (wid C R) r414 N Missouri av
Thompson Arlen r414 N Missouri av
Thompson Art R clk White House Gro & Mkt r1510 N M souri av
Thompson Arthur J Jr (Myrrl) U S Army r1001 W 8th
Thompson Betty sheetmetalwkr r1510 N Missouri av
Thompson Bob routemn Royal Clnrs r212 W Bland
Thompson Cecile F Mrs alterations Hamilton's Justrite Clr h106 S Pennsylvania av
Thompson Clay E (Pauline) lieut U S Army Air Corps h1 W 7th
Thompson E Marie opr Mt States Tel & Tel Co r412 W
Thompson Edw J farmer h ss E 19th 2 e N Garden av
Thompson Elton D (Cecile F) drvr Railway Exp Agcy h1 S Pennsylvania av
Thompson Ernest W (Inez) sgt U S Army h1210c N Main
Thompson Henry A U S Army r406 N Richardson av
Thompson Howard presser Roswell Lndry & Dry Clnrs r3 S Virginia av
Thompson Jas A (Edna) meat ctr White House Gro h1510 Missouri av
Thompson Jennie (wid I E) h1002 E 2d
Thompson Joan student r211 E Reed
Thompson Le Roy Rev (Annie M) pastor First Presbyteri Ch h208 N Michigan av

ELMER'S SERVICE STATION

ELMER LETCHER

We Employ EXPERIENCED Labor

600 No. Main St., Phone 102

ompson Leslie O (Margaret) mech h E 19th se cor N Atkinson av
ompson Leslie O Jr (Eva) police r408 W McGaffey
ompson Lillian checker Excelsior Clnrs & Dyers
ompson Lucy Mrs mgr Royal Clnrs h212 W Bland
ompson Mary (wid G E) r E J Thompson
HOMPSON ONA B (Leola) (Thompson's Auto Salvage) h 211 E Reed, tel 1496
ompson Pauline Mrs sten U S Civil Service Com h111 W 7th
ompson Ray (Jean) stockmn Daniel Paint & Glass Co h900 S Washington av
ompson Raye ironer Roswell Lndry & Dry Clnrs r707 W 8th
ompson Thos P (Willie) (Te Pee Cafe) h414 E 3d
ompson Willard A (Lucy) h212 W Bland
ompson Wm R (Margaret M) mgr New Modern Hotel r 309½ N Main
HOMPSON'S AUTO SALVAGE (O B Thompson) auto salvage, new and used parts for all automobiles, wrecker service, reasonable priced used cars, 211 E Reed, tel 1496 (see page 12)
orne Bill H (Elizabeth) (B H Thorne Memorial Wks) constable bsmt Court House h1600 N Washington av
orne B H Memorial Works (B H Thorne) 107 N Atkinson
orne Harry (Myrtle) inspr in ch N M Cattle Sanitary Bd h713 N Lea av
orne Park E 2d se cor Shartelle
ornton Hazel student r906 N Richardson av
ornton Nellie (wid J Y) h209 N Pennsylvania av
ornton Ralph V (Mary) mech h906 N Richardson av
ornton Richard checker Excelsior Clnrs & Dyers r1500 S Main
ornton Thos M (Virginia) h1113 E Bland
ornton Walter C (Opal) routemn Excelsior Clnrs & Dyers h1500 S Main
orpe Ralph W (Wyota A) capt U S Army h1011 S Pennsylvania av
hree Minute Studio (J P White) 308 S Main
hreet Virgil (Mollie N) slsmn h810½ W Albuquerque
hrelkeld Geo A (Laura B) lawyer 22-23 First Natl Bank bldg h1007 Highland av
hroop Douglas R (Martha J) U S Army h208½ W 7th
hrower Clyde O (Myrtle) drvr N M Dept of Public Welfare h512 Sunset av
hurman Franklin A (Miriam M) geologist h510 W 1st
hurmond Isaac (Virginia) elevmn Roswell Trading Co r C D Douthitt
hurmond Ralph M U S Navy r511 W College blvd
idmore B J (Oleta) h406 W 5th
idwell Jesse (Frances) mech h103 W 11th
IGNER RICHARD M (Amelia R) mgr Owl Drug Co, The Walgreen Agency, 220 N Main, tel 41, h108 W Deming, tel 387

Hamilton Roofing Co.

GEO E. BALDEREE Mgr.

We Feature Old American Roofing Shingles Siding Etc.

Free Estimates

Industrial and Residential Roofing and Sheet Metal Contractors

Bonded and Insured

Easy Payment Plan

303 N. Railroad Ave.

Phone 460

ROSWELL FORD AUTO CO.

Open All Night — SALES AND SERVICE PHONES 189 and 190 — One Stop Service Station

PHONE 14
A Lumber Number Since 1897

BIG JO LUMBER CO.

800 North Main

PHONE 14

Tindle Alex (Joyce) slsmn Wilmot Hdw Co h411 W Tilc
Tippie Kenward E (Julia) sgt U S Army r207 S Kentucky
Tipton Sarah A Mrs r1220 N Atkinson av
Tisdale Walter A (Tanzy M) carp h606 W 1st
Todd Sadie (wid W L) r413 W College blvd
Todhunter Emeron B (Irene) clk AT&SF h409 N Kansas
Tomlinson Bertha (wid D Y) h204 N Lea av
Tomlinson Elmer (Velma) delmn Modern Food Mkt r703 Kentucky av
Tomlinson Jack (Daisy K) tire inspr Firestone Stores h 301 W Alameda
Torres Candelario (Caroline) h1113 N Delaware av
Torres Clifford r rear 110 E Alameda
Torres Eloy G (Savina S) h407 E Bland
Torres Felix M grocer 1002 N Union av h same
Torres Fidel M h904 S Kentucky av
Torres Hilario (Adela) janitor h503 E Tilden
Torres Jose B (Emilia) farmer h507 E Hendricks
Torres Manuel (Regina) r303 Elm
Torres Mary (wid A B) h210 S Montana av
Torres Mary Mrs r405 W Reed
Torres Pedro (Emma) lab h408 E Bland
Torres Ruben L (Petra) meatctr Jackson Food Stores r2 S Montana av
Torres Tomas (Adelia) farmer r507 E Hendricks
Totten Audrey E (wid C F) r703 S Michigan av
Totten Clyde I tchr Missouri Av Sch h703 S Michigan av
Tow Mae E (wid S M) h2, 610 N Virginia av
Towler Jno W (Marian I) maj U S Army h408 W Walnut
Townsend Wilford S baker Holsum Baking Co
Trammell Roscoe (Ruth) mech h108 E Bland
Travis Jas A (Billie V) barber Old Mission Barber Shop h10 S Lea av
Traweek Aubrey C (Annette) U S Army h8, 712 N Main
Traylor Floyd (Barbara) drvr N M Transptn Co r809 N L
Treat A Roy (Sallie) rancher h40 Riverside dr
Treat Elmer U S Army r40 Riverside dr
Treat Lloyd (Ethel) r40 Riverside dr
Treat Wm C (Ramona) ranchmn h610 N Pennsylvania av
Trent B W (Ethelwyne) (Trent's Friendly Service) h10 E 2d
Trent Chas B (Harriett) h407 N Virginia av
Trent Clay (Virgie) h1205 Sherman
Trent Imogene student r308 E 6th
Trent Jno H (Georgia) tree surgeon h308 E 6th
Trent Lonnie L (Hazel L) firemn h411 E Forest
Trent Robt J (Blanche) ins h312 E 6th
Trent Theo U S Army r308 E 6th
Trent Thos A r1205 Sherman
Trent Wm C (Ramona) ranchmn h ws Sherman av 1 s E M Gaffey
Trent's Friendly Service (B W Trent) grocers 1014 E 2d
Triangle Lumber Co R V Young mgr N Main se cor 23d

Flowers For All Occasions
PHONE 275
405 W. ALAMEDA
Member F. T. D, A.

Trieb Mary E (wid E C) (Capitan Theatre) h410 S Missouri
Trimble Luther (Ruth) clnr Excelsior Clnrs & Dyers h409 N Pennsylvania av
Trinity Methodist Church Rev R T Schaefer pastor 310 W 5th
Tripp Aurelia Mrs clk Montgomery Ward & Co h202 W 10th
Tripp Cletus O student r902 N Virginia av
Tripp Guy P (Aurelia) ydmn Pecos Valley Lmbr Co h202 W 10th
Tripp Hazel electn r902 N Virginia av
Tripp Jas (Pearl) lab h902 N Virginia av
Tripp Lyndon D U S Army r902 N Virginia av
Tripp P W hlpr American Cafe
Trout Jos B (Marguerite) trav slsmn h808 W 3d
Trout Jos H (Lily M) h109 E 19th
Trout Maurice D (Mary) h808 W 5th
Troutt W L & Co (W L Troutt) cotton 5 Bank of Commerce bldg
Troutt Wm L (W L Troutt & Co) r1500 W 2d
TRUCK INSURANCE EXCHANGE. M L Norton dist mgr, office Norton Hotel, 200-4 W 3d, tel 900 (see page 6)
Trujillo Antonio F (Aida O) clk r rear 711 S Missouri av
Trujillo Geronimo (Marcelina) ranchmn h603 E Tilden
Trujillo Geronimo (Leonora) U S Army r603 E Tilden
Trujillo Jose R U S Army r104 N Montana av
Trujillo Lucas E (Sara) lab city st dept h104 N Montana av
Trujillo Moises (Valintina) ranchmn r706 E Albuquerque
Trujillo Pavlita (wid R) maid 713 N Main h512 E Tilden
Trujillo Pedro (Juanita) cook h703 E Tilden
Trujillo Reuben (Margie) U S Navy h1212 W Alameda av
Trujillo Roy R (Guadalupe) lab street dept City h110 S Ohio
Trujillo Servando U S Navy r104 N Montana av
Trulove Harry (Eloise) U S Army r1111 Hahn
Tucker Cecil W (Alene) phys 306 W 2d h600 N Ohio
Tucker Enos L (Wessie) carp h420 E 4th
Tucker Frances student r100 N Missouri av
Tucker Jas E (Thelma) carp h404 W 17th
Tucker Leonard D (Bessie M) farmer h100 N Missouri av
Tucker Louise tchr r100 N Missouri av
Tucker Mattie Mrs h905 N Pennsylvania av
TUCUMCARI TRUCK LINES (H R Priddy, Tucumcari N M) Lee Green agt, 118 E 4th, tel 67
Tuggle Albert F (Dona) truck farmer h606a E 2d
Tuley C T (Melba) slsmn Clardy's Dairy h1007 W 8th
Tulley Wm L (Myrtle) woodwkr h606 N Garden av
Tullis Chas R (Mildred) U S Army r406 N Richardson av
Turnbough Callie Mrs h310 E Albuquerque
Turnbough Ernest R (Eugenia A) drvr h910 S Lea av
Turnbough Jack U S Army r310 E Albuquerque
Turnbough Louie D (Odolene E) transfer h1205 W Hendricks
Turner Albert L (Winnie) taxi h1602 N Kentucky av
Turner Carl B (Ellen J) h407a N Grand av
Turner Elzadie r4, 718 N Main

PAPER Products

WHOLESALE

GROCERIES

JANITORS' SUPPLIES

FEED

Roswell Trading Company

PHONE 126

STATE COLLECTION BUREAU, INC.

H. G. Parsons, Mgr.   H. R. Laurain, Pres.
BONDED - ESTABLISHED 1930
10 Bank of Commerce Bldg.   106 E. 4th   Phone 22

Turner Herman H (Lucille) checker Safeway Stores h908 Pennsylvania av
Turner Jos W (Pauline C) U S Army h607 W 6th
Turner Kate P (wid W P) h104 N Kentucky av
Turner S I h921 E McGaffey
Turner Virgil A (Beatrice) U S Army h110 N Delaware
Turner Wm A (Zora) carp h400 E 5th
Turney Lorme E (Grace P) slsmn H A Marr Gro Co h13(Highland rd
Turpin Stacy W drvr Roswell Sand & Gravel Co
Tutt Joel H (Ruth) U S Air Corps r412 W 7th
Twaddle Ruth sten Area Rent Director r301 N Kentucky
Tweedy Jno (Beatrice) county comnr Dist No 1 r 4½ mi se city
TWEEDY MANSFIELD (Josephine) income tax counselo public accountant and auditor, 417 J P White bldg, tel 28 h502 N Washington av, tel 1446-W
TWO-O-ONE CAB CO (Curtis Corn) "for smiling service" t 201, 100 mile carrier permit, 3d and Richardson av (see le: top lines)
Tyer Jno H (Electa) r521½ N Main
Tyler Gideon (Olivia) aud N M Transptn Co h913 N Pennsy vania av
TYNER ROY V (Josephine) (Stewart's) 423 E 2d, tel 72, 1105 N Missouri av, tel 1686-M

U

U S O Club Mrs Kathryn Howell sec 501 N Kentucky av
U S O Club (Colored) 217 E Hendricks
Uhrig Otto B cook r507 N Virginia av
Ullery Jas L (Wilma) trucker h1112 W 8th
Ullery Jas L Jr trucker h1110 W 8th
Ullery Neil B U S Army r1112 W 8th
Ullrich A W (Lula M) (Ullrich Nursery) h W McGaffey n cor Ohio av
Ullrich Nursery (A W Ullrich) W McGaffey nw cor Ohio a
Ullrich Robt L (Lucita F) service sta atdt Roswell Auto C r306 S Washington av
Ullrich Wm appr Stewart's r E 2d e of city
Uncle Tom's Cabin's (J T Leach) 1504 W 2d
Underwood Ada L Mrs h505 S Washington av
Underwood Howell M (Opal) line dept SW Public Servic Co h709 N Main
Underwood Howell M Jr U S Army r709 N Main
Unger Lillie (wid J D) r511 W 16th
Unger Melvin chief eng Radio Station KGFL h511 W 16t:
Union Bus Depot 119-21 S Main
United States Army Recruiting Station Sgt G C Moss in cl 2d fl Federal bldg
United States Bureau of Animal Industry Salem Curtis an(G D Dale vet insprs 3d fl Federal bldg

---

DRUGS

PECOS VALLEY DRUG CO.

The Rexall Store

FREE DELIVERY

312 N. MAIN

PHONE -1-

| BIGELOW RUGS AND CARPETS | **Purdys' Furniture Company** | KARPEN FURNITURE |
| DRAPERIES LINOLEUMS WASHING MACHINES | 321-25 N. MAIN PHONE 197 | STOVES AND RANGES UPHOLSTERING VENETIAN BLINDS WINDOW SHADES |

...ted States Civil Service Commission Marjorie M Griswold ocl rep bsmt City Hall
...ted States Commissioner S Pat O'Neill 1st fl Court House
...ted States Department of Agriculture Agricultural Adjustment Administration Louis Bagwell sec 209-11 J P White bldg
...ted States Department of Agriculture Bureau of Entomology and Plant Quarantine W F Rice inspr in ch 3d fl Federal bldg
...ted States Department of Agriculture Farm Credit Administration Emergency Crop & Feed Loan Office W H Butterbaugh field supvr bsmt Court House
...ted States Department of Agriculture Farm Security Administration R K Lewis county supvr bsmt Court House
...ted States Department of The Interior, Geological Survey, Oil & Gas Leasing Div, E A Hanson supvr 3d fl Federal bldg
...ted States Department of Agriculture Soil Conservation Service C E Olson dist conservationist bsmt City Hall
...ted States Department of Commerce Bureau of The Census, Current Surveys Section A Bottoms in ch bsmt Court House
...ted States Department of the Interior Grazing Servive Carl Welch in ch 306 J P White bldg
...ted States Department of Justice Federal Bureau of Investigation 2d fl Federal bldg
...ted States District Court Colin Neblett judge 2d fl Federal bldg
...ITED STATES EMPLOYMENT SERVICE, Theo M Schuser mgr, bsmt City Hall, tel 636
...ited States Internal Revenue Office C S Cisco and C R Kollenborn dep collectors 2d fl Federal bldg
...ited States Marshal's Office Dave Fresquez dep 2d fl Federal bldg
...ited States Navy Recruiting Station W Odle C B M in ch 3d fl Federal bldg
...ited States Post Office see Post Office
...ited States Treasury Department War Savings Staff R R Hinkle assoc admin 245 Federal bldg
...ited States War Department 1st Provisional Training Wing, West Coast Army Air Force Training Center, Brig Gen Martin F Scanlon commanding 2d fl City Hall
...ited States Weather Bureau R V Bell meteorologist in ch 3d fl Federal bldg
...rein Mary L sten r1016a E 2d
...rch Vera nurse N M Military Inst r same
...quidez Manuel (Bobbie A) tyer Pecos Valley Comp h411 Ash av
... Wm R Jr (Charlotte) U S Army h109 W 7th

Drink

Delicious and Refreshing

PECOS VALLEY Coca-Cola Bottling Co.

908-10 N. Main

PHONE 771

TAXI

201 Curtis Corn, Owner   **201** 3d and Richardson A

V

Valdez Amada (wid Celestino) r115 E Tilden
Valdez Cafe (R M Valdez) 300 S Main
Valdez Ernestina dom 311 W 7th r same
Valdez Flora Mrs r904 N Union av
Valdez Lucy waitress r507 N Virginia av
Valdez Pedro h103 E Tilden
Valdez Ramon M (Carolina) (Valdez Cafe) h913 W 10th
Valles Jesus (Aurelia) lab h216 E Hendricks
Valley Potato Chip Co (Mrs Emma Head) 909 W 2d
VALLEY REFINING CO, R O Anderson pres, Dale Fischb
  gen supt, oil refiners, E College blvd at AT&SF Ry, tel
Vanderhager Jos (Doris) U S Army r205 N Michigan av
Vandeventer Jay C (Emma) asst petroleum eng U S Geo
  gical Survey h415 W Tilden
Vandewart Blanche asst sec Leonard Oil Co r211 W 1st
Vandewart Cecila J typist r510 S Pennsylvania av
Vandewart Ralph A (Hallie M) wood buyer h510 S Penns
  vania av
Vandewart Ralph A Jr (Rachel S) rancher h203 W Hendri
Vandewart Wm A (Pauline) prop Everybody's Cash Stor
  404 N Lea av
Van Doren Edw E U S Army r711 N Richardson av
Van Doren Wm C (Kiney) h711 N Richardson av
Van Eaton Hazel sten Arline Gibbany h8, 718 N Main
Van Eaton Lewis r8, 718 N Main
Van Eaton Ray student r8, 718 N Main
Van Eaton Thos student r8, 718 N Main
Van Heuvelen Gerald J (Frances) capt U S Army h607 E
Van Sickle Gayle C (Genevieve) clk Montgomery Ward &
  r1010 E 2d
Vann Hotel Edna C Cleghorn mgr 324½ N Main
Van Winkle Alice (wid Jesse) r310 E Chisum
Van Winkle Fred V (Fay Ellen) drvr Two-O-One Cab
  r1411 W 2d
Van Winkle Jesse P (Myrtle) (Star Camp; Van Winkle S
  vice Sta) h1411 W 2d
Van Winkle Wm (Gladys) (Harris Cafe) r511 E 2d
Van Wyk Wm J mgr Greenhaven Tourist Courts h612 E
Van Zante Harold J (Carlena) U S Army r114 N Richards
Varela Abelardo U S Army r1105 N Union av
Varela Geo U S Navy r1105 N Union av
Varela Jose M (Rebeca F) (Joe & Jake Barber Shop) h1
  N Union
Varela Josefa (wid Antonio) r rear 503 E Mathews
Variety Liquor Store (Ann Cabber) 104 S Main
Varner Frank W (Cleo) stillmn Valley Ref Co h300 N Un
VARNEY ZELLA MRS, v-pres Central Hardware Inc, r Ni
  son Hotel, tel 800
Vasquez Felipe (Lusita) lab h1204 N Missouri av

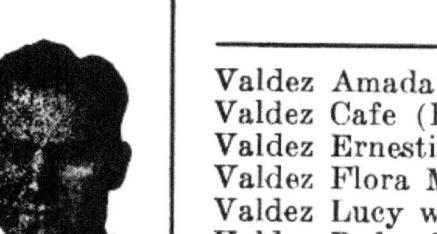

Dr. R. S. Attaway D.V.M.

Chaves County's Only **Qualified (Graduate) Practicing Veterinarian**

Large and Small Animal Practice

PHONE 636

403 East 2d.

GESSERT-SANDERS ABSTRACT CO.
ABSTRACTS OF TITLE

09 E. Third St.   **Phone 493**

squez Frank C (Lucy) lab h805 E Alameda
squez Lucia Mrs r716 E Alameda
squez Mercedes C (wid Refugio) h708 E Walnut
uchelet Barbara student r rear 414 N Lea av
uchelet Sadie C (wid L J) kindergarten h rear 414 N Lea
ughan Daniel pres Dominion Oil & Gas Co r Nickson Hotel
ughan Ella M (wid W C) r114 W Bland
ughan Maie H r410 E 4th
ughn Buster O (Christine) welder h620 S Atkinson av
ughn Clyde K (Vera P) clk Railway Exp Agcy h107 E Matthews
ughn Fronnie L (Ida) carp h505 W 18th
ughn G Henry (Matilda V) h907 E Alameda
ughn Jas W millwkr Roswell Cotton Oil Co r1800 N Missouri av
ughn Lottie r910 E Alameda
ughn Mary B r1800 N Missouri av
ughn Wm F (Vallie V) millwkr Roswell Cotton Oil Co h1800 N Missouri av
nable Odie H U S Army r115 E 12th
negas David h1109 W 11th
negas Frank (Estella) lab h908 W 11th
nnum I Edw (Margaret) h503 E 5th
nnum Jos H (Pearl) mech r rear 503 E 5th
nnum Ralph E (Evelyn L) slsmn h100 S Delaware av
nrick Glenn N (Merle) (Culdice & Venrick; Roswell Real Estate Co) r 4 mi nw of city
ntura Ramon (Juanita) lab h208 E Wildy
rcruise Howard R (Dorothy) U S Army h307 W 4th
rhines Wm C (Mary L) mech h1210 N Lea av
rmillion Wm whsemn r Mrs Elizabeth Connor
rnon Dottie clk Bright Spot
st Jno W (Ollie) rancher h401 N Kentucky av
terans Home 1009 N Richardson av
ttese Nicholas (Nicolette) U S Army r109 N Richardson
tory Cafe (Mrs G A Ogden) 111 N Main
tory Mary A r1315 N Kentucky av
gil Daniel (Carolina) casingmkr Pecos Valley Pkg Co h911 S Grand av
gil Dolly waitress Herring Cafeteria
gil Felipe (Lucy) ranchwkr h1209 N Washington av
gil Fred (Rosa) U S Army r104 W Alameda
gil Pedro (Australia) lab h318 Van Buren
gil Trinidad hlpr Herring Cafeteria
gne Andrew (Lee) U S Army r205 E Alameda
lalobos Rafael (Adelia) handicraft Roswell Museum h1012 W College blvd
lard R L (Mary K) prin Jr High Sch h506 W Alameda
lard Richard delmn Pecos Valley Drug Co r505 W Alameda
llareal Albino R r rear 711 S Missouri av
llareal Eva dom 202 E Summit r same
llareal Lawrence (Josephine) lab h612 E Deming

The Roswell Cotton Oil Co.

Mfrs. of Molasses Cubes and Cotton Seed Cake

301 E. 2d St.

PHONE 58

PANHANDLE LUMBER COMPANY, INC.
"COMPLETE BUILDING SERVICE"
PLAN SERVICE — FINANCING
107-11 W. Alameda   Phone

PHONE 796
Clardy's DAIRY
PURE MILK
Clardy's Dairy
Since 1912
Producer and Distributor of Quality Dairy Products and Ice Cream
200-202 E. 5th
Phone 796

Villareal Sara Mrs waitress Arias Cafe h603 E Albuquerc
Villescas Lawrence clk Daniel Paint & Glass Co r208 E H dricks
Villescas Manuelita Mrs h208 E Hendricks
Villescas Pedro (Erina) h218 E Hendricks
Vines Elizabeth student r106 N Delaware av
Vines Minnie M student r106 N Delaware av
Vineyard Amelia (wid S A) r307 S Lea av
Vineyard Cecil W trucker r904 N Kentucky av
Vineyard Debbie D (wid W L) r904 N Kentucky av
Vineyard Hazel tchr Jr High Sch h904 N Kentucky av
Vineyard Nellie Mrs r904 N Kentucky av
Vineyard Rose smstrs r904 N Kentucky av
Vining Belle (wid A M) r206 N Pennsylvania av
Vinson J Harold (Minnie) waiter r1622 N Kentucky av
Virginia Inn (Mrs Ophelia Clements) 406 N Richardson
Vloedman Andrey J (Gwen) slsmn h1308 Highland rd
Vogue The (S F Hameed) ladies wear 225 N Main
Von Tungeln Herbert A (Christine) maj U S Army h505 Ohio av
Vorhees Roy W (Alice) (Vorhees & Standhardt) h21 Riv side dr
Vorhees & Standhardt (R M Vorhees F M Standhardt) arc 108½ N Main

W

W O W Hall 116½ E 4th
Wachter Jno A (Jane H) lieut U S Army h209 E Bland
Waddill Jno Y r1010 W 8th
Waddill Roxie (wid J Y) sausagemkr Pecos Valley Pkg h1010 W 8th
Wade David E (Dorothy) h1817 N Missouri av
Wade Dorothy clk F W Woolworth Co r1817 N Missouri
Wade Edna M r1809 N Missouri av
Wade Hassel R r1809 N Missouri av
Wade Ida B Mrs h1809 N Missouri av
Wade Ivan E (Jonnie) bus drvr h1813 N Lea av
Wade Jodie clk r600 E 5th
Wade Paul U S Army r406 N Richardson av
Wade Thurman H (Juanita) mkt mgr Safeway Stores r504 Lea av
Wade Vivian r1809 N Missouri av
Wade W H (Bette) mech r801 N Richardson av
Waggoner Benj F Rev (Leona) h ns E Alameda 5 n Atk son av
Waggoner Jas D (Opal) formn ice dept S W Public Serv Co h1207 N Lea av
Waggoner Jas L slsmn Pecos Valley Drug Co r1207 N Lea
Waggoner Lester G (Clara R) atdt Roswell Auto Co r409 Kentucky av
Waggoner Richard P (Roberta) phys 125 W 4th h409 W

Wholesale
Retail

aggoner Robt L (Zaidee) slsmn Roswell Auto Co h409 N Kentucky av
agner Leon (Ona) r rear 1000 E 2d
agner Mary F slsldy Myers Co r Rt 2 Box 141B
agner Saml (Maryland) lieut U S Army r202 S Washington
agoner Gilbert (Ruby) farmer h601 E McGaffey
agoner Henry C (Annester) h1, 111 S Virginia av
agoner Jas D (Hannah H) janitor h612 E Mathews
agoner Lonnie (Sarah) h201 S Kansas av
agoner Louise C h611 E Mathews
agoner Wm F h206 S Kansas av
ahline Charlotte r103 S Union av
ahline Eric A (Mamie) plant supt Valley Ref Co h103 S Union av
AKEFIELD R B (Georgia) mgr Panhandle Lmbr Co Inc 107-11 W Alameda, tel 59, h305 W 8th, tel 1759
alborn Eva (wid E D) r607 S Kentucky av
alden Betty clk r501 N Richardson av
alden May Mrs clk Bright Spot r509 N Richardson av
alden Russell O (May) U S Army r509 N Richardson av
alden Wilma clk r501 N Richardson av
ales Newton S asst R S Attaway r911 W 10th
alker Barbara r105 N Lea av
alker Chas L (Frances) trucker h907 W 8th
alker Chester (Helen) trucker h317 E McGaffey
alker Cleaners (E O and Mrs Louvesta Walker) 312 N Richardson av
alker Ella h201 W 10th
alker Euburn O (Vivian) (Walker Clnrs) U S Army h407 W 10th
alker Henry M (Gwen) lieut U S Army h200 W McGaffey
alker Ida (wid C N) (Aunt Kate's Rooms) r122 E 2d
alker Jack (Alene) atdt Lannom's Gulf Service Sta r506 N Virginia av
alker Jas C r722 E Alameda
alker Jno H r104 E Alameda
alker Jos J (Louvesta) phys 201 J P White bldg h410 W Hendricks
alker Lee R (Anna A) lab formn h328½ E 6th
alker Louvesta Mrs (Walker Clnrs) h410 W Hendricks
alker Marjorie r105 N Lea av
alker Merl r206 N Richardson av
alker Norman W (Maxine I) combinationmn Mt States Tel & Tel Co h602 S Richardson av
alker Opal A (Gladys I) slsmn Wilmot Hdw Co h603 S Union av
alker Velma Mrs slsldy Price & Co r206 E 4th
alker Wm B janitor First Natl Bank r rear 510 N Pennsylvania av
alker Wm M r321 E 6th
all Jno (Marguerite) U S Army r209 W 6th
all Wm S (Bertha) U S Army r318 E 7th
allace A Burch r300 W Alameda

KELVINATOR
Electric
Refrigerators

Maytag
Washing
Machines

Magic Chef
Gas Ranges

Philco
Radios
Sales and
Service

Samson
Windmills

Engines

Fencing

Paint

Guns and
Amunition

Sporting
Goods

115-17
N. Main

PHONE
634

PRICE'S SUNSET CREAMERY

STANDARD BRAND PULLORUM TESTED BABY CHICKS

Embryo fed chicks and **PURINA CHOWS**

FEED

Hay and Grain

C. F. & I.
Dawson &
RATON

Kindling

Pecos Valley Trading Co. & Hatchery

603 N. Virginia

PHONE 412

Wallace Chas (Essie) gard h201 S Atkinson av
Wallace G W drvr Two-O-One Cab Co r202½ E 2d
Wallace Gardens (C F Wallace) 201 S Atkinson av
Wallace Harvey W ydmn Valley Ref Co r322 E 6th
WALLACE HAZEL M (wid Orville M) agt Sinclair Refini Co, 214 E Alameda, tel 903, prop Roswell Service Station, 1 S Main, tel 903, h607 S Richardson av, tel 617
Wallace Mary P (wid Jos) r900 N Richardson av
Wallace Wilbur (Leta M) mach h6, 504 S Pennsylvania
Waller Alice emp Campbell Academy of Beauty Culture r N Missouri av
Waller Jos A (Martha M) ranchmn h512 N Missouri av
Waller W Fields (Winona) rancher h411 W 6th
Wallin Louise Mrs cash R E Griffith Theatres r505 W Waln
Wallin Martin J (Louise) U S Army r505 W Walnut
Walsh Geo (Kay) U S Army r201 N Michigan av
Walsh Jas J (Alice) sgt U S Army r501 S Main
Walsh Ralph r105 N Missouri av
Walters Burnice R (Faye M) sgt U S Army h116 W Alame
Walters Cleora sten r1306 N Kentucky av
Walters Florence clk Huff's Jwlry Store
Walters Frank G r707 E McGaffey
Walters Martin M (Pauline) h909 W 10th
Walton Jo nurse r519 E 5th
Wampler Janet tchr East Side Sch r600 E 5th
WAPLES-PLATTER GROCERY CO "White Swan Brand Armold Transfer & Storage distbtrs, 419 N Virginia av, 23
War Price & Rationing Board E L Lusk chmn, WE Bondura T A Roff W H Hortenstein Stanley Lodewick and Geo Foster members Mrs Leo di Lorenzo chf clk bsmt City H
Ward Albert M (Fay) U S Army h105 N Lea av
Ward Ann tchr Roswell High Sch r211 W 1st
Ward Byron (Alice) slsmn Lannom's Gulf Service Sta h1: N Kentucky av
Ward Chas F (Emily S) h1405 N Pennsylvania av
Ward Clarence service sta atdt Roswell Auto Co r518 E (
Ward Evelyn B tchr Highland Sch r104 W Tilden
Ward Florence Mrs h409 Pear
Ward Gordon F U S Army r104 W Tilden
Ward Grady (Wanda) sgt U S Army r518 E 6th
Ward Inez r409 Pear
Ward J Lee (Mary M) mech Wilmot Hdw Co h208 E Demi
Ward Jno T (Betty) col U S Army h623 N Main
Ward Jno T Jr U S Army r623 N Main
Ward Justin I (Florene) farmer h701 N Garden av
Ward Lois Mrs tchr Jr High Sch r108 N Lea av
Ward Morris W (Lois) clk r108 N Lea av
Ward Raymond O (Merle) lessee Roswell Mattress Co h W Tilden
Ward Ted L millwkr Roswell Cotton Oil Co
Ware Chas E Jr (Eula) instr h111½ W Tilden
Ware Jno W (Genella) h706 N Delaware av

are Riley C (Mable) eng h801 W 8th
armath Moody sheet metal wkr r1510 N Missouri av
arn Ralph E lab r406 N Richardson av
arne Jno N (Daisy M) janitor h207 N Pennsylvania av
arner Chas A (Bonnie B) U S Army h704b S Pennsylvania
arren Jno F (Faye) fruits 607 E 2d h same
arren Wm W (Marjorie D) guard r615 N Richardson av
arwick Edith r206 N Michigan av
asham Betty r108 S Missouri av
asham Lon (Vernia) r203 S Montana av
asham Noel E U S Army h203 S Montana av
ashington Avenue School Alice Webb prin 400 N Washington av
ashington Chas L (Lola M) r700 N Union av
ashington Donald (Vera) porter Montgomery Ward & Co r700 N Main
ashington Henry (Corlester) clnr Hamilton's Justrite Clnrs h306 S Virginia av
ashington Vina maid Nickson Hotel
aters Franklin L (Lula D) h700 S Union av
atkins Barnett J (Lula M) storekpr h1015 E 2d
atkins Gano (Juanita) U S Army r709 S Main
atkins Milton D U S Army r1007 W 8th
atkins Travis B (Meredith) yd formn Johnson-Lodewick Inc h1209 W 7th
atson G Edwin (Aunt Kate's Rooms) r122 E 2d
atson Jas P (Pauline) stillmn Valley Ref Co h510 N Delaware av
atson Robt J (Estella L) barber C J Evans h211 S Virginia av
atson Rosa L cook 710 N Kentucky av h205½ E Alameda
atson Saml drvr Johnson-Lodewick r Artesia N M
atson Wm T (Rosa L) cook Busy Bee Cafe h205½ E Alameda
att Dale (Helen) U S Army r114 N Richardson av
atts Chas (Ollie) lab h401 N Atkinson av
atts Floyd B (Ruth) U S Army h706 N Pennsylvania av
ATTS GEO T (Charlotte) lawyer, district attorney, 2d floor Court House, tel 244, h100 N Pennsylvania av, tel 393
atts Harold r2401 N Main
atts Richard U S Army r1108 N Union av
atts Thos H h1108 N Union av
atts Thos H Jr U S Army r1108 N Union av
atts Tilford hlpr F W Woolworth Co r1108 N Union av
augh Colby A (Doris F) U S Army r302 W Alameda
axler Fritz N (Frances) opr Standard Stations Inc h505 N Missouri av
eathers Benj F (Cordela) farmer h ss E 2d 11 e Atkinson
eathers Nova r B F Weathers
eathers Willey E Mrs sten Western Auto Sup Co r Rt 2 Box 37a
eathers Wm (Willey E) truck slsmn Magnolia Pet Co r Rt 2 Box 37a

Johnson Lodewick

Refiners and Marketers of Petroleum Products

Distributors for Southeastern New Mexico of QUAKER STATE MOTOR OILS

New Mexico Distributors for Barnsdall Oil Co.

813 N. Virginia Ave.

Phone 164

R. O. ANDERSON
President

DALE FISCHBECK
General Supt.

Phone 23 "SKIDDO"

ARMOLD TRANSFER & STORAGE
STORAGE - CRATING - SHIPPING
"We Move Anything"   419 N. Virginia

CAR PARTS DEPOT INC.

Distributors
Automotive
Supplies
and
Equipment

Welding
Equipment
and
Supplies

PHONE
205

401 N.
Virginia
Ave.

P. O. Box
1288

Weaver Clifford B (Dorothy) electn h409 W 8th
Weaver Elmo (Marie) U S Army r604 S Michigan av
Weaver Jim (Anna M) h1814 N Kansas av
Weaver Mack well driller h ns E 23d 6 e Main
Webb Alice prin Washington Av Sch r710 W 4th
Webb Carlos C (Zula) slsmn Cummins Garage h610 W Tild
Webb Dorcas E (wid H R) h600 N Kentucky av
Webb Gladys I tchr Jr High Sch r600 N Kentucky av
Webb Nina R tchr Jr High Sch r307 N Kentucky av
Webb Perry A (Elizabeth) U S Army r800 W Mathews
Weese Leonard E (Lela E) formn h308 S Kansas av
Wehrman Edw M (Charlotte S) lieut U S Army h304 S Michigan av
Weier Wm L (Rena) (Shamrock Cafe) h204½ W 10th
Weingantz Philip gard St Mary's Hospital r same
Weir Jas (Frances) mech h310 E 6th
Welch Carl (Laura S) in ch Grazing Service U S Dept of T Interior h506 W Hendricks
Welch Laura S Mrs artist h506 W Hendricks
Weldy Thos (Tennie) h106 N Montana av
Weldy Wm T U S Army r106 N Montana av
Wellborn Jas Howard mech Ace Auto Co
Weller Lewis H (Rose) carp h605 N Washington av
Wellinger Wm r2401 N Main
Wells Geo (Ella) h602 E 5th
Wells Lena Mrs slsldy Hunter & Son r106 W Hendricks
Wells Leona E (wid J W) cook h908 N Missouri av
Wells Ooola emp Beaty's Lndry r700 N Missouri av
Wells Ted E opr Valley Ref Co h106 W Hendricks
Welter Grover C (Zona M) (Welter Saddlery Co) h202 N Missouri av
WELTER SADDLERY CO (G C Welter) 207 N Main
Welter Woodfin G (Anna) slsmn Holsum Baking Co h406 Missouri av
Welty Emily A (wid W F) artist 410 S Kentucky av h same
Welty Ray J U S Army r808 N Ohio av
Welty Willis S (Alpha) h808 N Ohio av
Wendling Geo V lieut U S Army h302 W Albuquerque
Wendling Nancy R office asst Price & Co r302 W Albuquerque
Werner J Robt U S Army r608 W 5th
Werner Jno R (Allie J) woodwkr r608 W 5th
Werner Ralph D (Ruth) whsemn h608 W 5th
Werner Rex B U S Army r608 W 5th
Wesley Hall Nursery Mrs Euveta Whitten supvr rear 213 Albuquerque
Wessler Lee (Winifred) lieut U S Army r110 W Mathews
West Al (Lucille) U S Army r114 N Richardson av
West Alameda Assembly of God Church Rev C C Hartle pastor 1200 W Alameda
West College Market (Joe E Patterson) 600 W College blv
West Donna C r J W Martin
West Jno N janitor First Methodist Church h1206 N Oh
West Lee (Mattie) carp h413 E 3d

| BIGELOW RUGS AND CARPETS DRAPERIES LINOLEUMS WASHING MACHINES |  Purdys' Furniture Company 321-25 N. MAIN   PHONE 197 | KARPEN FURNITURE STOVES AND RANGES UPHOLSTERING VENETIAN BLINDS WINDOW SHADES |

West Eighth Street Grocery (D R Crow) 711 N Union av
West First Street Laundry (Isaac Moore, Bogy Robinson) 1110 W 1st
West Logan (Nellie B) firemn h521 W Forest
West Ninth St Grocery (Matt Freilinger) 710 W 9th
West Second Feed Store (Mrs May Smith) 1400 W 2d
West Second St Grocery & Market (E L Burns) 605 W 2d
West Side Service Station & Grocery (C M Kelly) 1401 W 2d
Western Auto Supply Co J E Patterson mgr 117-19 W 2d
WESTERN UNION TELEGRAPH CO, R W Aldrich mgr, to send a telegram, cablegram or radiogram at any time ask operator for "Western Union" for messenger and other purposes, tel 1300 and 1301
Westfield Lillian r121 E 10th
Westmoreland Richard circ mgr Roswell Daily Record r309½ N Main
Westover Evelyn (Rock Inn Cafe) r401 N Atkinson av
Westover Frances student r512 N Atkinson av
Westover Mallie (wid J O) h507 Orchard av
Westover Mildred r401 N Atkinson av
Westphalen Milton W (Elizabeth) sgt U S Army h609 W Walnut
Wetherbe Mead Bond (Marguerite C) U S Navy r400 S Kentucky av
Weverka Winnie (wid L J) slsldy Bray-Moore Shop h205 W 11th
Wharton Dorothy Mrs slsldy Elizabeth's r608 W 3d
Wharton Phillip (Dorothy) U S Marines r608 W 3d
Whatley Bessie H Mrs slsldy Everybody's Cash Store h513 E 2d
WHATLEY WM H (Bessie H) wholesale and retail dealer in poultry and eggs, cream buying station, 515 E 2d, tel 418, h same
Wheat Woodrow W (Sylvia M) US Army r710 S Main
Wheeler Carl W r523 E 8th
Wheeler Gale G oil mill wkr r523 E 8th
Wheeler Ida L (wid Floyd) clk h209 S Pennsylvania av
Wheeler Jasper (Ethel) r523 E 8th
Wheeler Leo V (Cady) pntr h1204 W 1st
Wheeler Morris (Lottie) U S Army h1306 N Kentucky av
Wheeler Ovanda (wid J H) r401 N Kentucky av
Wheeler Peter r523 E 8th
Wheeler Saml W (Willie) carp h1806 N Missouri av
Wheeler Wm E (Maidie) h rear 808 W Deming
Wheelock Geo C r406 N Richardson av
Whicker S Guy (Irene) bkpr Cummins Garage h712 N Kansas
Whitaker Marjorie W Mrs bkpr Nehi-Royal Crown Bott Co h506 N Kentucky av
Whitcamp Raymond S (Emma) (Whitcamp's Garage) h626 S Atkinson av
Whitcamp Thos H (Forest) blksmith h1001 E Walnut
Whitcamp Willis I (Virgie) fuel h es Orchard av 1 w Pear

Drink

Delicious and Refreshing

PECOS VALLEY

Bottling Co.

908-10 N. Main

PHONE

771

TAXI 201

Curtis Corn, Owner — 3d and Richardson Av

Dr. R. S. Attaway D. V. M.

Chaves County's Only Qualified (Graduate) Practicing Veterinarian

Large and Small Animal Practice

PHONE 636

403 East 2d.

WHITCAMP'S GARAGE (Raymond S Whitcamp) gener auto repairing, welding and brazing, we are equipped to anything there is to be done to an auto, 624 S Atkinson tel 1162-J

White Al C Jr (Doris) h1617½ N Kansas av
White Bessie B r107 W Mathews
White Chas C r612 N Virginia av
White Chas E (Nellie) h1100 Plum
White Chas E Jr r1100 Plum
White Della E (wid W S) clk h e s New 2 n E 23d
White E Carroll Jr (Erma) county school supt 1st fl Cou House r Rt 1 Box 136 K out E College
White Earleen slsldy Kessel's Inc r301 E 7th
White Eldon (Esther) U S Army r210 N Pennsylvania av
White Emmett D (Blanche) U S Army h211 W 1st
White Ernest D (Odile) welder F R Stone Mach Shop r4 E 5th
White Esther Mrs waitress Busy Bee Cafe r210 N Pennsy vania av
White Ethel Mrs r111½ S Main
White Flossie prin East Side Sch r113 N Kentucky av
White Garnett L presser Roswell Lndry & Dry Clnrs r30 S Virginia av
White Gladys dom 310 W Alameda h201 S Kansas av
White Harry E (Rubye) instr N M Military Inst h1303 N Le
White Harry S (Grace spcl clk P O h107 N Kentucky av
White House Grocery (E F Blair) 814 W 2d
White Implement Co (P N White) 1115 S Atkinson av
White J P Building Tom D White mgr 105½ W 3d
White J P Co (Inc) Mrs J P White pres, J P White Jr 1 v-pres, G L White (Littlefield Tex) 2d v-pres, Tom D Whit sec, livestock and ranching 502 J P White bldg
White J Pat (M Beulah) (Three Minute Studio) r308 S Mai
White Jack (Wilma) U S Army r708 N Virginia av
WHITE JAS P JR (Mary) pres Roswell Gin Co, 1st v-pre J P White Co, v-pres Pecos Valley Pkg Co, h212 N Missou av, tel 438
White Jay W (Jessie M) h604 S Missouri av
White Jno B h416 E 5th
White Lou T (wid J P) pres J P White Co h200 N Lea av
White Lula r105 N Ohio av
White M S (Maude) cement fnshr h1111 W Hendricks
White M Beulah Mrs (White's Drug) r308 S Main
White M Estella h107 W Tilden
White Mary D clk r107 N Kentucky av
White Mary L r109 W Deming
White Naomi M (wid B E) waitress Aunt Kate's Cafe h30 E 7th
WHITE O H BLACKSMITHING & WELDING (O H White 401 E 2d, tel 566 (see page 12)
WHITE ONOUS H (Mary) (O H White Blacksmithing & Weld ing) 401 E 2d, tel 566, h109 W Deming, tel 911-J
White Oscar D (Mary F) ranchmn h400 N Kentucky av

GESSERT-SANDERS ABSTRACT CO.
ABSTRACTS OF TITLE
.09 E. Third St. **Phone 493**

hite Pete lab street dept City
hite Prentice N (White Implement Co) r1115 S Atkinson
hite Richard L instr N M Military Inst r same
hite Robt G (Janet) electn h1112 N Richardson av
hite Robt O (Exa) (White's Mattress Factory) r E 2d ½ mi bey Atkinson av
hite Rock Cafe (Mrs Gertena Ogden) 206 N Richardson av
hite Rose waitress h105 N Ohio av
hite Sally Mrs slsldy Kessel's Inc
hite Sarah L sten N M Highway Dept r305 N Pennsylvania
hite Thorwald B (Margaret) asst dist eng N M Highway Dept h605 W 6th
hite Tom D (Gretchen) sec J P White Co mgr J P White Bldg h700 N Kentucky av
hite W P cook Aunt Kate's Cafe r122 E 2d
hite Wm (Jerry) h106 W Alameda
hite's Drug (Mrs M B White) 308 S Main
HITE'S MATTRESS FACTORY (R O White) mattresses-felted layer built, blown mattresses, quilt bats, 604 E 2d tel 384
hited Gean (Opal) U S Army r609 S Atkinson av
hitehead Albert E (Lolis) slsmn Purity Baking Co h619 S Atkinson av
hitehurst Kittie (wid G C) nurse r510 N Kentucky av
hiteley Junior C (Georgia) U S Army r607 N Washington
hiteman A Lincoln (Margaret) grocer 120 E 1st h200 E Albuquerque
hiteman Jack D (Mertie) chf announcer Radio Sta KGFL h306 N Pennsylvania av
hiteside Denver D (Mary B) sgt U S Army r La Salle Court
hitford Merrill W (Capitola) carp h1724 N Missouri av
hitley Wm B cook Mint Cafe r812 S Kentucky av
hitmore Ralph E r204 W McGaffey
hitmore Walter E (Theresa) mgr Radio Sta KGFL h204 W McGaffey
hitmore Walter E Jr U S Army r204 W McGaffey
hitney Chas S Jr (Ethel) instr N M Military Inst h1207 N Kentucky av
hitney Corinne (wid T E) r809 W 8th
hitney E W (Irene S) sec-treas Farmers Inc r 5 mi s and 5 mi e of city
hitson Ruby Mrs slsldy Hunter & Son h500 W 1st
hitson Wm H (Ruby) bkpr First Natl Bank h500 W 1st
hitten Euveta Mrs supvr Wesley Hall Nursery r 2 mi e of city
hittenberg Elijah janitor J P White Bldg r204 E Hendricks
hittington Paul E (Alice M) carp r410 S Pennsylvania av
hittle Bob (Tina) (Bob's Place) h1004 W 2d
iggins Miles B (Mona) rancher h16 Morningside pl
iggins Walton r16 Morningside pl
iggins Willis P (Ruthelle) clk Nickson Hotel h105 W Mathews

HINKLE MOTOR COMPANY
131 W. 2D ST.
WHOLESALE AUTOMOBILE PARTS AND EQUIPMENT
Serving New Mexico for 22 Years
Garage and Service Station Equipment
PHONE 12

EL PASO-PECOS VALLEY TRUCK LINES

J. L. NAYLOR, Owner CARL A. LONG, Local Ag

Daily, Dependable Service from and to EL PASO, LOS ANGELES and POINTS WEST

118 E. 4th St. Phone 16

CLARDY'S PRODUCTS

Raw and Pasteurized

MILK

Butter
Cream
Butter Milk
Ice Cream

Delivered to Your Home or At Your Grocer

PHONE 796

200-202 E. 5th

Wiggs Clarence civ eng h201 E 22d
Wiginton Grace emp Beaty's Lndry Box 257
Wilburn Clyde maid r112 E Alameda
Wilburn J Howard (Gladys) mech h708 W 9th
Wilcoxon Lydia (wid C F) h901 N Union av
Wilcoxon Lydia P Mrs nurse N M Military Inst r same
Wilcoxon Mary F student r901 N Union av
Wilgus Roseella clk Sears, Roebuck & Co r1004 W Walnut
Wilhite Jno R (Minnie) h1514 N Kentucky av
Wilhite Lorene opr r1514 N Kentucky av
Wilkerson Burl J student r519 E 3d
Wilkerson David N h407 N Pennsylvania av
Wilkerson H Ernest (Martha J) blksmith Stewart's h5 E 3d
Wilkerson I Jack U S Army r519 E 3d
Wilkins Chas L (Elsie) (Wilkins Gro & Service Sta) r Rt Box 13
Wilkins Grocery & Service Station (C L Wilkins) 501 S Ma
Wilkins Prentice D (Lucy E) nurserymn h701 E 2d
Wilkins R D county comnr Dist No 2
Wilkins Vernie ironer Roswell Lndry & Dry Clnrs r409 Main
Willett Katherine sten r709 N Richardson av
Williams A Ruth Mrs r207 W Hendricks
Williams Angie E (wid E H) r600 N Kentucky av
Williams Asbury Mrs furn rms 114 N Richardson av h sai
Williams Beatrice r204 E Alameda
Williams Booker T (Beatrice) U S Army r204 E Alame
Williams Catherine L clk Mt States Tel & Tel Co r212 Washington av
Williams Cecil H (Ruby) elect welder r1520 N Missouri
Williams Claude porter Smoke House r114 E Alameda
Williams Debs W (Stella M) h w s Stanton 4 s Chisum
Williams Dora B maid 212 N Missouri av r same
WILLIAMS DRUG STORE (Grover C Williams) prescriptio drugs, fountain service, free delivery, 3d and Richards av, tel 51
Williams Duncan E bus drvr r407 S Kentucky av
Williams Ed J (Charlotte H) (The Model) h307 N Was ington av
Williams Edw H r307 N Washington av
Williams Essie Mrs r114 N Richardson av
Williams Frankie Mrs bkpr Wilmot Hdw Co h619 N Main
Williams Grover C (Alma) (Williams Drug Store) h908 Tilden
Williams Harlon E (Frankie) U S Army h619 N Main
WILLIAMS HARRISON (Dorothy V) pres Pecos Valley Dr Co r Berrendo, tel O-28-J4
Williams Harry (Leola) porter r204 E Alameda
Williams Harvey K (Pearl) pntr h712 E Tilden
Williams Holland Magazine Agency (J H Williams) 129 W
Williams J Holland (Jewel M) (Holland Williams Magazi Agcy) h816 N Main

"Say it with Flowers" ALLISON FLORAL CO.

We Telegraph Them Anywhere Expert Florists and Designers

Phone 408—Day or Night 707 S. Lea Ave.

Williams Homer L (Vera) servicemn White Implt Co h rear 812 S Atkinson av
WILLIAMS HOWARD S (Gladys) dist supt Southwestern Public Service Co, h212 N Washington av, tel 342
Williams Iris clk r407 S Kentucky av
Williams Jas L (Gretchen) h1108½ W 2d
Williams Jas R (Shirley) U S Army h605 E 6th
Williams Jo Ed lndrywkr r205 S Virginia av
Williams Joe P (Aileen) (Medical & Surgical Clinic) h203 N Kansas av
Williams Kathryn r608 W Walnut
Williams Leola hotel wkr r204 E Alameda
Williams Lizzie (wid O L) librarian Christian Science Reading Room h506 S Kentucky av
Williams Mary B tchr East Side Sch r212 W 4th
Williams Mary C slsldy r307 N Washington av
Williams Mae Mrs receptionist I J Marshall h207 E 4th
Williams Orella Mrs waitress Aunt Kate's Cafe r122 E 2d
Williams Otis (Annalee) lab r114 Ash av
Williams Patrick (Gladys B) drvr N M Transptn Co h407 S Kentucky av
Williams Porter kitchenwkr r205 S Virginia av
Williams Rosalyn r908 W Tilden
Williams Roy (Mary Beana) firemn h209½ N Lea av
Williams Ruth Mrs slsldy J C Penney Co r202 E Albuquerque
Williams Saml S (Dorris) pilot U S Army r300 W Deming
Williams Stephen T (Steve's Cafe) r120 W Walnut
Williamson Claude E (Gladys) h408 W 16th
Williamson Leo T (Clara) stablemn h1720 N Missouri av
Williamson Lora Lee cash Victory Cafe
Willie Winifred tchr Jr High Sch r102 S Pennsylvania av
Willingham Dovie sten r204 E Albuquerque
Willingham Geo J (Martha E) farmer h1005 E Hendricks
Willingham Harold H whsemn Omar Leach & Co h204 E Albuquerque
Willingham Kate T (wid T K) h106 W Tilden
Willingham Margaret Mrs r204 E Albuquerque
Willingham Robt H clk Home Mkt & Gro r305 S Main
Willis Alonzo L (Lula M) trucker h508 Holland
Willis Alonzo L Jr (Ilah) carp h1305 E Bland
Willis Chas A (Isophine) bartndr h509 Holland
Willis Edith E sten r1305 W 13th
Willis Fern student r1305 W 13th
Willis Frank (Mildred) r405 E 4th
Willis Geo F (Ollie) carp h1305 W 13th
Willis Glenn (Mary) clk h1008 N Washington av
Willis Henry M (Pearlie R) eng h111 E Forest
Willis Jno W U S Army r610 W Alameda
Willis Jos E (Tommie) mech Lowrey Auto Co h211 W Summit
Willis Lee J (Matilda) h405 E 4th
Willis Louis E (Myrtle) slsmn Everybody's Cash Store h610 W Alameda
Willis Louis E Jr U S Army r610 W Alameda

237

Eat at BUSY BEE CAFE

JIM RALLES

"Roswell's Leading Cafe"

318 N. Main

PHONE 281

MERRITT'S SMART APPAREL FOR WOMEN

319 North Main — PHONE 482 —

Johnston Pump Co.

DISTRIBUTORS OF
Johnston Turbine Pumps
For New Mexico and West Texas

Domestic Pressure Systems

Electric Motors and Starters

108-110 S. Virginia Ave.

PHONE 70

Willis Mary Mrs bkpr Purdy Elec Co h1008 N Washingt
Willis Mildred sten r501 E 5th
Willis Robt L (Lois) service sta mgr Roswell Auto Co h10
   N Washington av
Willis Sherman S (Lucille M) h1300 S Richardson av
Willis Ted R (Ethel) mech h504 Holland
Willis Wayne E U S Army r610 W Alameda
Willson see also Wilson
Willson Ralph I (Pearl) contr 101 N Lea av h same
Wilmann Norman J (Edith) guard r610 W Alameda
Wilmon Thelma Mrs waitress r104 W Alameda
Wilmot Apartments 207-15 E 4th
WILMOT DANIEL H (M Grace) pres-mgr Wilmot Hdw
   h105 S Pennsylvania av, tel 841
WILMOT DANIEL H Jr, sec-treas Wilmot Hdw Co, lieut U
   Army, r105 S Pennsylvania av, tel 841
WILMOT HARDWARE CO (Inc) Dan H Wilmot pres-mg
   Paul D Wilmot v-pres, Dan H Wilmot Jr sec-treas, wholesa
   and retail hardware, stoves, tinware, gasoline engines, K
   vinator electric refrigerators, 115-17 N Main, tel 634 (s
   right top and right side lines)
WILMOT PAUL D (Margaret M) v-pres Wilmot Hdw Co,
   208 S Kentucky av, tel 495
Wilson see also Willson
Wilson Alva R (Edna) electn h812 N Kansas av
Wilson Byron B (Sallie) (Wilson Furn Store) h108 N M
   souri av
Wilson Cecil W U S Army r1512 Highland rd
Wilson Chas H (Birdie) contr 802 N Kansas av h same
Wilson Douglas U S Army r908 Jefferson
Wilson E M (Margarette) h1011 W 8th
Wilson Eddie dishwshr r109 E Tilden
Wilson Edna Mrs clk Rationing Board h812 N Kansas av
Wilson Electric (F S Wilson) 213 S Main
Wilson Emma C (wid W J) h1113 W 2d
Wilson Ernest L (Ruth) mech Roswell Auto Co h1512 Hig
   land rd
Wilson Forest E (Effie G) carp h501 Holland
Wilson Frank S (Beulah) (Wilson Electric) h900 N Kansas
Wilson Fred (Laura K) U S Army r215 S Main
Wilson Furniture Store (B B Wilson) 412 N Main
Wilson Geo C stockmn Camp Camino r1001 N Main
Wilson Gorgonio r122 E 1st
Wilson Irene student r501 Holland
Wilson Jas (Billie) U S Army r401 N Kentucky av
Wilson Jno C (Thelma) U S Army h607 N Washington av
Wilson Kenneth student r812 N Kansas av
Wilson Laura K Mrs waitress J H Jaynes h4, 215 S Main
Wilson Lee E (Margaret) mech r606 E 2d
Wilson Lottie (wid J W) r210 W 7th
Wilson Lucile T student r108 N Missouri av
Wilson Marvin U S Army r908 Jefferson
Wilson Mary A Mrs opr Mt States Tel & Tel Co r706 S L

ELMER'S SERVICE STATION

We Employ EXPERIENCED Labor

ELMER LETCHER

600 No. Main St.,   Phone 102

Wilson Melvin D (Ella) roofer h908 Jefferson
Wilson Minnie P (wid W A) h308 N Washington av
Wilson Opal r301 N Kentucky av
Wilson Philip D (Hazel) agt Standard Oil Co of Tex h1202 Highland rd
Wilson Roy (Lelia) carp h1303 E Bland
Wilson Royse student r812 N Kansas av
Wilson Ruth Gaines clk r108 N Missouri av
Wilson Sara B student r108 N Missouri av
Wilson Velma Mrs h e s New 3 n E 23d
Wilson Wallace (Mary A) sgt U S Army h1619 N Kansas av
Wilson Wm mech Ace Auto Co r405 E 2d
Wilson Wm J (Mary A) oilmn h700 S Ohio av
Wilson Woodrow (Allamae) mech h910 Jefferson
Wimberly Douglas D (Beulah L) agt Great Southern Life Ins Co h209 S Lea av
Winan Robt r114 N Richardson av
Winborn O D r207 N Lea av
Winborn Otis L (Birdie V) whsemn h210 S Missouri av
Windle Billie Mrs cook Victory Cafe
Wingate Chester L (Mabel F) mech McNally-Hall Motor Co h808 W Tilden
Winkelman C B (Norine) U S Army r1304 N Richardson av
Winkler Jos H (Trixie A) wtchmn h1103 W Walnut
Winsett Frank W (Charlie M) mgr Clowe & Cowan Inc h I, 301 W Alameda
Winsett Lewis W (Jewel) lab r rear 905 E Alameda
Winston Susie M clk P O r205 N Kansas av
Winston Wm C r212 N Kansas av
Winter Betty Lou r114 N Richardson av
Winter Gus H h118 W Alameda
Winters Mary B opr Mt States Tel & Tel Co r104 N Lea av
Wise Annie L Mrs reporting supvr Merchants Credit Bureau r308 E 8th
Wisely Chas E r712 N Union av
Wisely Louise M (wid W E) h712 N Union av
Wisenbach Raphael O F M civilian auxiliary chaplain R A F S r805 S Main
Wishard A Lee (Nevada) mech h205 W Bland
Wishard Arthur student r1000 E Bland
Wishard Henry E (Grace L) aircraft mech h606 S Richardson av
Wishard Roy W (Grace V) mech h1000 E Bland
Witcher Jas T (Ada L) shovelopr h506 N Garden av
Witcher Leonard r506 N Garden av
Witham Isaac A (Page G) mgr Roswell Business College h422 E 5th
Witt Brennon (Carrie B) U S Army h800 W Mathews
Witt Charlotte tchr Mark Howell Sch r103 N Pennsylvania av
Witt Corrie B Mrs asst sec-treas Roswell Prod Credit Assn h800 W Mathews
Witt Francis L r215 W 8th

Hamilton Roofing Co.

GEO E. BALDEREE Mgr.

We Feature Old American Roofing Shingles Siding Etc.

Free Estimates

Industrial and Residential Roofing and Sheet Metal Contractors

Bonded and Insured

Easy Payment Plan

303 N. Railroad Ave.

Phone 460

ROSWELL FORD AUTO CO.

Open All Night — SALES AND SERVICE — PHONES 189 and 190 — One Stop Service Station

PHONE 14
A Lumber Number Since 1897

BIG JO LUMBER CO.

800 North Main

PHONE 14

Witt Jabus A (Evalena) slsmn Wilmot Hdw Co h103 N Pensylvania av
Witt Juanita Mrs slsldy J C Penney Co r215 W 8th
Witt Madison D (Maggie) cottonwkr h1700 N Madison av
Witt Martha Mrs smstrs Roswell Lndry & Dry Clnrs h5 E 4th
Witt Richard (Martha) drvr N M Transptn Co h512 E 4th
Witt Tommy Mae nurse Dr G S Morrison r103 N Pensylvania av
Witt Winnie W (Emma) plmbr h222 W McGaffey
WITTEN TOM Jr (Aliene Varney) pres-mgr Central Hardware Inc, h20 Riverside dr, tel 1559-W
Wolf David (Ruth Porter) prop Merritt's Shoe Dept h407 Tilden
Wolf Fred T (Cora B) plant formn Sunset Creamery h212 Albuquerque
Wolf Ruth Porter Mrs (Roswell Beauty Shop) h407 W Tilden
Wolf Wm H Jr (Frances) slsmn Pecos Valley Pkg Co h9 W Hendricks
Wolfe Clarence I (Cleola) acct U S Geological Survey h4 N Missouri av
WOLFE FRANCES B MRS, society editor Roswell Daily Record, h1310 N Main, tel 1696
Wolfe Jos E carrier P O r sw of city
Womack A A (Nadine) police h707 N Richardson av
Womack Jas J (Eileen) U S Army h1008 W 8th
Womack Kirk W (Lena) mech h310 E 8th
Women's Club 501 N Kentucky av
Wood see also Woods
Wood Don (Fannie) U S Army r305 W 3d
Wood Julia r207 W 7th
Wood Ruby r202½ E 2d
Wood W Roscoe (Mamie) ranchmn h408 W 12th
Woodall June bkpr r100 S Delaware av
Woodall Thos F (Maxine) U S Navy r702 N Richardson av
Woodard Jno (Alberta) elev opr P J White Bldg h914 W 11t
Woodbury Coryton M (Loucile) h1301 N Lea av
WOODHEAD L F ELECTRIC CO (L F Woodhead) electr appliance service and repairs, ½ block west of Postoffice rear 206 W 4th, tel 81
Woodhead Lawrence F (I Gertrude) (L F Woodhead Electr Co) h309 N Pennsylvania av
Woodhead Lawrence R U S Navy r309 N Pennsylvania av
Woodley Jno (Jackie) sgt U S Army r605 S Main
Woodman W Harry (Ivy) rancher h806 N Pennsylvania a
Woodman W Harry Jr (Jennie) r806 N Pennsylvania av
Woods see also Wood
Woods Bufford A (Susie) lab r rear 905 E Alameda
Woods Elery student r1313 N Montana av
Woods Geo cook r1041½ N Main
Woods Mary Mrs h1313 N Montana av
Woods Melba h708½ N Main
Woody J W mech Wilmot Hdw Co r ne of city

Woody Myrtle (wid Jno) h805 W 12th
Wooldridge Beulah Mrs supvr girls physical education city schools h111 W 11th
Wooldridge Chas C (Beulah) lino opr Roswell Daily Record h111 W 11th
Wooldridge Emma Mrs h1205 N Lea av
Wooldridge Gayle bkpr Pecos Valley Drug Co r1205 N Lea
Wooldridge Lucille opr Mt States Tel & Tel Co r1205 N Lea
Wooldridge Staton D r1205 N Lea av
Wooldridge W Olan (Mildred) mgr Continental Air Lines h 201 W 11th
Woolsey Albert C (Billie) clk Roswell Lndry & Dry Clnrs h 612 W 3d
WOOLSEY IRVING W (Maude S) (Roswell Lndry & Dry Clnrs) 515-17 N Virginia av, tel 15 and 16, h306 N Washington av, tel 976
Woolworth F W Co L C Knadle mgr dept store 304-6 N Main
Woosley Anne checker Roswell Lndry & Dry Clnrs r305 N Kentucky av
Worden Jarvis C (Modina) sgt U S Army r414 N Michigan
Work Projects Administration C A Hall formn 1006 N Virginia av
Worlds Rosa Mrs r309 E 8th
Worley Jas E F waiter Busy Bee Cafe r106 N Kentucky av
Worley Oneita r415 W 2d
Worrell Jno W h w s New 1 n E 23d
Worrell Rosa V (wid G W) r309 E 8th
Worrell Roy T lab r J W Worrell
Worsham Hazel slsldy Makin's Dry Goods Store r323 N Virginia av
Worsham Jabe (Dema) (Cottage Barber Shop) r323 N Virginia av
Worthington Anne clk N M Transptn Co r304 W Hendricks
Worthington Everett M (Margo) lieut US Army h306 W Hendricks
Worthington Matilde S sec County Health Dept r304 W Hendricks
Worthington Pauline cash r615 E 5th
Worthington Wm N (Alphonsine) (Medical & Surgical Clinic) lieut com U S Navy h512 N Washington av
Wortman Jno (Agnes C) wtchmkr Huff's Jwlry Store h708 W Alameda
Wright Arthur J emp Roswell Lndry & Dry Clnrs r112 E Forest
Wright Don routemn Roswell Lndry & Dry Clnrs r112 E Forest
Wright Erastus A (N Chrystine) h112 E Forest
Wright Guy F (Marjorie) pharm Pecos Valley Drug Co h600 N Garden av
Wright Jas Andrew drvr J M Radford Gro Co r508 N Virginia av
Wright Jno (Elizabeth) lab h1819 N Kansas av
Wright Robt E (June) electn h1111 W 8th

Wright Webb (Jean) mech r103 W 11th
Wright Wheeler A (Willie M) lab h1811 N Lea av
Wright Wilbur F (Louise B) capt U S Army r404a S Kentucky av
Wright Wm J (Margie) taxi h211 W 4th
Wrigley Hugh T lieut U S Army r411 S Richardson av
Wyatt Arlie E (Joe) electn h418 E 5th
Wyatt Gladys B (wid D H) r800 N Richardson av
Wyatt Mary E student r800 N Richardson av
Wyatt Mary T (wid R H) h612 N Missouri av
Wyatt Robt H (Mary T) r612 N Missouri
Wylie Jno A (M Armine) trav slsmn h509 W 6th
Wylie Jno A Jr U S Army r509 W 6th
Wyly Jno H (Evelyn B) teller First Natl Bank h307 W Almeda
Wyly Joyce R sten Roswell Bldg & Loan Assn r608 N Pensylvania av
Wyly Robt H (Roxie) slsmn h608 N Pennsylvania av
Wyly Victor L (Aylene) slsmn r608 N Pennsylvania av

X

Xanders Harry (Frances) U S Army r300 N Union av

Y

Yancey David saw filer r200 E Alameda
Yantis Ruby tchr Mark Howell Sch r212 W 4th
Yantorn Betty checker Excelsior Clnrs & Dyers
Yantorn Beulah P r303 E Bland
Yarborough D Wynan (Georgia) (Geo Yarborough & Son) h110 E Bland
Yarborough Geo A (Clara) (Geo Yarborough & Son Palace Transfer) h307 S Missouri av
Yarborough Geo & Son (Geo and D W Yarborough) ice and meats 221 E 2d
Yarborough Georgia clk F W Woolworth Co r110 E Bland
Yarbrough Delphine student r Elm Court
Yarnell Chas E (Eunice W) bkpr h214 W McGaffey
Yarnell Eunice W Mrs alterations The Model h214 W McGaffey
Yarnell Glenn (Monice) drvr A A Gilliland & Co h ns E Alameda 3 e Atkinson av
Yarnell Marion C U S Air Corps r Glenn Yarnell
Yarnell W Clyde r Glenn Yarnell
Yauk Dale (Ola) slsmn Ball & White r523 E 5th
Yauk Wm (Cora M) wtchmkr Huff's Jwlry Store h306 W McGaffey
Yaws Mollie (wid F C) r711 S Main
Yeager Ella nurse county health dept h807 W 4th

GESSERT-SANDERS ABSTRACT CO.

ABSTRACTS OF TITLE

109 E. Third St.　　　　　　　　　　　　　　　　　Phone 493

ellow Cab Co (W B Binns Jr) 105 E 5th
der Genevieve clk r402 S Lea av
der Kimball A (Beryl B) rancher h402 S Lea av
der Rebecca A student r402 S Lea av
es Trueman E (Maurine) bkpr First Natl Bank h202 W 6th
rk Clyde (Opal) trucker h1810 N Kansas av
rk Ethel Mrs h909 N Richardson av
rk Henry (Mildred) U S Army r700 N Union av
rk Martin E (Geraldine) bodymn McNally-Hall Motor Co h812 W 2d
rk Mildred dom 607 N Montana av r700 N Union av
rk Nathan W (Malinda) h1722 N Missouri av
rk T Mason (Dessa L) h210 E Albuqureque
ung Bettye opr W U Tel Co r213 N Kentucky av
ung Clarence R (Alorie V) eng h223 W McGaffey
ung Donald D U SArmy r602 N Missouri av
ung E A (Lora I) lieut U S Army h108 E Albuquerque
ung Edith M (wid J E) h310½ N Pennsylvania av
OUNG EGBERT E, lawyer 1-2 Ramona bldg, 121½ N Main tel 659, h412 E Summit, tel 1658-W
ung Esta B (wid W D) h411 S Richardson av
ung Frank G (Madeline K) h506 N Richardson av
ung Georgia A (wid C R) r212 W 4th
ung Glenn D (Esther) slsmn Hinkle Motor Co h1211 Highland rd
ung Hazel M r310½ N Pennsylvania av
ung Jennie W (wid Frank) r506 S Kentucky av
ung Jesse J (Gladys) carrier P O h ss W 2d 11 w Mississippi av
ung Jno C (Vera) slsmn h100 N Atkinson av
ung Johnny Belle instr Campbell Academy of Beauty Culture h410 W 3d
ung Lolita r JJ Young
ung Madeline S clk First Natl Bank r506 N Richardson av
ung Marion clk r J J Young
ung Mary (wid A E) furn rms 323 S Main h same
ung Mary A (wid C W) h105 N Pennsylvania av
ung Phyllis A r602 N Missouri av
ung Rudy V (Lillian) mgr Triangle Lmbr Co h602 N Missouri av
ung Tessie Mae waitress Herring Cafeteria
ung Vera N timekpr r105 N Pennsylvania av
ung Warren D sgt U S Army r411 S Richardson av
ung Wm P (Alice) carp h711 W 8th
ungblood Louise slsldy r312 E 4th
ungblood P A r503 Ash av
ungblood Pauline clk F W Woolworth Co r1008 W Albuquerque
ungblood Vallie Mrs dishwshr CourtHouse Cafe h312 E 4th
ouse Jno R (Elizabeth) U S Army h407 S Pennsylvania av
ouse Lucy B (wid C L) r201 N Washington av
ow Jones D (Phyllis J) capt U S Army h608 S Washington

HINKLE MOTOR COMPANY

131 W. 2D ST.

WHOLESALE AUTOMOBILE PARTS AND EQUIPMENT

Serving New Mexico for 22 Years

Garage and Service Station Equipment

PHONE 12

EL PASO-PECOS VALLEY TRUCK LINES

J. L. NAYLOR, Owner   CARL A. LONG, Local Agt

Daily, Dependable Service from and to EL PASO, LOS ANGELES and POINTS WEST

118 E. 4th St.   Phone 16

CLARDY'S PRODUCTS

Raw and Pasteurized

MILK

Butter
Cream
Butter Milk
Ice Cream

Delivered to Your Home or At Your Grocer

PHONE 796

200-202 E. 5th

Yriart Graciano (Lucile) rancher h104 N Michigan av
Yturralde Geo farmer h609 S Pennsylvania av
YUCCA BEAUTY SERVICE & COSMETIC SHOP, Mrs Ru
    L Goodwin owner, "Where service and efficiency are u
    excelled" all work guaranteed, a complete line of cosmeti
    111 W 3d, J P White bldg, tel 484
Yucca Confectionery (L P Spurlock) 122 W 3d
YUCCA THEATRE, J E "Ted" Jones state and local m
    "Pecos Valley's leading theatre" 124 W 3d, tel 107

Z

Zahrodnik Jno R (Mary K) U S Army r615 N Richardson
Zahrodnik Mary K Mrs clk F W Woolworth Co r615 N Ric
    ardson av
Zamora Delfino h300 E Wildy
Zamora Delfino (Lenora) sec lab AT&SF r302 E 9th
Zamora Lugardita r807 N Delaware av
Zamora Pedro (Juanita) r200 E Hendricks
Zamora Raymond (Rita) r106½ W Alameda
Zamora Rita Mrs dishwshr r rear 104 W Alameda
Zamora Trinidad r122 E 1st
Zannetti A E (Willie M) U S Air Corps r801 N Richardson
Zeeveld Herbert E (Nettie B) (Quickway Truck Line) h4
    N Lea av
Zeke's Cafe (Zeke Gilliland) 503 N Main
Zell Loyal T (Wanda) sgt U S Army h A, 301 W Alamec
Zevely Quay (Anita) U S Army h512 N Richardson av
Zimm Pearl Mrs hsekpr 508 N Richardson av r same
Zimmerman Maude S (wid J F) slsldy Merritt's Ladies Sto
    h100 N Kentucky av
Zimmerman Muriel H (wid G D) bkpr Furniture Mart h5
    S Kansas av
Zink Gertrude (wid G W) h805 N Pennsylvania av
Zink Paul (Mary) U S Army (Zink's) h11 Morningside pl
Zink's (Paul Zink) musical insts 322 N Main
Zodrow Frank A (Ethel) mgr Montgomery Ward & Co h9
    N Richardson av
Zuber Wm (Josephine) lieut U S Air Corps r401 N Lea av
Zumwalt Ed (Viola) slsmn h510 Holland
Zumwalt Jos E (Sallie) (Zumwalt & Danenberg) h205 N Mi
    souri av
Zumwalt & Danenberg (J E Zumwalt H D Danenberg) elect
    406 N Main
Zuni Court V R Gore mgr 1201-15 N Main
Zuni Hotel 210½ N Main

GESSERT-SANDERS ABSTRACT CO.

ABSTRACTS OF TITLE

09 E. Third St.   Phone 493

HUDSPETH DIRECTORY CO.'S

ROSWELL, NEW MEXICO

Directory of Householders, Occupants of Office Buildings and Other Business Places

INCLUDING

A Complete Street and Avenue Guide

1943 - 44

Copyright 1943, By Hudspeth Directory Co.

NOTE—The streets in this section are arranged in alphabetical numerical order, showing the place of beginning and general direc- of each.
The buildings thereon are arranged in numerical order, showing names of the respective householders or business occupants.
The profession or business of individuals or firms is given only their respective place of business; to find occupation of others, r to the Alphabetical List of Names.
The word vacant after a number shows that the house, office or e at that number was vacant when the canvass was made.
The names of streets intersecting, beginning or ending are shown rever they occur.
The symbol ⊙ following a householder's name indicates that have received information during the canvass that the house is ied by some member of the family, but as the publisher cannot does not guarantee the correctness of the information furnished, the complete absence of mistakes, no responsibility for errors can r is assumed, nor can the publisher furnish further information that shown.
The symbol △ preceding name denotes householders and places of iness having telephones.

ARRANGEMENT

The streets are grouped in o divisions:—The named reets come first in alpha- tical order, followed by meral streets in numerical der.

AMEDA E
g S Main 2d s of 1st ext to Sherman
  Everybody's Cafe
  Henrich Mattie
  Smith Burl
  Stapleton Ralph
  Tennon Walter
  Archuleta Anita
½ Rayford Dorothy
  Hodge J H
  Anderson Aaron
  Smith Rosie

        S Virginia intersects
200 △ McKinney Opal ⊙
203   Simpkins Lemuel
204 △ Abernathy M P
205   Eanes J S
207   Bush Henry
214 △ Sinclair Refining Co
      A T & S F Ry intersects
300 △ Magnolia Pet Co
301 △ City Water Works
318 △ Large & Small Animal
      Hosp
      Crowder J H ⊙
    S Grand to Stanton avs
              intersect
603   Olivares Porfirio ⊙
605   Gonzalez Bacilio ⊙
607 △ Gamboa C M
609   Vacant
      Poplar av intersects
701   Sanchez I R
705   Ramirez Jesus
708   Lucero R O

The Roswell Cotton Oil Co.

Mfrs. of

Molasses

Cubes

and

Cotton

Seed

Cake

301 E. 2d St.

PHONE 58

PANHANDLE LUMBER COMPANY, INC.
"COMPLETE BUILDING SERVICE"
PLAN SERVICE — FINANCING
107-11 W. Alameda   Phone

Clardy's Dairy
PHONE 796
PURE MILK
Clardy's Dairy
Since 1912
Producer and Distributor of Quality Dairy Products and Ice Cream
200-202 E. 5th
Phone 796

ALAMEDA E (Cont'd)
- 709 Tafoya M R ⊙
- 711 Kite E R
- 711½ Espinoza Alberto ⊙
- 712 Hicks J A
- 713 Espinoza Joaquina ⊙
- 714 Sandoval P R
- 715 Fierro A D Mrs
- 716 Salinas Victor ⊙
- 717 La Riva Agustin ⊙
- 718 Marquez Manuel
- 719 Espinoza Juan ⊙
- 719½ Fierro Herminda
- 720 Samuel J W
- 721 Saavedra Marcelo ⊙
- 722△ Brown G A ⊙
- 723 Burrola Raymond ⊙
- 723½ Sedillo Francisco ⊙
- 724△ Sutton Jos
- 725 Simmons L L ⊙
- 726 Garza A F ⊙
- 728 Espinoza Mary Mrs
- 730△ East Alameda Gro

Elm av intersects
- 801 Vacant
- 803 Ferreira Amado
- 805 Vasquez F C
- 807 Hernandez Francisco
- 808 Najar Francisco
- 809 Alvarado Francisco

Ash av intersects
- 900 Mata E V Mrs
- 901△ WPA whse
- 903 Laymon C A
- 905 Head Elmer
- 907 Vaughn G H ⊙
- 909 Steele Arnold
- 910 Blake A L
- 911 Martin Chester
- 1000 Heizer J L

S Atkinson av intersects
- ns Shelton A T ⊙
- ns Fleming A E Mrs ⊙
- ns Yarnell Glenn ⊙
- ns Stearman Fate
- ns Waggoner B F ⊙
- ns Jennings Henry
- ss Brewer E W

ALAMEDA W
Bg S Main 2d s of 1st ext w bey S Montana av
- 104 Jackson Lillie Mrs
- rear Martinez Jose
- 106 White Wm
- 106½ Medrano Francisco ⊙
- 107-11△ Panhandle Lumber Co
- 108 Carrara Jno ⊙
- 110 **Apartments**
  - A△ Rosenthal S G
  - B Aynes D E
  - C Curtiss Taylor
  - D Hosey F P
- 112△ Cox W R
- 114△ Barger A B
- 116△ Walters B R
- 118△ Winter G H ⊙

S Richardson av inters
- 200 McCracken M A barbe
- 202△ Decker J L
- 204△ Hearn J D ⊙
- 206△ Casebolt Grace Mrs
- 206½ Allred R M
- 207△ Auld D M ⊙
- 208 Moore A J ⊙
- 209△ Davis K R
- 210△ Horton F G ⊙
- 212△ Hartley W E ⊙

S Pennsylvania av inters
- 300△ Graham H N ⊙
- 301 **Alameda Apts**
  - A△ Zell L T
  - B Moring Aileen
  - C Brady C H
  - D Able Howard
  - E Bengston Nathan
  - F△ Gustavason Jack
  - G△ Norton A H ⊙
  - H△ Miller R H
  - I Winsett F W
  - J Estey Harold
  - K Payne Thos
  - L△ Marshall I J
  - M Tomlinson Jack
  - N△ McGill Paul
- 302△ Greeson Annis Mrs ⊙
        Swayze C A
- 304△ Simpson Claude ⊙
- 304½ Corum Art
- 306△ Dukes G E
- 307△ Wyly J H ⊙
- 308 Richards J C
- 308½△ Dufo J C ⊙
- 309△ Hersey L R
- 310△ Minton E G ⊙
- 311△ Fulton J C Mrs
- 312△ Shurley H O ⊙

S Kentucky av inters
- 405△ Glover's Flowers
- 414△ Martin Lottie Mrs ⊙

S Lea av inters
- 506△ Villard R L ⊙
- 510△ Barrowman W L ⊙

S Missouri av inters
- 606 Foster W M
- 608△ Edgar H L
- 610△ Willis L E ⊙

S Washington av inters
- 708 Wortman Jno
- 710△ Goodsell O D ⊙
- 712△ Reese G L ⊙

S Michigan av inters

S Kansas av inters
- 907 Arrington W C
- 908 Vacant
- 911△ Callens Bessie Mrs ⊙
- 912 Anderson Carrie

S Union av inters
- 1007 Calvary Bap Ch

S Delaware av inters

S Ohio av inters

Wilmot Hardware Co.
Established 1911

Wholesale
Retail

ALAMEDA W (Cont'd)
- 0 W Alameda Assembly of God Ch
- 2 Hartley C C
- 4 Addy S I
- 10 McCleod J A ⊙
- 2 Trujillo Ruben ⊙
  S Montana av intersects

ALBUQUERQUE E
Bg S Main 5th s of 1st ext to Mulberry av
- Siegel J U
- McCracken M O ⊙
- Young E A
- Cox J M
- Robinson Elsie Mrs ⊙
- Snipes J H ⊙
- Murrell Lula Mrs ⊙
- Nilson Earl ⊙
  S Virginia av intersects
- Whiteman A L ⊙
- Quigley C Q
- ½ Swaine F J
- Willingham H H
- Locke E T
- Bell Flora Mrs
- Lujan Abel ⊙
- Miller J F
- Purcella A N ⊙
- York T M ⊙
- Picazo Evaristo
- Mex Methodist Church
- r Wesley Hall Nursery
  S Grand av intersects
- Green Jack
- Pickens E E ⊙
- Cardona Casimiro ⊙
- Juarez Rafaela ⊙
- Romero Leonides Mrs ⊙
- Turnbough Callie Mrs
- Tabarez Francisco ⊙
- Gomez Lawrence
- Mendoza Francisco ⊙
  S Lincoln av intersects
- Shank R C ⊙
- Otero Remigia Mrs ⊙
- Mex Bapt Church
- Sanchez Fidel
- Ponce Ambrosio
- Cisneros Isidro ⊙
- r Estrada Geo
- Montoya Josefita ⊙
- r Nieto Estela Mrs ⊙
- Romero Juan
- Armijo Jose ⊙
  Stanton av intersects
- Samario Florentino
- Anaya Isidro ⊙
- Gutierrez Dora Mrs
- Chavez Luis
- Franco Pedro
- Santa Cruz Liberato ⊙
- Carrillo Urbano
- Reyes Fernando
- Leyva Estanislado

- 512 Garcia Esteban
- 513 Miranda Rafael ⊙
- 514 Franco Patrocinia ⊙
- rear Franco Lorenzo ⊙
  Sherman av intersects
- 600 Franco Alberto ⊙
- 601 Maez Ernest
- 602 Franco Pedro ⊙
- 603 Villareal Sarah Mrs ⊙
- 604 Franco Daniel ⊙
- 609 Tarin Lenore Mrs ⊙
- 610 Cobos Juan ⊙
- 612 Estrada M A Mrs ⊙
- 617 Ramirez G R ⊙
- 621 Jimenez Bartolo
- 700 Cobos Jesus ⊙
- 706 Bustamante Procopio ⊙
- 708 Cobos Ramon
- 728 Aragon D O ⊙

ALBUQUERQUE W
Bg S Main 5th s of 1st ext w bey S Montana av
- 106 Blea J D ⊙
- 108 Southworth C G ⊙
- 109 La Riva Antonio ⊙
- 111 Sanders B E
- rear Mercer M P
- 112 Becker Genevieve Mrs
  S Richardson av intersects
- 200 Spradling E R
- 202 Patterson T E
- 204 Bagwell G L restr
- 206 Amador Refugio ⊙
- rear Duran Jas ⊙
- 212 Wolf F T
  S Pennsylvania av intersects
- 302 Wendling G V
- 306 Henderson Loren
- 307 Bell T E
- 308 Richardson Earl
- 309 McVay A C
- 312 Owens G B ⊙
  S Kentucky av intersects
- 405 Matthews C C
  S Lea av intersects
  S Missouri av intersects
  S Washington av intersects
- 709 Jones C L
- 711 Proffit C H
- 713 Collins S C
  S Michigan av intersects
- 806 Burnett R A ⊙
- 807 Peed D L
- 808 Strohley Walter
- 809 Sigler S R Jr
- 810 Qualls H W
- 810½ Threet Virgil ⊙
- 811 McPherson V I
- 812 Shoemaker G W ⊙
  S Kansas av intersects
- 906 Tapp J W ⊙
- 907 Herington A K ⊙
- 1008 Sullivan G O
- 1302 Anderson H H
- 1304 Covington Lora Mrs

KELVINATOR
Electric Refrigerators

Maytag Washing Machines

Magic Chef Gas Ranges

Philco Radios Sales and Service

Samson Windmills

Engines

Fencing

Paint

Guns and Amunition

Sporting Goods

115-17 N. Main

PHONE 634

Price's Sunset Creamery

STANDARD BRAND PULLORUM TESTED BABY CHICKS

Embryo fed chicks and **PURINA CHOWS**

FEED
Hay and Grain

C. F. & I.
Dawson &
RATON
Kindling

Pecos Valley Trading Co. & Hatchery
603 N. Virginia
PHONE 412

ALBUQUERQUE W (Cont'd)
1306 Harp Burdie Mrs

ASH AV
Bg A T & S F Ry 9th e of S Main ext s to E Summit
100 Contreras Pedro
101 Jaramillo Lucas
102 Acevedo Frank
103 Salazar Israel
105 Najar Juan
107 Ramirez Vicente
109 Salinas Ramona Mrs
111 Estrada Ignacio
114 Skief Isaiah
116 Najar Estanislado
120 Assembly of God Ch
   E Walnut intersects
200 Patterson L B
201 Fernandez Pedro
202 Sapien Tomas
206 Martinez Mauricio
   E Alameda av intersects
   E Tilden intersects
401 Rodriguez Felix
411 Urquidez Manuel
   E Hendricks intersects
503 Reed S E
513 Gonzalez Amado

ATKINSON AV N
Bg E 1st 10th e of Main ext north
100 Young J C
101 Gregg J H
105 Keith Margaret Mrs
106 Covington C R
107 Thorne B H Mem Wks
108 Burrow R L
   E 2d intersects
204 George Ella Mrs
401 Watts Chas
405 Mitchell C R
501 Pack P M
507 Roswell Floral Co
509 Santheson S S
512 Harris G L
   E 6th intersects
700 Liston J G
900 Kilgore J B
1201 Albert J W
1220 Brisco W C

ATKINSON AV S
Bg E 1st 10th e of Main ext south
   E Alameda intersects
201 Wallace Chas
605 Thomas B E
608 Butler K M
609 Burton H E
611 Vacant
612 Butler Samuel
613 Elam Chas
616 Graham J B
617 Heaton W B

618 Russell Jack
619 Whitehead A E
620 Vaughn B O
621 Kuzara S A
623 McDaniel J A
624 Whitecamp's Garage
626 Whitecamp R S
   E Bland interse
703 Harrison J K
801 Jeffries W H
803 Love J W
812 Vacant
rear Williams H L
900 Stockard J W
1115 White Imp Co
1119 Vacant
1123 Don's Night Club
1201 Fairview Serv Sta
     Fairview Garage
1000 Pecos Valley Compress
   E McGaffey interse

BLAND E
Bg S Main 6th s of 1st ex to Elm
100 Fay L E
108 Trammell Roscoe
110 Yarborough D W
111 Baldwin W F
113 Leakou Jno
113½ Swan Evelyn Mrs
115 Nudson C A
   S Virginia av interse
200 Camp J J
201 King C E
203 Flegal B L
204 Thomas R E
205 Bailey Syble Mrs
206 O'Meara P A
207 Rutledge R R
208 Schaefer Peter
209 Wachter J A
210 Mitchell G C
211 Davis M A
212 Gunn J W
213 Crow W W
   S Grand av interse
300 Brown H R
301 Caruthers R E
302 Bryant H B
303 Puzzo Betty Mrs
304 Hitchcock H J
305 Sibley R C
306 Emery Thos
307 Evanhoe B M
308 Poteet Leera Mrs
309 Pankey B B
310 Clements B M
311 Methvin H R
313 Scott B I
   Lincoln av interse
402 Ponce Paulito
403 Flores Manuela Mrs
404 Vacant
405 Fuentes Maria Mrs
407 Torres E G

Price's SUNSET CREAMERY

...AND E (Cont'd)
- Torres Pedro
- Garcia J C ⊙
- Brady O G ⊙
- Ayala Geo
- Robles Nieves
- ½ Mendiola Manuel
- △ Calderon D A ⊙

Stanton av intersects
cor South Hill School
- Gonzalez C C ⊙
- Ayala Julia Mrs
- Reyes Octaviano ⊙

Sherman av intersects
- Garcia Beatrice Mrs
- Lara Jose
- Miller Andrew ⊙
- Pena Samuel ⊙
- Lucero Elfego ⊙
- Avelar Agustin
- Gonzalez Alejo ⊙
- Avelar G L Mrs
- Tanner Van ⊙
- Anaya Alfredo ⊙
- Chavez Andrea Mrs ⊙
- Bustamante Mary ⊙
- Sanchez Herminio ⊙
- Sanchez A D ⊙
- Aldaco Bonnie ⊙
- Anaya Bustillos
- Castillo Pedro ⊙
- Marquez Frank
- Jaramillo F M ⊙
- Mendoza Juan
- Mendoza Antonio ⊙

A T & S F Ry intersects
- 7 △ Jackson T J ⊙
- 1 Shelnutt T A
- 00 Wishard R W
- 08 Tankersley I H
- 09 Patterson W W ⊙
- 12 △ Stockard Jay ⊙
- 01 Mitchell I W
- 13 Thornton T M ⊙
- 14 Graham F O
- 16 Smith I L
- 00 △ Ferguson O L ⊙
- 01 Arendall H R
- 04 △ Adams D M Mrs
- 11 Pomeroy G H gro

S Atkinson av intersects
- 03 Wilson Roy ⊙
- 05 Willis A L Jr ⊙

LAND W
Bg S Main 6th s of 1st ext w
bey S Montana av
- 4 Chance I W ⊙
- 6 Hamilton W I ⊙
- 7 △ McKnight F W ⊙

S Richardson intersects
- 0 △ Jones J C ⊙
- 1 Boykin Lillian Mrs
- 1½ Mitchell L A
- 3 Davis D R

- 203½ Cain A B ⊙
- 205 Wishard A L
- 207 Morris M A
- 212 △ Thompson W A ⊙

S Pennsylvania av intersects
- 309 △ Gibbons M F
- 310 △ Read T D

S Kentucky av intersects
- 405 Albright Jess

S Lea av intersects

CAMBRIDGE AV
Bg W 17th bet N Michigan av
and N Kansas av ext n
- 1800 Finley J H
- 1802 McCleskey A B ⊙
- 1804 Ratcliff C M ⊙
- 1806 Hardcastle J E ⊙
- 1816 Bailey A P ⊙
- 1818 Rea W T
- 1820 Bailey Albert ⊙

CHISUM E
Bg S Main 13th s of 1st ext
east
- 300 △ Lee J E ⊙
- 304 Rose L D ⊙
- 306 Brady Abel ⊙
- 310 Backues W S ⊙

Stanton intersects
- 510 Glass Curtis ⊙
- 515 Meyers Lee ⊙

Poplar av intersects

CHISUM W
Bg S Main 13th s of 1st ext
w to S Washington av

CIRCLE DRIVE
Changed to Riverside Drive

CLARK AV
1st e of Atkinson av ext n
and south

COLE
Bg E 23d 2d e of N Main ext
north
- ns Flournoy Lenora Mrs ⊙

COLLEGE BLVD E
Bg N Main 14th n of 1st ext
e bey city limits
- 115 △ Brown N A ⊙
- Brown Maid Shop

N Virginia av intersects
- 201 △ Little H W ⊙

A T & S F Ry intersects
- se cor △ Valley Ref Co
- 400 △ Russell R M ⊙
- 410 Russell E W
- 500 Girard E A Mrs ⊙
- 502 Carter E E

N Garden av intersects
- 601 Sherman F W ⊙
- 604 △ Johnston E B ⊙
- 701 Blashek P G ⊙

Johnson Lodewick

Refiners and Marketers of Petroleum Products

Distributors for Southeastern New Mexico of QUAKER STATE MOTOR OILS

New Mexico Distributors for Barnsdall Oil Co.

813 N. Virginia Ave.

Phone 164

R. O. ANDERSON
President

DALE FISCHBECK
General Supt.

Phone 23 "SKIDDO"

ARMOLD TRANSFER & STORAGE
STORAGE - CRATING - SHIPPING
"We Move Anything"   419 N. Virginia

250

CAR PARTS DEPOT INC.

Distributors

Automotive Supplies and Equipment

Welding Equipment and Supplies

PHONE 205

401 N. Virginia Ave.

P. O. Box 1288

COLLEGE BLVD E (Cont'd)
705 Redfield S I
709 Burton H M
900 Blashek F H
    N Atkinson av intersects
1100 Schnedar C L
ns Gilliland A A
ns Huffman Geo
ns Sundquist V E
ns Bartlett W E
ns Long M L
ns Black T R
ns Johnson Otto
ns Carter W C
ss Hurford J D
ss Irvine T E
ss Kirkland W R

COLLEGE BLVD W
  Bg N Main 14th n of 1st ext
  w bey city limits
    N Richardson av intersects
200 Duffield G B
204 Lusk E L
208 Rohr C J
    N Pennsylvania av intersects
308 Sawyers H L
310 Benson A C
312 King N G
    N Kentucky av intersects
403 Vacant
405 Duke W W
409 Page Ralph
410 Palmer R T
412 Chamberlain W E
413 McPherson J F Mrs
417 Massey A H
421 Day E H
    N Lea av intersects
500 Howell Mark Sch
505 Green J H
509 Butler L H
511 Nutleycombe W M
    N Missouri av intersects
600 West College Mkt
    Patterson J E
    N Michigan av intersects
803 Nunez Otilia Mrs
810 Gonzalez Benj
812 Mercer Walter
    N Kansas av intersects
900 Finley M B
902 Finley W E
904 McLain E L Mrs
906 McLain Bert
910 Cook Goldman
912 Hobson Ira
1006 Howard S G Mrs
1010 Sanchez David
1012 Villalobos Rafael
1014 Duran Rafael
1016 Vacant
1102 Fresquez Salomon
1108 Hood O K
1215 Duran Isaac

1217 Gomez Frank
1300 Stevens O D
1301 Martin A L
end Municipal Airport
    Contl Air Lines

COUNTRY CLUB ROAD
  Same as E 25th bg N M
  25th n of 1st ext east
ns Bunton O J
ns Houk M F
ns Cummins J C
ss Hite L B
ss Letcher A C
ss Hooser Winfield
ss McElroy J M
ss Haas O W
ss Hall E E
ss Neelis G N
ss Price Jas
ss Gilcrease W N
ss Hodges Alfred
ss Boyd G W
ss Knof Leo

DELAWARE AV N
  Bg W 1st 10th w of Main
  n bey 8th
100 Stevens G B
101 Taylor Lloyd
102 Stevens C C
104 Parker T E
106 Phillips M Mrs
rear Dillard T L
108 Anderson P H
110 Turner V A
    W 2d, 3d, 4th and 5
      inters
    Riverside dr interse
510 Watson J P
512 Hanson E A
    W 6th interse
600 Davis R M
604 English Lucy Mrs
606 Clees Theo
    W 7th interse
700 Keith Ralph
702 Johnston Willard
704 Schorn L H
705 Barnes R L
706 Ware J W
    W 8th interse
805 Bloodworth W P
806 Vacant
807 Sanchez Jose
812 Rogers A P
    W 9th interse
914 Dearr W B
    W 10th interse
    W 11th interse
1103 De Laney Pearl Mrs
1105 Vacant
1108 Monroe S A Mrs
1112 Jones F L
1113 Torres Candelario
1201 Tapp J B

PURDYS' FURNITURE COMPANY
321-25 N. MAIN   PHONE 197

BIGELOW RUGS AND CARPETS
DRAPERIES
LINOLEUMS
WASHING MACHINES

KARPEN FURNITURE
STOVES AND RANGES
UPHOLSTERING
VENETIAN BLINDS
WINDOW SHADES

ELAWARE AV N (Cont'd)
2 Kimes Curtis ⊙
9 Padilla M S ⊙
2 Dobbins G D ⊙
   W 13th intersects
0△Clubb J M ⊙

ELAWARE AV S
Bg W 1st 10th w of Main ext
s to Bland
△Vennum R E ⊙
△Holtzclaw C T
△Swisher R D ⊙
  Hutchinson Jos ⊙
  Compton Jos
  Daniel A H
  Hough G D
   W Walnut intersects
   W Alameda intersects
△Eubank Mary ⊙
  Olsson O L ⊙
△Temple C H ⊙
△Rucker B A
  Patterson O A ⊙
   W Tilden intersects
  Jones Michael ⊙
  Poss J R ⊙
  Newberry Grover
  Ackerman W H
  Knott L N ⊙
  Parker O H ⊙
   W Hendricks, Albuquerque
     and Bland intersect
  Lair W E

EMING E
Bg S Main 7th s of 1st ext e
to A T & S F Ry
3 St Peter's Par'l School
   K of C Hall
   S Virginia av intersects
△Saunders H P ⊙
△Owens F W ⊙
   Ward J L ⊙
   Kennedy J M ⊙
△Aragon J G ⊙
   S Grand av intersects
△Bills L C ⊙
  Nelson Lucy Mrs ⊙
  Gilmore E W
  Aras Pedro ⊙
  Garcia Alberto ⊙
   Lincoln av intersects
  Nelson R W
  Hart Henry
  Gonzalez Guadalupe ⊙
   Stanton av intersects
  Ortega Guadalupe
  Rodriguez Margarito ⊙
   Sherman av intersects
  Silva Jose
  Sigala Lorenzo ⊙
  Gonzalez B D ⊙
  Miranda Maximiano ⊙
  Gonzalez J P ⊙
  Villareal Lawrence ⊙

613 Martinez Daniel ⊙
700 Romero Trinidad ⊙
701 Orona Catarino ⊙
704 Vacant
708 Vacant
809 Vacant
908 Vacant

DEMING W
Bg S Main 7th s of 1st ext
w to S Washington
105 Davis A C
108△Tigner R M ⊙
109△White O H ⊙
111△Hall J R
112△Antram J C ⊙
113 Conley Otto ⊙
   S Richardson av intersects
201△Moore O A ⊙
202△Johnson A E ⊙
206△Perry G L
209 Pond C H
212△Dawson A R ⊙
213 Morrison C A ⊙
   S Pennsylvania av intersects
300△Gray M J Mrs ⊙
301△Green L E ⊙
302△Hope C L ⊙
303△Herring R H ⊙
305△Rouhier R N
307△Rogers G F ⊙
306△Dollahon R W ⊙
310△Finney T W Jr ⊙
505 Romero Clifford
808 Lippincott R L
rear△Wheeler W E ⊙

ELM AV
Bg E Bland 8th s of Main ext
s to E Summit
101 Molina Eustacia
102 Jimenez Jesus ⊙
103 Medina Albino ⊙
105 Barela Martina Mrs ⊙
107 Escobar Manuel ⊙
108 Gonzalez Manuelita ⊙
109 Lopez Pedro ⊙
110 Parks W D
111 Najar Ignacio ⊙
112 Martinez Eliseo
117 Lopez Jose ⊙
   E Walnut intersects
201 Martinez Benito ⊙
205 Lopez Juan ⊙
   E Alameda av intersects
303 Lopez Cenaida Mrs ⊙
308 Carmona Isabel ⊙
310 Hill J E

FOREST E
Bg S Main 12th s of 1st ext
e 3 blks
109 Bruster G L
111 Willis H M
117 Jennings L F
117½ Pardue J A ⊙

251

Drink

Delicious and Refreshing

PECOS VALLEY Coca-Cola **Bottling Co.**

908-10 N. Main

PHONE **771**

TAXI

201 — Curtis Corn, Owner
201 — 3d and Richardson Av

Dr. R. S. Attaway D.V.M.

Chaves County's Only Qualified (Graduate) Practicing Veterinarian

Large and Small Animal Practice

PHONE **636**

403 East 2d.

FOREST E (Cont'd)
119 Hamill S E ⊙
121 Atwood O J
　　S Virginia av intersects
　　Lincoln and Stanton
　　　　intersect
401 Doughtie R J ⊙
409 Vacant
411 Trent L L

FOREST W
　Bg S Main 12th s of 1st ext w
515 Clore E M ⊙
521 West Logan ⊙

GARDEN AV
　Bg E 2d 6 blks e of Main ext
　n bey Peach
　　　E 3d to E 5th intersect
506 Witcher J T ⊙
508 Combs H L ⊙
　　　E 6th intersects
　　　Pear intersects
600 Wright G F ⊙
602 Knight Clarence
606 Tulley W L
606½ Corder C J
608 Jones Leo
610 McAfee S W
611 Bryant S E Mrs ⊙
　　　E 7th intersects
701 Ward J I
702 Camp C C ⊙
　　　E 8th intersects
813 Long C E ⊙
　　　E 9th intersects
1000 Pecos Valley Pkg Co
　　　E 18th intersects
1801 Parker Levern ⊙
1803 Parker Iva Mrs ⊙
1805 Hill E M ⊙
　　　E 19th intersects
es Sherrell J W ⊙
es McCarty F H ⊙
es Johnson Glenn ⊙

GRAND AV N
　Bg 401 E 2d 2d e of Main ext
　n to 14th
　　　E 3d intersects
303 Hamilton Roof Co
307 Parker W C
308 Taylor P D
311 Dale Thurman
　　　E 4th intersects
407a Turner C B
407b Furnace W W
409a Oatman N B
409b Clardy D E
411 Slay W H
　　　E 5th intersects
509 Price Olive Mrs ⊙
511 Stovall Saml
513 Large W M
　　　E 6th intersects
　　　E 7th intersects

705 Prater J L
707 Cates J W
711 McGuire J H ⊙
713a Brown Geo
713b Vacant
　　　E 23d interse
ws Cooper J H ⊙

GRAND AV S
　Bg E 1st 2d e of Main ex
　to Chisum
　　　E Tilden interse
400 Craig L B Jr ⊙
405 Vacant
407 Shank R C Jr
　　　E Hendricks interse
503 Boyer Pinkey
907 Calderon Victor ⊙
911 Vigil Daniel ⊙
1012 Rubio Epitacio ⊙
1501 Denney B F
1515 McCraw J E ⊙

HAHN
　Bg W Summit 1 blk e of
　Main ext s
se cor Highland Sch
1101 Sumner T D ⊙
1107 Evans Vard ⊙
1111 Finley Viola Mrs ⊙
1116 Perry W L ⊙
1120 Clements F E ⊙

HENDRICKS E
　Bg S Main 4th s of 1st
　e to Sherman av
118 Bogan H N ⊙
122 Deen Ora Mrs ⊙
　　　S Virginia interse
200 Lara Martha Mrs ⊙
202 Proffitt Isaac ⊙
204 Proffitt David ⊙
205 Carver Sch
206 Jiros Manuel ⊙
208 Villescas Manuela ⊙
216 Valles Jesus
217 U S O
218 Villescas Pedro
220 Peck E R grocer
223 Vacant
224 Gonzalez Felipe
　　　S Grand av bg
301 Lara Tomas ⊙
302 Boyer Porter ⊙
304 Peck Roosevelt ⊙
305 Morris G R
306-8 Neria Marcelino
308½ Brady Michael
310 Caranel Ernest
rear Gabaldon Leopoldo
311 Gameros Mariana ⊙
312 Gray W D ⊙
313 Lujan Martin
316 Sisters of St Casimir

GESSERT-SANDERS ABSTRACT CO.
ABSTRACTS OF TITLE
109 E. Third St. **Phone 493**

ENDRICKS E (Cont'd)
- 8 St John's Spanish-Amer Cath Ch
  Lincoln av intersects
- 10 Brady Primitivo ⊙
- 11 Rodriguez Lola Mrs ⊙
- 13 Cameas Day ⊙
- 14 Gallegos P H Mrs ⊙
- 15 Huddleston J W
- 16 Garcia Cleofas
- 17 Flores Pablita ⊙
- 18 McKinney W W
- 20 Smith Adela Mrs ⊙
- 21 Robles Emilio ⊙
- 24 Garcia Eulalio
  Stanton av intersects
- 22 Gonzalez Miguel
- 23 Sanchez L P ⊙
- 24 Gonzalez Chon
- 25 Jimenez Urbano ⊙
- 26 Smith Nazario ⊙
- 27 Torres I B
- 28 Gonzalez Marcial
- 29 Davila Manuel ⊙
- 2 Navarette Jos ⊙
  Sherman av intersects
- 30 Alvarez Alex ⊙
  A T & S F Ry intersects
  Poplar av intersects
- 31 Gonzalez A R ⊙
- 101 Coon A R
- 105 Willingham G J ⊙
- 105 Mason R R ⊙

ENDRICKS W
Bg S Main 4th s of 1st ext w bey S Montana av
- 6△ Wells T E
- 7△ Knadle L C
- 9△ McBoyle J A
  S Richardson intersects
- 13△ Vandewart R A Jr
- 15 Stieger Margt Mrs
- 17△ McMains A R
- 17½ Leiby T E
- 19 Crow L F
- 19½ Cunningham H L
  S Pennsylvania av intersects
- 10 Nance W L
- 14 Johnson H W Mrs ⊙
- 16△ Worthington L M
- 17 Jordan Dolson
- 18△ Robertson C T
  S Kentucky av intersects
- 22 Stitt C Y
- 24△ Bullock O L ⊙
- 26 Kosinski N A
- 27△ Conlin J L
- 28△ Martens J C ⊙
- 30△ Walker J J ⊙
  S Lea av intersects
- 36 Welch Carl
  S Missouri av intersects
- 36△ Cunningham M C Jr
- 38△ Smith M B

- 610△ Mann T T ⊙
  S Washington av intersects
- 708 Gregory Oscar ⊙
- 710 Stock E F
- 712 Vacant
  S Michigan av intersects
- 802△ Lykins K S
  S Kansas av intersects
- 907 Porter W B ⊙
- 908△ Gilliland Z E ⊙
- 909 Danforth J G ⊙
- 910△ Wolf W H Jr
- 911 Hendrix R J ⊙
- 912△ Sanders A E
  S Ohio av intersects
- 1004 Belcher W B
- 1009△ Carlson A C ⊙
- 1105 Vacant
- 1111 White M S ⊙
- 1205 Turnbough L D

HIGHLAND ROAD
Sixth n of 1st is continuation of W 6th beyond 1000 blk
- 1007△ Threkeld G A ⊙
- 1009△ Blythe H W ⊙
  N Delaware av intersects
- 1110 Huddleston I A
- 1112△ Keyes C G ⊙
  N Ohio av intersects
- 1200△ Chambers R E ⊙
- 1202△ Wilson P D ⊙
- 1206△ Blackmar R A ⊙
- 1207△ Rawson L S Mrs ⊙
         Richard L P
- 1208△ Buck G G ⊙
- 1209△ Barnett J A ⊙
- 1210△ Schuler E K ⊙
- 1211△ Young G D ⊙
  N Montana av intersects
- 1300△ Platt R W ⊙
- 1301△ Ray H H ⊙
- 1303△ Rallis J R
- 1304△ Marley S C ⊙
- 1305△ Huff J W ⊙
- 1307△ Turney L E ⊙
- 1308△ Vloedman A J ⊙
- 1309△ Roberts Ted ⊙
- 1311 Mulroy H C ⊙
  N Mississippi av intersects
- 1401 Bockman J B ⊙
- 1402 Quantius L M ⊙
         Montgomery W O
  N Sunset av intersects
- 1503△ Alston G T ⊙
- 1512△ Wilson E L ⊙

HILLCREST DRIVE
Bg 711 W 7th ext in circle to N Kansas av
- 1△ Allison C L Jr ⊙
- 4△ Hunter Joyce ⊙

HINKLE MOTOR COMPANY
131 W. 2D ST.
WHOLESALE AUTOMOBILE PARTS AND EQUIPMENT
Serving New Mexico for 22 Years
Garage and Service Station Equipment
PHONE 12

253

EL PASO-PECOS VALLEY TRUCK LINES

J. L. NAYLOR, Owner CARL A. LONG, Local Agt

Daily, Dependable Service from and to EL PASO, LOS ANGELES and POINTS WEST

118 E. 4th St. Phone 160

254

CLARDY'S PRODUCTS
Raw and Pasteurized
MILK
Butter
Cream
Butter Milk
Ice Cream

Delivered to Your Home or At Your Grocer

PHONE 796

200-202 E. 5th

HOBBS
Bg S Main 14th s of 1st ext e 8 blks
- 305 Fuller Walter ◉
- 307 Daniels Dean
- 309 Vacant

HOLLAND
Bg 1009 E Hendricks ext south
- 501 Wilson F E ◉
- 502 Hackett W W ◉
- 503 Meeks Jack ◉
- 504 Willis T R
- 508 Willis A L ◉
- 509 Willis C A
- 510 Zumwalt Ed ◉

JEFFERSON
Continuation of E Reed bey Poplar ext 1 blk
- 900 Stranger E C ◉
- 901 Sparks L D ◉
- 904 Earnest J A ◉
- 905 Espinoza Demetrio
- 907 Cannon H C ◉
- 908 Wilson M D ◉
- 910 Wilson Woodrow ◉
- 911 Allen Martin ◉
- 914 Chavez Tonita Mrs ◉
- 915 Patterson Bud ◉
- 918 Horton Walter ◉
- 919 Earnest L E ◉
- 923 Rodriguez Jose ◉
- 924 Howard J D ◉
- 926 Cassie J H ◉
- 927 Horton Manuel ◉
- 928 Crick E T
- 930 Botkin M E ◉
- 931 Newman W T ◉
- 932 Rue W B ◉
- 933 McCook E W ◉
- 934 Romine Everett ◉
- 936 Romine Claudie ◉
- 938 Vacant

KANSAS AV N
Bg W 1st 8th w of Main ext n to 14th
- 100 Irish E E
- 102 Schwab R C
- 106 Mosley Frank
- 107 Love J A ◉
- 108 Drew G M
- 110 Allen E L ◉
- 112 Binns W B ◉
- 113 Keyes F G

W 2d intersects
- 200 Bloom J E ◉
- 201 Miley J W ◉
- 203 Williams J P ◉
- 205 Donaldson Martha
- 208 Kinney E D
- 210 Kelly B F ◉
- 212 Daniel R H ◉
- rear Fisher Eldon

W 3d intersects
- 300 Elmore A E ◉
- 302 Brown M O Mrs ◉
- 308 Bellama D G Mrs ◉
- 310 Johnson W H ◉

W 4th intersec
- 402 Pfeiffer C A ◉
- 404 Schrimsher C W
- 405 Church H C
- rear Hennessey J R ◉
- 409 Todhunter E B ◉
- 410 Gibbany C E
- 411 Marshall J Q ◉
- 412 Dawson H B ◉

W 5th to 7th interse
- 703 Hill F W ◉
- Hill Plmbg & Htg Co
- 706 Griswold G W ◉
- 707 Griffith J S ◉
- 708 Entrop R F ◉
- 709 Gross N R
- 711 Mayer Abraham Jr ◉
- 712 Whicker S G ◉

W 7th intersec
Riverside av intersec
- 802 Wilson C H ◉ contr
- 812 Wilson A R ◉

W 9th intersec
- 900 Wilson F S

W 10th intersec
- 1010 Kindell J A ◉

W 11th intersec
- 1102 Dallas H H ◉
- 1104 Taylor A H
- 1114 Pack Stella Mrs

W 12th intersec
- 1205 McClain Austin ◉
- 1206 Chumley J W
- 1210 Davis Belle Mrs ◉

W 13th intersec
- 1312 Contreras Seferina ◉
- 1314 Sedillo Romualdo ◉
- 1315 Cook Claude ◉
- 1400 Barela Teodoro ◉
- 1401 Arnold R J
- 1402 Sanchez Ruben ◉
- 1405 Lewis E F ◉
- 1407 Losoya Pedro ◉
- 1509 McTighe Martha Mrs ◉
- 1609 Beach R W
- 1613 Lee J A ◉
- 1615 Davidson Edw ◉
- 1617 Royer L J
- 1617½ White A C Jr
- 1619 Wilson Wallace
- 1620 Knight R L ◉
- 1621 Dodson J W ◉
- 1700 Peters Edgar ◉
- 1803 Hare J M ◉
- 1805 Ridgill B H
- 1806 Jackson C S
- 1807 Steele Etta Mrs ◉
- 1808 Kocher Mike
- 1809 Babb Jno
- 1810 York Clyde ◉
- 1811 Miller H J

"Say it with Flowers" ALLISON FLORAL CO.

We Telegraph Them Anywhere — Expert Florists and Designers

Phone 408—Day or Night — 707 S. Lea Ave.

ANSAS AV N (Cont'd)
- 13 Pickering G F ◎
- 14 Weaver Jim ◎
- 15 Fatheree Benj
- 16 Billings Herman
- 18 Higgins J A ◎
- 19 Wright Jno ◎
- 22 Price R O ◎

ANSAS AV S
Bg W 1st 8th w of Main ext s to Bland
- 3 Reese Wm
- ar Palmer Luther
- 3½ Jones Julia
- 4 △ Drury A F ◎
-   Roswell Sand & G Co
- 5 Vacant
- 7 Boyer W H ◎
- 8 △ Dixon O F
- 8½ Second Bapt Ch
- 9 Johns Hazel
- 0 Sanchez Sabina Mrs ◎
- 1 Evans R A A

  W Walnut intersects
- 3 Bates Rufus
- 6 Wagoner W F ◎
- 7 Guess Harvey ◎

  W Alameda intersects
- 5 △ Davis J N
- 6 △ Foster C A ◎
- 7 Olson W G
- 8 Weese L E
- 0 △ Bell R V ◎

  W Tilden intersects
- 0 △ Melton G H ◎
- 1 Graves Hugh
- 1½ Dearr W L
- 3 △ Dickenson R C ◎
- 4 △ Huntley W W ◎
- 5 Davis F I Mrs ◎
- 6 △ Burkstaller F P ◎
- 7 △ Gantt A R
- 0 Brown J W

  W Hendricks intersects
- 0 △ O'Neill S P ◎
- 3 △ Gill V F ◎
- 4 △ Rodrick R B
- ar △ Henrichs M D Mrs ◎
- 6 △ Zimmerman M H Mrs ◎
- 7 Kirk J L
- 0 Smith Russell

  W Albuquerque intersects
- 3 Abercrombie F W ◎
- 4 △ Sigler S R

  W Bland intersects
- 0 △ Carper J L ◎
- 1 △ Little R D
- 2 Lloyd B E
- 5 Lively L L

  Deming intersects

KENTUCKY AV N
Bg W 1st 3d w of Main ext n to 19th
- 100 △ Zimmerman M S Mrs
- 101 △ Rabb L J Mrs ◎
-   Sullivan S A contr
- 102 △ Marley C A ◎
- 103 △ Dye Donald ◎
- 104 △ Turner K P Mrs ◎
- 105 Vacant
- 106 △ Lea W M ◎
- 107 △ White H S
- 108 △ Garrett H P ◎
- 109 △ Bowman L O
- 112 △ Fisher H B
- 113 Bolin Glenda F

  W 2d intersects
- 200 Vacant
- 203 △ Barber J H
- 204 Badgett W D
- 205 Cates A H
- 205½ Snorf Annie L
- 206 △ Hartman C A ◎
- 207 Hayslip Eliz ◎
- 208 △ Duvall Jay
- 209 Hairston W C ◎
- 211 △ Hanes Augusta Mrs ◎
- 213 △ Hood H N ◎

  W 3d intersects
- 300 △ Junior High School
-   Board of Education
- 301 △ Hinderliter L G
- 305 △ Mulroy Apts
- 307 △ Craig M L Mrs ◎
- 309 Horn J H ◎
-   Churchwell J T
- 311 △ Dixon G D ◎
- 313 Day Edw

  W 4th intersects
- 400 △ White O D ◎
- 401 Vest J W
- 404 △ Garges W C ◎
- 405 △ Sindeldecker Ona Mrs
- 406 △ McInnes W J ◎
- 407 △ Rasmus B V Mrs
- 408 △ Moore A W Mrs ◎
- 409 Waggoner R L ◎
- 410 △ Barger P F Mrs ◎
- 411 △ Edmondson I C
- 412 △ Corn W H ◎

  W 5th intersects
- 500 △ Elliott L E ◎
- 501 △ Women's Club
-   U S O
- 504 △ Cummins J Q ◎
- 505 △ Bruin Leina Mrs
- 506 △ Whitaker W F ◎
- 507 △ Bray B M Mrs
- 508 △ Bradley R L ◎
- 509 △ Corn P W ◎
- 510 △ Tankersley E E
- 511 Cathcart Ruby Mrs
- 512 △ Armstrong G B Jr ◎
- 513 △ Moberly H G ◎

  W 6th intersects

255

Eat at **BUSY BEE CAFE**

JIM RALLES

"Roswell's Leading Cafe"

318 N. Main

PHONE 281

MERRITT'S SMART APPAREL FOR WOMEN

319 North Main — PHONE 482 —

Johnston Pump Co.

DISTRIBUTORS
OF
Johnston
Turbine
Pumps
For
New Mexico
and
West Texas

Domestic
Pressure
Systems

Electric Motors
and
Starters

108-110
S. Virginia Ave.

PHONE
70

KENTUCKY AV N (Cont'd)
600 Webb D E Mrs ⊙
601 Hill Walter
602 Dallas Gene
603 Lee Mattie ⊙
604 Gessert E C ⊙
606 Phillips W W ⊙
607 Askren O O ⊙
608 Keyes Mary Mrs ⊙
609 Murphy L E
612 Cahoon L H Mrs ⊙
613 Cauhape J P ⊙
   W 7th intersects
700 White T D ⊙
706 McGee H H ⊙
710 Brown R R ⊙
   W 8th intersects
800 Dekker J H ⊙
801 Riley Max
801½ Ferrin C G
802 Rhea W L Mrs ⊙
803 Bottoms Auburn
803½ Brown Don
804 McGhee J B ⊙
805 Daughtry R E ⊙
805a Fields J L
805b Dewey D W
807 Olbeter L T
809 Harlan R B ⊙
811 Dumas J E
812 Davidson Fayette ⊙
813 Davidson T P Mrs
   W 9th intersects
904 Vineyard Hazel ⊙
906 Busey J J
908 Green G M ⊙
909 Rose T D Mrs
909½ Green E A
910 Smyth Marie Mrs ⊙
911 Deason T J Jr
912 Smith J E ⊙
   W 10th intersects
1002 Herring E B ⊙
1004 Powers J S ⊙
1006 Dutro J A
   W 11th intersects
1108 Chandler G T
1112 Gunter Eliz Mrs ⊙
   W 12th intersects
1201 Ward Byron
1201½ Price P P
1202 Sparks O M ⊙
1203 Destree W E ⊙
1204 Gileson J F
1206 Oakes H G
1207 Whitney C S Jr ⊙
1208 Cole R L ⊙
1209 Brenneman I O ⊙
   W 13th intersects
1301 Brown B H ⊙
1302 Stephens A J
1306 Wheeler Morris ⊙
1307 Smith G R
1308 May E F
1308½ Sale Malcolm ⊙

1309 Blake H D ⊙
1312 Savage M Mrs ⊙
1314 Fulton M G ⊙
1315 Schaubel E V Mrs
   W 14th intersec
1400 Chedester J N ⊙
1401 Gary Lloyd
1402 Ackerman D M
   W College blvd intersec
1500 Vacant
1508 Cleek C T
1514 Wilhite J R ⊙
1516 McDougal Porter
1520 Pugh E H ⊙
1520½ Greene Geo
1522 McCoy C A ⊙
   W 16th intersec
1602 Turner A L
1602½ Hare S H
1604 Lockhart L E
1606 Brinkley Fred
1608 Eckert A C
1610 Esslinger Claude ⊙
1622 Johnson W J
   W 17th intersec
   W 18th intersec
1800 Miller C A ⊙
1801 Graves R R
1804 Hopper H A
1808 Brisco N L
1809 Clark Bertha Mrs ⊙
1810 Murchison T R
1812 Taylor H O
1816 Teague Carl
1824 Haynie E J
   W 19th intersec

KENTUCKY AV S
 Bg W 1st 3d w of Main e
 s to Chisum
100 Jaffa M S Mrs ⊙
102 Henderson Robt
102½ Rowell F G ⊙
103 Mayes R P ⊙
104 Cruse R F ⊙
105 Porter C A ⊙
106 Vacant
107 Miller A B
109a Kincaid T B
109b Hastie W M
109½ Cozart W R ⊙
110 Harrison Walter ⊙
111a Nash B A
111b Vacant
112 Amis G N ⊙
   W Walnut intersec
200 Fullen L O ⊙
201 Mullis J H ⊙
203 Corn R H
204 Greve E F
207 Logan N M Mrs ⊙
208 Wilmot P D ⊙
210 Church A B Mrs ⊙
   W Alameda av intersec
300 Jones A D ⊙

ELMER'S SERVICE STATION

ELMER LETCHER

600 No. Main St.,   Phone 102

We Employ EXPERIENCED Labor

257

ENTUCKY AV S (Cont'd)
- 5 South Ky Gro & Mkt
- 6 Forbes G S ◉
- 0 Sierk P A

W Tilden intersects
- 0 Chiles W J
- 1 Rhodes W H ◉
- 4 Boellner L B ◉
- 4a Harmeyer W J
- 5 McCrite Harry
- 6 Schultz Fern Mrs ◉
- 7 Williams Patrick
- 9 Spencer Myra Mrs ◉
- 9½ Hayfield R M Mrs
- 0 Welty E A Mrs ◉
- 1a James H H
- 1 Cullen J H Mrs ◉

W Hendricks intersects
- 1 Goodrum E B
- 2 Armold B F ◉
- 3 Hawkins J T ◉
- 4 Gant C N ◉
- 5 Bode O G
- 6 Williams Lizzie Mrs ◉
- 7 Dybich M J
- 9 Smith H B ◉
- 0 Gray L B Mrs ◉
- 1 Smith A E ◉

W Albuquerque intersects
- 0 Ellett L G ◉
- 2 Jones B R Mrs
- 3 Vacant
- 6 Rivers N F
- 7 Wallace H M Mrs ◉
- 0 Snyder H C ◉
- 1 Gilkison M R
- 2 Gaither E L ◉

W Bland intersects
- 0 Mitchell M L Mrs ◉
- 3 Green J H
- 4 Murphy J H ◉
- 6 Hughes Ruth Mrs
- 0 Shamis Jos

W Deming intersects
- 8 Gray Arch ◉
- 9 Barnes T B
- 0 Boyd E C
- 2 Gurule Anna Mrs ◉
- 4 Lucero Guadalupe ◉
- 6 Najar E G ◉
- 8 Chavez Benancio

W Mathews intersects
- 2 Espinoza J F ◉
- 4 Torres F M ◉
- 6 Vacant
- 8 Turnbough Callie Mrs

W Summit intersects
- 00 Cannon M A Mrs ◉

EA AV N
Bg W 1st 4th w of Main ext n to College blvd
- 0 Adams N F Mrs ◉
- 1 Willson R I
- 2 Skinner Julius ◉
- 3 Corn C R

- 104 Steele M C ◉
- 105 Ward A M
- rear Sears I L ◉
- 106a Flippo D V
- 106b Groves Nellie Mrs ◉
- 107 Dearholt S R
- 108 Dudley J W ◉
- 109 Smith C D
- 110 Hicks H E ◉
- 111 Conley Robt

W 2d intersects
- 200 White L T Mrs ◉
- 203 Becker R M
- 204 Tomlinson Bertha Mrs ◉
- 205 Nickel Eula Mrs ◉
- 207 Porter O L
- 208 Sorrells H C
- 209 Dickenson I L Mrs ◉
- 209½ Williams Roy
- 210 Hammond L W
- 212 Russell C V Mrs

W 3d intersects
- 300 Atkinson R A Mrs ◉
- 304 Potter Beatress Mrs
- 306 Helmig P W ◉
- 308 Hanna D E
- 312 Keith Langford ◉

W 4th intersects
- 400 Slaughter A D Mrs ◉
- 401 Knox T B ◉
- 404 Vandewart W A
- 405 Samson H E ◉
- 406 McKnight T J ◉
- 408 Chaney W F
- 409 Skillman Carrie ◉
- 410 McKnight F C Mrs ◉
- 411 Sikes J H
- 412 Marable Nellie Mrs
- 414 Cooper E M Mrs ◉
- rear Vauchelet S C Mrs
- 415 Zeeveld H E ◉

W 5th intersects
- 501 Atwood G N Mrs ◉
- 502 Carter Powhatan ◉
- 504 Lenox Nancy Mrs
- 505 Crawford M A
- 507 Allen Paul
- 508 Horwitz A P ◉
- 509 Davis N M Mrs
- 511 Hardesty H H
- 512 Johns J E ◉
- 513 Roff T A

W 6th intersects
- 600 Baker C A ◉
- 605 Blocksom F W ◉
- 606 Bates E J ◉
- 607 Cobean H K ◉
- 612 Dow H M ◉

W 7th intersects
- 700 Allison L L Mrs ◉
- 708 Bondurant W E ◉
- 709 Hardage Louis
- 712 Clayton J B ◉
- 713 Thorne Harry ◉
- 715 Haralson Zella Mrs ◉

Hamilton Roofing Co.

GEO E. BALDEREE Mgr.

We Feature Old American Roofing Shingles Siding Etc.

Free Estimates

Industrial and Residential Roofing and Sheet Metal Contractors

Bonded and Insured

Easy Payment Plan

303 N. Railroad Ave.

Phone 460

ROSWELL FORD AUTO CO.

Open All Night — SALES AND SERVICE PHONES 189 and 190 — **One Stop Service Station**

LEA AV N (Cont'd)

W 8th intersects
- 800 Cooley J D
- 801 Jones J B
- 801½ Ellis H J
- 803 Vacant
- 807 Decker Margt M
- 809 Burton J C

W 9th intersects
- 901 Robertson J F
- 905 Lowrey H A
- 909 Amason J H

W 10th intersects
- 1000 Dale O C
- 1001 Tapp I E
- 1003 Meairs Clayton
- 1007 Bowers E J
- 1007½ Conwell L L
- 1010 Thoma E C
- 1011 Mitchell W E
- 1012 Butts C I
- 1013 Hedgecoxe E F

W 11th intersects
- 1102 Meredith R V
- 1103 Odle V A
- 1104 Cooper C M
- 1106 Asbury J L
- 1107 Packenham E S
- 1108 Kelly A M Jr
- 1109 Anderson C L
- 1110 Dry L W
- 1111 Daniel C E
- 1112 Cox J W
- 1113 Hurst Breeb

W 12th intersects
- 1200 Exum A D
- 1201 Knight W D
- 1202 Parker G W
- 1203 Smith J D
- 1204 Goodnight R F
- 1205 Wooldridge Emma Mrs
- 1206 Shafer C L
- 1206½ Moore L A
- 1207 Waggoner J D
- 1208 Clayton E L
- 1209 Rogers J C
- 1210 Verhines W C
- 1211 Crow J L
- 1212 Stiles C C

W 13th intersects
- 1300 McCarter H B
- 1301 Woodbury C M
- 1302 Luttrell A S
- 1303 White H E
- 1304 Taylor H T
- 1305 Forrester A M
- 1306 Carmichael E P
- 1307 Rodden W J
- 1308 Manning J T
- 1309 Stockley C W
- 1310 Davenport H G
- 1311 Seale R L
- 1312 Taylor M R
- 1313 Burkhead J C

W 14th intersects

W 17th intersects
- 1707 Hefner H S
- 1715 Davis Marshall

W 18th intersects
- 1800 Popworth T P
- 1802 Tays M L Mrs
- 1805 Miller H C
- 1806 Vacant
- 1808 Hart D B
- 1810 Jennings V P
- 1811 Wright W A
- 1812 Hastings Edw
- 1813 Wade I E
- 1814 Burden H L
- 1816 Roberts Jake
- 1817 Helmstetler J M
- 1818 Miller L E
- 1819 Bartlett W E
- 1820 Vacant
- 1821 Flud R C
- 1822 Downer Clarence
- 1824 Carpenter Leroy

W 19th intersects

LEA AV S

Bg W 1st 4th w of Main s to Chisum

- 101 First Church of Ch Sc
- 102 Little C B Mrs
- 102 Garrett Eliz
- 104 Robinson H T
- 105 Seventh Day Adv Ch
-     Seventh Day Adv Sch
-     Melton A D
- 106 Garrett W C
- 107 McMillen W J
- 108 Strickland Georgia Mrs
- 109 Garrett L R
- 110 King A S
- 111 Key A S
- 113 Jennings J T
- 112 Stockton T H Mrs

W Walnut intersects
- 200 Shannon Lena Mrs
- 201 Morgan J M Mrs
- 202 Neely W T
- 204 Ford Willis
- 205 Hill A W
- 207 Carothers G N
- 208 Hearn Paul
- 209 Wimberly D D
- 210 Olson C E
- 211 Glover C H

W Alameda intersects
- 300 Stahl Sol
- 304 Ferguson T H
- 305 Mitchell R W
- 307 Beck D E
- 310 Morrison G A Mrs
- 312 Sacra T A

W Tilden intersects
- 400 Holland W C
- 401 Boswell T H Jr
- 402 Yoder K A
- 405 Mullen L T

PHONE 14

A Lumber Number Since 1897

BIG JO LUMBER CO.

800 North Main

PHONE 14

Flowers For All Occasions
PHONE 275
405 W. ALAMEDA
Member F. T. D, A.

EA AV S (Cont'd)
-)6△ Jewett G B ⊙
-)7△ Dabbs C S⊙
-)9△ Clayton F C Mrs
- .0△ Chambers E Y
- .1 Haldeman C D
- .1½△ McCoy W B ⊙

W Hendricks intersects
-)0△ Rose J W
-)1 Bungalow Courts
-)1a Clippinger D L
-)1b Adamson R C
-)1c△ Loades H P
-)1d Carl D L
-)1e△ Remmetter P E
-)1f△ Schwab M P Mrs
-)2△ Carr Julie Mrs ⊙
-)4△ Bragg W J ⊙
-)6 Decker Abraham
-)7 Dempsey D E
-)9 King J L
- 10△ Maynard B E Mrs ⊙
- Hughes J E
- 11△ Liles C L

W Albuquerque intersects
-)0△ Balderree G E
-)1△ Teague W E Mrs
-)6△ Buchanan C B Mrs
-)6△ Schwenoha Vince
-)8 Dwyer J P
-)9△ Clifton H P
- 11△ Austin C H ⊙
- 12 Crocker J S

W Bland intersects
-)0△ Hannifin S P ⊙
-)2△ Murphy R E
-)4 Clem O M
-)6△ Pritchard W M Mrs ⊙
-)7△ Allison Floral Co

W Deming intersects
-)1 Vacant
-)7△ Baca Henry Jr
-)9 Baca H C ⊙

W Mathews intersects
-)5△ McDowell R T
-)9△ Staggs H I ⊙
- 10 Turnbough E R ⊙
- 11 Raynes J C
- 12 Romo Crescencio ⊙
- 13 Crume C K
- 14 Romo J L ⊙

W Summit intersects
-)00 Maldonado Felix ⊙
-)01 Smith Marshall
-)02 Chavez Isidro
-)03 Brown H C ⊙
-)04 Vacant
-)06 Bradley J L ⊙
-)08 Kranz A M Mrs ⊙
-)09 Squire S L
-)11 Sloop J R
-)12△ Travis J A
-)13 Vacant
-)14△ Oracion M M ⊙
-)18 Boehms R E ⊙

- 1020△ Fowler N A ⊙

W Reed intersects
- 1104△ Cox W T ⊙
- 1110△ Davis C H
- 1115 Melson G S

W McGaffey intersects
- 1210 Richardson W F ⊙

LINCOLN AV
Bg E Alameda 3d e of Main exts s to Summit
- nw cor St John's Catholic Sch
- 402 Summers Clara Mrs ⊙
- rear Chester A W
- 404 Robison J E
- 913 Amos T W

LOUISIANA AV
Bg W 5th 14th w of Main ext n to 8th

MAIN N
Bg 1st ext n bey limits dividing intersecting streets into E and W and is point at which numbers on those streets begin
- 100 Vacant
- 101△ Dinty Moore's Bar
- 102△ S W Public Serv Co whse
- 103△ Massey Gro & Mkt
- 104-6 Vacant
- 104½ Bridge Hotel
- 105△ Chavez Theatre
- 107△ Popular D G Store
- 108 Vacant
- 108½△ Roswell Map Co
- Vorhees & Standhardt archts
- 109△ Makin's D G Store
- 110△ Roswell Morning Dispatch
- 111△ Victory Cafe
- 111½ Texas Rooming House
- 112-16△ Roswell Auto Co used cars
- 113△ Consumer's Food Mkt
- 115-17△ Wilmot Hdw Co
- 118△ Katy's Cafe
- 119-21△ Dabbs Furn Co
- 120△ Sargent's Billiard Parlor
- Sargent's Buckhorn Beer Parlor
- 122△ Shamrock Lunch
- 122½△ Central Barber Shop
- Horton's Trans
- 123△ California Stores
- 124△ Smoke House
- Standard Liquor Stores
- 124½△ El Capitan Hotel
- 125△ Mid-West Auto Sup
- 126△ Roswell Drug Co
- 127△ Markus Shoes

2d intersects
- 200-4△ Montgomery Ward & Co dept store

259

PAPER Products

WHOLESALE

GROCERIES | **JANITORS' SUPPLIES**

FEED

Roswell Trading Company

PHONE 126

STATE COLLECTION BUREAU, INC.

H. G. Parsons, Mgr.   H. R. Laurain, Pres.

BONDED - ESTABLISHED 1930

10 Bank of Commerce Bldg.   106 E. 4th   Phone 224

DRUGS

PECOS VALLEY DRUG CO.

The Rexall Store

FREE DELIVERY

312 N. MAIN

PHONE -1-

260

MAIN N (Cont'd)
- 201-3 △ Kessel's Inc dry gds
- 204½ Apache Building
- 205 △ Ginsberg Music Co
- 205 △ Daniel Pnt & Glass Co
- 206 △ Morrison Jwlry Store
- 207   Welter Saddlery Co
- rear △ Brownie Cafe
- 208 △ Cobean Stationery Co
- 209 △ Mode O'Day clo
- 210 △ Duvall Jay Men's Wear
- 210½ Zuni Hotel
- 211 △ Hunter & Son dry gds
- 212 △ Arcade Billiard Parlor
-        Arcade Cafe
- 213 △ Rodden's Studio photos
- 214 △ Kipliig's Confy
- 215 △ Purdy Elec Co
-        Roswell Typewriter Co
- 216 △ Model The clo
- 217   Old Mission Barber Shop
- 218 △ Ball & White clo
- 219 △ Lea's Mission Beauty Shop
- 220 △ Owl Drug Co
- 221 △ Everybody's Cash Store
- 221½ **Ramona Building**
- Rooms—
- *1-2 △ Cullender J M H lawyer
-        Young E E lawyer
-        N M Osage Royalty Co
- *6-8 △ Montgomery W O loans
- *9   Dudley J W real est
- Street Continued
- 222 △ Huff's Jewelry Store
- 223 △ Kessel's Five & Ten Cent Store
- 223½ Vacant
- 224-26 **First Natl Bank Bldg**
-        For tenants see 104 W 3d
-   △ First National Bank
-        Mortgage Loans Inc
- 225 △ Vogue The clo
- 227 △ Central Hdw Inc
-                   **3d intersects**
- 300-2 **White J P Bldg**
-        For tenants see 105½ W 3d
-   △ S W Pub Serv Co
- 301 △ Roswell Barber Shop
- 301½ △ Roswell Beauty Shop
- 303 △ Lee's Mrs Cafe
- 304-6 △ Woolworth F W Co dept store
- 305 △ Pecos Theatre
- 307 △ Erma's Beauty Shop
- 308-10 △ Price & Co dept store
- 309 △ Boggs T E optometrist
-        Kiva Beauty salon
- 309½ △ New Modern Hotel
- 311 △ Bullock Jwlry Store
-        Bon Ton Shop clo
- 312 △ Pecos Valley Drug Co
- 313-15 △ Penney J C Co dept store
- 313½ Star Hotel
- 314 △ Capitan Theatre
- 314½ No Delay Shine Parlor
- 316 △ Boellner's jwlrs
- 317 △ Platt Drug Store
- 318 △ Busy Bee Cafe
- 319 △ Merritt's Ladies Store
-        Merritt's Shoe Dept
- 319½ Knight C E barber
- 320 △ Mitchell Drug Co
- 321-25 △ Purdy's Furn Co
- 322 △ Zink's music
- 324   Vacant
- 324½ △ Van Hotel
- 326 △ Dock's Place liquors
- 327   **Bank of Commerce Bldg**
-   △ Bank Bar
- Rooms—
- *1-3 △ O P A
-        Jennings J T lawyer
- *5 △ Troutt W L & Co cotton
- *8 △ Hoover R T & Co cotton
-                   **4th intersec**
- es △ **Court House**
-   △ Reynolds Laboratory
-   △ Pecos Valley Artesian Cons Dist
-   △ Auto License Distbtr
-   △ Drivers License Bureau
-   △ U S Comnr
-   △ Farm Credit Admn
-   △ Farm See Admn
-   △ Chaves County Health Dept
-   △ U S Dept of Commerce
-   △ Artesian Well Supvr
- 400 △ Chamber of Commerce
-        Roswell Auto Club
-        A A A Club
- 402   Court House Cafe
- 402 △ Burnett Realty Co
-        Geyer Edith ins
-        Amer Red Cross
-        Security Benefit Assn
- 404 △ Mikesell J L real est
-        Roff & Son loans
-        Hicks C M ins
- 406 △ Zumwalt & Danenberg ele contrs
- 408 △ Hamilton's Justrite clnrs
- 410 △ Quality Liquor Store
- 412 △ Wilson Furn Store
- 414 △ McGuffin Shoe Serv
- 416 △ Edwards E C jwlr
- 416½ McClure's Cafe
- 418   Midget Photo Shop
- 418½ Shaw Barber Shop
- 420 △ Bailey Clng Wks
- 422 △ Singer Sewing Mach Co
- 424 △ Roswell Daily Record
- 426 △ Continental Oil Co
-                   **5th intersect**
- 501 △ Standard Stas
- 503 △ Zeke's Cafe
- 504   Miles Cafe
- 505 △ Roswell Bath Inst

GESSERT-SANDERS ABSTRACT CO.
ABSTRACTS OF TITLE

09 E. Third St.   **Phone 493**

AIN N (Cont'd)
 Vacant
-22 McNally-Hall Motor Co
-25 Lannom's Gulf Serv
    Sta
½ Kennedy S B
6th intersects
 Elmer's Service Sta
 Jackson Food Stores
 Allison C M
 Carroll J F gro
 Murray J L
 Brookshier O B
 Williams H E
 Pennock L M
 Cobean W R
 Ward J T
 Fales A L
7th intersects
 Magnolia Serv Sta
 Barnes Roy
 Gross A C gro
 Gray G A
 Jefferson Arthur
½ Woods Melba
 Underwood H M
 Dean S C
½ Sears Jo Mrs
 Flood R L
 Levers F E
 Roudebush W C
 Cisco Cliff
 Tanner Apts
artments—
 Edwards Howard
 Smith L L
 Prestridge Jos
 Allen Dolly Mrs
 Ford Ester
 Sparkman Pauline
 Thomas Frank
 Van Eaton Hazel
 Blair Elmer
 Steele D C
 Boydstun Beulah Mrs
 Holsum Baking Co
 Gross A C
8th intersects
 Big Jo Lumber Co
 Groseclose Bros pntrs
 Hinesly G C contr
 Gressett F F contr
 Swaim C D contr
 Carroll J F
ar Schwartz Leland
ar Grant Florence Mrs
 Simpson C L
 Naramore C T
 Williams J H
 Cowan G M
 Massey A C
 Ross S E
9th intersects
 Baldy Marie Mrs
 Brown H L

901 El Dorado Drive In Cafe
904 Goodell L B
908-10 Pecos Valley Coca Cola
        Bott Co
911 Conley C O
912 Phillips Serv Sta
917 Pierce E R
10th intersects
1000 Bright Spot restr
      Father Bear's Den liquors
1001 Camp Camino
1013 Spring River Tourist
      Camp
11th intersects
12th intersects
1201-5 Zuni Court
1208 Bigelow F C Mrs
1210a Taylor W D
1210b Jenkins S L
1210c Thompson E W
13th intersects
1302 Crile A D
1308 Bear H R
1310 Wolfe Frances Mrs
14th intersects
College blvd intersects
nw cor New Mex Military Inst
16th and 22d intersect
se cor Triangle Lmbr Co
23d intersects
2301 La Salle Cafe & Serv Sta
2303 La Salle Courts
24th intersects
2401 La Cima Tourist Ct
2404 Davis Lula Mrs
Country Club rd bg es
2406-8 Camp Chaves
es Exchange Serv Sta
es Hester C M
es Barnett Oil Co
ws Connor Eliz Mrs
ws Kennedy's Dairy
ws Finch T H
ws Camp Elm

MAIN S
Bg 1st ext s bey Chisum dividing interescting streets into E and W and is point at which numbers on those streets begin
100 Main Drug Store
     Three Minute Studio
101 Roswell Service Sta
     Sinclair Ref Co
102 Berry's Cafe
104 Variety Liquor Store
105-9 Roswell Tractor & Impt
       Co
106-14 Myers Co agrl imps
109½ **Sparks Apts**
111-13 Roswell Cash Whol gro
111½ Hotel Main
115-17 Roswell Seed Co
116 Excelsior Clnrs & Dyers

261

The Roswell Cotton Oil Co.

Mfrs. of

Molasses

Cubes

and

Cotton

Seed

Cake

301 E. 2d St.

PHONE 58

PANHANDLE LUMBER COMPANY, INC.
"COMPLETE BUILDING SERVICE"
PLAN SERVICE — FINANCING
107-11 W. Alameda   Phone

Clardy's Dairy — PHONE 796 — PURE MILK — Clardy's Dairy Since 1912 — Producer and Distributor of Quality Dairy Products and Ice Cream — 200-202 E. 5th — Phone 796

MAIN S (Cont'd)
118 Carrillo J S restr
119-21△Union Bus Depot
    N M Transptn Co
    Roswell-Carrizozo Stage Lines
120△Steve's Cafe
120△Davidson Supply Co
125 Vacant
126△Clark G A used autos
    Walnut intersects
200-20△Pecos Valley Lmbr Co
    Burkstaller F P pntr
201△Sumrall Garage
    Ozark Cafe
205 Joe & Jake Barber Shop
207 Vacant
209 Cruse Pool Hall
209½ Roswell Elec Co
211 Open Front Sec Hnd Store
211½ Craig Hotel
213△Wilson Electric
215△Cruse's Tourist Cabins
222 Roswell Mach & W Shop
223 Jaynes J H restr
225△Modern Food Mkt
    Alameda intersects
300 Valdez Cafe
301 Broadway Cafe
303 Evans C J barber
303½ Vacant
305△Home Mkt & Gro
306 Craig L B Jr
308△White's Drug
    Three Minute Studio
309△Star Bar
310 Summers D J
312 Lowe R I
313 Rubio Guadalupe
315 Jiggs Pig Stand
318 Craig L B ⊙
319 P V Lunch
320△Arias Carmen ⊙
321 Swap Shop
322 Arias Cafe
323△Young Mary
    Tilden intersects
400 Farha Jos grocer
401△Jackson Food Stores
402△Roswell Mattress Co
406 Vacant
408-10 Salvation Army
409 Briggs W W
411 Patterson V E
    Hendricks intersects
500 Fred's Grocery
rear Temple J F
501△Wilkins Gro & Serv Sta
rear Beavers J T ⊙
509 Brady L U
512 Cook O W ⊙
    Albuquerque intersects
600△Roswell Mon Co
601△McVicar C C gro
605△Deason T J ⊙
608 Brown Iva Mrs
610△Southside Gro & Mkt
    Bland interse
700△Magnolia Serv Sta
707△Cearnal A E
707½ Stewart L L
709 Locke E D
710△Johnson H D ⊙
711△Blancet Oneita Mrs
    Deming interse
801 St Peter's Catholic Ch
804△Smith T T ⊙
805△Franciscan Fathers
    Mathews interse
900 Church of Christ
907 Benke Frank
910△Ballard Funeral Home
    Summit interse
1001△Estill R R
1004△Hurd Harold ⊙
1005△Horton J C
    Reed interse
1104△Keyes Marjorie ⊙
1104½ Vacant
1109△Liberty Gro & Mkt
1112△Crow J M ⊙
1113 Leavelle's Gro & Sta
    McGaffey interse
1201△Hamill's Gro & Serv
rear Hamill S E ⊙
1211 Hendrix R L
    Forest bg
1301 Shaver E P
1303 Loudermilk Ray ⊙
    Wildy interse
    Chisum interse
se cor△St Mary's Hospital
1500 Thornton W C ⊙
    Hobbs interse

MARYLAND AV
  Bg W 17th 6th w of Main north
1706 Lloyd H S
1708 David Lester ⊙
1709 Reynolds L A ⊙
1711 Beagles E T ⊙
1713 Roberson Clarence ⊙
1715 Vacant
1717 Shook Roy
1719 Brown Martha Mrs
1726 Brown J T
    W 18th interse
1800 McKenzie L R
1802 Mabry Wayne ⊙
1803 Vacant
1804△Spangler I P ⊙
1806 Brown Calvin
1808△Jones J R
1809 Sanders W E ⊙
1810△Keller's Kash Gro
    Keller C E ⊙
1811 Smith Claude ⊙
1812 McLellan G E ⊙
1813 Scott L W

Wilmot Hardware Co. — Established 1911

Wholesale Retail

KELVINATOR
Electric Refrigerators

Maytag Washing Machines

Magic Chef Gas Ranges

Philco Radios Sales and Service

Samson Windmills

Engines

Fencing

Paint

Guns and Amunition

Sporting Goods

115-17 N. Main

PHONE 634

ARYLAND AV (Cont'd)
- 4 Bates R K
- 6 Catron Roy
- 7 Scott J L
- 8 Vacant

ATHEWS E
Bg S Main 8th s of 1st ext e
to A T & S F Ry
- Sisters of St Casimir
- Vaughn C K
- Coyne H A
- Simmons L W
- Cowan Leo

S Virginia av intersects
- Allen B B
- Aragon Gilbert
- Vacant
- Patterson M L

S Grand av intersects
- Gonzalez M R
- Gonzalez H R

S Lincoln av intersects
- Suggs Bailey

Stanton av intersects
- Najar Antonio

Sherman av intersects
- Vacant
- Alvarez Guadalupe
- Martinez Paulina
- Barela Elias
- Marquez Sotero
- Wagoner Louise C
- Wagoner J D
- Harvey D P
- Luna Tomas
- Nunez Agustin
- Sanchez Lionicio
- Carrillo Leo
- Sanchez Antonio
- Romero Demetrio
- Parra Catarino
- Bobo J S
- Sedillo Margarito
- Leaton Ignacio

ATHEWS W
Bg S Main 8th s of 1st ext w
to Kentucky av
- Ashcraft H A
- Wiggins W P
- Carr J L
- Flinn E C
- Moran C A
- Brown J H
- Birnie Chas
- Henrichs W C
- Keeling T H
- Harris A L
- Fletcher Jack

S Richardson av intersects
- Beasley C L
- Hoover J C
- Bloodworth H C
- Jones R E

S Pennsylvania av intersects
- 300 Harris Annie
- 304 Brunk G E
- 306 Moore H C
- 312 Panick A A gro
- 313 Edmonds David

S Kentucky av intersects
S Lea av intersects
S Missouri av intersects
- 610 Isler J R
- 613 Phaup L W

S Washington av intersects
- 706 Peck C L
- 710 Anderson Georgia Mrs
- 712 Vacant
- 800 Witt Brennon
- 802 McCombs Wm B Jr
- 803 Clark R M
- 804 Karins L F
- 805 Harp E L
- 806 Vacant
- 807 Hermann J R

McGAFFEY E
Bg S Main 11th s of 1st ext
e bey Poplar
- 107 Argenbright L D Mrs
- 108 Harrison C L
- 110 Purcell C M
- 116 Chesser D T
- 118 Keller Artie Mrs
- 120 Crawford E E

S Virginia av intersects
- 201 Roswell Planing Mill
- 204 Chambers P J
- 210 Means Lavon
- 212 Gressett F F
- 216 Gallegos Marcos
- 218 Ascencio Desiderio

S Grand av intersects
- 301 Rhodes B C
- 303 Rainer Hezekiah
- 307 Lukens P M
- 309 Franklin Arthur
- 311 Vacant
- 313 Brownlow T S
- 315 Bartlett E L
- 317 Walker Chester
- 319 Hamill J E

S Lincoln av intersects
- 500 Earnest Gearvaise
- 508 Green J H
- 512 Smith J C

Sherman av intersects
- 600 Roberts A C
- 601 Wagoner Gilbert

Poplar av intersects
- 702 Lee R L
- 705 Vacant
- 707 Beck A B Mrs
- 809 Philpott J A
- 901 Franklin Benj
- 915 Casey R H
- 921 Turner S I
- 1001 Churchman H C
- 1003 Brooks R L

STANDARD BRAND PULLORUM TESTED BABY CHICKS

Embryo fed chicks and

PURINA CHOWS

FEED

Hay and Grain

C. F. & I.
Dawson &
RATON
—
Kindling

Pecos Valley Trading Co. & Hatchery

6 0 3
N. Virginia

PHONE
412

McGAFFEY E (Cont'd)
1005 Graves C E
1007 Lewelling I H
1009 Philpott S C
1011 Philpott Garage
    S Atkinson av intersects
ns Hoagland Henry
ns Bridge T J
ns Hankins N A
ns Cox Raymond
ns Fuller Mape

McGAFFEY W
  Bg S Main 11th s of 1st ext w to S Washington av
102 Sparkman O H
104 Bailey H D
106 Rhodes C G
109 Seele Geo
115 Johnson J K
    S Richardson av intersects
200 Walker H M
201 Burton R W
204 Whitmore W E
212 Davidson B F
214 Yarnell C E
222 Witt W W
223 Young C R
    S Pennsylvania av intersects
300 Joplin J T
301 Buchanan J B
303 Lundry J D
304 Bagwell Louis
305 Kuykendall W A
306 Yauk Wm
307 Franzen R W
308 Frost Jack
309 Pye H T
311 Richardson J P
    S Kentucky av intersects
    S Lea av intersects
512 Groseclose J I
516 Groseclose A D
518 Groseclose E M
520 Everman R T
    S Missouri av intersects
600 Searcy Felix
    S Ohio av intersects
nw cor Ullrich A W
    Ullrich Nursery

MICHIGAN AV N
  Bg 1st 7th w of Main ext n to 16th
100 Rowland Lea
101 Rives H L
104 Yriat Graciano
105 Butler C E
107 Patterson E E
108 Riemen E H
110 Thoma Paul
111 Richards C H
112 Gross J U
113 Cheever R E
    W 2d intersects
200 Gibbany F J Mrs
201 McEvoy Paul
202 Gibbany T H
203 Foster Wesley
204 Payne J P
205 Boothe G E Mrs
206 McVicker Ethelyn
206½ Midkiff K A
207 Fleehart A E
208 Thompson Le Roy
209 Cox W T
211 Coppedge O P
213 Douthitt Elgin
    W 3d inters
300 Goodrum Herman
301 Huff H M Jr
303 Kleeman J P
304 Savage J B
305 Gowin W W
307 Fields B F Jr
309 Gore E T
312 Chisum Jane
    W 4th inters
400 Stilwell L K Mrs
404 Goodwin F B
406 Carpenter A B
408 Kenney Jennie H
410 Allison C L
412 Tankersley S F
414 Cass B F
    W 5th inters
nw cor Cahoon Park
  Municipal Golf Course
    W 8th inters
808 Braswell G A
809 Smith R R
810 Sanchez J G
812 Fields Barbara Mrs
    W 9th inters
903 Scroggins R L
905 Blake A L
906 McDaniel S B Mrs
    W 10th, 11th, 12th inter
1203 Langley L L
1205 Long S T
1209 Smith I V
    13th and 14th inter
    W College blvd inters
1509 Hocutt B J
1518 Hillard E B
1524 Sawyer D F
    16th inters
1600 Nunez Guillermo
1606 Lee J R
1608 Quintana Abraham
1609 Meredith J M
1610 Blaylock J E
1700 Witt M D
1704 Rogers L H
1721 Peppers L O

MICHIGAN AV S
  Bg W 1st 7th w of Main s to W Bland
104 Seventh Day Adv Col Ch

Price's SUNSET CREAMERY

ICHIGAN AV S (Cont'd)
- 3 Swanagan Henry
- 2 A M E Church
- 3 △ Oliver Fierce ⊙

W Walnut intersects
- 2 Oliver O W ⊙
- 3 Vacant
- 5 Smith's Chapel
- r Burleson Sallie S
- 7 Manley A B

W Alameda intersects
-) Dishman O D
- 2 Moore Anderson ⊙
- 4 Wehrman E M
- 5 △ Morrison G S
- 3 Johnson K G
-) △ Hill Sue Mrs ⊙

W Tilden intersects
- 2 △ Purcella Lou Mrs ⊙
-) △ Burnett T N ⊙

W Hendricks intersects
-) Rains V B ⊙
- 1 △ Malone A B
- 5 Sweatt W P
- 7 Mack W L

W Albuquerque intersects
-) Chamberlain S G ⊙
- . Smith G P ⊙
- 3 Ray Lela ⊙
- 1 Coleman J W
- 5 Hooker A W ⊙
- . Vacant
- 5 Thomas W C

W Bland intersects
- . Dudley Floyd
- 3 △ Totten C I
- 1 △ Garrett M V ⊙
- 5 △ Murphy J K ⊙
- 7 △ Bates Lucille ⊙
- 3 △ Cookson O H ⊙
-) △ Struthers Adeline L
-) △ Taylor Viola Mrs ⊙
- . △ Hill J A ⊙
- 2 △ Saxman M V

W Deming intersects
-) △ Burkstaller W E ⊙

W Mathews intersects
- 5 Vacant
- 3 Vacant

SSISSIPPI AV
3g W 5th 13th w of Main ext
1 bey 8th

SSOURI AV N
3g W 1st 5th w of Main ext
1 bey 19th
-) △ Tucker L D ⊙
- . △ Eoff Edd
- · Kennedy Sylver
- · Capriota Jos
- 5 △ McNally D T ⊙
- 7 △ Butler L N
- 3 △ Wilson B B ⊙
-) Andrews L L
-)½ Bangart F H

- 110 △ Stephens Anna ⊙
- 111 Mabe J M
- 112 △ Nicholas A A Mrs ⊙

W 2d intersects
- 200 Shankles J C
- 201 △ Saunders G C ⊙
- 202 △ Welter G C ⊙
- 203 △ Conway J F
- 204 △ Potter M M
- 205 △ Zumwalt J E ⊙
- 207 △ Allison J B ⊙
- 208 Balderson A M
- 209 △ Irby G W Mrs ⊙
- 212 △ White J P Jr ⊙
- 213 △ Atwood J D ⊙

W 3d intersects
- 301 Schultz R P
- 302 △ Dunn David
-     Ingram W H
- 303 △ Hicks C M ⊙
- 305 △ Lodewick S W ⊙
- 307 △ Huff H M ⊙
- 308 △ Bassett J W ⊙
- 309 Vacant
- 312 △ Lane J J ⊙
- 313 △ Nelson Clara Mrs

W 4th intersects
- 400 △ Hinkle J F ⊙
- 406 △ Price J T
- 409 △ Wolfe C I ⊙
- 411 △ Fischbeck Dale
- 414 △ Pearce N C Mrs ⊙
- 415 △ Russell R L ⊙

W 5th intersects
- 500 △ Hanagan W F ⊙
- 503 △ Morey F G ⊙
- 504 Lowe J D ⊙
- 505 △ Waxler F N
- 507 △ Brewster C S ⊙
- 508 Boellner A R
- 509 Platt W E
- 511 △ Patterson A S
- 512 △ Waller J A ⊙
- 513 △ Prager L M ⊙

W 6th intersects
- 600 △ Dakens R A ⊙
- 602 △ Young R V ⊙
- 603 △ Ellzey B V
- 604 △ Russell Lillian Mrs ⊙
- 605 △ Conner B P ⊙
- 606 △ Fye Lena Mrs ⊙
- 608 Horton M A ⊙
- 609 Brinck Augusta Mrs ⊙
- 612 △ Wyatt M T Mrs ⊙

W 7th intersects
- 700 Brock R M

W 8th intersects
- 800 △ Beasley H F
- 802 Meador W O
- 802½ McCullough D W
- 804 Boy Scouts

W 9th intersects
- 903 Gaines J D
- 904 Hunt L E
- 905 △ Brown L V
- 906 Pritchard C L ⊙

Johnson Lodewick

Refiners and Marketers of Petroleum Products

Distributors for Southeastern New Mexico of **QUAKER STATE MOTOR OILS**

New Mexico Distributors for Barnsdall Oil Co.

813 N. Virginia Ave.

Phone 164

R. O. ANDERSON President

DALE FISCHBECK General Supt.

Phone 23 "SKIDDO"

ARMOLD TRANSFER & STORAGE
STORAGE - CRATING - SHIPPING
"We Move Anything"   419 N. Virginia

CAR PARTS DEPOT INC.

Distributors

Automotive Supplies and Equipment

Welding Equipment and Supplies

PHONE 205

401 N. Virginia Ave.

P. O. Box 1288

MISSOURI AV N (Cont'd)
- 908 Wells L E Mrs ⊙
- 909 Schuster T M ⊙
- 910 Mayes A L ⊙
- 912 Bailey Garland
- 913 Dennis B F ⊙

W 10th intersects
- 1000 Orr W W Rev ⊙
- 1003 Polson J E
- 1004 Fox Maurice
- 1006 Meyners C M
- 1008 Gregg A B
- 1010 Cohn M R
- 1012 Harris B F ⊙
- 1014 Smith J J ⊙

W 11th intersects
- 1100 Liston G H ⊙
- 1105 Tyner R V
- 1106 Marshall G E ⊙
- 1108 Taylor Mollie Mrs ⊙
- 1110 Fortner C H ⊙

W 12th intersects
- 1200 Burciaga M A ⊙
- 1202 Everett J E
- 1204 Vasquez Felipe ⊙
- 1206 Losoya Julian ⊙
- 1208 Everett J E
- 1210 Pena Jose
- 1212 Gamboa Anastacio ⊙

W 13th intersects
- 1312 Mitchell Matt
- rear Alexander V J

W 14th intersects

W College blvd intersects
- 1502 Mount-Campbell Paul ⊙
- 1506 McDonald T P ⊙
- 1510 Thompson J A ⊙
- 1511a Robinson W L
- 1511b Lee R H
- 1512 Bannister E E
- 1513a Pinch H M Mrs ⊙
- 1513b Nelson R T
- 1515 Coffey O G ⊙
- 1515a Spencer B C
- 1520 Perkins D R ⊙

W 16th intersects
- 1602 Phillips E T Mrs ⊙
- 1602½ Davidson Daniel
- 1604 McPherson R R ⊙
- 1606 Hale Hansford ⊙
- 1608 Rothblatt Lewis
- 1610 Graves Cecil
- 1612 Goldston S B ⊙
- 1614 Blake C P ⊙
- 1616 Higgins A J ⊙
- 1618 McShan F B ⊙
- 1620 Jennings Nephus ⊙
- 1622 Jennings Grocery

W 17th intersects
- 1704 Ham E F ⊙
- 1706 Roberts Clarence
- 1707 Dunlap W T ⊙
- 1708 Thomas C B ⊙
- 1709 Foster W A ⊙
- 1711 Archer J W
- 1718 Barnett E L ⊙
- 1720 Williamson L T ⊙
- 1722 York N W ⊙
- 1724 Whitford M W ⊙
- 1725 Ingalls B S Mrs ⊙
- 1726 Carrington C C
- 1728 Johnson J W ⊙

W 18th interse
- 1800 Marler J H
- 1801 Duck H M
- 1802 Crawford Leonard
- 1803 Alpin L D
- 1804 Hare T R ⊙
- 1806 Wheeler S W
- 1808 Porter L M
- 1809 Wade I B Mrs ⊙
- 1810 Summers W F ⊙
- 1814 Odom S P ⊙
- 1815 Green J E ⊙
- 1817 Wade D E ⊙
- 1821 Green C E ⊙

W 19th interse
- 1900 Baldwin W K ⊙

MISSOURI AV S
Bg W 1st 5th w of Main
s to W Chisum
- 100 Shrecengost D J ⊙
- 101 Dunagan Homer ⊙
-     Powell Burr
- 102 Ferrin C R ⊙
- 103 Frost J A ⊙
- 104 Markus I A
- 105 Morgan H L
- 107 Blough B L Mrs
- 108 McFadden G C ⊙
- 109 Adams Mabel Mrs
- 111 Ruhl J A ⊙
- 112 Keller Roy
- 113 Evans F W
- 114 Simon J A

W Walnut interse
- 200 Danenberg H D ⊙
- 202 Hall J W ⊙
- 203 Stubbs A A
- 204 Ross Frank ⊙
- 205 Fensom W E
- 206 Curry Helen
- 207 Ellis G F
- 208 Lewis Caton
- 209 Ellett May Mrs ⊙

W Alameda interse
- 302 Burdette H D ⊙
- 303 Swalley W W
- 304 Fletcher T M ⊙
- 305 Richerson A S
- 306 Sorensen L N ⊙
- 307 Yarbrough G A ⊙
- 308 McKnight J M
- 310 Higgs J I ⊙

W Tilden interse
- 400 Hunter H R ⊙
- 401 Shaw Will ⊙
- 403 Bradstreet Nellie Mrs ⊙
- 404 Falconi Louis ⊙

| BIGELOW RUGS AND CARPETS DRAPERIES LINOLEUMS WASHING MACHINES |  **Purdys' Furniture Company** 321-25 N. MAIN   PHONE 197 | KARPEN FURNITURE STOVES AND RANGES UPHOLSTERING VENETIAN BLINDS WINDOW SHADES |

MISSOURI AV S (Cont'd)
- 5 Corn Irwin ⊚
- 6△Welter W G ⊚
- 8△Trieb M E Mrs ⊚
- 9△Anderson W W ⊚
- 1△Gilbert K G Mrs ⊚

W Hendricks intersects
- 0△Cunningham M C ⊚
- 2 Emmick C L
- 3△Clark W T ⊚
- 5△Rouse H S ⊚
- 5 Johnson H C Mrs
- 7△Cookson R M ⊚
- 3 Slaughter J A
- 9△Stockton O L ⊚
- 0△Hall J P ⊚
- 1 Eastwood A R

W Albuquerque intersects
- 0 Vacant
- 1△Aldrich R W ⊚
- 3△Mitchell J M ⊚
- 4 White J W ⊚
- 5△Burkstaller H F ⊚
- 6△Johnson E P ⊚

W Bland intersects
- 0△Missouri Av School
- 1△Ortega A M ⊚
- ar Trujillo A F

MONROE
Bg 310 E Chisum ext south
- Morgan Alpha Mrs ⊚
- Coggins Roy ⊚
- Backues J W
- Dougherty L L ⊚

MONTANA AV N
Bg W 1st 12th w of Main ext n to 16th
- 2 Pratt E G ⊚
- 4 Trujillo L E ⊚
- 6 Weldy Thomas ⊚
- 8△Tankersley L E ⊚
- 0 Coffman Maude Mrs ⊚
- 2 Carrigan Lena Mrs ⊚

W 2d intersects
- 2△Kelly C M ⊚
- 4 Collins Vivian
- 8 Parrott G L ⊚

Riverside av intersects
- 5△Lindenmeyer J H

W 6th intersects
- 7△Smith Pinkham

W 7th intersects
- 4△Roberts Clyde ⊚

W 8th intersects
- 3 Tays Jas
- 5 Couch Dale
- Skipper W C

W 9th intersects
W 10th intersects
W 11th to 13th intersect
- 09 Lewis F W ⊚
- 11 Myers Geo ⊚
- 13 Wood Mary Mrs ⊚

W 14th intersects
W College blvd intersects
W 16th intersects

MONTANA AV S
Bg W 1st 12th w of Main ext s to W Bland av
- 100 Snelson J W
- 101 Pool R S
- 103 Fierro Angel
- 104 Hicks Odell
- 105 Dennis W F ⊚
- 106 Ragsdale Ezell ⊚
- 108 Ragsdale Isaac ⊚
- 110 Driver Josie ⊚
- 111 Downs D C ⊚
- 113 Jay A V

W Walnut intersects
- 203 Washam N E
- 205 McMahan E E
- 207 Pirtle Marion
- 209△Blakeney Lloyd ⊚
- 210 Torres Mary Mrs ⊚

W Alameda intersects
- 306 Tays J C ⊚

W Tilden intersects
- 400 Martin C L ⊚
- 402 Oldaker W R ⊚
- 404 Haas F A ⊚
- 405 Tarvin Jas ⊚

W Hendricks intersects
- 500 Goins L M Mrs ⊚
- 502 Emerson W L
- 504 Purcella A J Mrs ⊚
- 511 Stockton E S ⊚

W Albuquerque intersects
- 600 Dickinson W H
- 602 Oldaker G D
- 609 Mills S O ⊚

MORNINGSIDE PL
Bg Orchard av 1st n of 5th ext e 1 blk
- 1△Green C J ⊚
  Green C Joel Convalescent & Nursing Home
- 3 Carter T A
- 4△O'Meara C J ⊚
- 5△Peschka J A
- 7△Holmstead I L ⊚
- 9△Shuman T M ⊚
- 10△Hallenbeck Cleve ⊚
- 11△Zink Paul ⊚
- 15△Osborne A D ⊚
- 16△Wiggins M B ⊚

MULBERRY AV
Bg E 1st 7th e of Main ext s to E Summit
- 101 Espinoza A T ⊚
- 102 Prather J E
- 104 Sanchez Pauline Mrs
- 105 Calderon Agustin ⊚
- 106 Cobos Abundio
- 107 Lopez Petra Mrs ⊚
- 108 Perez Domingo ⊚

Drink

Delicious and Refreshing

PECOS VALLEY Coca-Cola **Bottling Co.**

908-10 N. Main

PHONE **771**

TAXI

201
Curtis Corn, Owner

201
3d and Richardson Av

Dr. R. S. Attaway D. V. M.

Chaves County's Only Qualified (Graduate) Practicing Veterinarian

Large and Small Animal Practice

PHONE 636

403 East 2d.

MULBERRY AV (Cont'd)
109 Lemons P W
110 Espinoza Patrocinio ⊙
114 Leaton Luz
115 Marquez Anastacia ⊙
116 Navarette Juanita Mrs
118 Mesa Antonio
911 Guinn J D ⊙

NEW
Bg E 23d 2d e of N Main ext north
es McNeal J W ⊙
es White D E Mrs ⊙
es Wilson Velma Mrs ⊙
es Gray Jno ⊙
ws Worrell J W
ws Smith Sherman ⊙
ws Shaver B D ⊙

NORTH BOULEVARD E
Bg N Main 25th n of 1st ext e to city limits

NORTH BOULEVARD W
Bg N Main 25th n of 1st ext w to city limits

OHIO AV N
Bg W 1st 11th w of Main ext n to 17th
105 White Rose
111△Jennings B R ⊙
 W 2d intersects
207 Gray W W
 W 3d to 5th intersect
505△Von Tungeln H A
507△Basham T T ⊙
 W 6th intersects
600△Tucker C W
601△Seiling O E
602 Jacobson A J
603△Allen M N
604△O'Neal J E
606△Chatmas J C
607△Roberts H C
609△Slofle R F
611 Rounds C H ⊙
 W 7th intersects
700 Salter R P
702 Langley J H
 W 8th intersects
808 Welty W S ⊙
 (not open to W 11th)
 W 11th intersects
1102△Stone F R ⊙
 W 12th intersects
1201 Chew Dewell ⊙
1202 Sedillo Martin
1204 Esslinger R T ⊙
1206 West J N ⊙
1207 Flores Saml ⊙
1208 Archuleta Liberato ⊙
1209 Archuleta Placido Jr ⊙
 W 13th intersects

 W College blvd interse
ws Duran Isaac ⊙

OHIO AV S
Bg W 1st 11th w of Main s bey W Bland
100 Pinkston W L
102△Stevens O K ⊙
106 Lankford E C
107△Robinson D P Mrs ⊙
109 Smith J M ⊙
110 Trujillo R R
113 Tays W S ⊙
 W Walnut interse
200 Church of God in Christ
206 Gosnell G L ⊙
208 Meredith Dee ⊙
210 Carlton C F
 W Alameda interse
304 Lee Robt
306 Hanna R L ⊙
308 Carnal W R
310 Taylor W F ⊙
 W Tilden interse
401 Rich Aubrey ⊙
403 Dillard L W
405 Clem L W ⊙
407 Rigsby L A ⊙
408 Lock Duard
409 Vacant
410 Magby Leacie Mrs ⊙
411 Lawson E S ⊙
 W Hendricks interse
500 Chavez Gene ⊙
502 Lowrey Mary Mrs
504 Smith B E ⊙
506 Akin H M
508 Carr H F
509 Lowry Jas
511 O'Neal Ira
 W Albuquerque interse
 W Bland interse
700△Wilson W J ⊙

ORCHARD AV
Bg E 2d 7 blks e of Main e n to 10th
201 Parker J P
204△Pickett De Loss
 Plum interse
411 McCord M E
 E 5th interse
 Morningside Pl interse
505 Taylor L L
507△Westover Mallie Mrs ⊙
 Pear interse
es△Whitcamp W I
ws Mask Howard

PARK ROAD
Bg W 5th 7th w of Main e northeast
1△Hinkle R R ⊙
2△Hervey J M ⊙

GESSERT-SANDERS ABSTRACT CO.
ABSTRACTS OF TITLE

109 E. Third St. **Phone 493**

EACH
Bg Garden av opp E 10th ext
e 4 blks
s   Whitcamp W I
s   Brasher J E ⊙

EACHTREE AV
Changed to Shartelle

EAR
Bg Garden av bet E 6th and
7th ext e 4 blks
0 △ Mills J O ⊙
2   Russell Dale
4 △ Huber W O
6 △ Russell W S
8   Melson J E
2   Gillis Geo
4   Brown L M Mrs
5   Bailey M R ⊙
6 △ Darrow J C
8   Jordan E W
0 △ Barrier B R
1   Coll L W
2   Craft O I
3 △ Burnworth J F
4   Harris M E
5   Groves K K ⊙
5   Sullivan Laura Mrs
9   Ward Florence Mrs ⊙
5 △ Slatton J S ⊙
    Orchard av intersects
1 △ McDowell Earl ⊙
9 △ Conn W F ⊙
5   Davis J J
11 Graves H E
    N Atkinson av intersects
△ Pope D N ⊙

ENNSYLVANIA AV N
Bg W 1st 2d w of Main ext
n to W College blvd
0 △ Watts G T ⊙
1   Quillen L C
3 △ Witt J A ⊙
4 △ Manley R E ⊙
5   Young M A Mrs
6 △ Clements Geo ⊙
7 △ Collier M E ⊙
8 △ Castleberry L M ⊙
0 △ Andrew H R ⊙
    W 2d intersects
0   First Methodist Church
5 △ McKnight J P
  △ Christie E L
6 △ Brabham T W
7 △ Warne J N ⊙
8 △ Cox Harry ⊙
9 △ Thornton Nellie Mrs ⊙
0 △ McClure M F Mrs ⊙
2 △ Anderson Edw
    W 3d intersects
2 △ Poteet Mack
3 △ Lorraine Apts
    Echler Bessie Mrs ⊙
4 △ Riggins J R ⊙

305 △ Fulton Helen Mrs ⊙
306 △ Whiteman J D ⊙
307 △ Reaves G T
308 △ Brown O S ⊙
309 △ Woodhead L F ⊙
310 △ Grady Inez Mrs
310½ Young E M Mrs
311 △ Ogles F B ⊙
311½ Hearn W G
312 △ Beeson C F ⊙
    W 4th intersects
400 △ Masonic Temple
405 △ Bunch C M ⊙
407 △ Wilkerson D N ⊙
408 △ Lusk C S ⊙
409   Trimble Luther
410 △ Dills Lucius ⊙
411 △ Talmage Mills ⊙
413 △ Doty Minnie Mrs ⊙
414 △ Talmage Mortuary
    Talmage Frank Jr ⊙
415 △ Du Laney A A
    W 5th intersects
500   First Baptist Church
503 △ Harvey J H
504 △ Brown Alice Mrs ⊙
505 △ Person Agnes Mrs ⊙
506 △ Talmage D M ⊙
508 △ Reasor Mary E ⊙
509 △ Davis N M Mrs
510 △ Andrews C W
511   Gooding V G
512 △ McNally C R ⊙
513 △ Malone R L ⊙
    W 6th intersects
602 △ Slaughter G M ⊙
604 △ French G E ⊙
608 △ Wyly R H ⊙
609 △ Moore J F
610 △ Treat W C ⊙
610½ McClenny J J Mrs ⊙
612 △ Joyner E B Mrs ⊙
    W 7th intersects
700 △ Norton Roy ⊙
702 △ Kellahin L W J Mrs ⊙
706   Watts F B
706½ Allister Agnes M
707 △ Moore J E ⊙
708 △ Smyrl H B ⊙
709 △ Strickland L E ⊙
711 △ Jolley W S ⊙
712 △ Richardson G K ⊙
713 △ Long R W
714 △ Peck J C ⊙
    W 8th intersects
800 △ Foster G H ⊙
801 △ Parker Agnes Mrs
801½ Miller R R Mrs
802 △ Barbour L D ⊙
803   Hawkins G D
803½ Rainey Mayme Mrs
804 △ McCune R H ⊙
805 △ Zink Gertrude Mrs ⊙
806 △ Woodman W H
808   Holloman L O

HINKLE MOTOR COMPANY

131 W. 2D ST.

WHOLESALE AUTOMOBILE PARTS AND EQUIPMENT

Serving New Mexico for 22 Years

Garage and Service Station Equipment

PHONE 12

EL PASO-PECOS VALLEY TRUCK LINES

J. L. NAYLOR, Owner CARL A. LONG, Local Agt

Daily, Dependable Service from and to EL PASO, LOS ANGELES and POINTS WEST

118 E. 4th St. Phone 16(

CLARDY'S PRODUCTS
Raw and Pasteurized
MILK
Butter
Cream
Butter Milk
Ice Cream

Delivered to Your Home or At Your Grocer

PHONE 796

200-202 E. 5th

PENN AV N (Cont'd)
809 Roney B C
810 Radenz S T
810½ Stewart K L
811 Johnson C A
813 Miller D D
  W 9th intersects
900 Harrell C K
902 Stump D L
903 Parsons R H
904 Hammerton C L
905 Tucker Mattie Mrs
905½ Lyon A D
906 Parnell W W
907 Davis Nina Mrs
908 Turner H H
909 Austin G L
911 Oliver W R
912 Hewatt O H
913 Tyler Gideon
  W 10th intersects
1001-13 School Stadium
1006 Pace Gwyndolyn Mrs
1008 Doty W M
1010 Sacra T A
1012 Etz A N
  W 11th intersects
1100 Shinkle J D
1107 Payne D J
1108 Austin F L
1112 Loughborough J Mrs
  W 12th intersects
1201 Monk A H
1207 Buscomb W T
1212 Headley J B
  W 13th intersects
1300 Spurlock L P
1302 Montgomery Vester
1306 Potter D A
1308 Price T V
1311 Kelly J R
1312 McClure John
1313 Jueneman F R
  W 14th intersects
1401 Hudson Albert
1404 Knapp Vernon
1405 Ward C F
  W College blvd intersects

PENNSYLVANIA AV S
  Bg W 1st 2d w of Main ext s to W Summit
100 Simmons M V Mrs
101 Vacant
102 Bybee S C
104 St John Anne Mrs
    St John Candy Co
105 Wilmot D H
106 Thompson E D
107 Stolaroff Samuel
108 Tarlowe Leon
109 Brown Annie Mrs
110 Gates H C
111 Reall R T
111½ Hudelson Ruth

112 Powers O M
113 Harris C I
  W Walnut interse(
200 Coll M W
202 Stanridge T J
202½ McCormack Robt
204 Ray L E Mrs
204½ Ledbetter M L
206 Standridge H J
207 Baldwin M E
209 Wheeler I L Mrs
211 Debolt B H
  W Alameda interse(
303 Allen R R
304 Brown P C
  W Tilden interse(
401 Anderson W W
403 Mott T J
404 Hall T J
405 Rea J E
406 Bonney C D
407 Youse Jno
408 Jordan C E
410 Pace V A
  W Hendricks interse(
500 Apartments
 *1 Persinger J S
 *2 Sutherland Pearl Mrs
504 Apartments
   Preston F S
 *1 Arnold W B
 *2 Gregory P W
 *3 Cochrane Dale
 *4 Lassiter H E
 *5 Roach G P
 *6 Wallace Wilbur
510 Vandewart R A
  W Albuquerque interse(
600 Croom Fred
604 Rea K R
609 Yturralde Geo
610 Jeffrey Emma Mrs
  W Bland interse(
700 Barker E A
704a Rosenfeld J C
704b Warner C A
  W Deming interse(
  W Mathews interse(
910 Marchbanks W O
  W Summit interse(
1000 Lien J O
1002 Messing Roswell Jr
1003 Holt J M
1004 Jenks H F
1005 Carter P M
1006 Ingemann W M
1007 Holmes G H
1008 Hover Ted
1009 Robertson G M
1011 Thorpe R W
1012 Howes I I
1013 Hargrave R L
1014 Fox J H
1016 Geitner Gilbert
1018 Holley J M
1019 Roach W B

Allison Floral Co.

"Say it with Flowers"
We Telegraph Them Anywhere — Expert Florists and Designers
Phone 408—Day or Night
707 S. Lea Ave.

ENN AV S (Cont'd)
- 20 △ Paschal W H
- 21　Coalson J B

LUM
Bg Garden av opp E 2d ext e about 6 blks
　　Orchard av intersects
- 01 △ Carpenter H F ⊙
- 　　Pecos Valley Nursery
- 00　White C E
- 02　Sterling I S ⊙
- 03　Vacant
- 04　James C H ⊙
- 10　Rollins A M ⊙

OPLAR AV
Bg E Albuquerque 6th e of Main ext s to E Summit

AILROAD AV
See N Grand av

EED E
Bg S Main 10th e of 1st ext e to Sherman
- 0　Montoya Filemon
- 1 △ Thompson's Auto Salvage
- 2　Sena Juan ⊙
- 8　Barela Melquiades ⊙
- 0　Rubio Emeterio ⊙
　　S Grand av intersects
　　Stanton av intersects
- 9　Barger L W
- 1　Rogers D P ⊙

EED W
Bg S Main 10th s of 1st ext w to Washington
- 8 △ Kelly S S ⊙
　　S Richardson, Pennsylvania and Kentucky avs intersect
- 5　Nieto Jose
- 7　Potts Tolitha Mrs ⊙
- 9　Cogburn J H ⊙
　　S Lea av intersects
- 1　Crawford J P
- 5　Myers C C
- 9　Aulds C R

ICHARDSON AV N
Bg W 1st 1st w of Main ext n to 19th
- 0 △ Lynch B V Mrs ⊙
- 1　Vacant
- 6 △ Callahan C C
- 9　King R E
- 0　Hitchcock C M
- 1-13　Roswell Auto Bldg
　△ Roswell Auto Co
　　ooms—
- 9 △ Corman R W dentist
　treet Continued
- 4 △ Williams Asbury Mrs
　　W 2d intersects
- 2 △ Elks Club

- 206　White Rock Cafe
- 209 △ Cummins Garage
- 210 △ Hall-Poorbaugh Press
- 214 △ Foundation Invt Co
- 215 △ Sears-Roebuck & Co whse
- 216 △ Roswell Osteo Hosp
　　W 3d intersects
- 304 △ Ford Willis Agcy ins
- 304½　Christian Science R Room
- 306 △ Campbell Acad of Beauty Culture
- 306½ △ El Rancho Cafe
- 308 △ Snelson's Bakery
- 309 △ Callahan C C
- 310 △ Radio Sta KGFL
- 311 △ Mt States T & T Co
- 312 △ Walker Clnrs
- 314 △ Elizabeth's ladies wear
- 314 △ Crile Studio
- 316-18 △ Amonett E T auto body bldrs, leather goods
- 324 △ Brown O S grocer
- se cor **Federal Bldg**
　△ Postoffice
　　U S Bureau of Animal Ind
　△ U S Weather Bureau
　　U S District Court
　　U S Geological Survey
　△ U S Marshal
　　U S Treas Dept
　△ U S Internal Rev Collr
　△ Chaves Co Select Serv Bd
　　U S A Recruiting Office
　　N M Cattle San Bd
　△ U S Dept of Agrl
　　U S Navy Recruiting Office
　　U S Dept of Justice
　　W 4th intersects
- 400　First Christian Church
- 401 △ Carter R H
- 405　Hendrick Faye Mrs
- 406 △ Virginia Inn
- 408 △ Richmond C H Mrs
- 416 △ Leach Omar ⊙
- 420　Swallows Eva Mrs ⊙
- 426　Phillips K D
- se cor △ **City Hall**
　△ Rationing Board
　　Soil Cons Service
　△ Social Sec Bd
　△ Red Cross
　△ N M State Police
　△ First Prov Training Wing
　△ U S Civ Serv Com
　　W 5th intersects
- 500　Fifth St Apts
- 501 △ Lusk E J ⊙
- 505 △ Bartlett Bertha ⊙
- 506 △ Young F G ⊙
- 507 △ Collier Maude Mrs ⊙
- 508 △ Johnson S P Jr ⊙
- 509 △ Callaway House
- 510 △ Irwin Bessie Mrs ⊙
- 512 △ Zevely Quay
　　W 6th intersects

Eat at

BUSY BEE CAFE

JIM RALLES

"Roswell's Leading Cafe"

318 N. Main

PHONE 281

MERRITT'S SMART APPAREL FOR WOMEN

319 North Main — PHONE 482 —

Johnston Pump Co.

DISTRIBUTORS OF Johnston Turbine Pumps For New Mexico and West Texas

Domestic Pressure Systems

Electric Motors and Starters

108-110 S. Virginia Ave.

PHONE **70**

RICHARDSON AV N (Cont'd)
600 Miller Delilah
601 Levers G L Mrs
603 Archer Helen
604 Fall H V
605 Bray B M Mrs
608 Harbaugh E L
611 Lobred S V
612 Farnsworth A L
615 Greenhaw Wm
619 Tarlow Solomon
623 Bozarth W J
627 Bynum O C
   W 7th intersects
701 Mulroy Inga Mrs
702 Schrimsher S P Mrs
703 Dresser T J
707 Womack A A
709 Short R V
711 Van Doren W C
713 Campbell C K
   W 8th intersects
800 Brice C R
801 Benson E F Mrs
802 Norton M L
804 Reynolds J P
805 Mason C E
806 Parker Maurice
807 Lassiter B B
808 Bradley Frank
809 Barnes J B
811 Dawson J E
812 Corn R L
813 Jones A C
   W 9th intersects
900 Nichols W H
901 Brockman J E
902 King L P
903 Johnson E D
904 Ellingson Arthur
905 Payne W C
906 Thornton R V
907 Zodrow F A
908 Bloodworth J P
909 York Ethel Mrs
910 Allen G D
910½ Burk Don
912 Berry A E
913 McEvoy Poynter
913½ Majors Jos
   W 10th intersects
1009 Veterans Home
    Ingall's Mem Home
1014 De Bremond Ath Field
1106 Foster A S
1108 Shults D L
1109 Cabber Max
1110 Raymond E S
1112 White R G
   W 11th and 12th intersect
1200 Meadows Lee
1202 Gaddy F A
1207 Starr D H H
1210 Letcher E E
1210½ Blivins Kirby
1212 Church of Christ
   W 13th intersects
1300 Shaw Jno
1301 Summers J M
1302 Parks T L
1303 Smith L E
1304 Smith R D
1305 Dearholt W H
1307 Dew H H
1308 Kost J C
1309 Shuman H S
1311 Dean Pearl Mrs
1313 Mills M K
1314 Bedford H D
1318 Storm C E
   W 14th intersects

RICHARDSON AV S
  Bg 1st, 1st w of Main ext to W Chisum
102 Prager Sidney
111 Egleston H C
115 Brown E L
116 Rollwitz G C
116½ Sloan Dorcas
119 Pope Miller
123 Jaffa Harry
126 Hughes Ona Mrs
   W Walnut intersects
202 Reynolds Pearl
203 Robinson M D
206 Shaw Jas
208 Haggard Allen
210 Smith F L
rear Schram Lysetta Mrs
212 Snow J F
   W Alameda intersects
303 Mote Frank
305 Corwell J W
308 Felts J B
310 Davis M K Mrs
   W Tilden intersects
401 Latimer T E
403 St John R F
405 Burns Jno
405½ Parkhill J M
406 Standifer W F
407 Mills Eva
408 Manning J A
409 Carr C D
410 Johnson A B Mrs
411 Young E B Mrs
   W Hendricks intersects
500 Roswell High Sch
501 Stromquist H E
503 Garner T J
505 Greenleaf A H
507 Johns M B
509 Holstun C P Jr
   Holstun Courtney Glass Shop
511 Lentner Paul
   W Albuquerque intersects
602 Walker N W
603 Gadberry R C
604 Leslie C J

ELMER'S SERVICE STATION

We Employ EXPERIENCED Labor

ELMER LETCHER

600 No. Main St.,   Phone 102

RICHARDSON AV S (Cont'd)
)6 Wishard H E
    W Bland intersects
)6△Row W C
    W Deming intersects
)6△Rapp Amos
)8 Icke Arthur
)0 Fortenberry J K
    Mathews intersects
    Summit intersects
    Reed intersects
    McGaffey intersects
300 Willis S S
304 Ragsdale C Mrs ⊙
306△Akers J C ⊙
308△Bloodworth S M Mrs

RIVERSIDE DRIVE
Bg 705 W 8th ext in circle to N Summit av
2△Linch R E ⊙
4△Daniel W W ⊙
5△Murchison W O
7△Crosby R A ⊙
8△Curry A L ⊙
9△Lannom R L ⊙
0△Downing E B ⊙
1△Brenan H F ⊙
2△Cox H P ⊙
3△Palmer J C ⊙
3½ Johnson C M
5△Hooper G H ⊙
6△Jones J E ⊙
7△Paul S E
9△James L J ⊙
0△Witten T S Jr ⊙
1△Vorhees R W ⊙
2△Campbell Archie ⊙
0△Treat A R ⊙
1△Adamson Amanda Mrs ⊙
5△Revelle Ned ⊙
6△Hameed S F ⊙
8△Bird C M ⊙
4△Dowaliby J M ⊙
5△Branham J Y ⊙

SHARTELLE
Formerly Peach tree av
Bg E 2d 4th e of Main ext north
!04 Kimes G C
    E 3d intersects
;07 Allen J K
    E 4th intersects
:06 Morton W Q
:06½ Permenter Grady
rear Hedgcoxe Jno

SHERMAN AV
Bg E Alameda 5th e of Main ext s to E Summit
!05 Romero Cone
!08 Flores Manuel
1205 Trent Clay ⊙
1209 Evans S F

STANTON AV
Bg E Alameda 4th e of Main ext south
    E Chisum intersects
es Briggs D E
es Henry J N
es Shepherd S O
es Raynes O E
es Glass Pearl Mrs ⊙
ws Essery P H ⊙
ws McCracken G W ⊙
ws Essery Grover
ws Williams D W
ws Klein Minnie Mrs
ws Goode Warren ⊙

SUMMIT E
Bg S Main 9th s of 1st ext e to A T & S F Ry
109 Evans J E
    S Virginia av intersects
202△Howden F B Jr
204 Richardson Jno ⊙
206 Grant Leroy ⊙
207△Didde A A ⊙
210 Vacant
212△Montoya Amada Mrs
    S Grand av intersects
303 Lopez Jose
305 Perez Dionicio
307 Romero Albert ⊙
309 Gallegos Clara Mrs ⊙
311 Bartlett Josephine Mrs
311½ Siaz Antonio
    S Lincoln and Stanton avs intersect
412△Young E E

SUMMIT W
Bg S Main 9th s of 1st ext w bey Michigan av
105△Brown Winston
    S Richardson av intersects
201 Parish Luther
203△Keller Frank ⊙
205 St Clair H C
207 Kelly Mary E
211 Willis J E ⊙
    S Pennsylvania and Kentucky avs intersect
407△Smead T F ⊙
409 Elkins T F
    S Lea intersects
    S Michigan av intersects
808 Lacy R E

SUNSET AV
Bg W 1st 15th w of Main ext south
106 Vacant
rear Buchanan Alice ⊙
    Walnut intersects
200-10 Armstrong & Armstrong
    W Alameda intersects
    W Tilden intersects
400 Crisp R D

Hamilton Roofing Co.

GEO E. BALDEREE
Mgr.

We Feature Old American Roofing Shingles Siding Etc.

Free Estimates

Industrial and Residential Roofing and Sheet Metal Contractors

Bonded and Insured

Easy Payment Plan

303 N. Railroad Ave.

Phone 460

ROSWELL FORD AUTO CO.

Open All Night — SALES AND SERVICE — One Stop Service Station
PHONES 189 and 190

PHONE 14
A Lumber Number Since 1897

BIG JO LUMBER CO.

800 North Main

PHONE 14

SUNSET AV (Cont'd)
W Hendricks intersects
560 House O L ⊙
512 Thrower C O ⊙
W Albuquerque intersects
600 Vacant
602 Robirds Dola Mrs ⊙
603 Rutherford Virginia E
604 Miller I R
W Bland intersects
700△ Hodges F N ⊙
702 Swan S A
704 Pyeatt T F
706 Vacant
720 Naramore Jno ⊙

TILDEN E
Bg S Main 3d s of 1st ext e bey Sherman av
101 Jimenez Herlinda
101½ Duran Guadalupe
103 Valdez Pedro
103½ Duran Lugardita
107 Chavez Sally Mrs
109 Craig Apts
113 Baca Carlota Mrs
115 Juarez Santiago
S Virginia av intersects
S Grand av intersects
Lincoln av intersects
Stanton av intersects
500 Gonzalez Jas
501 Dominguez G J
503 Torres Hilario
504 Martinez F C
rear Hernandez Jesus
505 Gutierrez Ramon ⊙
506 Sanchez Marcial
rear Tafoya Manuel
507 Salas Gregorio
508 Vacant
509 Anaya Rebeca Mrs
511 Romero Refugio
512 Trujillo Paulita Mrs ⊙
513 Vacant
rear Sanchez Sabino
Sherman av intersects
600 Calvary Bapt Ch
601 de la Cruz Pablo
603 Trujillo Geronimo ⊙
605 Ortega Manuel
606 Melendez Juan ⊙
607 Romero T C
608 Melendez E R ⊙
609 Vacant
Poplar av intersects
700△ Garcia Agustin ⊙
701△ Garcia Lola Mrs gro
702 Garcia Agustin Jr
703 Trujillo Pedro
705 Romero Antonio
706 Baiza Evaristo ⊙
707 Garcia Julian ⊙
708 Lujan Florencio
710a Jimenez Albert
710b Aguilar Everardo ⊙
712 Williams H K
713 Nejeras Andres ⊙
714 Anaya Trinidad Mrs
715 Rivera Rafael ⊙
716 Mackey Cenaida Mrs ⊙
717 Aguilar Higinio ⊙
718 Mendoza Eusebio ⊙
719 Flores Bernabe ⊙
720 Gonzalez M G Mrs ⊙
723 Quintero R F ⊙
724 Garcia Salome Mrs ⊙
725 Romero Guadalupe ⊙
726 Gonzalez Antonio ⊙
728 Sanchez Calixto ⊙
730 Burrola Moises
732 Cardona Lucy Mrs ⊙
1200 Molina Eliseo ⊙

TILDEN W
Bg S Main 3d s of 1st ext to S Montana av
103 Arias Jose
104 Ward R O
104½ Easy Way Lndry
105△ McKeg C E ⊙
105½ Rawls E H
106△ Willingham Kate Mrs ⊙
107 White M Estella
107½ Creel E E Mrs
108 Arnold C M ⊙
109 Sandoval Georgia Mrs ⊙
109½ Sandoval L G ⊙
110△ Hyatt E M
111△ Montreal Steve ⊙
111½△ Ware C E Jr
112 Bullard A H
Craft Work Sup Co
S Richardson av interse
203△ Martin C M Mrs
205 Erwin S B Mrs ⊙
206△ Greaves C R
207△ Franks H H ⊙
208 Hayes Marshall
209 Robinson C M
210△ Ford M W
211△ McDaniel F B
S Pennsylvania av interse
301△ Marsh F J
303△ Swisher P D ⊙
305△ Merritt J F ⊙
307△ Minton E G Jr
309△ Davis H F ⊙
311△ Roberson S H
313 Jacobson Wm
S Kentucky av interse
401△ Mace Jack
403 Rosenman B M
404△ Beasley M S
405△ Sleizer A A
406△ Hunter L A
407 Wolf David
409△ Fisher Wilson ⊙
411△ Tindle Alex
413△ Ayers M W Mrs
415△ Vandeventer J C
S Lea av interse

Flowers For All Occasions
PHONE 275
405 W. ALAMEDA
Member F. T. D. A.

TILDEN W (Cont'd)
3 △ Griffith M M Mrs
1 △ Lewis L T ⊙
     S Missouri av intersects
4 △ Thomas Lucy A ⊙
6 △ Rogers T D ⊙
7 △ Ginsberg B B ⊙
0 △ Webb C C ⊙
     S Washington av intersects
4   Bowman C G
6   Freeman A R ⊙
     S Michigan av intersects
8   Wingate C L ⊙
0   Brand W M ⊙
     S Kansas av intersects
5 △ Ellis Herbert ⊙
8 △ Williams G C ⊙
     S Delaware av intersects
02   Hughes F W
02½△ Green R C
04   Summers R B
07   Roberts L M ⊙
07   Patterson G E
11   Bridge Bart

UNION AV N
  Bg W 1st 9th w of Main ext
  n to 13th
5   Fresquez R E ⊙
9 △ McEndree W G
     W 2d intersects
1   Hawkins Delbert
3   Golden J B ⊙
     W 3d intersects
0 △ Varner F W ⊙
3 △ Gilleland P E
0   James S E ⊙
1 △ Herring E P ⊙
2 △ Hitchcock Willie Mrs ⊙
     W 4th intersects
1 △ Emmett C A ⊙
5 △ Shoemaker C W ⊙
7 △ Tankersley L C ⊙
9 △ Sigler S R ⊙
1 △ Grizzell E N ⊙
     W 5th and 6th intersect
7 △ Standhardt F M ⊙
     W 7th intersects
0   Smith J W ⊙
1 △ West Eighth St Gro
2 △ Wisely L M Mrs ⊙
     W 8th and 9th intersect
0   Hargraves W F ⊙
ar   Ford Nellie
1 △ Wilcoxon Lydia Mrs ⊙
4   Chavez Juan
6   Sanchez Virginia Mrs
8   Chavez Benigna Mrs ⊙
0   Garcia Lorenzo
2   Newton Nevada
     W 10th intersects
00   Martinez Anastacio
02   Torres F M gro
12   Sanchez Termer
     W 11th intersects
104 Petty B F

1105 Varela J M ⊙
1108 Watts T H ⊙
     W 12th intersects
1201 Gomez A R ⊙
1203 Roberts Eva Mrs ⊙
1204 Hinkle Ida Mrs
1213 Romero Guadalupe ⊙
1213½ Hynes W H
1215 Davis H R ⊙
1217 Hollifield G V ⊙
1215 Davis H R ⊙
1217 Hollifield G V ⊙
1807 Reynolds J R ⊙
1817 Payne E S ⊙
1821 Elliott V L ⊙

UNION AV S
  Bg W 1st 9th w of Main ext
  s to W Bland
101 △ Sanders Willie Mrs ⊙
103 △ Wahline E A ⊙
107   Goggans C E ⊙
109   Perkins Raymond
110   Burrier J M ⊙
     W Walnut intersects
200   Lee H O
204   Hebison J E ⊙
207 △ Miranda Mercedes ⊙
210   Jake's Grocery
     W Alameda intersects
304   Knox M W ⊙
307 △ Stewart M G ⊙
308 △ Knox R D ⊙
310 △ Howard J T ⊙
     W Tilden intersects
400 △ Lile W L ⊙
402   Jennings R P ⊙
404   Linman O N ⊙
406 △ Smith W W ⊙
407 △ Groseclose Clyde ⊙
408 △ Butterbaugh W H ⊙
     W Hendricks intersects
506 △ Schueneman F W ⊙
507 △ Naron O J ⊙
509   Montgomery W H
510   Lewis R E ⊙
     W Albuquerque intersects
603   Walker O A ⊙
610   Terry R A
614 △ Rooks L R ⊙
700   Waters F L ⊙
800   Caywood C R ⊙

VAN BUREN
  Bg 1000 blk S Virginia av ext
  east
203   Montano Romualdo ⊙
209   Flores Rafael ⊙
302   Montoya Frank ⊙
306   Serna Francisca Mrs ⊙
308   Bailey A O ⊙
314   Bartlett B A ⊙
318   Vigil Pedro

275

PAPER
Products

WHOLESALE

GROCERIES | JANITORS' SUPPLIES

FEED

Roswell Trading Company

PHONE
126

STATE COLLECTION BUREAU, INC.

H. G. Parsons, Mgr.   H. R. Laurain, Pres.

BONDED - ESTABLISHED 1930

10 Bank of Commerce Bldg.   106 E. 4th   Phone 22-

DRUGS

PECOS VALLEY DRUG CO.

The Rexall Store

FREE DELIVERY

312 N. MAIN

PHONE -1-

VIRGINIA AV N
Bg E 1st 1st e of Main ext n to 14th
- 106△ Matthews Claude Co sheet metal
- 107△ Leach Omar & Co whol gro

E 2d intersects
- 201△ Standard Sta's Inc
- 203 Smith Motor Co used cars
- 204-6△ Roswell Motor Supply
- 212△ S W Pub Serv Co garage
- 214△ Stone F R Mach Shop
- 215 Teague Rosie Mrs
- 225△ City Garage & Shops

E 3d intersects
- 303△ Safeway Stores
- 308 Reid W F
- 310△ Green B L ⊙
- 314 Minute Toastery
- 323 Gary B T

E 4th intersects
- 401△ Car Parts Depot
- 407△ Trent C B
- 410△ County Jail
- 413 Vacant
- 419△ Armold Trans & Sto Quickway Truck Line

E 5th intersects
- 507 Roswell Hotel
- 508 Harrington W E ⊙
- 510 Fields Jas
- 511-17△ Roswell Lndry & Dry Clnrs
- 514△ Fowler's Grocery

E 6th intersects
- 601△ Mitchell Seed & Grain Co
- 602△ Nehi-Royal C Bott Co
- 603△ Pecos Valley Trading Co & Hatchery
- 604 **Apartments**
  - *1 Keeling N L
  - *2 Galloway R N
  - *3 Hutchinson W L
  - *4 Hampton H H
  - *5 Bradshaw E N
  - *6 Morgan Ella
- 606 **Apartments**
  - Ham J W
  - *1 Scissons E T
  - *2△ Long C J
  - *3 Draughn Sylvester
  - *4 Lopour Ava
  - *5 Paulk Ena Mrs
  - *6 Holt R L
- 608 Rice W L
- rear Green Mollie Mrs
- 610 **Apartments**
  - McCloud W A ⊙
  - *1 Autrey H W
  - *2 Tow M E Mrs
  - *3 Puckett R L
  - *4 Gregory Lee
  - *5 Morningstar E L
- 612 Davenport I B Mrs
- 613 Playmoor Roller Rink

E 7th intersec
- 700 Rose Mona D ⊙
- 702△ Perrin Fred
- 704△ Hughlett W E
- 706△ U S Dept Int
- 708 Patterson Dale ⊙

E 8th intersec
- 800 Taylor C J Mrs ⊙
- 801△ Standard Oil Co
- 802 Lang Claud
- 804 Chambers J W
- 805△ Clowe & Cowan plmbg sups
- 813△ Johnson-Lodewick Inc oi

E 9th intersec
- 902 Tripp Jas
- 904 Duran V C ⊙
- 906 Cole C B
- 908 Mangum Jesse
- 908½ Owen L C
- 911-13△ Gulf Oil Prod
- 915△ Phillips Pet Co

E 10th intersec
- ne cor△ S W Public Service (
- 1006 W P A
- 1010 Hamilton Sebe

E 11th intersec
- 1101 Eastern N M State Fair

E 12th intersec
- 1205△ Purcella Betty Mrs ⊙
- 1207 Shoup J L
- rear Floyd A C ⊙
- 1213 Miller Robt ⊙
- rear Allensworth Clifford
- 1308 Boggs Florence Mrs ⊙

VIRGINIA AV S
Bg E 1st, 1st e of Main e s to Forest
- 101 Vacant
- 102 Martinez Simon
- 104 Garcia Jose
- 107 Richardson W F auto wrecker
- 108-10△ Johnston Pump Co
- 109 Creger E O wool
- 111 **Brown Apts**
  - *1 Wagoner H C
  - *2 Arnold Clarence
  - *3 Foster Fred
  - *4 Briscoe Doris
  - *5 Butler W C
  - *6 McKenzie Geo
  - *7 Craft Eugene
  - *8 Smith P H
- 115△ Mayes Lumber Co

E Walnut intersec
- 201 Scott Gilley
- 205 Durham Goree
- 207△ Parker Daisy ⊙
- 209 Harben Pauline Mrs
- 211 Watson R J
- 211½ Proffitt Jas
- 213 Ross I V
- 213½ Pickens Albert
- 214 Lilly Jos

GESSERT-SANDERS ABSTRACT CO.
ABSTRACTS OF TITLE

09 E. Third St.   **Phone 493**

RGINIA AV S (Cont'd)
  Eanes J S
  Lawrence M D
  Boyer Maudie
  Najera R V
      E Alameda intersects
  Montano Jacob
  Washington Henry
cor△Texas Co
      E Tilden intersects
      E Hendricks intersects
  Bell O C
△Snipes Frank ⊙
  Smith S J Mrs ⊙
      E Albuquerque intersects
  Gebaur A W
      E Bland intersects
△Camp J J
  Chrisman S A Mrs
2 Harris W M
4△Green B R ⊙
3 Craig Eldon
      E McGaffey intersects
3 Crowder J F
9△Smith M C ⊙

ALNUT E
  g S Main 1st s of 1st ext e
  ey Ash av
  Everett J E
  Conley Myrtle
△Sunset Cafe
△McCracken Sup Hse
    auto repr
△Mitchell Joe & Sons
    livestock
  Mitchell Impt Co
      S Virginia av intersects
△Marr H A Gro Co
△Cont Oil Co
      A T & S F Ry intersects
    Not open to Poplar av
    Poplar av intersects
  Vasquez M C
  Baca Lorenzo
  Nunez J I ⊙
  Fuentes Ramon ⊙
  Sanchez Celestino
  Perez Teresa Mrs
  Aragon Francisco ⊙
      Mulberry av ends ns
  Vacant
  Alvarez Pedro
  Lara Atilano
  Vacant
      Elm av intersects
  Cardona Cruz ⊙
1 Whitcamp T H
3 Stutters Buck
5 Kilgore R H
7 Cast C E
9 Postelle T E

WALNUT W
  Bg S Main 1st s of 1st ext w
  bey Montana av
105△Russell Buck Plmbg Co
111-13△Hardcastle E E uphol
120△Hunter H T ⊙
      S Richardson intersects
205△Ballard B M ⊙
208△Lane L L ⊙
209△Rodden Roberta Mrs
210△Simms M R Mrs ⊙
212△Le Fevers C J
      S Pennsylvania av intersects
305△Cooney P B Mrs
      S Kentucky av intersects
406△Roach E G
407△Martin W J
408△Towler J W
410△Swearingin S B Mrs ⊙
411△Johnson L W
      S Lea av intersects
505△Cooley H B
      S Missouri av intersects
607△Butler Dora Mrs ⊙
608 Floyd L E
609△Westphalen M W
611△Meadows A L
      S Washington av intersects
711△Cleaver D A
      S Michigan av intersects
805△Miller Louise
808 Brantley Arvel
      S Kansas av intersects
907 Vacant
      S Union av intersects
1004△Kasting Fred ⊙
1006△Shepherd J B
1007 Gray T S
1008 Hayden Ernest
1009 Davis A C
1010 O'Dell S G Mrs
1011 Fisher Floyd
      S Delaware av intersects
1101△Hicks L J ⊙
1103 Winkler J H
1105 Mooney G L
      S Ohio av intersects
1205△Dean Walter ⊙
1207 Herrera Guadalupe ⊙
1208 Roberts T C
1209 Reed E W

WASHINGTON AV N
  Bg W 1st 6th w of Main ext
  n bey 20th
100△Sullins F I ⊙
101△Miller H E
102△Harvey J G ⊙
103△Taylor W C
105 McCamant A S ⊙
106△Ross J V
107△Etz Ada N Mrs
108△McCutchen Paul ⊙
109 Burns E L
110△Monroe W B

The Roswell Cotton Oil Co.

Mfrs. of Molasses Cubes and Cotton Seed Cake

301 E. 2d St.

PHONE 58

PANHANDLE LUMBER COMPANY, INC.
"COMPLETE BUILDING SERVICE"
PLAN SERVICE — FINANCING
107-11 W. Alameda Phone

WASHINGTON AV N (Ct'd)
111 Nelson A P
112 Hammond H D O
W 2d intersects
200 Fisher C L Mrs
201 Vacant
206 Merritt W W
207 Osuna Philip
211 Hobbs L C Mrs
212 Williams H S
213 Bacon R B
W 3d intersects
300 Mennecke Louis
301 Ball H H
305 Malone R L Jr
306 Woolsey I W
307 Williams E J
308 Wilson M P Mrs
309 Corn Donald
310 Geyer C F
312 Lusk F G Mrs
313 McClane J E
W 4th intersects
400 Washington Av School
407 Hinkle C E
409 Muscato Rocco
W 5th intersects
500 Kyte C H
501 Starzman E E
502 Tweedy Mansfield
504 Glass G B
506 Gillespie D E Jr
507 King R V
508 Hill J M
509 Poorbaugh H A
510 Rheinboldt Frank
512 Worthington W N
W 6th intersects
602 Clemens J M
605 Weller L H
607 Wilson J C
W 7th intersects
705 Carter Warren
706 McGuire W G
707 Stone J W
710 Battin Buford
711 Reavis E L Mrs
sw cor First Church of the Nazarene
W 8th intersects
805 Myers Ivan
807 Somers E F
808 Bowers Eldel
810 Gressett C E
812 Freilinger Matt
W 9th intersects
905 Jones J C
913 Miller C R
W 10th intersects
1000 Mobley J L
1002 Vacant
1008 Willis Glenn
1010 Cheek Bernie
1012 Baker M L
1013 Willis R L
W 11th intersects
W 12th inters(
1201 Aragon Fred
1202 Sears F M
1203 Langley F C
1205 Marijo Toribio
1206 Montgomery C M
1209 Vigil Felipe
1210 Robinson Hattie Mrs
1211 Parker J A
1212 Pentecostal Church
Abbott M D
W 13th inters(
1300 Armstrong C T
1305 Bell Chas
1307 Jernigan R A
1309 Kimbrough J C
1311 Gomez Florencia
1313 Brooks S V
W 14th inters(
1404 Clark M P Mrs
W College blvd inters(
1504 McKay M B Mrs
1506 Carter A N
1508 Kelly H T
1512 Bissell H R
W 16th inters(
1600 Thorne B H
1620 Vacant
W 17th inters(
1701 Evans Jennie Mrs
1703 Baker F H
1707 Vacant
1709 Vacant
1711 Randle Brink
W 18th inters(
1805 Vacant
1811 Morrow Ottie Mrs
1813 Vacant
1815 Gray Ios D
1817 Price J W
1819 Lewis H L
W 19th inters(
1904 Muse C A

WASHINGTON AV S
Bg W 1st 6th w of Main s to W Chisum
100 Corn L B
102 Fee T H
104 McCutchen Logie
105 Ayer R H
106 Allison W A
107 Kaliski S R
110 Draughn Sylvester
112 Vacant
W Walnut inters(
200 Gratton P H
202 Lemp Nellie Mrs
204 Massey J W
206 Matthews C H
207 Redman L A
208 Johnson E D
210 Hunt F E
211 Moore J T
211½ Cole D C
W Alameda inters(

PHONE 796
Clardy's DAIRY

PURE
MILK

Clardy's Dairy

Since 1912

Producer and Distributor of Quality Dairy Products and Ice Cream

200-202 E. 5th
Phone 796

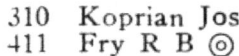

Wilmot Hardware Co. — Established 1911
Wholesale Retail

ASHINGTON AV S (Ct'd)
- 0 Carlile W M gro
- 2 Sturman F L
- 4 Goodsell P D
- 5 Gilstrap Gurvis
- 6 Adams B Q
- 7 Carper Ernest
- 0 Dillard Lizzie Mrs
  W Tilden intersects
- 0 Clark G A
- 4 Kessel Norton
- 5 Palmer M I Mrs
- 7 Buchanan J B
- 9 Gray L E
  W Hendricks intersects
- 0 Foster Mamie Mrs
- 5 Underwood A L Mrs
  W Albuquerque intersects
- 0 Messenger H H
- 1 Hoffman W A
- 4 Corn F B
- 7 Greenwade B O
- 3 Yow J D
- 0 Poorbaugh B B
- 1 Barnett J C
- 2 Plymate F E
  W Bland intersects
- 2 Conley J F
- 4 Loker G A
- 5 Deason J C
- 8 Crawford Emma Mrs
- 0 Fairbank L E
  W Deming intersects
- s Mitchell Park
- 9 Owen Bertha Mrs
  W Mathews intersects
- 0 Thompson Ray
- 7 Shaw L U
- 8 Savage D L
- 9 Newsham Robt
- 0 Savage E N
  W Summit intersects

ILDY E
Bg S Main 12th e of 1st ext e to Sherman av
- 3 Chavez Pablo
- r Chavez Demetria Mrs
- 2 Gurule Marcelino
- 5 Gallegos Margarita
- 3 Ventura Ramon
- 7 Irvin C E
- 0 Zamora Delfino

ILDY W
Bg S Main 12th s of 1st ext w to Washington
- 3 Monk M J Mrs
  S Richardson av intersects
- 0 Eaby D K
- 4 Vacant
- 5 Patterson C R
  S Pennsylvania av intersects
- 2 Kirk M W
- 4 Dreher R C
- 6 Vacant

- 310 Koprian Jos
- 411 Fry R B

ARRANGEMENT
The streets are grouped in two divisions:—The named streets come first in alphabetical order, followed by numeral streets in numerical order.

1ST E
Bg Main ext e bey Grand av dividing intersecting streets into N and S and is point at which numbers on those streets begin
- 100 Roswell Serv Sta
- 102 Marchbanks W O garage
- 104 U S Army Proph Sta
- 106-8 Navajo Weavers
- 110-12 Vacant
- 116 Vacant
- 120 Whiteman A L gro
- 122 Sigala Piedad
- 124 Vacant
- 132 Carter Henry
- 126 Randle Willie
- 128 Aguirre Jose
  Virginia av intersects
- nw cor S W Public Serv Co
  Grand av intersects

1ST W
Bg Main ext w bey city limits dividing intersecting streets into N and S and is point at which numbers on those streets begin
- 100 Hamilton M S
- 104 Royal Cleaners
- 105 Vacant
- 108 Roswell Fire Dept
  Richardson av intersects
- 206 Church J P
- 209 Mathis S H
- 211 White E D
  Pennsylvania av intersects
- 307 Goddard Glen
- 308 McCoy S L Mrs
- 309 Kuhns J B
- 310 Denning O A Mrs
- 311 Gromer W J
- 312 Foreman J R
  Kentucky av intersects
- 407 Fisher Grace Mrs
  Lea av intersects
- 500 Whitson Wm
- 502 Holcomb Cath Mrs
- 504 Ahner E T
- 506 Vacant
- 507 Adams Cleaners
- 508 Robertson Lee
- 510 Thurman F A

KELVINATOR
Electric Refrigerators

Maytag Washing Machines

Magic Chef Gas Ranges

Philco Radios Sales and Service

Samson Windmills

Engines

Fencing

Paint

Guns and Amunition

Sporting Goods

115-17 N. Main

PHONE
634

Price's SUNSET CREAMERY

STANDARD BRAND PULLORUM TESTED BABY CHICKS

Embryo fed chicks and **PURINA CHOWS**

FEED

Hay and Grain

C. F. & I. Dawson & RATON Kindling

Pecos Valley Trading Co. & Hatchery

603 N. Virginia

PHONE 412

1ST W (Cont'd)
  Missouri av intersects
605 Goodart Judson ⊙
606 Tisdale W A
607 Evans G P
608 Dawson J G ⊙
609 Lowrey B W
610 Snyder C L
  Washington av intersects
  Michigan av intersects
811 Brooks E E ⊙
  Kansas av intersects
906 Gregg J D
  Union av intersects
1006 Chrisman R C ⊙
1008 Ehrich C A
1010 Vacant
  Delaware av intersects
1105 Hay S S
1106 Herring Frances
1107 Cullender J M H ⊙
1108 Simpson M E Mrs ⊙
1109 Marchbanks W D ⊙
1110 West First St Lndry
1111 Perring J F ⊙
  Ohio av intersects
1202 Fisher C H
1204 Wheeler L V
1205 Moore I R ⊙
1206 Hoffman V P
1207 Robinson Bogy ⊙
1208 Hammer C O
1210 Rich Zora Mrs
  Montana av intersects

2D E
 Bg N Main 1st n of 1st ext e bey Hondo River
100 Harrison T A ins
 Malone R L
102 Monk Boot & Shoe Shop
104 Shoemaker G W barber
105 Cottage Barber Shop
106-8 Te Pee Cafe
107-9 Furniture Mart
110-12 Vacant
111 Binns Merc Store
116 Stephens Sec Hnd Furn Store
117 James C H 2d hnd gds
118 Smith H B auto repr
 Smith Motor Co
119 Mint Cafe
 Playmoor Parlor
121 Johnson C A used furn
122 Aunt Kate's Rooms
 Aunt Kate's Cafe
122½ Downs O G Mrs
124 Carrigan Paul Co sheet metal wkrs
125 Revelle Ned Co
126 Vacant
  N Virginia av intersects
200 Dollahon Tire Shop
202 Vacant
202½ Dollahon Hotel
204 Roswell Body & Fender Wks
205-9 Levers Bros liquors
 Douglas-Guardian Whse Corp
208 Drive Inn The
211-25 Gilliland A A & Co produce
 Palace Transfer
 Yarborough Geo & Son meats
rear Roswell Wool & Moha Co
 Draper & Co wool
sw cor Roswell Trading Co feed
  N Grand av bg
300 Coml Serv Sta
 Ellzey B V whol oils
301 Roswell Cotton Oil Co
401 White O H blksmith
402 Johnson Chas
403 Attaway R S vet surg
405-7 Ace Auto Co
408 O K Rubber Weld
408½ Fixit Shop
409 Savage Bros Elec
413 Palace Mach Shop
415 Fisher Body Shop
419 Moseley's Coronado Tavern
423 Stewart's welders
424 Ham's Fruit Stand
425 Dad & Son Rad & W Shop
426 Vacant
  Shartelle interse
se cor Thorne Park
501 Bi-Lo Market
503 Stockton's Gro
504 Haley's Gro & Mkt
507 Harris Cafe
511 Cullen L R ⊙
512 Smith Mach Co
rear Caruthers C S
513-15 Whatley W H prod
519 N M State Highway D
  N Garden av interse
600 Roswell Gin Co
602 Beers J B cotton
603 Vacant
604 White's Mattress Fctry
606 Burke's Tire Shop
rear Burke J B
606a Tuggle A F ⊙
607 Warren J F fruits
608 Anderson's Gardens
609 Baggett Kent
 Brown Russell
612 Greenhaven Tourist Ct
 Greenhaven Serv Sta
615 Maddux T B monument
701 Wilkins P D ⊙
909 Packenham C G

Price's Sunset Creamery

E (Cont'd)
1 Neely's W T Dr Drugless Clinic
2 Nix Gro & Mkt
3 Nowell G C
) Arthur O W
2 Landess Reed
  Orchard av intersects
  Hondo River intersects
00 Hester R M fruits
ar Wagner Leon
02 Thompson Jennie Mrs
ar Miles Edgar
04a Morgan H B
04b Robinson L O
05 Lacer A C
06 Morris A H chiro
07-11 La Hondo Courts
10 Cottage Court
12 Anglade M F
13 Vacant
14(1114) Trents' Friendly Service
15 Watkins B J
16 Rock Inn Cafe
16a Howell W L
16b Simmons G F
16c Moore E A
16d Park J C
16½ Taylor The Welder
18 Hewatt A E
19 Farmers Drug & Beauty Shop
04 Vacant
05 Vacant
13 Hardiman B F
r cor Vacant
r cor Burrow's Serv Sta
  N Atkinson av intersects
00 Peoples Serv Sta
01 Mock Emaiel
05 Reddoch G T
06 Sacra Bros gas
09 Reddoch F L
11 Fisher L B
ss Floyd's Auto Salvage
ss Beagles Floyd
ns Carpenter C W
ns Cornelius E B
ns Bivens R T
ns McKain J B Co
ns McKain J B
ns Hensley W H
ns Smith Elbert
ns Reeves Lee
ss I O O F Home
ss Brewer E W
ss Napp J H
ss Napp Trailer Camp
ss Douthitt C D
ss Freeman L H
ss Bunch W E
ss Weathers B F
ss Moorhead Ernest

2D W
Bg N Main 1st n of 1st ext w bey city limits
112-14 Firestone Stores
116 American Cafe
116½ Knights of Pythias Bldg
117-19 Western Auto Sup Co
118 Vacant
120-32 Roswell Auto Co
121 Roswell Pkge Store
125 Falconi Elec Service
127 Green's Auto Clinic
129 Supreme Radio Serv
  Williams Holland Mag Agcy
131 Hinkle Motor Co
  N Richardson av intersects
200 Conoco Serv Sta
202-4 Lowrey Auto Co
208 Tank's Cafe
209-11 Sunset Creamery
210-12 Berkev Bowling Alleys
213 La Vone Beauty Shoppe
215 Eastwood Shoe Shop
216 Purity Baking Co
217 Armstrong & Armstrong contrs
223 Vacant
224 Auto Serv Co
  N Pennsylvania av intersects
300 Castleberry Phillips Serv Sta
306 Tucker C W phys
307 Shepherd Mildred
308 Morrison G S phys
309 Gardner T L
315 Clements Standard Serv Sta
  N Kentucky av intersects
403 Lucas J R
404 Ball Studios
405 Sawey C M
406 Shaw's Gro & Mkt
407 Smith C G
408 Shaw's Cafe
409 Davidson Millon
411 Hermann M C Mrs
412 Sinclair Serv Sta
413 Elliott Vera Mrs
415 Porter N E
  N Lea av intersects
500 H & K Cash & Carry Gro & Mkt
500½ La Posta restr
504-6 Kiva Apts
*1 Double Kenneth
*2 Owens M B
*4 Burnside O C
*5 Thomas Reuben
508 Emerson E L
  N Missouri av intersects
605 West Second St Gro & Mkt
607 Sally Ann Bakery
610 Pecos Valley Adv Co

Johnson Lodewick

Refiners and Marketers of Petroleum Products

Distributors for Southeastern New Mexico of QUAKER STATE MOTOR OILS

New Mexico Distributors for Barnsdall Oil Co.

813 N. Virginia Ave.

Phone 164

R. O. ANDERSON President

DALE FISCHBECK General Supt.

Phone 23 "SKIDDO"

ARMOLD TRANSFER & STORAGE
STORAGE - CRATING - SHIPPING
"We Move Anything"   419 N. Virginia

CAR PARTS DEPOT INC.

Distributors

Automotive Supplies and Equipment

Welding Equipment and Supplies

PHONE 205

401 N. Virginia Ave.

P. O. Box 1288

2D W (Cont'd)
  N Washington av intersects
706 Peyton J L
  N Michigan av intersects
807 Kester D E
809 Kester D E
810 Brock A A
812 York M E
814 White House Gro & Mkt
  N Kansas av intersects
904 Binns W B Jr
906 Childs B L
907 Shoemaker Gro
rear Fields B F
909 Valley Potato Chip Co
910 Pacheco Leopoldo
  N Union av intersects
1004 Bob's Place barbecue
1008 Vacant
1011 Fuston W R
1012 Barrel The confr
1013-17 Camp Fuston
  N Delaware av intersects
1105 Ingram Paul
1107 Litwa J P
1108 Loper B W
1108½ Williams J L
1109 Flowers D E
1112 Lee's Camp
1113 Wilson E C Mrs
  N Ohio av intersects
1206 Vacant
1208 Kamp Kelly
1209 Haver W G
1211 Eveready Garage
  Sunset av intersects
1303 Owen O F
1304 Sunset Serv Sta & Gro
  N Montana av intersects
1400 West Second Feed Store
1401 West Side Serv Sta & Gro
1403 Smith E F
1405 Solomon R O
1407 Dean's Garage
1409 Dean W M
1411 Van Winkle J P
1413 Van Winkle Serv Sta
  Star Camp
1417-19 Service Garage
1425 Jones W A
1429 Vacant
  N Mississippi av intersects
1501 Pueblo Court
1502 Leach J T
1504 Uncle Tom's Cabins
ss McPherson Apts
ss McPherson Jobe
ss Shields T L Mrs
ss McPherson Walter
ss Link Mage
ns Hesse G O
ss Lee C R
ss Fresquez Dave
ss Ornelas Jose
ns Hayden Enoch
ss Young J J

ns Rowin Marvin
ns Pecos Courts Serv Sta Gro

3D E
  Bg N Main 2d n of 1st ex to Garden av
107 Cantina Bar
109 Gessert-Sanders Abst Co
113 Johnson & Allison real
  Allison C L contr
115 Vacant
116 Burnworth-Coll S M Sh
  Rapp Transfer
117-23 Vacant
120 Ferguson U S restr
123 Hill Lines Inc
128 Roswell Plmbg & Htg
  N Virginia interse
209 Crume Jos
214 Police Judge
  Drivers License Bureau
222 Radford J M Gro Co
  A T & S F Ry interse
301 Lock T A
  N Grand av interse
403 Jones A M
406 Jones A C Jr
409 Spurlock J S Jr
410 Colvin R B
411 Fales A M
412 Gadberry Ellie Mrs
413 West Lee
414 Crawford Ira
416 Carr Lorena Mrs
417 Conner Edna Mrs
419 Elgin A R
421 Gorman R W
424 Hoogstad Jan
  Shartelle interse
505 Butler J W
506 Jones Marcus
507 Massey W C
508 Logan Ella Mrs
512 Roper R L
513 Eudey J H
515 Sargent Dot
516 Kitching H J
517 Guffey A W
519 Wilkerson H E
520 Sloop A J
524 Stirman S C Mrs
  N Garden av interse
601 Brochheuser J J
  Orchard av interse

3D W
  Bg N Main 2d n of 1st ext to Union av
104 First Natl Bank Bldg
lobby Superior Shine Parlor
Rooms—
*2-3 Fullen L O lawyer
*5 Gibbany Arline sten
*7-8 Diamond A Cattle Co
  Mid-West Invt Co

| BIGELOW RUGS AND CARPETS DRAPERIES LINOLEUMS WASHING MACHINES |  Purdys' Furniture Company 321-25 N. MAIN PHONE 197 | KARPEN FURNITURE STOVES AND RANGES UPHOLSTERING VENETIAN BLINDS WINDOW SHADES |

W (Cont'd)
-11△ Boy Scouts of Amer
13△ Culdice & Venrick ins
    Roswell Real Est Co
14△ Dunn W A lawyer
-16△ Roswell Prod Credit
    Assn
    Southwestern N M Grazing Assn
-19△ Sparks O M & Co ins
-21△ Bird C M Acctg Serv
2-23△ Threlkeld G A lawyer
    Parkersburg Rig & R Co
-27△ Buchly H C lawyer
    Mason Nelle G sten

reet continued
5△ Chaves County B & L
    Assn
    Central Invt Co
5½ **White J P Bldg**
ooms—
01△ Walker J J phys
02-3△ Horwitz A P phys
05△ Savage & Co ins
    Praetorian Life Ins Co
06-7 State Fin Co
09-11△ Agrl Adj Admn
12△ Bassett Acctg Office
    Roswell Drainage Assn
    N Y Life Ins Co
    Roswell Country Club
19-20△ Bradley R L phys
21△ Carmichael E P real est
22-23△ Daughtry Ins Agcy
    Security Fin Co
01△ Potter M M Real Est
    Brok Co
02△ Office of Civ Def
04-8△ U S Dept of Int
10△ Advertising Service
11△ Keyes F G oil
12△ Atwood & Malone lawyers
13△ N M Oil & Gas Assn
15-19△ Fire Co's Adj Bureau
16△ Magnolia Pet Co
20△ Gates H C real est
21△ Franklin Pet Corp
    Aston & Fair oil
23△ Hurd Harold lawyer
01△ Citizens Fin Co
02△ Accept Agcy Loans
03-5△ Humble Oil & Ref Co
07-11△ Leonard Oil Co
08-12△ Hervey, Dow, Hill & Hinkle lawyers
13△ Carpenter A B lawyer
14-18△ Southern Pet Expl Inc
17△ Tweedy Mansfield acct
19△ Etz Oil Co
    Etz Bros oil
    Keohane B M oil
20△ Dominion Oil & Gas Co
22△ Brice C R lawyer
24△ Reese G L lawyer

*500△ Amer Natl Ins Co
*501△ White J P Co livestock
    Amason, White & McGee ins
    White J P Bldg office
*506△ Gulf Oil Corp
*508△ McDonald T P geologist
*509-10△ Green Bay Co oil
    Marshall & Winston Inc oil
Street continued
107△ Equitable Bldg & Loan Assn
    Equitable Invt & Ins Co
109△ Bray-Moore Shop clo
110△ W U Tel Co
111△ Yucca Beauty Serv & Cosmetic Shop
112△ Chaves Co Abst Co
    Gardner Ins Agcy
    Bondurant W E cotton
    French G E
113 Sanitary Barber Shop
114△ Ayers Gift Shop
115△ Central Grill
116-18△ Sears, Roebuck & Co dept store
117△ Roswell Bldg & Loan Assn
    Roswell Ins & Surety Co
119△ Jewett G B billiards
119½ Plaza Hotel
122△ Yucca Confy
123 Vacant
124△ Yucca Theatre
126 Vacant
127△ Carnegie Library
130△ Two-O-One Cab Co
    N Richardson av intersects
200-8△ Hotel Norton
    Norton Bar
    Norton Beauty Shop
    Norton M L ins
201△ Williams Drug Store
203△ Lo Marr Beauty Nook
203½△ Caraway's Knit Shop
204△ Shrecengost D J Co mfrs agts
204½ Allison Gladys
205 Arnold Barber Shop
206△ Martin Ins Agcy
    Equitable Life Assur Soc
206½ Gray H C
207△ Guy W T phys
    McPherson W D dentist
208△ Snyder C L dentist
210△ Fall H V phys
211△ Medical & Surg Clinic
212△ Snow White Lndry
213 Vacant
215 **Fisher Building**
    △ Phillips W W phys
    △ Lander E W phys
    △ Marshall J J phys
    Marshall U S phys

283

Drink

Delicious and Refreshing

PECOS VALLEY Coca-Cola **Bottling Co.**

908-10 N. Main

PHONE **771**

TAXI

201 Curtis Corn, Owner — **201** 3d and Richardson Av

284

Dr. R. S. Attaway D. V. M.

Chaves County's Only Qualified (Graduate) Practicing Veterinarian

Large and Small Animal Practice

PHONE 636

403 East 2d.

3D W (Cont'd)
302 McKay W M
302½(1) Knox G E
302½(2) Hetrick M J
304 Matteo W J
305△ Shaw W S
306 Bessing Maxine Mrs
308△ Larkham P E ⊙
    Larkham Studio
    N Kentucky av intersects
sw cor First Presby Ch
406△ Le Pell F E
408△ Puckett Hester Mrs
410△ Young J B
412△ Hubbard S E
414△ Thompson T P
    N Lea av intersects
506△ Evans H L
    N Missouri av intersects
601 Immanuel Evan Luth Ch
605△ Hingst R A
608△ Martin P A
612△ Woolsey A C
    N Washington av intersects
706△ Shinn W A
708△ Nachand G E ⊙
    N Michigan av intersects
807△ McDowell J H
808△ Trout J B
809△ McBride Gerald
811△ Duffield C M Mrs
812△ Minton J W ⊙
813△ Clardy E C
    N Kansas av intersects
904 Vacant
906 Chaplin R G
911 Adams T S ⊙

4TH E
  Bg N Main 3d n of 1st ext e to Garden av
106△ Merchants Cred Bureau
    State Colln Bureau
108△ Permanent Wave Shop
110 Vacant
116 W O W Hall
    Jehovah's Witnesses
118△ El Paso-Pecos Valley Truck Lines
    Tucumcari Truck Lines
120△ Roswell Cycle Shop
122△ Owl Sign Co
124△ Court House Garage
124½ Roswell Bus College
    N Virginia av intersects
206△ Walker Velma Mrs ⊙
207△ Williams Mae Mrs
207-15 Wilmot Apts
208 Haston C F
209△ Lacey E P
211 Lee F W Mrs
212△ Kemp Lumber Co
213 Davis C F
215 Harrell M B
nw cor△ Bond-Baker Co wool

    A T & S F interse
306△ Rancher's Sup Co
    N Grand av interse
312△ Youngblood Vallie Mrs
314△ Stockmen's Well Supply
    Davis R M driller
400 Reed Lizzie Mrs
402 Cates I M
403△ Britton M E Mrs ⊙
405 Willis L J
408△ McCarter E F ⊙
409 Salsman E D ⊙
410 Hendricks F E Mrs
411△ O'Neal F M ⊙
412 Lemmons P W
414 Duncan J H
415 Luton J M
416 Gentle G R ⊙
417△ Carrigan Paul ⊙
419 Fahrlender Peter ⊙
420 Tucker E L
422 Millican Rosa Mrs ⊙
423 Russell Paul
    Shartelle interse
501△ Blue Top Cottages
502 Irwin C W ⊙
504 Caywood G W
505 Overton W C
506△ Croissant L S ⊙
507 Canty Lilly Mrs
509 Chitwood Earl
511 Nance A O
512 Witt Richard
515 Cantrell J C
519 Burton J G
520 Maddox W D
522△ Clem G H ⊙
523△ Bush H D ⊙
524 Assembly of God Missi
    Hart J M
    N Garden av intersec

4TH W
  Bg N Main 3d n of 1st ext to Union av
100 Vacant
102 Vacant
103 Destree W E water softeners
104 Vacant
105-7△ Art Gift Shop
106 Fourth St Jwlry
108△ Brown's Barber & Beau Shop
109△ Bush H D chiro
110 Schrimsher B G drsmkr
111△ Realistic Beauty & Barb Shop
112 Vacant
114 Club Cafe
115△ Elmore Prntg Co
118△ Herring Cafeteria
119△ Gross-Miller Gro Co
120 Stewart Shine Parlor
122△ Hi-Art Clnrs

GESSERT-SANDERS ABSTRACT CO.
ABSTRACTS OF TITLE
109 E. Third St.   **Phone 493**

'H W (Cont'd)
3△ Frazier & Quantius lawyers
    Calderon D A lawyer
5△ Beeson C F phys
    Waggoner R P phys
      N Richardson av intersects
4   Vacant
5△ Hoffman & Clem plmbrs
r△ Woodhead L F Elec Co
3△ N M Merc Co
3½a Moore B C Mrs
3½b Hearn W G
9△ Palace Cleaners
9½△ Grady's Coffee Shop
9½a△ Linard Hazel
    chiropodist
0   Myatt O D
1   Wright W J
1   Ridgway Thos
2△ Old Church Studio
    Morris R E ⊙
      N Pennsylvania av intersects
0   Vacant
2△ Allcorn Una
4   Brandt Wm
7△ Diefendorf Ann Mrs ⊙
    Vercruise H R
3△ Huff Fine Arts Studio
      N Kentucky av intersects
7   Fourth St Sup Store
      N Lea av intersects
6△ Bird R G ⊙
7△ Sanders L A ⊙
1△ Lund R R ⊙
      N Missouri av intersects
8△ Covert J S
1△ Kintz J L ⊙
      N Washington av intersects
4△ Little W J ⊙
6△ Henry T B ⊙
8△ Hinch D A
3½△ Blackwell E C
0△ Webb Alice ⊙
      N Michigan av intersects
2   Vacant
5△ Summers T G
7△ Yeager Ella
9△ Cowan Mary J
1△ Lum W B
3△ Miles F A ⊙
      N Kansas intersects
3   Pfeiffer C G
7△ Doty W M
      N Union intersects

'H E
Bg N Main 4th n of 1st ext e
to Orchard av
5-7△ Yellow Cab Co
1-27△ Nickson Hotel
    Nickson Coffee Shop
    Nickson Cocktail Lounge
    Stewart's Soda & Drug
      Shop
    Nickson Hotel Co
    Nickson Barber Shop

      N Virginia av intersects
200-6△ Clardy's Dairy
205△ Renfro L L ⊙
207△ Mills B M Mrs
208-10△ Sallee's Gro & Mkt
212△ Roswell Furn Shop
214   First Bap Ch Mission
nw cor△ AT&SF Ry pass depot
    △ Ry Exp Agcy
      AT & SF Ry intersects
305   Harris B L
      N Grand av intersects
400   Turner W A
402   Clower J S ⊙
403△ Moore's Gro
404   Godfrey W W ⊙
406△ Stanford J G
rear   Thomas R H
407△ Jones M E Mrs ⊙
408△ Cox J N ⊙
413   Burns C W
413½ Blount J E ⊙
414   Cole C V ⊙
rear   Graham Melvin
414½ Ford W F
415△ Lamontine E E ⊙
416   White J B ⊙
417△ Lassiter A M Mrs ⊙
418   Wyatt A E
rear   Henderson T A ⊙
419   Kee Clarence
420   Bowers J D ⊙
421   Hobbs Ellis
422△ Whitman J A ⊙
423   Graham R W
424   Church of Christ
425△ Robinson I R ⊙
      Shartelle intersects
500△ Mills L C Mrs ⊙
501△ Tebbetts M C Mrs
502△ Newton H D ⊙
503   Vennum I E ⊙
504△ Phillips O W ⊙
    Phillips Owen & Co drugs
506   Cooper Julian
rear   Fuller J R
508   Shaw D T
509△ East Side Sch
510   Busby J M
512△ East Side Gro & Mkt
514△ Albert J M ⊙
515   Hawks Della Mrs ⊙
517△ Hanes C D ⊙
518△ Byron E F
519   Stewart D P
520△ Hedgcoxe E J
523   Britton Horace ⊙
524   Meador Orva ⊙
      N Garden av intersects
600△ Johnson R L ⊙
601△ Haymaker Alice Mrs ⊙
602   Wells Geo ⊙
604   Howard T P
605   Cottle R A
615△ McClure W H

---

131 W. 2D ST.

HINKLE MOTOR COMPANY
WHOLESALE AUTOMOBILE PARTS AND EQUIPMENT

Serving New Mexico for 22 Years

Garage and Service Station Equipment

PHONE 12

EL PASO-PECOS VALLEY TRUCK LINES

J. L. NAYLOR, Owner CARL A. LONG, Local Ag
Daily, Dependable Service from and to EL PASO, LOS ANGELES and POINTS WEST
118 E. 4th St. Phone 16

CLARDY'S PRODUCTS

Raw and Pasteurized

MILK

Butter
Cream
Butter Milk
Ice Cream

Delivered to Your Home or At Your Grocer

PHONE 796

200-202 E. 5th

5TH E (Cont'd)
617 Bogle Inez Mrs
700 King M C Mrs
701 Menis Theo
703 Daughtry T R
710 Mapes M A
    Orchard av intersects
801 Gillespie D E
802 Santheson F O

5TH W
  Bg N Main 4th n of 1st ext
  w bey Sunset av
110 N M State Guard Armory
111 Fowler Apts
    N Richardson av intersects
205 Crisman E A
    Harrell E R
206 Miller A L
207 Mayes J R
208 Malsberger Adrian
209 Napier E U
210 Stone Wally Mrs
211 St Andrew's Episcopal Ch
    N Pennsylvania av intersects
308 Schaefer R T
309 Robinson Will
310 Trinity Methodist Ch
    N Kentucky av intersects
406 Tidmore B J
407 Pruit M S Mrs
    N Lea av intersects
509 McEvoy Maurice
513 Morey F G gro
    N Missouri av intersects
608 Werner R D
609 Bonney Cecil
610 Johnson S P
    N Washington av intersects
703 Roff D D
705 Harper C C
709 De Wolf W H
711 Fowler M D Mrs
    N Michigan av intersects
804 Miller G W
806 Glover J J
808 Trout M D
810 Reynolds J T
    N Kansas av intersects
912 Ramer Wm
    N Union av intersects

6TH E
  Bg N Main 5th n of 1st ext
  e to Garden av
110 Norris Leon
rear Anderson Frankie Mrs
112 Cochran Donnie
rear Park Pearl Mrs
114 Hibdon L C
116 Matthews O L
rear Tayley W R
    N Virginia av intersects
sw cor AT&SF Ry frt depot
    A T & S F Ry intersects
301 Cooper A C

303 Pryor Nell
305 Davis Mattie Mrs
307 Havins E H
308 Trent J H
309 Gerron Jno
310 Weir Jas
312 Trent R J
316 Thomas Bide
317 Dixon E L
318 Anderson J G
319 Holdman Wm
320 Howe S K Mrs
321 Pickering J T
321½ Patterson J W
322 McGuffin C C
rear Douthitt C D
323 Powell C W
325 Matthews A L Mrs
326 Shuman O K
327 Lee S E Mrs
328 Butler E B
328½ Walker L R
329 Bussey T E
330 Harper Neal
331 Stoner C J
335 Sisley A L
512 Mask Annie Mrs
514 Lewis V H
516 Staeden C W
518 Jennings E P
518½ Favor J F
520 Melton C D
    N Garden interse
601 Knapp G P
603 Coss J L
605 Williams J R
607 Van Heuvelen G J
609 Fisher H M Jr
611 Potvin A R
613 Gray J L
615 Morris O K
617 Markham H H
619 De Long R E
621 Leonard M W
623 Avery H S
625 Brown D A
627 Christy W B
629 Hartman F M
631 Hammond W M Jr
633 Bryant J A
635 McCollum E L
637 Vacant
639 Griffin E I
641 Eaton J L

6TH W
  Bg N Main 5th n of 1st e
  to Sunset av
105-7 Beaty Lndry
109 Harper H E
111 Grzelachowski Celina
    N Richardson av inte
202 Yoes Trueman
207 Hays W M
209 Danley Lon

"Say it with Flowers" ALLISON FLORAL CO.
We Telegraph Them Anywhere — Expert Florists and Designers
Phone 408—Day or Night — 707 S. Lea Ave.

H W (Cont'd)
- Akin W W
- N Pennsylvania av intersects
- N Kentucky av intersects
- Snedegar Eva K
- Waggoner R P
- Waller W F
- N Lea av intersects
- Roehm O K Mrs
- Wylie J A
- Mueller E H
- N Missouri av intersects
- McNeil W H
- White T B
- Turner J W
- N Washington av intersects

H E
Bg N Main 6th n of 1st ext e to Garden av
- Herron T J
- Seventh St Lndry
- Fanning W F
- Amis G N contr
- Gill H C Mrs
- Pratt D R
- N Virginia av intersects
- Long Joel
- Smith C B
- Dailey W B
- Porter Robt & Sons liquor
- A T & S F Ry intersects
- N Grand av intersects
- Maples J T gro
- White N M Mrs
- Ham R L
- Smith D M Mrs
- Bradley F G
- Strickland Patrick
- Parnell S J
- Allen T W
- Ingram C B Mrs
- Cowan A J
- Greene Geo
- Smith L A Mrs
- Houchin A R Mrs
- Quillen O C
- Hammock E R
- Duncan J W
- Cox R P
- Hickson Cloma Mrs
- Murrell H H
- Gray Emmett
- Franks C J
- Jones Allie
- Graves E D
- Brown J W
- Houk W C
- Johnson M A Mrs
- Pickle H C
- Lowrey Randall
- Beeman E F
- Sanderson Eliz Mrs
- Garden av intersects

7TH W
Bg N Main 6th n of 1st ext w to Sunset
- 108 Emheiser Russell
- 109 Utt W R Jr
- 111 Thompson C E Jr
- N Richardson av intersects
- 205 Buchly H C
- 207 Buchly Daisy Mrs
- 208 Harris A B
- 208½ Throop D R
- 209 Bailey M R
- 210 Pruit P E Mrs
- 214 Farnsworth C M
- 215 Armstrong G G
- N Pennsylvania av intersects
- 311 Mossman B C
- N Kenutcky av intersects
- 411 Frazier L J
- 412 Mulkey Reed
- N Lea av intersects
- 507 Littell P M
- 507a Littell Leafie Mrs
- 511 Rose B F
- N Missouri av intersects
- N Washington av intersects
- 711 Marshall M V Mrs
- Riverside av intersects
- N Michigan av intersects
- N Kansas av intersects
- 906 Cates A O Mrs
- N Union av intersects
- 1007 Pirkle Pearl Mrs
- 1009 Mask J C
- N Delaware av intersects
- 1205 Neal Brewer
- 1206 Oakley E L
- 1207 Cook Gayle
- 1209 Watkins T B
- 1210 Herbert M E
- 1212 Hansen A F
- 1305 Blevins Seada Mrs
- 1307 Baker W L

8TH E
Bg N Main 7th n of 1st ext e to Grand av
- 103 Brown H F
- 105 Bellgard G G
- 107 Ellis Ann Mrs
- 108 Curtis Z N
- 109 Adair P R
- 109½ Goldston H C
- N Virginia av intersects
- 204 Taplin G W
- Grand av intersects
- 301a Carson H J Mrs
- 301b Robinson O F
- 301½ Briggs H S
- 302 Keeling T H
- 302½ Bone Geo
- 303 Landers Jas
- 304 Rice Eliz Mrs
- 305 Cates Luther
- 306 Smith W T

Eat at **BUSY BEE CAFE**
JIM RALLES
"Roswell's Leading Café"
318 N. Main
PHONE 281

MERRITT'S SMART APPAREL FOR WOMEN
319 North Main —PHONE 482—

Johnston Pump Co.

DISTRIBUTORS OF
Johnston Turbine Pumps For New Mexico and West Texas

Domestic Pressure Systems

Electric Motors and Starters

108-110 S. Virginia Ave.

PHONE 70

8TH E (Cont'd)
- 307 Compton C S
- 308 Bean S R
- 309 Gordon M D Mrs
- 310 Womack K W
- 311 Lorton J W
- 311½ Davis Marion L
- 312 Klyng A C
- 313 Johnson O B T
- 315 Rich R J
- 317 Hutchinson Samuel
- 319 Borem H W
- 321 Addington W D
- 325 Chapman Benj
- 331 Stephens D Z
- 335 Rucker J P
- 337 Bell C C
- 339 Spurlock J S
- 341 Bunch A M
- 345 Hinkle W V
- 513 Rozell Jno
- 517 Odell Paul
- 519 Fanning J W
- 523 King Aubrey
- rear Sanders Lela Mrs

8TH W
Bg N Main 7th n of 1st ext w bey Sunset av
- 104 Lane Geo
- 108 Strong C E
  N Richardson av intersects
- 200 Markl F W
- 202 Gordon Nellie Mrs
- 204 Avery H R
- 206 Lewis R K
- rear Pitts L P
- 209 Lamer R M
- 211 Reischman R J
- 213 Allen Jas
- 215 Herrington Nell Mrs
  N Pennsylvania av intersects
- 305 Wakefield R B
- 307 Newman J E
  N Kentucky av intersects
- 407 Cozart V O
- 408 Carroll O D
- 409 Weaver C B
- 409½ Smith H R
  N Lea av intersects
  N Missouri av intersects
  N Washington av intersects
- 705 Stockley A L
  Riverside av bg ss
- 707 Reischman Gene
- 709 Cole W H
- 711 Young W P
  Hillcrest dr bg ss
- 801 Ware R C
- 802 Gholston Edwin
- 805 Robinson D D
- 807 Campbell C L
- 809 Day Lula
- 809½ London J J
  N Kansas av intersects
- 907 Walker C L

- 908 Corman R W
- 909 Erickson R C
  N Union av interse
- 1001 Rogers T H
- 1003 Pendergrass Cecil
- 1005 Ogg O R
- 1006 Pope J L Mrs
- 1007 Tuley C T
- 1008 Womack J J
- 1009 Griffin L E
- 1010 Waddill Roxie
- 1011 Stephens R B
- 1013 Doss O M
- 1015 Sherrell A F
  N Delaware av interse
- 1100 Hortenstein W H
- 1101 Buchenau Bernie
- 1103 Scott M C
- 1103½ Massey A L
- 1105 Hargett I S
- 1105½ Garmon C A
- 1106 Carrell Rex
- 1107 Morgan F H
- 1109 Pendergrass J B
- 1110 Ullery J L Jr
- 1111 Wright R E
- 1112 Ullrey J L
  N Ohio av interse
- 1200a Green C D
- 1200b Rayburn R O
- 1201 Massingale I F
- 1203 Nunez R C
- 1204 Brown Gilmer
- 1205 Keller L H
- 1206 Cauthen P H Jr
- 1207 Olsson Lena Mrs
- 1208 Ragsdale B Mrs
- 1208½ Brown C S
- 1211 Lott R E
- 1212 Purdy A B
  N Montana av interse
- end Roswell Air Port

9TH E
Bg N Main 8th n of 1st e to Garden av
- 109 Camp Jessie Mrs
  N Virginia av interse
  A T & S F Ry interse
  N Grand av interse
- 302 Mendoza B B
  N Garden av interse
- 609 Norris C C
- 700 Knight W M

9TH W
Bg N Main 8th n of 1st e w to Union av
- 104 Moore W B
- 108 Mossman E R
  N Richardson av interse
- 207 Poe L M
- 208 Chapman L C
  N Pennsylvania av interse
- 309 Geyer Edith
  N Kentucky av interse

ELMER'S SERVICE STATION
ELMER LETCHER
600 No. Main St.,   Phone 102

We Employ EXPERIENCED Labor

289

H W (Cont'd)
△Snelson W C ◎
   N Lea and Missouri avs intersect
  James E T
r Brackeen Myrtle Mrs
△Berry N I Mrs ◎
△Curtis N D
   N Washington av intersects
  Smith S C
  Carroll Lex
  Dewett H B ◎
△Harrison T A ◎
△Philpott B A
  Wilburn J H
△Fleming Annie Mrs ◎
  West Ninth St Gro
   N Michigan av intersects
△Dunnahoo A H ◎
△Reynolds O F ◎
  Milner W H ◎
   N Kansas av intersects
△Porter S L Mrs ◎
△O'Neal A R ◎

TH E
Bg N Main 9th n of 1st ext e to Grand av
△Plyler T L
△Long C A
  Collins Mary ◎
   N Virginia av intersects

TH W
Bg N Main 9th n of 1st ext w to Union av
  Hall C A
△Staeden Jeffrey ◎
  Hughlett I A
  Hughlett E O
  Green N F
  Brisco Jesse
   N Richardson av intersects
  Dilgard W I
△Walker Ella ◎
  Tripp G P
a Hyman Harry
b Dilgard W J
½ Weir W L
  Newton A G
   N Pennsylvania av intersects
  Walker E O ◎
   N Kentucky av intersects
   N Lea and Missouri avs intersect
△Everts Edw ◎
   N Washington av intersects
  Vacant
△Holstun N E Mrs ◎
   N Michigan av intersects
  Kisselburg Willis
  Cartright J J ◎
  Taylor A C ◎
   N Kansas av intersects
  Walters M M ◎
  Nelson J A

913 Valdez R M ◎
   N Union av intersects

11TH E
Bg N Main 10th n of 1st ext e to Grand av
   N Virginia av intersects
ne cor Eastern N M State Fair Grounds

11TH W
Bg N Main 10th n of 1st ext w to Ohio av
103 △Boggs T E
104 △Roswell Museum
107 Tabernacle Bapt Ch
108 △N M Dept Pub Welfare
109 Darnall C A ◎
111 △Wooldridge C C ◎
115 Davis M E
   N Richardson av intersects
201 △Wooldridge W O
203 Storie C P
205 △Weverka Winnie Mrs ◎
   N Pennsylvania av to N Lea intersect
   N Missouri and Washington intersect
704 △Guffey A M ◎
706 △Phillips R C ◎
708 Lancaster H T ◎
710 △Guest Allie Mrs ◎
711 Miller L M ◎
   N Michigan av intersects
801 Duran Jose ◎
803 Forrester R T ◎
805 Hassler J D ◎
806 Vacant
807 Duran L C ◎
809 Goode W A ◎
811 Vacant
813 Hite E A
813½ McClain Belle Mrs ◎
814 Solomon F E
815 Groseclose W H
   N Kansas av intersects
901 Dallas Grocery
903 Johnson J C
905 Jones C A ◎
907 Hendricks Dan ◎
908 Venegas Frank
910 Montoya Francisco ◎
912 Renfro J D
914 Woodard John ◎
   N Union av intersects
   N Delaware av intersects
1104 △Ramirez Santiago ◎
1107 Campos Pascual
1108 Neighbors J E ◎
1109 Venegas David
1111 Daley Jno ◎
1113 Gonzalez Frank
1200 McMillen L W ◎
   N Ohio av intersects

Hamilton Roofing Co.

GEO E. BALDEREE Mgr.

We Feature Old American Roofing Shingles Siding Etc.

Free Estimates

Industrial and Residential Roofing and Sheet Metal Contractors

Bonded and Insured

Easy Payment Plan

303 N. Railroad Ave.

Phone 460

ROSWELL FORD AUTO CO.

Open All Night — SALES AND SERVICE — **One Stop Service Station**
PHONES 189 and 190

290

PHONE 14

A Lumber Number Since 1897

BIG JO LUMBER CO.

800 North Main

PHONE 14

12TH E
Bg N Main 11th n of 1st ext e to Grand av
- 109 Hubbard Chas ⊙
- 113 Helms Hester Mrs
- 115 Lee D Y
  N Virginia av intersects
- 201 Sherman F W ⊙
- 203 Daniel W H
- 205 Hubbard J E
- 207 Maples Delia Mrs ⊙
- 209 Puckett Hugh
- 211 Gray Herschel
- 213 Huggins C E Mrs

12TH W
Bg N Main 11th n of 1st ext w bey Michigan av
- 108△ Duffin T R
- 109 Staeden S J ⊙
- 112△ Duffin J V ⊙
- 115△ Bean R P ⊙
  N Richardson av intersects
- 203 McGuffin L W
- 205 Clower E G
- 206△ Hughes H D ⊙
- 209 Dow G F
- 211 Harrell Wm
  N Pennsylvania av intersects
  N Kentucky av intersects
- 408△ Wood W R ⊙
- 409 Vacant
  N Lea av intersects
- 508△ Smith D V
  N Missouri av intersects
- 605 Gonzalez J S ⊙
  N Washington av intersects
  N Michigan av intersects
- 805 Woody Myrtle Mrs ⊙
- 807 Crawford E L Mrs ⊙
- 808 Cooper A C
- 809 Guss A E ⊙
- 810 Crain Florence Mrs
- 811 Crocker R P ⊙
- 812 Davis J J ⊙
- 814 Church of God
  N Kansas av intersects

13TH E
Bg N Main 12th n of 1st ext e to Grand av

13TH W
Bg N Main 12th n of 1st ext w to Michigan av
- 106△ Dukes H C
- 108△ Henson C P
- 110△ Ingles E T
- 112△ Anderson M K Mrs ⊙
- 205 Belk D L
- 206 Mack F J ⊙
- 212△ Bates R L ⊙
  N Pennsylvania av intersects
  N Kentucky av intersects
- 406 Belew D A
  N Lea av intersects

- 506 Vacant
- 508 Vacant
- 510 Vacant
  N Missouri av intersects
- 618 Miller Edw
- 619 Carson W K ⊙
  N Washington av intersects
- 709△ Parks Laura Mrs ⊙
  Parks Home Lndry
- 710 Coran Jos
- 711 Anderson J W ⊙
- 712 Dalgran L I
- 713 Anderson Jos ⊙
- 714 Floyd C C
  N Michigan intersects
  N Kansas intersects
- 908 Davidson Chas
- 911 Reeves E W
- 913 Lamkin Chas
- 1001 Clausing H H ⊙
- 1029 Brown G B
  N Delaware av intersects
- 1203 Long H A
- 1205 Hooser R E
- 1207 Burris J E
- 1209 Cordell W A
- 1211 McCarty Rosie Mrs ⊙
  N Ohio av intersects
- 1301 Long R H
- 1305 Willis G F
  N Mississippi av intersects

14TH E
Bg N Main 13th n of 1st e to Grand av

14TH W
Bg N Main 13th n of 1st w to Washington av
  N Pennsylvania av intersects
- 309△ Berry J D
- 310△ Beaty W H
  N Kentucky av intersects
- 404 Dye T M
- 406 Barton L H

16TH W
Bg N Main 15th n of 1st west
  N Kentucky av intersects
- 406 Hudson R T
- 408 Williamson C E
- 410 Mitchell Claude
- 414 Dalton D S
- 415 Conboy T R ⊙
- 416 Plunkett Rodney
- 418 Dalton Garland ⊙
- 422 Dalton G L ⊙
  N Lea av intersects
- 511△ Radio Sta KGFL
- 513 Dwight P A

17TH E
Bg N Main 16th n of 1st ex
  A T & S F Ry intersects

Flowers For All Occasions
PHONE 275
405 W. ALAMEDA
Member F. T. D, A.

TH E (Cont'd)
Childress F J ⊙
Forrester W C ⊙

TH W
Bg N Main 16th n of 1st ext west
    N Kentucky av intersects
4 Tucker J E
5 Johnson S A
6 Sargent G C
  Caron J B ⊙
  Draper W F
  Hardcastle E E ⊙
  Corman R W ⊙
  Massey Allen
  Hewatt B F
  Copeland Chas
    N Lea av intersects
  Ham C D ⊙
  Ross Chas
  Barber G V
  McMullen L A ⊙
    N Missouri av intersects
  McMullen L A ⊙
  North Hill Mission Ch
  Head Jos
  Locke J J

TH E
Bg N Main 17th n of 1st ext e

TH W
Bg N Main 17th n of 1st ext west
    N Kentucky av intersects
4 Bolton C F
5 Poteet F M
6 Daniels W F
9 Gardner L E
0 Fulcher C U
1 Reeves G A ⊙
    N Lea av intersects
5 Vaughn F L
1 Vacant
    N Missouri av intersects
0 Bolin Etta Mrs

TH E
Bg N Main 18th n of 1st ext east
9 Trout J H ⊙
7 Godfrey G C
  Bunch W E
    N Garden intersects
  Madsen Sophus
  Thompson E J ⊙
  Stacy F A ⊙
  Lott J L ⊙
    A T & S F Ry intersects
  Harral E F ⊙
  Mason C J ⊙
  Hitchcock E W ⊙
    N Atkinson av intersects
cor Miller H M ⊙
cor Thompson L O ⊙

19TH W
Bg N Main 18th n of 1st ext west
    N Kentucky av intersects
404 Brown W T
    N Lea av intersects
506 Brown J J
508 Cates J W
510 Green A A ⊙
    N Missouri av intersects
604 Baldy W K
606 Raby S H ⊙
608 Garrett E M Mrs ⊙
610 Montgomery J R ⊙
612 Poeling E V
    N Washington av to Montana intersect
nw cor Summersgill John ⊙

20TH E
Bg N Main 19th n of 1st ext east

20TH W
Bg N Main 19th n of 1st ext west

21ST E
Bg N Main 20th n of 1st ext east

21ST W
Bg N Main 20th n of 1st ext west

22D E
Bg N Main 21st n of 1st ext east
201 Wiggs Clarence ⊙

22D W
Bg N Main 21st n of 1st ext west

23D E
Bg N Main 22d n of 1st ext east
105 Salee H B ⊙
123 Cunningham R E ⊙
ns Cole R M
ss Collins H E ⊙
ns Lockhart Arthur
ns Cole W J ⊙
ns Weaver Mack

23D W
Bg N Main 22d n of 1st ext west

24TH E
Bg N Main 23d n of 1st ext east
    N Garden av intersects
ns Smith Elmer ⊙
ns Anderson Jas ⊙

PAPER Products

WHOLESALE

GROCERIES | JANITORS' SUPPLIES

FEED

Roswell Trading Company

PHONE 126

STATE COLLECTION BUREAU, INC

H. G. Parsons, Mgr.   H. R. Laurain, Pres.

BONDED - ESTABLISHED 1930

10 Bank of Commerce Bldg.   106 E. 4th   Phone 22

24TH E (Cont'd)	25TH E
ns King A J ⊙	Bg N Main 24th n of 1st e east
ns McCall N D	

24TH W	25TH W
Bg N Main 23d n of 1st ext west	Bg N Main 24th n of 1st e west

DRUGS

PECOS VALLEY DRUG CO.

The *Rexall* Store

FREE DELIVERY

312 N. MAIN

PHONE -1-

GESSERT-SANDERS ABSTRACT CO.

ABSTRACTS OF TITLE

109 E. Third St.   Phone 493

HUDSPETH DIRECTORY CO.'S
CLASSIFIED DIRECTORY

ROSWELL, NEW MEXICO
1943-44

NOTE:—Names inserted under headings marked thus *, or in BOLD FACE type, are by special contract only.

Abstracts of Title
Chaves County Abstract Co 112 W 3d
GESSERT-SANDERS ABSTRACT CO, 109 E 3d, tel 493 (see right top lines)

Academies Colleges and Schools
See Schools and Colleges

Accountants and Auditors
BASSETT ACCOUNTING OFFICE, 212 J P White bldg, tel 50
BYRD CARL M ACCOUNTING SERVICE, 20 First Natl Bank bldg, tel 105
TWEEDY MANSFIELD, 417 J P White bldg, tel 285

Adding, Calculating and Tabulating Machines
ROSWELL TYPEWRITER CO (Allen-Wales) 215 N Main, tel 674

Adjusters
Fire Co's Adjustment Bureau 315-19 J P White bldg

*Adjustments—Collections
STATE COLLECTION BUREAU INC, 10 Bank of Commerce bldg, 106 E 4th, tel 224 (see left top lines)

Advertising—Outdoor
Pecos Valley Advertising Co 610 W 2d

Advertising Agencies
Advertising Service 310 J P White bldg

Agricultural Implement and Machinery Dealers
Mitchell Implement Co 120 E Walnut
PETERS CO THE (McCormick-Deering) 106-10 S Main, tel 360 (see inside front cover)
Roswell Tractor & Implement Co 105-9 S Main
SMITH MACHINERY CO (Allis-Chalmers) 512 E 2d, tel 171 (see page 12)
White Implement Co 1115 S Atkinson av

The Roswell Cotton Oil Co.

Mfrs. of Molasses Cubes and Cotton Seed Cake

301 E. 2d St.

PHONE 58

PANHANDLE LUMBER COMPANY, INC.
"COMPLETE BUILDING SERVICE"
PLAN SERVICE — FINANCING
107-11 W. Alameda   Phone !

Clardy's Dairy
PURE MILK
Clardy's Dairy
Since 1912
Producer and Distributor of Quality Dairy Products and Ice Cream
200-202 E. 5th
Phone 796

*Air Conditioning
CARRIGAN PAUL CO, 124 E 2d, tel 308 (see page 4)

Air Transportation
Continental Air Lines end W College blvd

Air Ports
Municipal Air Port end W College blvd

*Alfalfa Dealers—Wholesale
PECOS VALLEY TRADING CO & HATCHERY, 603 N V ginia av, tel 412 (see left side lines)

*Ambulance Service
TALMAGE MORTUARY, 414 N Pennsylvania av, tel 28

Amusement—Places of
Playmoore Roller Rink 613 N Virginia av

*Animal Hospitals
ATTAWAY R S, D V M, 403 E 2d, tel 636 (see left side lin
LARGE & SMALL ANIMAL HOSPITAL, 318 E Alameda, 1577 (see page 6)

Apartment Buildings
Alameda Apartments 301 W Alameda
Blue Top Cottages 501 E 4th
Brown Apartments 111 S Virginia av
Bungalow Courts 501 S Lea av
Craig Apartments 109 E Tilden
Kiva Apartments 504-6 W 2d
Lorraine Apartments 303 N Pennsylvania av
McPherson Apartments ss W 2d 1 w Mississippi av
Mulroy Apartments 305 N Kentucky av
Tanner Apartments 718 N Main
Wilmot Apartments 207-15 E 4th

Architects
Vorhees & Standhardt 108½ N Main

Artists
Old Church Studio 212 W 4th
Welch Laura S Mrs 506 W Hendricks
Welty E A Mrs 410 S Kentucky av

Attorneys
See Lawyers

Automobile Accessories and Supplies—Retail
DANIEL PAINT & GLASS CO (windshields) 205 N Main, 39 (see front edge)
Mid-West Auto Supply 125 N Main
ROSWELL AUTO CO, 120-32 W 2d, tel 189 (see left top lin

 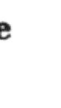 Wholesale Retail

...ompson's Auto Salvage (used) 211 E Reed, tel 1496 (see page 12)
...estern Auto Supply Co 117-19 W 2d

Automobile Accessories and Supplies—Wholesale
...R PARTS DEPOT INC, 401 N Virginia av, tel 205, P O Box 288 (see left side lines)
...NKLE MOTOR CO, 131 W 2d, tel 12 (see right side lines)
...swell Motor Supply 304-6 N Virginia av

Automobile Body and Fender Builders and Repairers
...onett E T 316 N Richardson
...her Body Shop 415 E 2d
...swell Body & Fender Works 204 E 2d

Automobile Dealers and Distributors
...e Auto Co Inc 405-7 E 2d
...URT HOUSE GARAGE INC (Pontiac) 124 E 4th, tel 720
...MMINS GARAGE (Dodge Bros and Plymouth motor cars and Dodge Bros trucks) 209 N Richardson av, tel 344 (see back cover)
...DGE BROTHER MOTORS CARS AND TRUCKS, Cummins Garage dealers, 209 N Richardson av, tel 344 (see back cover)
...RD, Roswell Auto Co, 120-32 W 2d, tel 189 (see left top lines)
...NCOLN-ZEPHYR, Roswell Auto Co, 120-32 W 2d, tel 189 (see left top lines)
...wrey Auto Co 204 W 2d
...NALLY-HALL MOTOR CO (Buick and Chevrolet) Main and 6th, tel 104 and 103
...RCURY, Roswell Auto Co, 120-32 W 2d, tel 189 (see left top lines)
...YMOUTH, Cummins Garage, 209 N Richardson av, tel 344 (see back cover)
...SWELL AUTO CO (Ford, Mercury and Lincoln-Zephyr) 120-32 W 2d, tel 189 (see left top lines)
...ith Motor Co 118 E 2d

Automobile Dealers—Used Cars
...rk G A 126 S Main
...MMINS GARAGE, 209 N Richardson av, tel 344 (see back cover)
...SWELL AUTO CO, 120-32 W 2d, tel 189 (see left top lines)
...OMPSON'S AUTO SALVAGE, 211 E Reed, tel 1496 (see page 12)

Automobile Filling Stations
See Automobile Service Stations

Automobile Garages
...urt House Garage 124 E 4th

KELVINATOR
Electric Refrigerators

Maytag Washing Machines

Magic Chef Gas Ranges

Philco Radios Sales and Service

Samson Windmills

Engines

Fencing

Paint

Guns and Amunition

Sporting Goods

115-17 N. Main

PHONE 634

Price's Sunset Creamery

Automobile Garages (Cont'd)

CUMMINS GARAGE, 209 N Richardson av, tel 344 (see ba cover)
Dean's Garage 1407 W 2d
Eveready Garage 1211 W 2d
McNALLY-HALL MOTOR CO (Buick and Chevrolet) M and 6th, tel 104 and 103
ROSWELL AUTO CO, 120-32 W 2d, tel 189 (see left top lin
Service Garage and Service Station 1417-19 W 2d

*Automobile Insurance

DAUGHTRY INSURANCE AGENCY, 222-23 J P White b tel 301 (see page 3)
FARMERS AUTOMOBILE INTER INS EXCHANGE, M Norton dist mgr, office Norton Hotel 200-4 W 3d, tel (see page 6)
FORD WILLIS AGENCY INC, 304 N Richardson av, tel (see both ends)
FOUNDATION INVESTMENT CO, 214 N Richardson av, 1045 (see page 5)
ROSWELL INSURANCE & SURETY CO, 117 W 3d, tel (see inside front cover)

*Automobile Loans

CITIZENS FINANCE CO, 401 J P White bldg, tel 641
FOUNDATION INVESTMENT CO, 214 N Richardson av, 1045 (see page 5)

*Automobile Paints—Wholesale

CAR PARTS DEPOT INC (Dupont Duco) 401 N Virginia tel 205, P O Box 1288 (see left side lines)

Automobile Parts—Retail

CUMMINS GARAGE (Dodge and Plymouth) 209 N Richa son av, tel 344 (see back cover)
ROSWELL AUTO CO (Ford, Mercury and Lincoln-Zeph 120-32 W 2d, tel 189 (see left top lines)

*Automobile Parts—Used

THOMPSON AUTO SALVAGE, 211 E Reed, tel 1496 (page 12)

Automobile Parts—Wholesale

CAR PARTS DEPOT INC, 401 N Virginia av, tel 205, P O I 1288 (see left side lines)
HINKLE MOTOR CO, 131 W 2d, tel 12 (see right side lin

Automobile Repairing

Court House Garage 124 E 4th
CUMMINS GARAGE (Dodge and Plymouth) 209 N Richa son av, tel 344 (see back cover)
Fairview Garage 1201 S Atkinson av
Green's Auto Clinic 127 W 2d

STANDARD BRAND PULLORUM TESTED BABY CHICKS

Embryo fed chicks and
PURINA CHOWS
FEED
Hay and Grain

C. F. & I.
Dawson &
RATON
Kindling

Pecos Valley Trading Co. & Hatchery

603 N. Virginia

PHONE
412

airbanks W O 102 E 1st
cCracken Supply House 116 E Walnut
NALLY-HALL MOTOR CO (Buick-Chevrolet) Main and 5th, tel 104 and 103
OSWELL AUTO CO (Ford, Mercury and Lincoln-Zephyr) 120-32 W 2d, tel 189 (see left top lines)
RVICE GARAGE, C F Downs prop, 1417 W 2d, tel 812-R (see page 3)
ith H B 118 E 2d
mrall Garage 201 S Main
OMPSON'S AUTO SALVAGE, 211 E Reed, tel 1496 (see page 12)
hitcamp's Garage 624 S Atkinson av

Automobile Salvage

oyd's Auto Salvage ss E 2d s e Atkinson av
ilpott Garage 1011 E McGaffey
chardson W F 107 S Virginia av
OMPSON'S AUTO SALVAGE, 211 E Reed, tel 1496 (see page 12)

Automobile Service Stations

to Service Co 224 W 2d
rnett Oil Co es N Main 2 n Coutry Club rd
rrow's Service Station E 2d sw cor Atkinson av
rlile W M 300 S Washington av
stleberry's Phillips Service Station 300 W 2d
ements Standard Service Station 315 W 2d
mmercial Service Station 300 E 2d
noco Service Station No 2 200 W 2d
ntinental Service Station No 1, 426 N Main
MMINS GARAGE, 209 N Richardson av, tel 344 (see back cover)
MER'S SERVICE STATION (Texaco products) 600 N Main, tel 102 (see right top lines)
change Service Station es N Main 1 n Country Club rd
eenhaven Service Station 612 E 2d
nnom's Gulf Service Station 521-25 N Main
Salle Court 2301 N Main
gnolia Service Station 700 N Main
Vicar C C 601 S Main
cos Court Service Station & Grocery ns W 2d
oples Service Station 1300 E 2d
illips Service Station 912 N Main
velle Ned Co 125 E 2d
swell Service Station 101 S Main
RVICE GARAGE, 1417 W 2d, tel 812-R (see page 3)
nclair Service Station 412 W 2d
andard Stations Inc 201 N Virginia av and 501 N Main
nset Service Station & Grocery 1304 W 2d
n Winkle Service Station 1413 W 2d
est Side Service Station & Grocery 1401 W 2d

Johnson Lodewick

Refiners and Marketers of Petroleum Products

Distributors for Southeastern New Mexico of QUAKER STATE MOTOR OILS

New Mexico Distributors for Barnsdall Oil Co.

813 N. Virginia Ave.

Phone 164

R. O. ANDERSON
President

DALE FISCHBECK
General Supt.

Phone 23 "SKIDDO"

ARMOLD TRANSFER & STORAGE
STORAGE - CRATING - SHIPPING
"We Move Anything"   419 N. Virgin[ia]

CAR PARTS DEPOT INC.

Distributors

Automotive Supplies and Equipment

Welding Equipment and Supplies

PHONE 205

401 N. Virginia Ave.

P. O. Box 1288

---

*Automobile Springs
THOMPSON'S AUTO SALVAGE, 211 E Reed, tel 1496 (see page 12)

*Automobile Tires and Tubes —Retail
CUMMINS GARAGE, 209 N Richardson av, tel 344 (see ba[ck] cover)
ELMER'S SERVICE STATION (Gates) 600 N Main, tel 1[02] (see right top lines)
FIRESTONE STORES, 114 W 2d, tel 116
McNALLY-HALL MOTOR CO (Goodyear) Main and 6th, 104 and 103
ROSWELL AUTO CO, 120-32 W 2d, tel 189 (see left top line[s])

*Automobile Tires—Used
THOMPSON'S AUTO SALVAGE, 211 E Reed, tel 1496 (see page 12)

*Automobile Trailers—Made to Order
STEWART'S, 423 E 2d, tel 72 (see page 8)

Automobile Washing and Lubrication
ELMER'S SERVICE STATION (Marfak lubrication) 600 Main, tel 102 (see right top lines)

*Automobiles
See Automobile Dealers

*Baggage Transfer
ARMOLD TRANSFER & STORAGE, 419 N Virginia av, tel (see left top lines)

Bakers
HOLSUM BAKING CO, 723 N Main, tel 402
Purity Baking Co 216 W 2d
Sally Ann Bakery 607 W 2d
Snelson's Bakery 308 N Richardson av

Banks
FIRST NATIONAL BANK, 224-26 N Main, tel 44 (see fro[nt] cover)

Barbecued Meats
Bob's Place 1004 W 2d

Barbers
Arnold Barber Shop 205 W 3d
Brown's Barber & Beauty Shop 108 W 4th
Central Barber Shop 122½ N Main
Cottage Barber Shop 105 E 2d
Evans C J 303 S Main
Joe & Jake Barber Shop 205 S Main
Knight C E 319½ N Main

BIGELOW RUGS AND CARPETS DRAPERIES LINOLEUMS WASHING MACHINES

Purdys' Furniture Company
321-25 N. MAIN   PHONE 197

KARPEN FURNITURE STOVES AND RANGES UPHOLSTERING VENETIAN BLINDS WINDOW SHADES

Cracken M A 200 W Alameda
ckson Barber Shop 125 E 5th
d Mission Barber Shop 217 N Main
alistic Beauty & Barber Shop 111 W 4th
swell Barber Shop 301 N Main
nitary Barber Shop 113 W 3d
aw Barber Shop 418½ N Main
oemaker G W 104 E 2d

Baths
swell Bath Institute 505 N Main

*Battery Dealers and Service
MER'S SERVICE STATION (Gates) 600 N Main, tel 102 (see right top lines
RESTONE STORES, 114 W 2d, tel 116
SWELL AUTO CO, 120-32 W 2d, tel 189 (see left top lines)
HOMPSON'S AUTO SALVAGE, 211 E Reed, tel 1496 (see page 12)
ilson Electric 213 S Main

*Battery Distributors—Wholesale
R PARTS DEPOT INC (Delco) 401 N Virginia av, tel 205, P O Box 1288 (see left side lines)

Beauty Parlors
own's Barber & Beauty Shop 108 W 4th
ma's Beauty Shop 307 N Main
va Beauty Salon 309 N Main
Vone Beauty Shoppe 213 W 2d
a's Old Mission Beauty Shop 219 N Main
Marr Beauty Nook 203 W 3d
rton Beauty Shop 208 W 3d
rmanent Wave Shop 108 E 4th
alistic Beauty & Barber Shop 111 W 4th
swell Beauty Shop 301½ N Main
UCCA BEAUTY SERVICE & COSMETIC SHOP, Mrs Ruth L Goodwin owner, 111 W 3d, J P White bldg, tel 484

*Bee Supplies
OSWELL SEED CO, 115-17 S Main, tel 92, (see page 11)

Belting
ENTRAL HARDWARE INC, 227 N Main, tel 177 (see front cover

*Belting—V-Belts
OHNSTON PUMP CO, 108-10 S Virginia av, tel 70 (see left side lines)

Beverage Mfrs
ECOS VALLEY COCA-COLA BOTTLING CO, 908-10 N Main, tel 771 (see right side lines)

Drink
Delicious and Refreshing
PECOS VALLEY Coca-Cola **Bottling Co.**
908-10 N. Main
PHONE **771**

TAXI

201
Curtis Corn, Owner

201
3d and Richardson Av

Dr. R. S. Attaway D. V. M.

Chaves County's Only **Qualified (Graduate) Practicing Veterinarian**

Large and Small Animal Practice

PHONE 636

403 East 2d.

Bicycles and Repairs
Roswell Cycle Shop 120 E 4th

Billiard Parlors
Arcade Billiard Parlor 212 N Main
Crist Alexander 313 S Main
Cruse Pool Hall 209 S Main
Jewett G B 119 W 3d
Playmoor Parlor 119 E 2d
Sargent's Billiard Parlor 120 N Main

Blacksmiths
STEWART'S, 423 E 2d, tel 72 (see page 8)
STONE F R MACHINE SHOP, 214 N Virginia av, tel 124 (see page 12)
WHITE O H BLACKSMITHING & WELDING, 401 E 2d, 566 (see page 12)

*Blank Book Mfrs
HALL-POORBAUGH PRESS, 210 N Richardson av, tel 99

Blue and Black Prints
ROSWELL MAP & BLUE PRINT CO, 108½ N Main, tel 2 (see page 11)

Boarding Houses
Richmond C H Mrs 408 N Richardson av

Bottlers—Carbonated Beverages
Nehi-Royal Crown Bottling Co 602 N Virginia av
PECOS VALLEY COCA-COLA BOTTLING CO, 908-10 Main, tel 771 (see right side lines)

Bowling Alleys
Berkey Bowling Alleys 210-12 W 2d

*Brake Lining—Wholesale
CAR PARTS DEPOT INC (Raybestos) 401 N Virginia av, 205, P O Box 1288 (see left side lines)

Brick Dealers
KEMP LUMBER CO, 212 E 4th, tel 35 (see backbone)
MAYES LUMBER CO, 115 S Virginia av, tel 315, P O B 255 (see back cover)
PANHANDLE LUMBER CO INC, 107-11 W Alameda, tel (see left top lines)
PECOS VALLEY LUMBER CO, 200 S Main, tel 175 (see front cover)
Shrecengost D J Co (whol) 204 W 3d

Brokers—Merchandise
McFadden G C 108 S Missouri av

GESSERT-SANDERS ABSTRACT CO.
ABSTRACTS OF TITLE

109 E. Third St.   Phone 493

*Builders
[PA]NHANDLE LUMBER CO INC, 107-11 W Alameda, tel 59 (see left top lines)

---

*Builders Hardware
[BI]G JO LUMBER CO, 800 N Main, tel 14 (see left side lines)
[CE]NTRAL HARDWARE INC, 227 N Main, tel 177 (see front cover)
[H]AYES LUMBER CO, 115 S Virginia av, tel 315, P O Box 255 (see back cover)
[PA]NHANDLE LUMBER CO INC, 107-11 W Alameda, tel 59 (see left top lines)
[PE]COS VALLEY LUMBER CO, 200 S Main, tel 175 (see front cover)
[W]ILMOT HARDWARE CO, 115-17 N Main, tel 634 (see right top and right side lines)

Building Materials and Supplies
[BI]G JO LUMBER CO, 800 N Main, tel 14 (see left side lines)
[K]EMP LUMBER CO, 212 E 4th, tel 35 (see backbone)
[H]AYES LUMBER CO, 115 S Virginia av, tel 315, P O Box 255 (see back cover)
[M]cCRACKEN SUPPLY HOUSE, 116 E Walnut, tel 1372-M (see page 10)
[PA]NHANDLE LUMBER CO INC, 107-11 W Alameda, tel 59 (see left top lines)
[PE]COS VALLEY LUMBER CO, 200 S Main, tel 175 (see front cover)
[R]OSWELL SAND & GRAVEL CO (shippers in car load lots) serving South Eastern New Mexico) 104 S Kansas av, tel 1548 (see page 7)
[S]HRECENGOST D J CO (wholesale and commission lumber brick tile, etc) 204 W 3d, tel 146

Building and Loan Assns
[R]OSWELL BUILDING & LOAN ASSOCIATION, 117 W 3d, tel 613 (see inside front cover)

---

*Built-In Features
[K]EMP LUMBER CO, 212 E 4th, tel 35 (see backbone)
[PA]NHANDLE LUMBER CO INC, 107-11 W Alameda, tel 59 (see left top lines)

---

*Bulbs
[A]LLISON FLORAL CO, 707 S Lea av, tel 408 (see right top lines)

Bus Lines
[N]ew Mexico Transportation Co 119-21 S Main
[R]oswell-Carrizozo Stages 119-21 S Main
[U]nion Bus Depot 119-21 S Main

HINKLE MOTOR COMPANY
131 W. 2D ST.
WHOLESALE AUTOMOBILE PARTS AND EQUIPMENT
Serving New Mexico for 22 Years
Garage and Service Station Equipment
PHONE 12

EL PASO-PECOS VALLEY TRUCK LINES

J. L. NAYLOR, Owner CARL A. LONG, Local Ag

Daily, Dependable Service from and to EL PASO, LOS ANGELES and POINTS WEST

118 E. 4th St. Phone 16

CLARDY'S PRODUCTS

Raw and Pasteurized

MILK

Butter
Cream
Butter Milk
Ice Cream

Delivered to Your Home or At Your Grocer

PHONE 796

200-202 E. 5th

*Business Service
MERCHANTS CREDIT BUREAU, 106 E 4th, tel 26

*Butter Mfrs
CLARDY'S DAIRY, 200-2 E 5th, tel 796 (see left side lin and page 4)
SUNSET CREAMERY, 209 W 2d, tel 215 (see left and rig top lines)

*Cafes
BUSY BEE CAFE, 318 N Main, tel 281 (see right side line

Cafeterias
Herring Cafeteria 118 W 4th

*Canning Supplies
ROSWELL SEED CO, 115-17 S Main, tel 92 (see page 11)

*Carbonated Beverage Mfrs
PECOS VALLEY COCA-COLA BOTTLING CO, 908-10 N Ma tel 771 (see right side lines)

*Carbonic Acid Gas
PECOS VALLEY COCA-COLA BOTTLING CO, 908-10 N Ma tel 771 (see right side lines)

Carpets, Rugs and Floor Coverings
PRICE & CO, 308-10 N Main, tel 32 (see page 3)
PURDY'S FURNITURE CO (Bigelow) 321-25 N Main, tel 1! (see right top lines)

Cash Registers—Dealers
ROSWELL TYPEWRITER CO, 215 N Main, tel 674 (see pa{ 11)

*Cattle and Sheep Dip
ROSWELL TRADING CO (Kolodip) E 2d sw cor Grand a tel 126 (see right side lines)

Cement, Lime and Plaster
BIG JO LUMBER CO, 800 N Main, tel 14 (see left side line:
KEMP LUMBER CO, 212 E 4th, tel 35 (see backbone)
MAYES LUMBER CO, 115 S Virginia av, tel 315, PO Box 2! (see back cover)
PANHANDLE LUMBER CO INC, 107-11 W Alameda, tel ! (see left top lines)
PECOS VALLEY LUMBER CO, 200 S Main, tel 175 (see fro1 (cover)

Cemeteries
South Park Cemetery 2 mi s of city

"Say it with Flowers" ALLISON FLORAL CO.

We Telegraph Them Anywhere — Expert Florists and Designers

Phone 408—Day or Night — 707 S. Lea Ave.

China, Crockery and Earthenware
CENTRAL HARDWARE INC, 227 N Main, tel 177 (see front cover)

Chiropodists
Barnard Hazel 209½ W 4th

Chiropractors
Ash H D 109 W 4th
Morris A H 1006 E 2d
Neely W T 911 E 2d
Ackett D L 911 E 2d

Churches

(Baptist)
Calvary Baptist Church 1007 W Alameda av
First Baptist Church 500 N Pennsylvania av
First Baptist Church Mission 214 E 5th
Mexican Baptist Church 403 E Albuquerque
Mexican Calvary Baptist Church 600 E Tilden
Tabernacle Baptist Church 107 W 11th

(Catholic)
St John's Spanish American Catholic Church 318 E Hendricks
St Peter's Catholic Church 801 S Main

(Christian)
First Christian Church 400 N Richardson av

(Christian Science)
First Church of Christ Scientist 101 S Lea av

(Church of Christ)
Church of Christ 1212 N Richardson av
Church of Christ 424 E 5th
Church of Christ 900 S Main

(Episcopal)
St Andrews Episcopal Church 211 W 5th

(Lutheran)
Emmanuel Evangelical Lutheran Church 601 W 3d

(Methodist)
First Methodist Church 200 N Pennsylvania av
Mexican Methodist Church 213 E Albuquerque
Trinity Methodist Church 310 W 5th

(Nazarene)
Church of the Nazarene N Washington av nw cor 8th

(Pentecostal)
Pentecostal Church 1212 N Washington av

(Presbyterian)
First Presbyterian Church W 3d sw cor Kentucky av

(Seventh Day Adventist)
Seventh Day Adventist Church 105 S Lea av

(Miscellaneous)
Assembly of God 120 Ash av
Assembly of God 424 E 4th
Church of God 814 W 12th
Jehovah's Witnesses 116½ E 4th

Eat at **BUSY BEE CAFE**

JIM RALLES

"Roswell's Leading Cafe"

318 N. Main

PHONE 281

MERRITT'S SMART APPAREL FOR WOMEN

319 North Main —PHONE 482-

Churches (Cont'd)
North Hill Mission 613 W 17th
West Alameda Assembly of God Church 1200 W Alameda

(Colored Denominations)
African M E Church 112 S Michigan av
Church of God in Christ 200 S Ohio av
Second Baptist Church 108½ S Kansas av
Seventh Day Adventist Colored Church 104 S Michigan a
Smith's Chapel 206 S Michigan av

Cigars, Cigarettes and Tobaccos—Retail
PECOS VALLEY DRUG CO, 312 N Main, tel 1 (see left s lines)

*City Directory Publishers
HUDSPETH DIRECTORY CO, 749 First Natl Bank bldg, Paso Texas

City Officials
See Miscellaneous Directory

Cleaners and Dyers
Adams Cleaners 507 W 1st
Bailey's Cleaning Works 420 N Main
Excelsior Cleaners & Dyers 116 S Main
Hamilton's Justrite Cleaners 408 N Main
Hi Art Cleaners 122 W 4th
Palace Cleaners 209 W 4th
ROSWELL LAUNDRY & DRY CLEANERS, 515-17 N Virginia, tel 15
Royal Cleaners 104 W 1st
Walker Cleaners 312 N Richardson av

Clergymen
Abbott M D (Pentecostal) 1212 N Washington av
Battin Buford (Nazarene) 710 N Washington av
Bejarano Donaciano (Baptist) 403 E Albuquerque
Brabham Thos W (Methodist) 206 N Pennsylvania av
Brockman Lambert O F M (Catholic) 805 S Main
Campbell C K (Methodist) 713 N Richardson av
Cleaver D A (Church of God in Christ) 711 W Walnut
Davis Marshall (Church of Christ) 1715 N Lea av
Dixon O F (Baptist) 108 S Kansas av
DuLaney Arthur A (Baptist) 415 N Pennsylvania av
Evans Jennie Mrs (Apostolic) 1701 N Washington av
Gregory Oscar (Church of God) 500 S Michigan av
Hartley C C (Assembly of God) 1202 W Alameda av
Harvey Jos H (Episcopal) 503 N Pennsylvania av
Hingst R A (Lutheran) 605 W 3d
Holtzclaw C T (Baptist) 102 S Delaware av
Johnson A E (Church of Christ) 202 W Deming
Mata Frank (Assembly of God) 120 Ash av
McDougal Porter (Baptist) 1516 N Kentucky av

Johnston Pump Co.

DISTRIBUTORS OF
Johnston Turbine Pumps
For New Mexico and West Texas

Domestic Pressure Systems

Electric Motors and Starters

108-110 S. Virginia Ave.

PHONE 70

ELMER'S SERVICE STATION
ELMER LETCHER
600 No. Main St.,   Phone 102

We Employ EXPERIENCED Labor

elton A D (Seventh Day Adventist) 105 S Lea av
elson R W (Seventh Day Adventist Ch) 403 E Deming
ilpott B A (Baptist) 706 W 9th
cazo Evaristo (Methodist) 211 E Albuquerque
aves G T (Christian) 307 N Pennsylvania av
nchez J G (Baptist) 810 N Michigan av
haefer R T (Methodist) 308 W 5th
udener Christian O F M (Catholic) 805 S Main
ompson Le Roy (Presbyterian) 208 N Michigan av
isenback Raphael O F M (Catholic) 805 S Main

*Clinical Laboratories
MARY'S HOSPITAL, s end S Main cor Chisum, tel 185 (see page 8)

Clinics
eely's W T Dr Drugless Clinic 911 E 2d

Clothing—Retail
all & White 218 N Main
ERRITT'S LADIES STORE, 319 N Main, tel 482 (see left top lines)
RICE & CO, 308-10 N Main, tel 32 (see page 3)

Clubs and Organizations
See Organizations and Societies

Coal Dealers—Retail
ECOS VALLEY TRADING CO & HATCHERY, 603 N Virginia av, tel 412 (see left side lines)

*Coca-Cola Bottlers
ECOS VALLEY COCA-COLA BOTTLING CO, 908-10 N Main tel 771 (see right side lines)

Cold Storage
OUTHWESTERN PUBLIC SERVICE CO, plant 10th and Virginia av, tel 183 (see back cover)

Collections
TATE COLLECTION BUREAU INC, 10 Bank of Commerce bldg, 106 E 4th, tel 224 (see left top lines)

*Commercial Collections
TATE COLLECTION BUREAU INC, 10 Bank of Commerce bldg, 106 E 4th, tel 224 (see left top lines)

*Commission Merchants—Wool
OND BAKER CO LTD, E 4th nw cor Grand av, tel 1090 (see page 4)

Confectionery—Retail
arrel The 1012 W 2d

Hamilton Roofing Co.

GEO E. BALDEREE Mgr.

We Feature Old American Roofing Shingles Siding Etc.

Free Estimates

Industrial and Residential Roofing and Sheet Metal Contractors

Bonded and Insured

Easy Payment Plan

303 N. Railroad Ave.

Phone 460

ROSWELL FORD AUTO CO.

Open All Night — SALES AND SERVICE PHONES 189 and 190 — One Stop Service Station

BIG JO

PHONE **14**

A Lumber Number Since 1897

BIG JO LUMBER CO.

800 North Main

PHONE **14**

Confectionery—Retail (Cont'd)
Fourth St Supply Store 407 W 4th
KIPLING'S CONFECTIONERY, 214 N Main, tel 385
Yucca Confectionery 122 W 3d

Confectionery—Wholesale
St John Candy Co 104 S Pennsylvania av

Contractors—Building and General
Amis G N 107 E 7th
Bloodworth H C 208 W Mathews
Brockman J E 901 N Richardson av
Chambers P J 204 E McGaffey
Croissant L S 506 E 4th
Cullen L R 511 E 2d
Duffin J V 112 W 12th
Flinn E C 107 W Mathews
Gressett F F 800 N Main
Hinesly G C 800 N Main
Hughes H D 206 W 12th
Jennings R P 402 S Union av
Myers Ivan 805 N Washington av
ROSWELL SAND & GRAVEL CO (land leveling, earth tanks, and dams) 104 S Kansas av, tel 1548 (see page 7)
Stiles C C 1212 N Lea av
Sullins F I 100 N Washington av
Swaim C D 800 N Main
Wilson C H 802 N Kansas av

Contractors—Drilling
Willson R I 101 N Lea av

*Contractors—Heating and Ventilating
HOFFMAN & CLEM, 206 W 4th, tel 168 (see page 5)

*Contractors—Painting
DANIEL PAINT & GLASS CO, 205 N Main, tel 39 (see front edge)

Contractors—Plastering
Phillips R C 706 W 11th

*Contractors—Plumbing
HOFFMAN & CLEM, 206 W 4th, tel 168 (see page 5)

Contractors—Road
Armstrong & Armstrong 217 W 2d

Contractors—Rock
Gibson D W w s Sherman av 2 s Chisum

Flowers For All Occasions
PHONE 275
405 W. ALAMEDA
Member F. T. D. A.

Hover's Flowers

307

Contractors—Roofing
HAMILTON ROOFING CO, 303 N Railroad av (N Grand av) tel 460 (see right side lines)
Sullivan S A 101 N Kentucky av

*Contractors—Sheet Metal
CARRIGAN PAUL CO, 124 E 2d, tel 308 (see page 4)
HAMILTON ROOFING CO, 303 N Railroad av (N Grand av) tel 460 (see right side lines)

Cotton Buyers
Byers J B 602 E 2d
Durant W E 112 W 3d
Hoover R T & Co 8 Bank of Commerce bldg
Stoutt W L & Co 5 Bank of Commerce bldg

Cotton Compresses
Pecos Valley Compress 1000 S Atkinson av

Cotton Ginners
Farmers Inc 913 S Atkinson av
Roswell Gin Co 600 E 2d

Cotton Seed Oil Mills
ROSWELL COTTON OIL CO, 301 E 2d, tel 58 (see right side lines)

Cotton Seed Products
ROSWELL COTTON OIL CO, 301 E 2d, tel 58 (see right side lines)

*Crating and Shipping
ARMOLD TRANSFER & STORAGE, 419 N Virginia av, tel 23 (see left top lines)

*Cream Separators
MYERS CO THE, 106-10 S Main, tel 360 (see inside front cover)

*Creameries
ALLARDY'S DAIRY 200-2 E 5th, tel 796 (see left side lines and page 4)
SUNSET CREAMERY, 209 W 2d, tel 215 (see left and right top lines)

*Credit Reporting Bureaus
MERCHANTS CREDIT BUREAU, 106 E 4th, tel 26

Curios
Brown Maid Shop 115 E College blvd

*Cut Flowers
ALLISON FLORAL CO, 707 S Lea av, tel 408 (see right top lines)

PAPER Products

WHOLESALE

GROCERIES | **JANITORS' SUPPLIES**

FEED

Roswell Trading Company

PHONE 126

STATE COLLECTION BUREAU, INC

H. G. Parsons, Mgr.   H. R. Laurain, Pres.

BONDED - ESTABLISHED 1930

10 Bank of Commerce Bldg.   106 E. 4th   Phone 22

Dairies
CLARDY'S DAIRY, 200-2 E 5th, tel 796, dairy farm 3 mi n of city, tel 038-R2 (see left side lines and page 4)
Kennedy's Dairy ws N Main 3 n Country Club rd
SUNSET CREAMERY, 209 W 2d, tel 215 (see left and rig top lines)

*Dairy Feed
PECOS VALLEY TRADING CO & HATCHERY, 603 N V ginia av, tel 412 (see left side lines)

*Dairy Products
CLARDY'S DAIRY, 200-2 E 5th, tel 796, dairy farm 3 mi nw city, tel 038-R2 (see left side lines and page 4)
SUNSET CREAMERY, 209 W 2d, tel 215 (see left and rig top lines)

*Dairy Supplies
MYERS CO THE (cream separators) 106-10 S Main, tel 3 (see inside front cover)
ROSWELL SEED CO, 115-17 S Main, tel 92 (see page 1

*Dam Builders
ROSWELL SAND & GRAVEL CO, 104 S Kansas av, tel 15 (see page 7)

Day Nurseries
Wesley Hall Nursery rear 213 E Albuquerque

*Decorators
DANIEL PAINT & GLASS CO, 205 N Main, tel 39 (see fro edge)
PANHANDLE LUMBER CO INC, 107-11 W Alameda, tel (see left top lines)

Dentists
Conner B P 207 W 3d
Corman R W Jr 9 Roswell Auto bldg
McPherson W D 207 W 3d
Snyder C L 208 W 3d

Department Stores
Kessel's Five & Ten Cent Store 223 N Main
MONTGOMERY WARD & CO, 200-4 N Main, tel 433
Penney J C Co 313-15 N Main
PRICE & CO, 308-10 N Main, tel 32 (see page 3)
SEARS-ROEBUCK & CO, 116-18 W 3d, tel 181
Woolworth F W Co 304-6 N Main

*Dog and Cat Hospitals
ATTAWAY R S, D V M, 403 E 2d, tel 636 (see left side line
LARGE & SMALL ANIMAL HOSPITAL, 318 E Alameda, t 1577 (see page 6)

DRUGS

PECOS VALLEY DRUG CO.

The Rexall Store

FREE DELIVERY

312 N. MAIN

PHONE -1-

GESSERT-SANDERS ABSTRACT CO.

ABSTRACTS OF TITLE

09 E. Third St.   Phone 493

*Drafting
SWELL MAP & BLUE PRINT CO, 108½ N Main, tel 230 see page 11)

Draperies
ICE & CO, 308-10 N Main, tel 32 (see page 3)
RDY'S FURNITURE CO, 321-25 N Main, tel 197 (see right op lines)

Dressmakers
rimsher Beulah Mrs 110 W 4th

Druggists—Retail
mers Drug & Beauty Shop 1019 E 2d
in Drug Store 100 S Main
TCHELL DRUG CO, 320 N Main, tel 416
'L DRUG CO, The Walgreen Agency, 220 N Main, tel 41
COS VALLEY DRUG CO, 312 N Main, tel 1 (see left side nes)
SWELL DRUG CO, 126 N Main, tel 36 and 37
wart's Soda & Drug Shop 121 E 5th
ite's Drug 308 S Main
liams Drug Store 201 W 3d

Drugs and Sundries—Wholesale
ILLIPS OWEN & CO, 504 E 5th, tel 1276-W, P O Box 36

Dry Goods—Retail
ifornia Stores 123 N Main
ERYBODY'S CASH STORE, 221 N Main, tel 109
ter & Son 211 N Main
sel's Inc 201-3 N Main
kin's Dry Goods Store 109 N Main
PULAR DRY GOODS STORE, 107 N Main, tel 661
ICE & CO, 308-10 N Main, tel 32 (see page 3)

Educational
See Schools and Colleges

Electric Light and Power
JTHWESTERN PUBLIC SERVICE CO, 300-2 N Main, tel 36 (see back cover)

*Electric Motors—Pump
INSTON PUMP CO, 108-10 S Virginia av, tel 70 (see left de lines)
TH MACHINERY CO (U S) 512 E 2d, tel 171 (see page 2)

Electric Refrigerators
See Refrigerators—Electric

The Roswell Cotton Oil Co.

Mfrs. of Molasses Cubes and Cotton Seed Cake

301 E. 2d St.

PHONE 58

PANHANDLE LUMBER COMPANY, INC.
"COMPLETE BUILDING SERVICE"
PLAN SERVICE — FINANCING
107-11 W. Alameda   Phone

*Electric Stoves and Ranges
PURDY'S FURNITURE CO (Norge) 321-25 N Main, tel
   (see right top lines)

*Electric Welding
STEWART'S 423 E 2d, tel 72 (see page 8)
WHITE O H BLACKSMITHING & WELDING, 401 E 2d,
   566 (see page 12)

Electrical Appliances
CENTRAL HARDWARE INC, 227 N Main, tel 177 (see fr
   cover)
WILMOT HARDWARE CO, 115-17 N Main, tel 634 (see ri
   top and right side lines)

*Electrical Appliance Service and Repairs
WOODHEAD L F ELECTRIC CO, ½ blk west of Post Of
   rear 206 W 4th, tel 81

Electrical Contractors
Falconi Electric Service 125 W 2d
Purdy Electric Co 215 N Main
Zumwalt & Danenberg 406 N Main

*Embalmers
TALMAGE MORTUARY, 414 N Pennsylvania av, tel 28

*Engine Repairing
STONE F R MACHINE SHOP, 214 N Virginia av, tel
   (see page 12)

*Engine and Automotive Cleaners
JOHNSTON PUMP CO (Magnus Products) 108-10 S Virg
   av, tel 70 (see left side lines)

*Engines, Supplies and Repairs
JOHNSTON PUMP CO (Waukesha) 108-10 S Virginia av,
   70 (see left side lines)

*Evergreens
ALLISON FLORAL CO, 707 S Lea av, tel 408 (see right
   lines)
GLOVER'S FLOWERS, 405 W Alameda, tel 275 (see r
   top lines)

Express Companies
Railway Express Agency E 5th nw cor Grand av

*Farm Equipment
MYERS CO THE (McCormick-Deering) 106-10 S Main, tel
   (see inside front cover)
SMITH MACHINERY CO (Allis-Chalmers) 512 E 2d, tel
   (see page 12)

Wholesale
Retail

Feed, Hay and Grain—Retail
PECOS VALLEY TRADING CO & HATCHERY, 603 N Virginia av, tel 412 (see left side lines)
RANCHERS' SUPPLY CO, 306 E 4th, tel 17 (see page 10)
ROSWELL TRADING CO (Rotraco Vitamin) E 2d sw cor Grand av, tel 126 (see right side lines)
West Second Feed Store 1400 W 2d

Feed, Hay and Grain—Wholesale
Mitchell Seed & Grain Co 601 N Virginia av
PECOS VALLEY TRADING CO & HATCHERY, 603 N Virginia av, tel 412 (see left side lines)
RANCHERS' SUPPLY CO, 306 E 4th, tel 17 (see page 10)
ROSWELL TRADING CO (Rotraco Vitamin) E 2d sw cor Grand av, tel 126 (see right side lines)

Feed Mfrs
ROSWELL COTTON OIL CO, 301 E 2d, tel 58 (see right side lines)

*Fencing—Retail
PANHANDLE LUMBER CO INC, 107-11 W Alameda, tel 59 (see left top lines)

Finance Companies
FOUNDATION INVESTMENT CO, 214 N Richardson av, tel 1045 (see page 5)
Security Finance Co 222-23 J P White bldg

*Floor Coverings
DANIEL PAINT & GLASS CO, 205 N Main, tel 39 (see front edge)
PRICE & CO, 308-10 N Main, tel 32 (see page 3)
PURDY'S FURNITURE CO, 321-25 N Main, tel 197 (see right top lines)

*Floral Designs
ALLISON FLORAL CO, 707 S Lea av, tel 408 (see right top lines)
HOOVER'S FLOWERS, 405 W Alameda, tel 275 (see right top lines)

Florists
ALLISON FLORAL CO, 707 S Lea av, tel 408 (see right top lines)
HOOVER'S FLOWERS, 405 W Alameda, tel 275 (see right top lines)
ROSWELL FLORAL CO, 507 N Atkinson av, tel 176

Flour—Wholesale
ROSWELL TRADING CO, E 2d sw cor Grand av, tel 126 (see right side lines)

KELVINATOR
Electric
Refrigerators

Maytag
Washing
Machines

Magic Chef
Gas Ranges

Philco
Radios
Sales and
Service

Samson
Windmills

Engines

Fencing

Paint

Guns and
Amunition

Sporting
Goods

115-17
N. Main

PHONE
634

Price's Sunset Creamery

STANDARD BRAND PULLORUM TESTED BABY CHICKS

Embryo fed chicks and **PURINA CHOWS FEED**

Hay and Grain

C. F. & I.
Dawson &
RATON

Kindling

Pecos Valley Trading Co. & Hatchery

603 N. Virginia

PHONE 412

Freight Forwarders and Distributors
ARMOLD TRANSFER & STORAGE, 419 N Virginia av, 23 (see left top lines)

Fruits and Vegetables—Retail
Anderson's Gardens 608 E 2d
Ham's Fruit Stand 424 E 2d
Wallace Gardens 201 S Atkinson av
Warren J F 607 E 2d

Fruits and Vegetables—Wholesale
Gilliland A A & Co 221 E 2d

Fuel—Retail
PECOS VALLEY TRADING CO & HATCHERY, 603 N Virginia av, tel 412 (see left side lines)

Funeral Designs
ALLISON FLORAL CO, 707 S Lea av, tel 408 (see right lines)
GLOVER'S FLOWERS, 405 W Alameda, tel 275 (see right top lines)

Funeral Directors
BALLARD FUNERAL HOME (Bert M Ballard) 910 S M tel 400
TALMAGE MORTUARY, 414 N Pennsylvania av, tel 28

*Fur Storage
ROSWELL LAUNDRY & DRY CLEANERS, 515-17 N Virginia av, tel 15

Furnaces
CARRIGAN PAUL CO (Payne Gas) 124 E 2d, tel 308 (page 4)
HOFFMAN & CLEM 206 W 4th, tel 168 (see page 5)

Furnished Rooms
Abernathy Mary P 204 E Alameda
Aunt Kate's Rooms 122 E 2d
Callaway House 509 N Richardson av
Craig Hotel 211½ S Main
Jackson L B Mrs 104 W Alameda
Texas Rooms 111½ N Main
Young Mary Mrs 323 S Main

Furniture—Retail
Dabbs Furniture Co 119-21 N Main
Furniture Mart 107-9 E 2d
Johnson Carl A 121 E 2d
PURDY'S FURNITURE CO, 321-25 N Main, tel 197 (see right top lines)
Wilson Furniture Store 412 N Main

Price's Sunset Creamery

Furniture Repairing and Refinishing
[DA]NIEL PAINT & GLASS CO, 205 N Main, tel 39 (see front [edge])
[Ro]swell Furniture Shop 212 E 5th

*Garage and Service Station Equipment
[CA]R PARTS DEPOT INC, 401 N Virginia av, tel 205, P O Box [1]288 (see left side lines)
[HI]NKLE MOTOR CO, 131 W 2d, tel 12 (see right side lines)

Garages
See Automobile Garages

Gas Appliances
[CA]RRIGAN PAUL CO, 124 E 2d, tel 308 (see page 4)
[CE]NTRAL HARDWARE INC, 227 N Main, tel 177 (see front [cover])
[HO]FFMAN & CLEM, 206 W 4th, tel 168 (see page 5)
[PU]RDY'S FURNITURE CO (Stoves and Ranges) 321-25 N Main, tel 197 (see right top lines)

Gas Distributors
[Se]cra Bros 1306 E 2d
[SO]UTHWESTERN PUBLIC SERVICE CO, 300-2 N Main, tel 186 (see back cover)

*Gas Fitters
[HO]FFMAN & CLEM, 206 W 4th, tel 168 (see page 5)

*Gas Stoves
[CE]NTRAL HARDWARE INC, 227 N Main, tel 177 (see front [cover])
[PU]RDY'S FURNITURE CO (Norge) 321-25 N Main, tel 197 (see right top lines)
[WI]LMOT HARDWARE CO, 115-17 N Main, tel 634 (see right top and right side lines)

*Gasoline and Oils
[JO]HNSON-LODEWICK, 813 N Virginia av, tel 164 (see right side lines)

Geologists
[Mc]Donald T P 508 J P White bldg

Gift Shops
[Ar]t Gift Shop 107 W 4th
[My]ers Gift Shop 114 W 3d
[Cr]own Maid Shop 115 E College blvd

Glass
[DA]NIEL PAINT & GLASS CO, 205 N Main, tel 39 (see front [edge])
[Ra]lstun Courtney Glass Shop 509 S Richardson av

Johnson Lodewick

Refiners and Marketers of Petroleum Products

Distributors for Southeastern New Mexico of QUAKER STATE MOTOR OILS

New Mexico Distributors for Barnsdall Oil Co.

813 N. Virginia Ave.

Phone 164

R. O. ANDERSON
President

DALE FISCHBECK
General Supt.

313

Phone 23 "SKIDDO"

ARMOLD TRANSFER & STORAGE
STORAGE - CRATING - SHIPPING
"We Move Anything"   419 N. Virginia

CAR PARTS DEPOT INC.

Distributors
Automotive
Supplies
and
Equipment

Welding
Equipment
and
Supplies

PHONE 205

401 N.
Virginia
Ave.

P. O. Box
1288

Glass (Cont'd)
KEMP LUMBER CO, 212 E 4th, tel 35 (see back bone)
PANHANDLE LUMBER CO INC, 107-11 W Alameda, tel (see left top lines)
PECOS VALLEY LUMBER CO, 200 S Main, tel 175 (see fro cover)

Golf Courses
Municipal Golf Course Cahoon Pk
Roswell Country Club 4 mi ne of city

*Grain Elevators
ROSWELL TRADING CO, E 2d sw cor Grand av, tel 126 (s right side lines)

Greenhouses
ALLISON FLORAL CO, 707 S Lea av, tel 408 (see right t lines)
GLOVER'S FLOWERS, 405 W Alameda, tel 275 (see rig top lines)

Grocers—Retail
Bagwell G L 204 W Albuquerque
Barela Elias 605 E Mathews
Bi-Lo Market 501 E 2d
Binns Mercantile Store 111 E 2d
Brown O S 324 N Richardson av
Camp Camino 1001 N Main
Carlile W M 300 S Washington av
Carroll J F 616 N Main
Consumers Food Market 113 N Main
Dallas Grocery 901 W 11th
East Alameda Grocery 730 E Alameda
East Side Grocery & Market 512 E 5th
Farha Jos 400 S Main
Fowler's Grocery 514 N Virginia av
Fred's Grocery 500 S Main
Garcia Lola Mrs 701 E Tilden
Gross A C 706 N Main
Gross-Miller Grocery Co 119 W 4th
Gutierrez Dora Mrs 505 E Albuquerque
H & K Cash & Carry Grocery & Market 500 W 2d
Haley Grocery & Market 504 E 2d
Hammill's Grocery & Service Station 1201 S Main
Home Market & Grocery 305 S Main
Jackson Food Stores 601 N Main and 401 S Main
Jake's Grocery 210 S Union av
Jennings Grocery 1622 N Missouri av
Keller's Kash Grocery 1810 Maryland av
La Salle Grocery & Service Station 2301 N Main
Leavell's Grocery & Station 1113 S Main
Liberty Grocery & Market 1109 S Main
Maples J T 300 E 7th

BIGELOW RUGS AND CARPETS · DRAPERIES · LINOLEUMS · WASHING MACHINES

Purdys' Furniture Company
321-25 N. MAIN   PHONE 197

KARPEN FURNITURE · STOVES AND RANGES · UPHOLSTERING · VENETIAN BLINDS · WINDOW SHADES

ssey Grocery & Market 103 N Main
Vicar C C 601 S Main
dern Food Market 225 S Main
ore's Grocery 403 E 5th
rey F G 513 W 5th
 Grocery & Market 912 E 2d
nick A A 312 W Mathews
k E R 220 E Hendricks
os Court Service Station & Grocery ns W 2d 5 w Mississippi av
neroy G H 1211 E Bland
eway Stores 303 N Virginia av
lee's Grocery & Market 208 E 5th
w's Grocery & Market 406 W 2d
emaker Grocery 907 W 2d
th Kentucky Grocery & Market 305 S Kentucky av
th Side Grocery & Market 610 S Main
r Camp 1413 W 2d
ckton's Grocery 503 E 2d
nset Service Station & Grocery 1304 W 2d
rres F M 1002 N Union av
nt's Friendly Service 1014 E 2d
st College Market 600 W College blvd
st Eighth Street Grocery 711 N Union av
st Ninth St Grocery 710 W 9th
st Second St Grocery & Market 605 W 2d
st Side Service Station & Grocery 1401 W 2d
ite House Grocery 814 W 2d
hiteman A L 120 E 1st
lkins Grocery & Service Station 501 S Main

Grocers—Wholesale

ach Omar & Co 107 N Virginia av
rr H A Gro Co 211 E Walnut
DFORD J M GROCERY CO, 222 E 3d, cor A T & S F Ry tel 853
swell Cash Wholesale Grocery 111-13 S Main
SWELL TRADING CO, E 2d s w cor Grand av, tel 126 (see right side lines)

Guns and Ammunition

NTRAL HARDWARE INC, 227 N Main, tel 177 (see front cover)
LMOT HARDWARE CO, 115-17 N Main, tel 634 (see right top and right side lines)

Hardware—Retail

NTRAL HARDWARE INC, 227 N Main, tel 177 (see front cover)
YERS CO THE, 106-10 S Main, tel 360 (see inside front cover)
NHANDLE LUMBER CO INC, 107-11 W Alameda, tel 59 (see left top lines)

Drink Coca-Cola

Delicious and Refreshing

PECOS VALLEY Coca-Cola Bottling Co.

908-10 N. Main

PHONE 771

Hardware—Retail (Cont'd)
WILMOT HARDWARE CO, 115-17 N Main, tel 634 (see ri, top and right side lines)

Hardware—Wholesale
CENTRAL HARDWARE INC, 227 N Main, tel 177 (see fr cover)
MYERS CO THE, 106-10 S Main, tel 360 (see inside fr cover)
WILMOT HARDWARE CO, 115-17 N Main, tel 634 (see ri, top and right side lines)

Harness and Saddlery
MYERS CO THE, 106-10 S Main, tel 360 (see inside fr cover)
Welter Saddlery Co 207 N Main

Hatcheries
PECOS VALLEY TRADING CO & HATCHERY, 603 N V ginia av, tel 412 (see left side lines)

Hats and Caps
PRICE & CO (Mallory and Wilson's) 308-10 N Main, tel (see page 3)

Hatters
ROSWELL LAUNDRY & DRY CLEANERS, 515-17 N V ginia av, tel 15

*Hay and Straw Dealers
ROSWELL TRADING CO, E 2d sw cor Grand av, tel 126 (right side lines)

Heating Apparatus and Supplies
CARRIGAN PAUL CO, 124 E 2d, tel 308 (see page 4)
CENTRAL HARDWARE INC, 227 N Main, tel 177 (see fro cover)
HOFFMAN & CLEM, 206 W 4th, tel 168 (see page 5)
WILMOT HARDWARE CO, 115-17 N Main, tel 634 (see rig top and right side lines)

*Heating and Ventilating Contractors
CARRIGAN PAUL CO, 124 E 2d, tel 308 (see page 4)
HOFFMAN & CLEM, 206 W 4th, tel 168 (see page 5)
MATTHEWS CLAUDE CO, 106 N Virginia av, tel 437
ROSWELL PLUMBING & HEATING CO, 128 E 3d, tel 3

Hides, Skins and Furs—Raw
BOND-BAKER CO LTD, E 4th nw cor Grand av, tel 1090 (page 4)

*Home Builders
PANHANDLE LUMBER CO INC, 107-11 W Alameda, tel (see left top lines)

Dr. R. S. Attaway D.V.M.

Chaves County's Only **Qualified (Graduate) Practicing Veterinarian**

Large and Small Animal Practice

PHONE
636

403 East 2d.

GESSERT-SANDERS ABSTRACT CO.
ABSTRACTS OF TITLE
109 E. Third St.   Phone 493

Hospitals, Homes and Sanatoriums
REEN C JOEL CONVALESCENT & NURSING HOME, 1 Morningside pl, tel 1462
O O F Home ss E 2d 2 e Atkinson av
T MARY'S HOSPITAL, s end S Main cor Chisum, tel 185 (see page 8)

*Hospitals—Dog and Cat
TTAWAY R S, D V M, 403 E 2d, tel 636 (see left side lines)
ARGE & SMALL ANIMAL HOSPITAL, 318 E Alameda, tel 1577 (see page 6)

Hotels
idge Hotel 104½ N Main
ollahon Hotel 202½ E 2d
l Capitan Hotel 124½ N Main
OTEL NORTON, 200-08 W 3d, tel 900
ain Hotel 111½ S Main
ew Modern Hotel 309½ N Main
ICKSON HOTEL, E 5th nw cor Virginia av, tel 800 (see page 6)
laza Hotel 119½ W 3d
oswell Hotel 507 N Virginia
ann Hotel 324½ N Main
irginia Inn 406 N Richardson av
uni Hotel 210½ N Main

House Furnishing Goods
RICE & CO, 308-10 N Main, tel 32 (see page 3)
URDY'S FURNITURE CO, 321-25 N Main, tel 197 (see right top lines)

House Movers
RMOLD TRANSFER & STORAGE, 419 N Virginia av, tel 23 (see left top lines)

Ice Dealers
OUTHWESTERN PUBLIC SERVICE CO, station, 201 N Pennsylvania av (see back cover)
arborough Geo & Son 221 E 2d

Ice Mfrs and Wholesale
OUTHWESTERN PUBLIC SERVICE CO, plant 10th and Virginia av, tel 183 (see back cover)

Ice Cream Mfrs
LARDY'S DAIRY, 200-2 E 5th, tel 796 (see left side lines and page 4)
IPLING'S CONFECTIONERY INC, 214 N Main, tel 385
RICES DAIRIES INC, 209 W 2d, tel 215
UNSET CREAMERY, 209 W 2d, tel 215 (see left and right top lines)

HINKLE MOTOR COMPANY
131 W. 2D ST.
WHOLESALE AUTOMOBILE PARTS AND EQUIPMENT
Serving New Mexico for 22 Years
Garage and Service Station Equipment
PHONE 12

EL PASO-PECOS VALLEY TRUCK LINES

J. L. NAYLOR, Owner CARL A. LONG, Local Ag(t)
Daily, Dependable Service from and to EL PASO, LOS ANGELES and POINTS WEST
118 E. 4th St. Phone 16

CLARDY'S PRODUCTS

Raw and Pasteurized

MILK

Butter
Cream
Butter Milk
Ice Cream

Delivered to Your Home or At Your Grocer

PHONE 796

200-202 E. 5th

---

*Insulation Materials
BIG JO LUMBER CO, 800 N Main, tel 14 (see left side line
KEMP LUMBER CO (Johns-Manville products) 212 E 4th, 1
  35 (see back bone)
PANHANDLE LUMBER CO INC, 107-11 W Alameda, tel
  (see left top lines)
PECOS VALLEY LUMBER CO, 200 S Main, tel 175 (see fro(nt)
  cover)

*Insurance—Accident and Health
DAUGHTRY INSURANCE AGENCY (gen) 222-23 J P Whi(te)
  bldg, tel 301 (see page 3)
FORD WILLIS AGENCY INC, 304 N Richardson av, tel
  (see both ends)
ROSWELL INSURANCE & SURETY CO, 117 W 3d, tel 6
  (see inside front cover)

Insurance—Automobile
See Automobile Insurance

*Insurance—Casualty and Liability
DAUGHTRY INSURANCE AGENCY (gen) 222-23 J P Whi(te)
  bldg, tel 301 (see page 3)
FORD WILLIS AGENCY INC, 304 N Richardson av, tel
  (see both ends)
FOUNDATION INVESTMENT CO, 214 N Richardson a(v)
  tel 1045 (see page 5)
ROSWELL INSURANCE & SURETY CO, 117 W 3d, tel 61
  (see inside front cover)

*Insurance—Fidelity and Surety
DAUGHTRY INSURANCE AGENCY (gen) 222-23 J P Whi(te)
  bldg, tel 301 (see page 3)
FORD WILLIS AGENCY INC, 304 N Richardson av, tel 9
  (see both ends)
FOUNDATION INVESTMENT CO, 214 N Richardson av, t(el)
  1045 (see page 5)
ROSWELL INSURANCE & SURETY CO, 117 W 3d, tel 61
  (see inside front cover)

*Insurance—Fire
DAUGHTRY INSURANCE AGENCY (gen) 222-23 J P Whit(e)
  bldg, tel 301 (see page 3)
FORD WILLIS AGENCY INC, 304 N Richardson av, tel 9
  (see both ends)
FOUNDATION INVESTMENT CO, 214 N Richardson av, t(el)
  1045 (see page 5)
ROSWELL INSURANCE & SURETY CO, 117 W 3d, tel 61
  (see inside front cover)

*Insurance—Life
AETNA LIFE INS CO, M L Norton specl agt, office Norto(n)
  Hotel, 200-4 W 3d, tel 900 (see page 6)

"Say it with Flowers" ALLISON FLORAL CO.
We Telegraph Them Anywhere — Expert Florists and Designers
Phone 408—Day or Night — 707 S. Lea Ave.

[E]QUITABLE LIFE ASSURANCE SOCIETY OF THE U S,
Mrs Lilliian R Russell rep, 206 W 3d, tel 507
[FO]RD WILLIS AGENCY INC, 304 N Richardson av, tel 93
(see both ends)
[GE]NERAL AMERICAN LIFE INS CO, J R and R E Daughtry
gen agts 222-23 J P White bldg, tel 301

*Insurance—Truck

[TR]UCK INS EXCHANGE, M L Norton dist mgr, office Norton
Hotel, 200-4 W 3d, tel 900 (see page 6)

*Insurance—Workmen's Compensation

[DA]UGHTRY INSURANCE AGENCY (gen) 222-23 J P White
bldg, tel 301 (see page 3)
[FO]RD WILLIS AGENCY INC, 304 N Richardson av, tel 93
(see both ends)
[FO]UNDATION INVESTMENT CO, 214 N Richardson av, tel
1045 (see page 5)

Insurance Agents

[A]cceptance Agency The (gen) 402 J P White bldg
[A]mason White & McGee (fire) 502 J P White bldg
[Ba]ldice & Venrick (gen) 13 First Natl Bank bldg
[DA]UGHTRY INSURANCE AGENCY (gen) 222-23 J P White
bldg, tel 301 (see page 3)
[Fi]delity Insurance Agency (gen) 105 W 3d
[FO]RD WILLIS AGENCY INC, 304 N Richardson av, tel 93
(see both ends)
[FO]UNDATION INVESTMENT CO, 214 N Richardson av, tel
1045 (see page 5)
[GA]RDNER INSURANCE AGENCY (gen) 112 W 2d, tel 169
[G]eyer Edith (fire) 402 N Main
[Ha]rrison T A (gen) 100 E 2d
[Hi]cks C M (gen) 404 N Main
[Ho]rtenstein W H (life) 1100 W 8th
[M]ARTIN INSURANCE AGENCY (Mrs Lillian R Russell, Robt
B Bacon)—General Insurance, 206 W 3d, tel 507
[M]ontgomery W O (gen) 6-8 Ramona bldg
[N]ORTON M L)gen) office Norton Hotel, 200-4 W 3d, tel 900
(see page 6)
[R]OSWELL INSURANCE & SURETY CO, 117 W 3d, tel 613
(see inside front cover)
[Sa]vage & Co (gen) 205 J P White bldg
[Sp]arks O M & Co (gen) 18-19 First Natl Bank bldg

Insurance Companies

[A]MERICAN NATIONAL INS CO (industrial and ordinary
depts) 500 J P White bldg, tel 356
[E]quitable Investment & Insurance Co 107 W 3d
[E]quitable Life Assurance Society 206 W 3d
[GE]NERAL AMERICAN LIFE INS CO, J R and R E Daughtry
gen agts, 222-23 J P White bldg
[G]reat Southern Life Ins Co 209 S Lea av

Eat at **BUSY BEE CAFE**

JIM RALLES

"Roswell's Leading Cafe"

318 N. Main

PHONE 281

MERRITT'S SMART APPAREL FOR WOMEN

319 North Main — PHONE 482 —

Johnston Pump Co.

DISTRIBUTORS OF

Johnston Turbine Pumps For New Mexico and West Texas

Domestic Pressure Systems

Electric Motors and Starters

108-110 S. Virginia Ave.

PHONE 70

Insurance Companies (Cont'd)

MUTUAL LIFE INS CO of NEW YORK, Willis Ford agt, ? N Richardson av, tel 93
New York Life Ins Co 212 J P White bldg
Praetorian Life Ins Co 205 J P White bldg
SECURITY BENEFIT ASSN, Mrs Viola Burnett dist mgr-f sec, 402 N Main, tel 390

*Irrigation Equipment and Supplies
JOHNSTON PUMP CO (Johnston turbine pumps, Waukes engines) 108-10 S Virginia av, tel 70 (see left side lines)

Janitor Supplies
ROSWELL TRADING CO (Rotraco Brand) E 2d sw cor Gra av, tel 126 (see right side lines)

Jewelers
Boellner's 316 N Main
Bullock's Jewelry Store 311 S Main
Edwards E C 416 N Main
Fourth Street Jewelry 106 W 4th
HUFF'S JEWELRY STORE, 222 N Main, tel 40
Morrison Jewelry Store 206 N Main

Junk Dealers
Roswell Electric Co 209½ S Main

*Kerosene—Wholesale
JOHNSON-LODEWICK, 813 N Virginia av, tel 164 (see rig side lines)

Knit Goods
Caraway's Knit Shop 203½ W 3d

*Kodaks, Cameras and Supplies
PECOS VALLEY DRUG CO, 312 N Main, tel 1 (see left si lines)

Laboratories
Reynolds Laboratory bsmt Court House
ST MARY'S HOSPITAL (X-Ray, Clinical and Pathologica s end S Main cor Chisum, tel 185 (see page 8)

Ladies and Misses Ready-to-Wear Clothing
Bon Ton Shop 311 N Main
Bray-Moore Shop 109 W 3d
Elizabeth's 314 N Richardson av
MERRITT'S LADIES STORE, 319 N Main, tel 482 (see le top lines)
Mode O'Day 209 N Main
PRICE & CO, 308-10 N Main, tel 32 (see page 3)
Vogue The 225 N Main

ELMER'S SERVICE STATION

ELMER LETCHER

We Employ EXPERIENCED Labor

600 No. Main St., Phone 102

*Land Levelers
)SWELL SAND & GRAVEL CO, 104 S Kansas av, tel 1584 (see page 7)

Landscape Architects
LLISON FLORAL CO, 707 S Lea av, tel 408 (see right top lnes(
OVER'S FLOWERS, 405 W Alameda, tel 275 (see right top lines)

Laundries—Hand
sy Way Laundry 104½ W Tilden
rks Home Laundry 709 W 13th
venth Street Laundry 105 E 7th
nith Rosie 116 E Alameda
est First Street Laundry 1110 W 1st

Laundries—Steam
aty's Laundry 105 W 6th
)SWELL LAUNDRY & DRY CLEANERS, 515-17 N Virginia av. tel 15
ow White Laundry 212 W 3d

Lawyers
skren O O Court House
twood J D 312 J P White bldg
TWOOD & MALONE, suite 312 J P White bldg, tel 823
uchly H C 27 First Natl Bank bldg
arpenter A B 413-15 J P White bldg
ullender J M H 1-2 Ramona bldg
ow H M 412 J P White bldg
unn W A 14 First Natl Bank bldg
razier L J 123 W 4th
RAZIER & QUANTIUS, 123 W 4th, tel 89
ullen L O 2-3 First Natl Bank bldg
ERVEY, DOW, HILL & HINKLE, 412 J P White bldg, tel 521
ervey J M 412 J P White bldg
ill C H 412 J P White bldg
inkle C E 412 J P White bldg
urd Harold 323 J P White bldg
ennings J T 1-2 Bank of Commerce bldg
alone R L Jr 312 J P White bldg
uantius L M 123 W 4th
EESE GEO L SR, 424 J P White bldg
hrelkeld G A 23 First Natl Bank bldg
7ATTS GEO T, 2d fl Court House, tel 244
oung E E 1-2 Ramona bldg

Leather Goods
monett E T 318 N Richardson av
IYERS CO THE, 106-10 S Main, tel 360 (see inside front cover)

Hamilton Roofing Co.

GEO E. BALDEREE Mgr.

We Feature Old American Roofing Shingles Siding Etc.

Free Estimates

Industrial and Residential Roofing and Sheet Metal Contractors

Bonded and Insured

Easy Payment Plan

303 N. Railroad Ave.

Phone 460

PHONE 14

A Lumber Number Since 1897

BIG JO LUMBER CO.

800 North Main

PHONE 14

Libraries
Carnegie Library 127 W 3d
Christian Science Reading Room 304½ N Richardson a
HUDSPETH'S CITY DIRECTORY LIBRARY, 400 N Mai

Light, Power and Gas Companies
SOUTHWESTERN PUBLIC SERVICE CO, 300-2 N Main, 186 (see back cover)

*Linoleum—Retail
PURDY'S FURNITURE CO, 321-25 N Main, tel 197 (see rig top lines)

*Linoleum Layers
PURDY'S FURNITURE CO, 321-25 N Main, tel 197 (see rig top lines)

Liquors—Retail
Bank Bar 327 N Main
Cantina Bar 107 E 3d
Dinty Moore's Bar 101 N Main
Dock's Place 326 N Main
Don's Night Club 1123 S Atkinson av
Father Bear's Den 1000 N Main
Lilly's Bar 104 E Alameda
Nickson Cocktail Lounge 123 E 5th
Norton Bar 206 W 3d
Quality Liquor Store 410 N Main
Roswell Package Store 121 W 2d
Sargent's Buckhorn Beer Parlor 120 N Main
Smoke House 124 N Main
Star Bar 309 S Main
Variety Liquor Store 104 S Main

Liquors—Wholesale
Ilfeld Chas Co 211 E 2d
Levers Bros 209 E 2d
Porter Robt & Sons Inc 210 E 7th

Livestock Dealers
Mitchell Joe & Son 120 E Walnut

*Livestock Tanks and Troughs
HAMILTON ROOFING CO, 303 N Railroad av, (N Grand a tel 460 (see right side lines)

Loans—Collateral and Salary
CITIZENS FINANCE CO, 401 J P White bldg, tel 641
FOUNDATION INVESTMENT CO, 214 N Richardson av, t 1045 (see page 5)
Roff & Son 404 N Main
STATE FINANCE CO, 206-7 J P White bldg, tel 571

Flowers For All Occasions
PHONE 275
405 W. ALAMEDA
Member F. T. D. A.

*Loans—Home Building
[P]ANHANDLE LUMBER CO INC, 107-11 W Alameda, tel 59
 (see left top lines)

Loans—Mortgage
[M]ontgomery W O, 221½ N Main, (Ramona bldg, rooms 6-8) tel 422
[M]ORTGAGE LOANS INC, 224-26 N Main, tel 44
[R]oswell Production Credit Assn 15-16 First Natl Bank bldg
[S]parks O M & Co 18-19 First Natl Bank bldg

Lumber—Retail
[B]IG JO LUMBER CO, 800 N Main, tel 14 (see left side lines)
[K]EMP LUMBER CO, 212 E 4th, tel 35 (see backbone)
[H]AYES LUMBER CO, 115 S Virginia av, tel 315, P O Box 255
 (see back cover)
[P]ANHANDLE LUMBER CO INC, 107-11 W Alameda, tel 59
 (see left top lines)
[P]ECOS VALLEY LUMBER CO, 200 S Main, tel 175 (see front
 cover)
[T]riangle Lumber Co N Main se cor 23d

Machinery and Supplies
[M]YERS CO THE, 106-10 S Main, tel 360 (see inside front
 cover)
[S]MITH MACHINERY CO (Allis-Chalmers) 512 E 2d, tel 171
 (see page 12)
[S]tockmen's Well Supply 314 E 4th

Machinists
[P]ALACE MACHINE SHOP, 413 E 2d, res tel 1569-W
[R]oswell Machine & Welding Shop 222 S Main
[S]TONE F R MACHINE SHOP, 214 N Virginia av, tel 124 (see
 page 12)

Manufacturers Agents
[T]hrecengost D J Co (bldg materials) 204 W 3d

Map Makers
[R]OSWELL MAP & BLUE PRINT CO, 108½ N Main, tel 230
 (see page 11)

Mattress Mfrs
[R]oswell Mattress Co 402 S Main
[W]hite's Mattress Factory 604 E 2d

Meats—Retail
[B]i-Lo Market 501 E 2d
[B]rown O S 324 N Richardson av
[C]amp Camino 1001 N Main
[C]onsumer's Food Market 113 N Main
[E]ast Side Grocery & Market 512 E 5th
[G]ross A C 706 N Main

PAPER Products

WHOLESALE

GROCERIES | JANITORS' SUPPLIES

FEED

Roswell Trading Company

PHONE 126

STATE COLLECTION BUREAU, INC

H. G. Parsons, Mgr.   H. R. Laurain, Pres.

BONDED - ESTABLISHED 1930

10 Bank of Commerce Bldg.   106 E. 4th   Phone 22

Meats—Retail (Cont'd)

Gross-Miller Grocery Co 119 W 4th
H & K Cash & Carry Grocery & Market 500 W 2d
Haley Grocery & Market 504 E 2d
Home Market & Grocery 305 S Main
Jackson Food Stores 601 N Main and 401 S Main
Jennings Grocery 1622 N Missouri av
Liberty Grocery & Market 1109 S Main
Massey Grocery & Market 103 N Main
Modern Food Market 225 S Main
Moore's Grocery 403 E 5th
Nix Grocery & Market 615 E 2d
Safeway Stores 303 N Virginia av
Sallee's Grocery & Market 208 E 5th
Shaw's Grocery & Market 406 W 2d
South Kentucky Grocery & Market 305 S Kentucky av
South Side Grocery & Market 610 S Main
Stockton's Grocery 503 E 2d
West College Market 600 W College blvd
West Eighth Street Grocery 711 N Union av
West Ninth Street Grocery 710 W 9th
West Second Street Grocery & Market 605 W 2d
White House 814 W 2d

Meats—Wholesale

PECOS VALLEY PACKING CO, 1000 blk N Garden av, t 369 (see page 7)
Yarborough Geo & Son 225 E 2d

Men's Furnishings

BALL & WHITE (Kuppenheimer good clothes for men) 218 Main, tel 133
Duvall's Jay Men's Wear 210 N Main
Model The 216 N Main
PRICE & CO, 308-10 N Main, tel 32 (see page 3)

Mercantile Agencies

MERCHANTS CREDIT BUREAU, 106 E 4th, tel 26

*Messenger Service

TWO-O-ONE CAB CO, 3d and Richardson av, tel 201 (see left top lines)

*Milk and Milk Products

CLARDY'S DAIRY, 200-2 E 5th, tel 796 (see left side line and page 4)
SUNSET CREAMERY, 209 W 2d, tel 215 (see left and right top lines)

Milliners

PRICE & CO, 308-10 N Main, tel 32 (see page 3)

DRUGS

PECOS VALLEY DRUG CO.

The Rexall Store

FREE DELIVERY

312 N. MAIN

PHONE - 1 -

ELMER'S SERVICE STATION

ELMER LETCHER

600 No. Main St.,   Phone 102

We Employ EXPERIENCED Labor

*Mineral Salt
NCHERS' SUPPLY CO, 306 E 4th, tel 17 (see page 10)

*Molases Cubes—Mfrs of
SWELL COTTON OIL CO, 301 E 2d, tel 58 (see right side ines)

Monuments
ddux T B 615 E 2d
swell Monument Co 600 S Main
orne B H Memorial Works 107 N Atkinson av

*Morticians
LMAGE MORTUARY, 414 N Pennsylvania av, tel 28

Motion Picture Theatres
pitan Theatre 314 N Main
avez Theatre 105 N Main
cos Theatre 305 N Main
cca Theatre 124 W 3d

Motors and Generators
vage Bros Electric 409 E 2d

*Moving
MOLD TRANSFER & STORAGE, 419 N Virginia av, tel 23 (see left top lines)

*Moving—Long Distance
RO MAYFLOWER TRANSIT CO, Armold Transfer & Storage agts, 419 N Virginia av, tel 23

Museums
swell Museum 104 W 11th

Music Teachers
nmick Leona J (piano) 502 S Missouri
nmett Lois C (piano) 401 N Union av
ff Fine Arts Studio 308 W 4th
urrell Lula Mrs 112 E Albuquerque

Musical Instruments Dealers
insberg Music Co 607 N Main
nk's 322 N Main

News Dealers—Retail
yers Gift Shop 114 W 3d

Newsdealers—Wholesale
illiams Holland Magazine Agency 129 W 2d

Newspapers and Publications—Daily
OSWELL DAILY RECORD, 424 N Main, tel 11 and 55 (see page 9)

Hamilton Roofing Co.

GEO E. BALDEREE Mgr.

We Feature Old American Roofing Shingles Siding Etc.

Free Estimates

Industrial and Residential Roofing and Sheet Metal Contractors

Bonded and Insured

Easy Payment Plan

303 N. Railroad Ave.

Phone 460

ROSWELL FORD AUTO CO.
Open All Night — SALES AND SERVICE PHONES 189 and 190 — One Stop Service Station

BIG JO LUMBER CO.

PHONE **14**

A Lumber Number Since 1897

800 North Main

PHONE **14**

Newspapers (Cont'd)
ROSWELL MORNING DISPATCH INC, 110 N Main, tel (see page 10)

Notions—Wholesale
New Mexico Mercantile Co 208 W 4th

Nurserymen
GLOVER'S FLOWERS, 405 W Alameda, tel 275 (see ri top lines)
Pecos Valley Nursery 1001 Plum
Ullrich Nursery W McGaffey nw cor Ohio av

Nurses—Graduate
Braun Matilda 627 N Richardson av
Ellingson Palma Mrs 904 N Richardson av
Hambleton Sue V 211 N Kentucky av
Hermann M C Mrs 411 W 2d
King Eunice Mrs 500 S Lea av
Meairs Lila Mrs 1003 N Lea av
Moore Alice 309 W McGaffey
Pearson Robbie 103 N Pennsylvania av
Reall M A Mrs 111 S Pennsylvania av
Ross Lura Mrs 406 S Kentucky av
Somers Audie Mrs 807 N Washington av
Southard Ruth 711 S Michigan av
Witt Tommie 308 W 2d

Office Buildings
Apache Building 204½ N Main
Bank of Commerce Building 327 N Main
First National Bank Building 104 W 3d
Fisher Building 215 W 3d
Ramona Building 221½ N Main
Roswell Auto Building 111-13 N Richardson av
White J P Building 105½ W 3d

Office Supplies and Equipment
Cobean Stationery Co 208 N Main
HALL-POORBAUGH PRESS, 210 N Richardson av, tel 9
PECOS VALLEY DRUG CO, 312 N Main, tel 1 (see left si lines)
ROSWELL TYPEWRITER CO, 215 N Main, tel 674 (see pa 11)

Oil Companies
Dominion Oil & Gas Co 420 J P White bldg
Etz Oil Co 419 J P White bldg
Green Bay Co 509-10 J P White bldg
Gulf Oil Corp 506 J P White bldg
Humble Oil & Refining Co 405 J P White bldg
Leonard Oil Co 407-11 J P White bldg
Magnolia Petroleum Co 316 J P White bldg

GESSERT-SANDERS ABSTRACT CO.
ABSTRACTS OF TITLE

09 E. Third St.   Phone 493

...thern Petroleum Exploration Inc 416 J P White bldg

Oil Leases, Operators and Royalties
...ton & Fair Inc 321 J P White bldg
...anklin Petroleum Corp 321 J P White bldg
...ohane B M 419 J P White bldg
...yes F G 311 J P White bldg
...rshall & Winston Inc 509-10 J P White bldg

Oil Refiners
...LLEY REFINING CO, E College blvd at AT&SF Ry, tel ...07

Oil Well Supplies
...Kain J B Co ns E 2d 7 e Atkinson av

Oils and Lubricants—Wholesale
...ntinental Oil Co 220 E Walnut
...zey B V 300 E 2d
...lf Oil Corp 911 N Virginia av
...HNSON-LODEWICK, 813 N Virginia av, tel 164 (see right ...ide lines)
...HNSTON PUMP CO (Pyroil and turbine pump oil) 108-10 S ...irginia av, tel 70 (see left side lines)
...GNOLIA PETROLEUM CO, 300 E Alameda, tel 638
...llips Petroleum Co 915 N Virginia av
...ICLAIR REFINING CO, Mrs Hazel M Wallace agt, 214 E ...lameda, tel 903, res tel 617 (see page 11)
...ndard Oil Co of Texas 801 N Virginia av
...XAS CO THE, S Virginia av ne cor Tilden, tel 144

Optometrists
...GGS T E, 309 N Main, tel 21

*Orchard Supplies
...SWELL SEED CO, 115-17 S Main, tel 92 (see page 11)

Organizations—Benevolent, Fraternal and Secret
(American Legion)
...s D Bremond Post No 28, Clifton R Covington, P C; Jas ...rant, adj
(Benevolent and Protective Order of Elks)
...evolent and Protective Order of Elks No 969, 202 N Rich-...rdson av, Julian Kessell, E R; Henry D Johnson, sec
(Disabled American Veterans)
...abled American Veterans of the World War Sunshine ...hapter No 4, Richard W Corman, Com; Paul O'Meara, adj,
(Independent Order of Odd Fellows)
...ne, ss E 2d 2 e Atkinson av, Mrs Edith Hurt, matron
...well Encampment No 7, M O McCracken, C P; Emory Hurt, ...:ribe
...aritan Lodge No 12, W G McCune, C P; C A Swayze, sec

The Roswell Cotton Oil Co.

Mfrs. of Molasses Cubes and Cotton Seed Cake

301 E. 2d St.

PHONE 58

PANHANDLE LUMBER COMPANY, INC.
"COMPLETE BUILDING SERVICE"
PLAN SERVICE — FINANCING
107-11 W. Alameda   Phone

PURE MILK
Clardy's Dairy
Since 1912
Producer and Distributor of Quality Dairy Products and Ice Cream
200-202 E. 5th
Phone 796

Organizations (Cont'd)

Samaritan Rebekah Lodge No 14, Mrs Mage Link, N G; M A McCracken, P G N; Mrs Gladys P Crow, sec

(Knights of Pythias)
K of P Hall, 1116½ W 2d
Damon Lodge No 15, Woodrow Little, C C; J P Rose, K of & S

(Loyal Order of Moose)
Roswell Lodge No 885, H R Avery, dictator; J D Hearn, s

(Masonic)
Masonic Temple, 400 N Pennsylvania av
Columbia Chapter No 7, H O De Shurley, E H P; Elmer F men, sec
Order of De Molay for Boys, Masonic Temple Jno Wiley, chg
Order of Rainbow for Girls, Alice Stockton, W A
Rio Hondo Commandery No 6, J E Johns, E C; Elmer Riem sec
Roswell Chapter No 10, Order of the Eastern Star, Mrs Bes Whatley, W M
Roswell Lodge No 18, A F & A M R G Bird, W M; Eln Riemen, sec
Scottish Rite Club, Benj B Ginsberg, pres; Elmer Riem sec-treas
Roswell Shrine Club, J W Hall, pres; Elmer Riemen, sec

(Modern Woodmen of America)
Roswell Camp No 13297, T A Harrison, sec

(Security Benefit Assn)
Security Benefit Assn, 402 N Main, Mrs Mabel McCloud, pr Mrs Viola Burnett, distmgr-fin sec

(Veterans of Foreign Wars)
Roswell Post No 2575, A C Lacer, com; Sam'l Bryant, adj

(Women's Benefit Assn)
Women's Benefit Assn, Review No 9, Mrs Ardell Bloodwo: pres; Mrs J M Rose, secty; Mrs Rena Croissant, finan secty

(Woodmen of the World)
W O W Hall, 1116½ E 4th
Apple Grove No 8, Woodman Circle, Mrs Agnes Persons, Gt dian; Mrs Alta Faye Hendricks, fin sec
Roswell Camp No 6, Julius Skinner, sec

Organizations—Labor

Central Labor Union, Edw Everetts, pres; Robt J Dough rec sec
International Hod Carriers Building & Common Labors Ur local No 475-501 Robt J Doughtie, bus agt, fin sec
Brotherhood of Painters and Paper Hangers, Local No 1: Leo Di Lorenzo, pres
Journeymen Barbers International of American Local No Marcus Jones, pres; L M Roberts, sec
National Assn of Letter Carriers, Neal Brown pres; ! Bryant, sec

Wholesale
Retail

...tional Federal of Postoffice Clerks, J D Hearn, sec
...asterers and Cement Finishers Union Carney Andrus, bus agt
...ited Brotherhood of Carpenters and Joiners of America, Local No 511 Edw Everetts, pres; J C Cummins, sec

Organizations and Clubs—Miscellaneous

A A Club, 400 N Main
...merican Red Cross County office 2d fl City Hall, Mrs L O Fullen, county chmn; Edith Geyer, sec-treas. 402½ N Main
...y Scouts of America, Eastern New Mexico Area Council, 10 First Natl Bank bldg, J E Newman, scout exec
...aves County Bar Assn, G T Watts pres; E E Young, v-pres; Howard Buchly, sec
...aves County Medical Assn, Wm T Guy, pres; Wm W Phillips, sec
...stern New Mexico State Fair Assn, Will H Hortenstein, pres; E E Patterson, sec
...anciscan Fathers (O F M) 805 S Main, Rev Christian Studener in ch
...wanis Club, W C Taylor, pres; Edw L Harbaugh, sec; Jos Robertson, treas
...brary Board, Will Lawrence, pres; Col D C Pearson, sec
...ons Club, Jas T Hennings, pres; Fayette Davidson, sec
...nisters Assn of Roswell Rev Arthur A Du Laney, pres; Rev Buford Battin, sec
...w Mexico Oil & Gas Assn, 313 J P White bldg, C J Dexter, (Artesia N M) pres; Harry Leonard, treas; Hugh L Sawyers, sec
...swell Advertising Service, Joe E Snipes, pres; Stanley Mathews, sec
...swell Auto Club, 400 N Main
...swell Business & Professional Women's Club, Mrs Marie Baldy, pres; Mrs Ruby L Bryant, sec-treas; Mrs Lillian R Russell, cor-sec
...swell Chamber of Commerce, 400 N Main; W W Merritt, pres; Jno W Hall, v-pres; Claude Simpson, sec
...swell Country Club, 4 mi ne of city, down town office 212 J P White bldg, R R Hinkle, pres; J Walden Bassett, sec
...swell Drainage Assn 212 J P White bldg, J W Bassett, treas
...swell Pine Lodge Club, Ed J Williams, pres; I W Woolsey, sec
...swell Retail Merchants Assn, Judson Goodhart, pres; B B Wilson, sec
...swell Rifle Club, H E Samson, pres; Jas M H Cullender, sec
...tary Club, J D Shinkle, pres; Claude Simpson, sec
...enty-Thirty Club, Grady M Furlow, pres; W D Sullivan Jr, sec
...S O Club, 501 N Kentucky av, Mrs Kay Howell, sec
...men's Club, Mrs Paul Goodsell, pres; Mrs A S Patterson, rec-sec; Mrs Geo C McFadden, cor-sec; Mrs Frank Markl, sec-treas

KELVINATOR
Electric
Refrigerators

Maytag
Washing
Machines

Magic Chef
Gas Ranges

Philco
Radios
Sales and
Service

Samson
Windmills

Engines

Fencing

Paint

Guns and
Amunition

Sporting
Goods

115-17
N. Main

PHONE
634

Price's SUNSET CREAMERY

Osteopathic Physicians
BARBOUR L DONALD 216 N Richardson av, tel 420
REYNOLDS J PAUL, 216 N Richardson av, tel 420
ROUSE H SEAMAN, 216 N Richardson av, tel 420

Packers—Meat and Provision
PECOS VALLEY PACKING CO, 1000 blk N Garden av, tel 3 (see page 7)

Packing and Crating
ARMOLD TRANSFER & STORAGE, 419 N Virginia av, tel (see left top lines)

Paint, Oil and Painters Supplies—Retail
BIG JO LUMBER CO, 800 N Main, tel 14 (see left side lin
DANIEL PAINT & GLASS CO, 205 N Main, tel 39 (see fro edge)
Davidson Supply Co 120 S Main
KEMP LUMBER CO (Lowe Bros) 212 E 4th, tel 35 (see ba bone)
MAYES LUMBER CO (Sewall) 115 S Virginia av, tel 3 P O Box 255 (see back cover)
PANHANDLE LUMBER CO INC (Sherwin-Williams) 107 W Alameda, tel 59 (see left top lines)
PECOS VALLEY LUMBER CO (Sherwin-Williams produc 200 S Main, tel 175 (see front cover)
WILMOT HARDWARE CO, 115-17 N Main, tel 634 (see rig top and right side lines)

Paint, Oil and Painters Supplies—Wholesale
DANIEL PAINT & GLASS CO, 205 N Main, tel 39 (see fr edge)

*Paint—Automobile—Wholesale
CAR PARTS DEPOT INC (Dupont Duco) 401 N Virginia tel 205, P O Box 1288 (see left side lines)

Painters and Decorators
Burkstaller F P 200 S Main
DANIEL PAINT & GLASS CO, 205 N Main, tel 39 (see fr edge)
Groseclose Bros 800 N Main
Hay Saml S 1105 W 1st
Hensley W H ss E 2d 10 e Atkinson av
Murchison T R 1810 N Kentucky av
PANHANDLE LUMBER CO INC, 107-11 W Alameda, tel (see left top lines)
PECOS VALLEY LUMBER CO, 200 S Main, tel 175 (see fr cover)

*Paper Products—Wholesale
ROSWELL TRADING CO, E 2d sw cor Grand av, tel 126 (right side lines)

330

STANDARD BRAND PULLORUM TESTED BABY CHICKS

Embryo fed chicks and
PURINA CHOWS
FEED
Hay and Grain

C. F. & I.
Dawson &
RATON

Kindling

Pecos Valley Trading Co. & Hatchery

603
N. Virginia

PHONE
412

Paperhangers

ANIEL PAINT & GLASS CO, 205 N Main, tel 39 (see front edge)
ANHANDLE LUMBER CO INC, 107-11 W Alameda, tel 59 (see left top lines)
ECOS VALLEY LUMBER CO, 200 S Main, tel 175 (see front cover)

Parks and Playgrounds

hoon Park N Michigan av nw cor 5th
 Bremond Athletic Field 1014 N Richardson av
astern New Mexico State Fair Grounds 1101 N Virginia av
itchell Park ws S Washington av bet Deming and Mathews
orne Park E 2d se cor Shartelle

*Pathological Laboratories

MARY'S HOSPITAL, s end S Main cor Chisum, tel 185 (see page 8)

*Petroleum Products

JOHNSON-LODEWICK, 813 N Virginia av, tel 164 (see right side lines)
MAGNOLIA PETROLEUM CO, 300 E Alameda, tel 638
SINCLAIR REFINING CO, Mrs Hazel M Wallace agt, 214 E Alameda, tel 903, res tel 617 (see page 11)
TEXAS CO THE, S Virginia av ne cor Tilden, tel 144

Photographers

ll Studios 404 W 2d
ile Studio 314 N Richardson av
rkam Studio 308 W 3d
idget Photo Shop 418 N Main
odden's Studio 213 N Main
ree Minute Studio 308 S Main

Photographic Supplies

ECOS VALLEY DRUG CO, 312 N Main, tel 1 (see left side lines)

*Photostatic Prints

OSWELL MAP & BLUE PRINT CO, 108½ N Main, tel 230 (see page 11)

Physicians and Surgeons

eeson C F 125 W 4th
radley R L 219 J P White bldg
all H V 210 W 3d
riswold G W 207 W 3d
uy W T 207 W 3d
ORWITZ A P (eye, ear, nose and throat) 202-3 J P White bldg, tel 960
ohnson L W 207 W 3d
arshall I J 215 W 3d

Johnson Lodewick

Refiners and Marketers of Petroleum Products

Distributors for Southeastern New Mexico of QUAKER STATE MOTOR OILS

New Mexico Distributors for Barnsdall Oil Co.

813 N. Virginia Ave.

Phone 164

R. O. ANDERSON President

DALE FISCHBECK General Supt.

Phone 23 "SKIDDO"

ARMOLD TRANSFER & STORAGE
Furniture and Piano Movers — Packing - Shipping
STORAGE - CRATING - SHIPPING
"We Move Anything"   419 N. Virginia

CAR PARTS DEPOT INC.

Distributors

Automotive Supplies and Equipment

Welding Equipment and Supplies

PHONE **205**

401 N. Virginia Ave.

P. O. Box 1288

Physicians and Surgeons (Cont'd)

Morrison G S 308 W 2d
Phillips W W 215 W 3d
Tucker C W 306 W 2d
Waggoner R P 125 E 4th
Walker J J 201 J P White bldg
Williams J P 211 W 3d
Worthington W N 211 W 3d

Pictures, Frames and Mouldings
DANIEL PAINT & GLASS CO, 205 N Main, tel 39 (see fro edge)
PURDY'S FURNITURE CO, 321-25 N Main, tel 197 (see rig top lines)

*Pipe, Valves and Fittings
McCRACKEN SUPPLY HOUSE (new and used) 116 E Wa nut, tel 1372-M (see page 10)

Piston Rings—Wholesale
CAR PARTS DEPOT INC (Perfect Circle) 401 N Virginia tel 205, P O Box 1288 (see left side lines)

Planing Mills
Roswell Planing Mill 201 E McGaffey

Plumbers, Gas and Steamfitters
Hill Plumbing & Heating Co 703 N Kansas av
HOFFMAN & CLEM, 206 W 4th, tel 168 (see page 5)
ROSWELL PLUMBING & HEATING CO, 128 E 3d, tel 305
Russell Buck Plumbing Co 105 W Walnut

Plumbing Supplies—Wholesale
Clowe & Cowan Inc 805 N Virginia av

Potato Chip Mfrs
Valley Potato Chip Co 909 W 2d

Poultry Supplies
MYERS CO THE, 106-10 S Main, tel 360 (see inside fro cover)
PECOS VALLEY TRADING CO & HATCHERY, 603 N Vi ginia av, tel 412 (see left side lines)
ROSWELL SEED CO, 115-17 S Main, tel 92 (see page 11)
ROSWELL TRADING CO, E 2d sw cor Grand av, tel 126 (s right side lines)

Poultry and Eggs—Wholesale
PECOS VALLEY TRADING CO & HATCHERY, 603 N Vi ginia av, tel 412 (see left side lines)

Printers—Book and Job
ELMORE PRINTING CO, 115 W 4th, tel 777

BIGELOW RUGS AND CARPETS		KARPEN FURNITURE
DRAPERIES	 Purdys' Furniture Company	STOVES AND RANGES
LINOLEUMS	321-25 N. MAIN PHONE 197	UPHOLSTERING
WASHING MACHINES		VENETIAN BLINDS
		WINDOW SHADES

ALL-POORBAUGH PRESS, 210 N Richardson av, tel 999

Produce
Cunningham M C Jr 606 W Hendricks
Hester R M 1000 E 2d
PECOS VALLEY TRADING CO & HATCHERY, 603 N Virginia av, tel 412 (see left side lines)
Whatley W H 515 E 2d

*Public Accountants
BIRD CARL M ACCOUNTING SERVICE, 20 First Natl Bank bldg, tel 105

Public Buildings and Halls
Armory The 110 W 5th
City Hall N Richardson se cor 5th
Court House es N Main bet 4th and 5th
Federal Building N Richardson av se cor 4th
Ingalls Memorial Home 1009 N Richardson av
K of C Hall 109 E Deming
K of P Building 116½ W 2d
Masonic Temple 400 N Pennsylvania av
Post Office N Richardson av se cor 4th
Salvation Army Hall 406-8-10 S Main
Veterans Home 1009 N Richardson av
W O W Hall 116½ E 4th

Public Free Schools
See Schools and Colleges

Public Stenographers
See Stenographers—Public

*Pump Repairing
SMITH MACHINERY CO, 512 E 2d, tel 171 (see page 12)
STONE F R MACHINE SHOP, 214 N Virginia av, tel 124 (see page 12)

Pumps, Pipe and Fittings
CENTRAL HARDWARE INC, 227 N Main, tel 177 (see front cover)
JOHNSTON PUMP CO, 108-10 S Virginia av, tel 70 (see left side lines)
MYERS CO THE, 106-10 S Main, tel 360 (see inside front cover)
SMITH MACHINERY CO (Peerless) 512 E 2d, tel 171 (see page 12)

Radiator Repairers
Dad & Son Radiator & Welding Shop 425 E 2d

Radio Broadcasting Stations
Radio Station K G F L 310 N Richardson av

Drink Coca-Cola

Delicious and Refreshing

PECOS VALLEY Coca-Cola Bottling Co.

908-10 N. Main

PHONE 771

 # TAXI

201 Curtis Corn, Owner   **201** 3d and Richardson Av

Dr. R. S. Attaway D. V. M.

Chaves County's Only **Qualified (Graduate) Practicing Veterinarian**

Large and Small Animal Practice

PHONE 636

403 East 2d.

Radio Repairing
Supreme Radio Service 129 W 2d

Radio Sets and Supplies
WILMOT HARDWARE CO, 115-17 N Main, tel 634 (see rig top and right side lines)

Real Estate
Burnett Realty Co 402 N Main
Carmichael E P 221 J P White bldg
Dudley J W 9 Ramona bldg
Gates H C 320 J P White bldg
Johnson & Allison 113 E 3d
Mikesell J L 404 N Main
POTTER M M REAL ESTATE BROKERAGE CO (M M Po ter, D C Steele) homes, farms, ranches, J P White bld tel 64
Roswell Real Estate Co 13 First Natl Bank bldg

*Refrigerators—Electric
WILMOT HARDWARE CO (Kelvinator) 115-17 N Main, t 634 (see right top and right side lines)

Repair Shops
Fixit Shop 408½ E 2d

Restaurants
American Cafe 116 W 2d
Arcade Cafe 212 N Main
Arias Cafe 322 S Main
Berry's Cafe 102 S Main
Bright Spot 1000 N Main
Broadway Cafe 301 S Main
Brownie Cafe 207 N Main
BUSY BEE CAFE, 318 N Main, tel 281 (see right side lines
Carrillo J S 118 S Main
Central Grill 115 W 3d
Club Cafe 114 W 4th
Court House Cafe 402 N Main
Drive Inn The 208 E 2d
Eanes J S 215 S Virginia av
El Dorado Drive In Cafe 901 N Main
El Rancho Cafe 306½ N Richardson av
Everybody's Cafe 100 E Alameda
Ferguson U C 120 E 3d
Grady's Coffee Shop 209½ W 4th
Harris Cafe 507 E 2d
Jaynes J H 223 S Main
Jiggs Pig Stand 315 S Main
Katy's Cafe 118 N Main
La Posta 500½-2 W 2d
Lee's Mrs Cafe 303 N Main
McClure's Cafe 416½ N Main

GESSERT-SANDERS ABSTRACT CO.
ABSTRACTS OF TITLE
109 E. Third St.   Phone 493

les Cafe 504 N Main
nt Cafe 119 E 2d
nute Toastery 314 N Virginia av
seley's Coronado Tavern 419 E 2d
ckson Coffee Shop 127 E 5th
d Mill Cafe 1119 E 2d
ark Cafe 203 S Main
V Lunch 319 S Main
ck Inn Cafe 1016 E 2d
amrock Cafe 122 N Main
aw's Cafe 408 W 2d
eve's Cafe 120 S Main
nset Cafe 115 E Walnut
nk's Cafe 208 W 2d
Pee Cafe 106 E 2d
ldez Cafe 300 S Main
ctory Cafe 111 N Main
hite Rock Cafe 206 N Richardson av
ke's Cafe 503 N Main

*Road Machinery
ITH MACHINERY CO (Allis-Chalmers) 512 E 2d, tel 171 (see page 12)

*Roofers
AMILTON ROOFING CO, 303 N Railroad av (N Grand av) tel 460 (see right side lines)

Roofing Materials and Supplies
G JO LUMBER CO, 800 N Main, tel 14 (see left side lines)
AMILTON ROOFING CO (Old American) 303 N Railroad av (N Grand av) tel 460 (see right side lines)
MP LUMBER CO (Johns-Manville products) 212 E 4th, tel 35 (see backbone)
AYES LUMBER CO, 115 S Virginia av, tel 315, P O Box 255 (see back cover)
COS VALLEY LUMBER CO, 200 S Main, tel 175 (see front cover)

Rose Bushes
LLISON FLORAL CO, 707 S Lea av, tel 408 (see right top lines)
OVER'S FLOWERS, 405 W Alameda, tel 275 (see right top lines)

*Rotraco Feeds
SWELL TRADING CO, E 2d sw cor Grand av, tel 126 (see right side lines)

*Rug Cleaners
SWELL LAUNDRY & DRY CLEANERS, 511-13 N Virginia av, tel 15

HINKLE MOTOR COMPANY
131 W. 2D ST.
WHOLESALE AUTOMOBILE PARTS AND EQUIPMENT
Serving New Mexico for 22 Years
Garage and Service Station Equipment
PHONE 12

EL PASO-PECOS VALLEY TRUCK LINES

J. L. NAYLOR, Owner   CARL A. LONG, Local Ag

Daily, Dependable Service from and to EL PASO, LOS ANGELES and POINTS WEST

118 E. 4th St.   Phone 16

CLARDY'S PRODUCTS

Raw and Pasteurized

MILK

Butter
Cream
Butter Milk
Ice Cream

Delivered to Your Home or At Your Grocer

PHONE 796

200-202 E. 5th

*Rugs, Carpets and Floor Coverings
PURDY'S FURNITURE CO (Bigelow) 321-25 N Main, tel 1
  (see right top lines)

Safe Deposit Vaults
FIRST NATIONAL BANK, 224-26 N Main, tel 44 (see fro
  cover)

*Salt
RANCHERS' SUPPLY CO, 306 E 4th, tel 17 (see page 1
ROSWELL TRADING CO, E 2d sw cor Grand av, tel 126 (s
  right side lines)

Sand and Gravel
KEMP LUMBER CO, 212 E 4th, tel 35 (see backbone)
PANHANDLE LUMBER CO INC, 107-11 W Alameda, tel
  (see left top lines)
ROSWELL SAND & GRAVEL CO (shippers in car load lots
  serving South Eastern New Mexico) 104 S Kansas av,
  1548 (see page 7)

Sash, Doors and Interior Trim
BIG JO LUMBER CO, 800 N Main, tel 14 (see left side line
KEMP LUMBER CO, 212 E 4th, tel 35 (see backbone)
MAYES LUMBER CO, 115 S Virginia av, tel 315, P O Box 2
  (see back cover)
PANHANDLE LUMBER CO INC, 107-11 W Alameda, tel
  (see left top lines)
PECOS VALLEY LUMBER CO, 200 S Main, tel 175 (see fro
  cover)

Savings and Loan Assns
Chaves County Building & Loan Assn 105 W 3d
Equitable Building & Loan Assn 107 W 3d
ROSWELL BUILDING & LOAN ASSN, 117 W 3d, tel 613 (s
  inside front cover)

*Scale Dealers
ROSWELL TYPEWRITER CO, 215 N Main, tel 674 (see pa
  11)

Schools and Colleges
Campbell Academy of Beauty Culture 306 N Richardson
New Mexico Military Institute N Main nw cor College bl
Roswell Business College 124½ E 4th

Schools—Denominational
St John's Catholic School Lincoln av nw cor Albuquerq
St Peter's Parochial School 108 E Deming
Seventh Day Adventist School 105 S Lea av

Schools—Public
Carver School 205 E Hendricks

"Say it with Flowers" ALLISON FLORAL CO.
We Telegraph Them Anywhere — Expert Florists and Designers
Phone 408—Day or Night — 707 S. Lea Ave.

st Side School 509 E 5th
ghland School Hahn se cor Summit
swell Mark School 500 W College blvd
nior High School 300 N Kentucky av
ssouri Avenue School 700 S Missouri av
swell High School 500 S Richardson av
ashington Avenue School 400 N Washington av

*Scrap Materials
cCRACKEN SUPPLY HOUSE, 116 E Walnut, tel 1372-M (see page 10)

Second Hand Goods
aig L B Jr 306 S Main
mes C H 117 E 2d
en Front Second Hand Store 211 S Main
ephens Second Hand Store 116 E 2d
vap Shop 321 S Main

Seed Stores—Retail
OSWELL SEED CO, 115-17 S Main, tel 92 (see page 11)

Seed Stores—Wholesale
OSWELL SEED CO, 115-17 S Main, tel 92 (see page 11)

*Service Station Equipment
AR PARTS DEPOT INC, 401 N Virginia av, tel 205, P O Box 1288 (see left side lines)
INKLE MOTOR CO, 131 W 2d, tel 12 (see right side lines)

Sewing Machines
nger Sewing Machine Co 422 N Main

Sheet Metal Workers
URNWORTH-COLL SHEET METAL SHOP, 116 E 3d, tel 272
ARRIGAN PAUL CO, 124 E 2d, tel 308 (see page 4)
AMILTON ROOFING CO, 303 N Railroad av (N Grand av) tel 460 (see right side lines)
ATTHEWS CLAUDE CO, 106 N Virginia av, tel 437

Shoe Shiners
o Delay Shine Parlor 314½ N Main
ewart Shine Parlor 120 W 4th
iperior Shine Parlor lobby First Natl Bank bldg

Shoemakers and Repairers
astwood Shoe Shop 215 W 2d
cGuffin Shoe Service 414 N Main
onk Boot & Shoe Hospital 102 E 2d
arkus Shoes 127 N Main

Eat at
BUSY BEE CAFE

JIM RALLES

"Roswell's Leading Cafe"

318 N. Main

PHONE 281

MERRITT'S SMART APPAREL FOR WOMEN
319 North Main —PHONE 482—

Johnston Pump Co.

DISTRIBUTORS OF
Johnston Turbine Pumps
For New Mexico and West Texas

Domestic Pressure Systems

Electric Motors and Starters

108-110 S. Virginia Ave.

PHONE 70

Shoes—Retail
Merritt's Shoe Department 319 N Main
PRICE & CO, 308-10 N Main, tel 32 (see page 3)

*Shrubbery
GLOVER'S FLOWERS, 405 W Alameda, tel 275 (see rig top lines)

Sign and Card Writers
DANIEL PAINT & GLASS CO, 205 N Main, tel 39 (see fro edge)
Owl Sign Co 122 E 4th

Societies
See Organizations and Societies

Sporting Goods
CENTRAL HARDWARE INC, 227 N Main, tel 177 (see fro cover)
WILMOT HARDWARE CO, 115-17 N Main, tel 634 (see rig top and right side side lines)

*Sprinkler Systems
HOFFMAN & CLEM, 206 W 4th, tel 168 (see page 5)

State Officials
See Miscellaneous Directory

*Stationers
ROSWELL TYPEWRITER CO, 215 N Main, tel 674 (see pa 11)

Stenographers—Public
Gibbany Arline 5 First Natl Bank bldg
Mason Nelle G 25 First Natl Bank bldg

*Stock Dip
ROSWELL TRADING CO, E 2d sw cor Grand av, tel 126 (s right side lines)

*Storage Batteries
ROSWELL AUTO CO, 120-32 W 2d, tel 189 (see left top line

Storage, Forwarding and Commission
ARMOLD TRANSFER & STORAGE, 419 N Virginia av, tel (see left top lines)

*Store Fronts
DANIEL PAINT & GLASS CO, 205 N Main, tel 39 (see fro edge)
PANHANDLE LUMBER CO INC, 107-11 W Alameda, tel (see left top lines)

| We Employ EXPERIENCED Labor | **ELMER'S SERVICE STATION** ELMER LETCHER 600 No. Main St., Phone 102 |  |

*Stoves and Ranges
CENTRAL HARDWARE INC (Tappan) 227 N Main, tel 177 (see front cover)
PURDY'S FURNITURE CO (Norge) 321-25 N Main, tel 197 (see right top lines)
WILMOT HARDWARE CO, 115-17 N Main, tel 634 (see right top and side lines)

*Structural Steel
McCRACKEN SUPPLY HOUSE, 116 E Walnut, tel 1372-M (see page 10)
STEWART'S, 423 E 2d, tel 72 (see page 8)

*Surety Bonds
FORD WILLIS AGENCY INC, 304 N Richardson av, tel 93 (see both ends)

*Surveyors
ROSWELL MAP & BLUE PRINT CO, 108½ N Main, tel 230 (see page 11)

Swimming Pools
Municipal Swimming Pool Cahoon Park

Tank Builders
CARRIGAN PAUL CO, 124 E 2d, tel 308 (see page 4)
HAMILTON ROOFING CO, 303 N Railroad av (N Grand av) tel 460, (see right side lines)
STEWART'S, 423 E 2d, tel 72 (see page 8)

Taxicab Service
TWO-O-ONE CAB CO, 3d and Richardson av, tel 201 (see left top lines)
Yellow Cab Co 105 E 5th

Taxidermists
Jones W A 1425 W 2d

Telegraph Companies
WESTERN UNION TELEGRAPH CO, 110 W 3d, tel 1300 and 1301

Telephone Companies
MOUNTAIN STATES TELEPHONE & TELEGRAPH CO, 311 N Richardson av, tel, business office, 1800

Tinners
CARRIGAN PAUL CO, 124 E 2d, tel 308 (see page 4)
HAMILTON ROOFING CO, 303 N Railroad av (N Grand av) tel 460 (see right side lines)

Tire Repairing
Burke's Tire Shop 606 E 2d

Hamilton Roofing Co.

GEO E. BALDEREE Mgr.

We Feature Old American Roofing Shingles Siding Etc.

Free Estimates

Industrial and Residential Roofing and Sheet Metal Contractors

Bonded and Insured

Easy Payment Plan

303 N. Railroad Ave.

Phone 460

ROSWELL FORD AUTO CO.

Open All Night — SALES AND SERVICE — One Stop Service Station
PHONES 189 and 190

Tire Repairing (Cont'd)
Davidson Supply Co 120 S Main
Dollahon Tire Shop 200 E 2d
O K Rubber Welding 408 E 2d

Tires—Retail
CUMMINS GARAGE, 209 N Richardson av, tel 344 (see ba cover)
ELMER'S SERVICE STATION (Gates) 600 N Main, tel 1 (see right top lines)
ROSWELL AUTO CO, 120-32 W 2d, tel 189 (see left top line

*Tires—Used
THOMPSON'S AUTO SALVAGE, 211 E Reed, tel 1496 (s page 12)

Toilet Articles
PECOS VALLEY DRUG CO, 312 N Main, tel 1 (see left si lines)

Tourist Camps
Camp Camino 1001 N Main
Camp Chavez 2406-8 N Main
Camp Elm ws N Main 1 n Country Club rd
Camp Fuston 1013-17 W 2d
Cottage Court 1010 E 2d
Cruse's Tourist Cabins 215 S Main
Greenhaven Tourist Courts 612 E 2d
Kamp Kelly 1208 W 2d
La Cima Tourist Court 2401 N Main
La Hondo Courts 1007-11 E 2d
La Salle Court 2303 N Main
Lee's Camp 1112 W 2d
Pecos Court Service Station & Grocery ns W 2d 5 w Missi sippi av
Pueblo Court 1501 W 2d
Spring River Tourist Court 1013 N Main
Star Camp 1413 W 2d
Uncle Tom's Cabins 1504 W 2d
Zuni Court 1201-15 N Main

*Tractors
MYERS CO THE (McCormick-Deering) 106-10 S Main, tel 36 (see inside front cover)
SMITH MACHINERY CO (Allis-Chalmers) 512 E 2d, tel 17 (see page 12)

Trailer Camps
Napp Trailer Camp ss E 2d 15 e Atkinson av

*Trailers—Made to Order
STEWART'S, 423 E 2d, tel 72 (see page 8)

PHONE **14**

A Lumber Number Since 1897

BIG JO LUMBER CO.

800 North Main

PHONE **14**

Flowers For All Occasions

PHONE 275
405 W. ALAMEDA
Member F. T. D, A.

Dover's Flowers

Transfer Lines

AERO MAYFLOWER TRANSIT CO (long distance moving) Armold Transfer & Storage agts, 419 N Virginia av, tel 23
ARMOLD TRANSFER & STORAGE, 419 N Virginia av, tel 23 (see left top lines)
Orton Transfer 122½ N Main
Palace Transfer 221 E 2d
APP'S TRANSFER, 116 E 3d, tel 272

Transportation—Freight—Automobile

EL PASO-PECOS VALLEY TRUCK LINES, daily dependable service from and to El Paso, Los Angeles and points west 118 E 4th, tel 160 (see left top lines)
ILL LINES INC, daily bonded service to and from El Paso, Albuquerque, Amarillo, Hobbs; connections to the West Coast and Eastern points, 123 E 3d, tel 718
Quickway Truck Line 419 N Virginia av
Tucumcari Truck Lines 118 E 4th

*Truck Bodies—Made-to-Order

STEWART'S, 423 E 2d, tel 72 (see page 8)
EL PASO-PECOS VALLEY TRUCK LINES, daily dependable service from and to El Paso, Los Angeles and points west 118 E 4th, tel 160 (see left top lines)
ILL LINES INC, daily bonded service to and from El Paso, Albuquerque, Amarillo, Hobbs; connections to the West Coast and Eastern points, 123 E 3d, tel 718

Trucks—Motor

COURT HOUSE GARAGE (G M C) 124 E 4th, tel 720
CUMMINS GARAGE (Dodge Brothers) 209 N Richardson av tel 344 (see back cover)
ROSWELL AUTO CO (Ford) 120-32 W 2d, tel 189 (see left top lines)

Trunks and Traveling Bags

PRICE & CO, 308-10 N Main, tel 32 (see page 3)

Typewriters and Supplies

ROSWELL TYPEWRITER CO (L C Smith and Corona) 215 N Main, tel 674 (see page 11)

Undertakers

See Funeral Directors

Upholstering

Barnett Irene Mrs 202 S Richardson av
Hardcastle E E 111 W Walnut
PURDY'S FURNITURE CO, 321-25 N Main, tel 197 (see right top lines)

PAPER Products

WHOLESALE

GROCERIES | JANITORS' SUPPLIES

FEED

Roswell Trading Company

PHONE 126

STATE COLLECTION BUREAU, INC

H. G. Parsons, Mgr.　　H. R. Laurain, Pres.

BONDED - ESTABLISHED 1930

10 Bank of Commerce Bldg.　　106 E. 4th　　Phone 22

*Vaccines—Livestock
RANCHER'S SUPPLY CO (Globe) 306 E 4th, tel 17 (see pa 10)
ROSWELL TRADING CO, E 2d sw cor Grand av, tel 126 (s right side lines)

Variety Stores
See Department Stores

*Venetian Blinds
PURDY'S FURNITURE CO, 321-25 N Main, tel 197 (see rig top lines)

Veterinarians
ATTAWAY R S, D V M, 403 E 2d, tel 636 (see left side line:
CROWDER J H, 318 E Alameda, tel 1577 (see page 6)

Vulcanizing
See Tire Repairing

*Wall Board
KEMP LUMBER CO (Masonite) 212 E 4th, tel 35 (see bacl bone)
PANHANDLE LUMBER CO INC, 107-11 W Alameda, tel 5 (see left top lines)

Wall Paper
DANIEL PAINT & GLASS CO, 205 N Main, tel 39 (see fron edge)
MAYES LUMBER CO, 115 S Virginia av, tel 315, P O Box 25 (see back cover)
PANHANDLE LUMBER CO INC, 107-11 W Alameda, tel 5 (see left top lines)
PECOS VALLEY LUMBER CO (Imperial Unitized and Du ray) 200 S Main, tel 175 (see front cover)

Warehouses
ARMOLD TRANSFER & STORAGE, 419 N Virginia av, te 23 (see left top lines)

*Washing Machines
PURDY'S FURNITURE CO (Norge) 321-25 N Main, tel 19′ (see right top lines)
WILMOT HARDWARE CO (Maytag) 115-17 N Main, tel 634 (see right top and right side lines)

*Water Heaters
HOFFMAN & CLEM, 206 W 4th, tel 168 (see page 5)

Water Softeners
Destree W E 103 W 4th
HOFFMAN & CLEM, 206 W 4th, tel 168 (see page 5)

DRUGS

PECOS VALLEY DRUG CO.

The Rexall Store

FREE DELIVERY

312 N. MAIN

PHONE - 1 -

Wholesale Retail

*Water Systems—Domestic
JOHNSTON PUMP CO, 108-10 S Virginia av, tel 70 (see left side lines)

Weavers
Navajo Weavers 106-8 E 1st

*Wedding Decorations—Floral
CLOVER'S FLOWERS, 405 W Alameda, tel 275 (see right top lines)

Welding and Brazing
McCRACKEN SUPPLY HOUSE, 116 E Walnut, tel 1372-M (see page 10)
STEWART'S 423 E 2d, tel 72 (see page 8)
STONE F R MACHINE SHOP, 214 N Virginia av, tel 124 (see page 12)
Taylor The Welder 1016½ E 2d
THOMPSON'S AUTO SALVAGE, 211 E Reed, tel 1496 (see page 12)
WHITE O H BLACKSMITHING & WELDING, 401 E 2d, tel 566 (see page 12)

Welding Equipment and Supplies
CAR PARTS DEPOT INC, 401 N Virginia av, tel 205, P O Box 1288 (see left side lines)

Well Drillers—Water
Davis R M 314 E 4th

Windmills
CENTRAL HARDWARE INC (Challenge) 227 N Main, tel 177 (see front cover)
WILMOT HARDWARE CO, 115-17 N Main, tel 634 (see right top and right side lines)

Wood—Retail
PECOS VALLEY TRADING CO & HATCHERY, 603 N Virginia av, tel 412 (see left side lines)

Wool Commission
BOND-BAKER CO LTD, E 4th nw cor Grand av, tel 1090 (see page 4)
Creger E O 109 S Virginia av
Draper & Co rear 211 E 2d
GOODWIN FAY B (Rancher's Supply Co) 306 E 4th, tel 17 (see page 10)
Roswell Wool & Mohair Co rear 211 E 2d

*Wrecker Service
THOMPSON'S AUTO SALVAGE, 211 E Reed, tel 1496 (see page 12)

X-Ray Laboratories
ST MARY'S HOSPITAL, s end S Main cor Chisum, tel 185 (see page 8)

KELVINATOR Electric Refrigerators

Maytag Washing Machines

Magic Chef Gas Ranges

Philco Radios Sales and Service

Samson Windmills

Engines

Fencing

Paint

Guns and Amunition

Sporting Goods

115-17 N. Main

PHONE 634

SUNSET CREAMERY

MEMORANDA

STANDARD BRAND PULLORUM TESTED BABY CHICKS

Embryo fed chicks and
PURINA CHOWS

FEED

Hay and Grain

C. F. & I.
Dawson &
RATON

Kindling

Pecos Valley Trading Co. & Hatchery

603
N. Virginia

PHONE
412